総合診療に役立つ
獣医循環器診療シリーズ

猫の心筋症

監修 田中　綾
松本浩毅

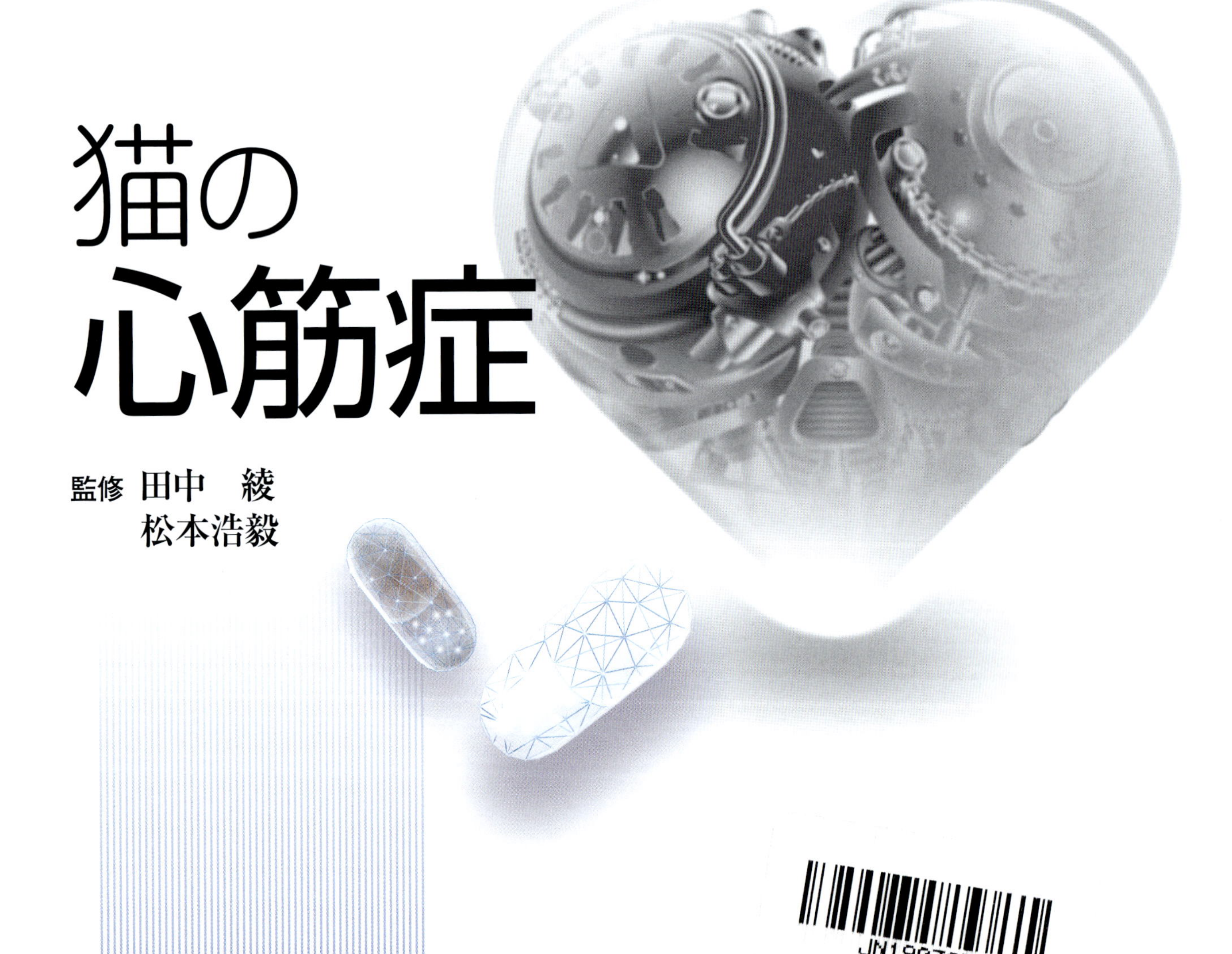

EDUWARD Press

監修にあたって

『犬の僧帽弁閉鎖不全症』,『犬と猫の心疾患の薬物療法』と続いてきたシリーズの第三弾は,「猫の心筋症」をテーマとして取り上げた。猫の飼育頭数が増えてきており，診断や治療に注目が集まっている分野ではないだろうか。

以前の２作は現在休刊となっている『Veterinary Circulation』に掲載された記事を加筆・修正し，新たに原稿を加え再編集したものであったが，今回は全編書き下ろしとなっており，厳選した豪華な執筆陣による最新の情報が詰まっている。ぜひ読み込んでいただき，日々の診療に役立てていただければ幸いである。

また，猫は病院に連れて行くことや検査を行うこと自体が難しい場合が多く，苦労されている先生方も多いのではないだろうか。そこで，今回は，猫にできるだけ負担をかけずに検査を進めるコツなどについて，猫専門病院の先生方にコラムをご執筆いただいた。

猫と犬では好発する心疾患は異なる。また，本書にも記載されているが，猫では治療薬の選択や治療に対する反応も，犬とは大きく異なる。犬と比べ，心臓手術がまだ一般的でないうえ，遠くの病院への通院が敬遠されがちであることから，ホームドクターによる内科的管理が要求されることも多いと推察される。これらのことから，犬に対して身につけた診断や治療の知識を，そのまま猫に応用することはできないため，猫に特化した心疾患に対する知識と技術の習得が必須となるであろう。

猫の飼い主はインターネットなどでよく勉強されている方が多いように感じる。ホームドクターにも飼い主以上の心疾患に対する知識が求められるであろう。本書が有効活用され，ホームドクターと飼い主の信頼関係の構築に寄与できれば幸いである。

2024 年 7 月 吉日

田中 綾
監修を代表して
東京農工大学 農学部附属動物医療センター
日本獣医麻酔外科学会 小動物外科設立専門医
DAiCVIM (Cardiology)

監修・著者一覧（五十音順）

監修

- 田中 綾

  東京農工大学 農学部附属動物医療センター
- 松本 浩毅

  日本獣医生命科学大学 獣医学部 獣医学科 獣医内科学研究室

著者

- 青木 卓磨 （第2章①）

  麻布大学 小動物外科学研究室
- 有村 卓朗 （第8章）

  鹿児島大学 共同獣医学部
- 大菅 辰幸 （第4章）

  宮崎大学 農学部 獣医学科 獣医内科学研究室
- 上村 利也 （第9章①）

  かみむら動物病院
- 菅野 信之 （循環器学Q&A）

  動物心臓外科センター
- 佐藤 愛実 （第9章②）

  三鷹獣医科グループ※
- 島田 香寿美 （第1章）

  東京農工大学 農学部 共同獣医学科 獣医外科学研究室
- 鈴木 周二 （第2章④，第9章③）

  日本獣医生命科学大学 獣医学部 獣医学科 獣医外科学研究室
- 田中 綾 （第2章②）

  上掲

※2023年8月執筆依頼時

▪服部 幸　（COLUMN 2〜4）

東京猫医療センター

▪平川 篤　（第6章）

ペットクリニックハレルヤ

▪藤井 洋子　（第2章③）

麻布大学 小動物外科学研究室

▪堀 泰智　（第7章）

大塚駅前どうぶつ病院 心臓メディカルクリニック

▪町田 登　（第3章）

東京農工大学

▪水野 祐　（第9章④）

JASMINE どうぶつ循環器病センター

▪山本 宗伸　（COLUMN 1, 5, 6）

Tokyo Cat Specialists

▪吉田 智彦　（第5章）

帯広畜産大学 動物医療センター 循環器科

目次 Contents

循環器学 Q & A

COLUMN

注意：記載されている薬品・機器・器具などの使用にあたっては，添付文書(能書)あるいは商品説明書をご確認ください。

・薬の商品名の Ⓡ は、省略して掲載しています。
・以下の表記に統一しました。
　左心室：左室、左心房：左房、右心室：右室、右心房：右房

1 総論

島田 香寿美
Shimada, Kazumi
東京農工大学 農学部 共同獣医学科 獣医外科学研究室

point

- **猫の心筋症のフェノタイプ(表現型)について理解する。**
- **心筋症は主に「構造的な異常」の違いで分類される。**
- **ACVIMコンセンサスステートメントでは，心エコー図検査が重視されている。**

はじめに

猫の心疾患といえば，真っ先に「心筋症」を挙げられる先生が多いのではないだろうか。猫の飼育頭数および猫を動物病院に連れてくる飼い主が増えてきた昨今では，心雑音の指摘などにより心エコー図検査を実施する機会が増え，「心筋症疑い」として経過観察になる症例も増えてきた。筆者は，飼い主に心筋症のインフォームをする際，心筋症“疑い”であり生前に確定することは困難であると伝えてきた。確定することはできないにもかかわらず，とくにうっ血性心不全 congestive heart failure (CHF)や動脈血栓塞栓症 arterial thromboembolism (ATE)といった，急変する病態への理解を得ることに苦労した覚えもあり，進行速度は個体差(症例による差)も大きく，非常に厄介な疾患という印象を抱いている。

そのようななか，2020年に米国獣医内科学会によって発表されたACVIMコンセンサスステートメントでは，猫の心筋症の分類と診断，臨床徴候におけるステージング，各ステージにおける治療が発表された[1]。しかしながら，心筋症の病態は複雑であり，ACVIMコンセンサスステートメントを理解して日々の診察に応用していくのはなかなか難しい。

まず本稿では，ACVIMコンセンサスステートメントの概要についてまとめつつ，ほかの文献や筆者の意見も加えた。各心筋症の病態や診断などさらに細かい内容は第2章以降をご確認いただきたい。

ACVIMコンセンサスステートメントについて

ACVIMコンセンサスステートメントの中で注目すべき点は，心エコー図検査のフェノタイプによって猫の心筋症を分類したところである。ACVIMコンセンサスステートメントといえば，今まではさまざまな検査を用いた診断アプローチや治療法を提示してきたが，猫の心筋症に関しては心エコー図検査に主軸が置かれている。多くの獣医循環器医が，心筋の構造や機能的な異常を検出するのに心エコー図検査が有用であると考えている証拠であろう。

表1 猫の心筋症フェノタイプ

心筋症フェノタイプ		病変部位	認められる異常所見
肥大型心筋症(HCM) 左室壁の肥厚		左室壁	びまん性or局所的な肥厚(左室内腔は拡張しない)
拘束型心筋症(RCM) 心房の拡大	心内膜心筋型	左室内腔	心室中隔と左室自由壁を橋渡しする線維状構造物
			異常構造物による閉塞所見
		左室壁	肥厚しないが，まれに心尖部の菲薄化や動脈瘤を引き起こす
		心房	左房もしくは両心房の拡大
	心筋型	心房	左房もしくは両心房の拡大(左室の測定値は正常)
拡張型心筋症(DCM) 左室収縮不全		左室内腔	拡張する
		左室壁	壁厚は正常または減少
		心房	拡大
不整脈原性心筋症(AC)，不整脈原性右室心筋症(ARVC)，不整脈原性右室異形成症(ARVD)，不整脈とうっ血性右心不全	右心系	右房	重度拡張
		右室	重度拡張，しばしば収縮不全と壁の菲薄化
	左心系も侵されることがある		
非特異的フェノタイプ	上記のカテゴリーに分類されないフェノタイプ		
	心臓形態と機能を詳細に言及できなければならない		

AC: arrhythmogenic cardiomyopathy, ARVD: arrhythmogenic right ventricular dysplasia

「猫 feline」と「心筋症 cardiomyopathies」の用語を含む475本の文献をもとに，9人の獣医循環器医のうち6人以上が同意できた診断や治療法を「コンセンサスが得られた」とし，その中でエビデンスレベル(低/中/高)と推奨クラス(クラスI: 推奨，クラスIIa: 検討すべき，クラスIIb: 検討してもよい)と定義している。ACVIMコンセンサスステートメントを読み進めていくとわかるのだが，エビデンスレベルが高く推奨クラスもIという診断・治療法は見当たらず，ACVIMの循環器医ですら確固たるアプローチ法に至らなかったことがうかがえる。そのような背景を忘れずに，ACVIMコンセンサスステートメントを参考にすることがわれわれ臨床医には求められる。

心筋症とは，観察できる心筋異常の原因といえる心血管疾患がないにもかかわらず，心筋が構造的・機能的に異常である心筋障害と定義されている[2]。

ACVIMコンセンサスステートメントでは，ヒトの心筋症に適応されている欧州心臓病学会の伝統的な分類に沿って，肥大型心筋症 hypertrophic cardiomyopathy (HCM)，拘束型心筋症 restrictive cardiomyopathy (RCM)，拡張型心筋症 dilated cardiomyopathy (DCM)，不整脈原性右室心筋症 arrhythmogenic right ventricular cardiomyopathy (ARVC)の枠組みに基づき，猫の心筋症を「構造的および機能的特徴＝フェノタイプ」で分類している(**表1**)。甲状腺機能亢進症や各種遺伝子変異などの原因が判明するまでは，心臓形態と機能によってHCMフェノタイプもしくはDCMフェノタイプと呼称される。少々乱雑な言い方をしてしまえば，心筋が分厚いか薄いか，さらにはそれによって心室の動きが悪化しているかどうかで「フェノタイプ」と分類して扱うのだ。ヒトにおける分類では，HCMは心筋が厚く硬い，DCMは心筋が弱い，RCMは心筋が硬い，ARVCは心筋の劣化と置換，といわれているため[2, 3]，筆者はこの乱雑なまとめ方でもあながち間違いではないと感じており，飼い主に最初に説明する際にはこのくらい砕けた説明をすることも多い。その後，詳細な心エコー図検査や血液検査，血圧測定，必要であれば遺伝子検査などを経て，基礎となる原因が見つからない場合には，それぞれHCMまたはDCMと分類される。

欧州心臓病学会の分類では，どの心筋症にも分類されない心筋疾患を分類不能型心筋症 unclassified cardiomyopathy (UCM)と定義している一方，ACVIMコンセンサスステートメントでは非特異的フェノタイプとすることが提案されており，ここに分類するためにはより詳細な形態学的・機能的説明が必要となる。

さて，ここまで定義と分類について述べたが，猫の心筋症のACVIMコンセンサスステートメントは理解しにくいと感じているかもしれない。**図1**を参照にしつつ，一部の猫では疾患の進行や併発疾患などにより心筋症のフェノタ

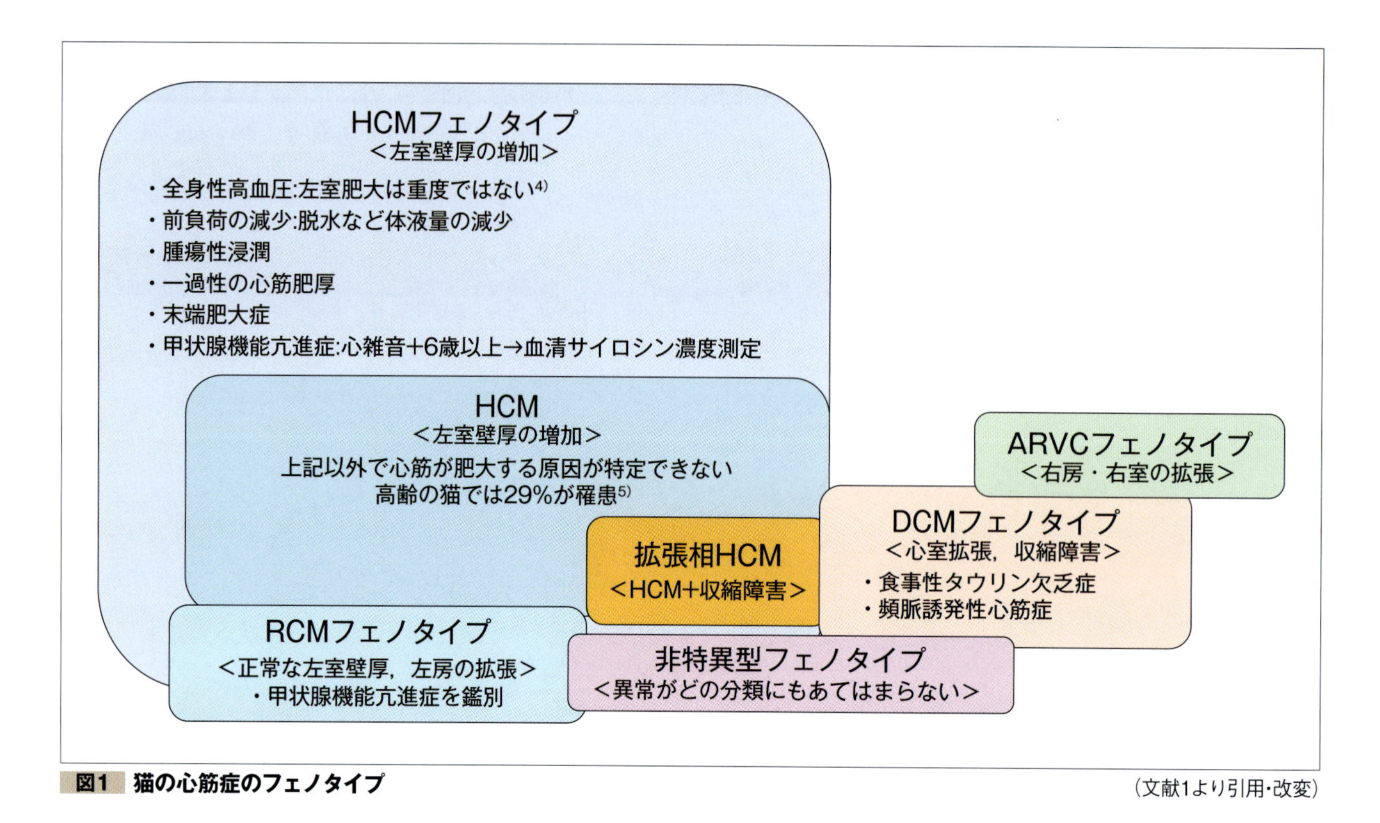

図1　猫の心筋症のフェノタイプ　（文献1より引用・改変）

イプが経過とともに変化することに注意してほしい。フェノタイプの特徴に関しては各章で詳述する。

心エコー図検査（図2）

ACVIMコンセンサスステートメントにおいて重要視されている心エコー図検査であるが，実際はどこに着目していけばよいのだろうか。猫の心筋症の診断や治療における重要な項目について解説する。

左室壁厚の測定

多くのHCMフェノタイプでは，左室壁の肥大が局所的であったり，不均一であったりするため，Mモード法の心エコー図検査では見逃す可能性があることに注意したい。Mモード法では右側傍胸骨短軸像より画像を取得し，Bモード法では右側傍胸骨像の長軸像と短軸像で拡張末期における左室自由壁および中隔壁の最も厚い部分を測定することが推奨される。また，少なくとも3心周期を測定し，平均値を使用することがACVIMコンセンサスステートメント上推奨されるが，実際の臨床現場ではどのように対応しているのかは各章を読むうえでもポイントとなるだろう。筆者自身は，Bモード法による動画を取得しておき，検査後にあらためて測定ができるようにしている（動画の録画設定を心電図情報から3心拍としている）。

正常な体格の猫では，拡張末期左室壁の厚さが5.0 mm未満であれば正常とされ，6.0 mm以上で肥大とする。5.0～6.0 mmの場合には，体格，家族歴，左房と左室の形態や機能評価，動的左室流出路閉塞dynamic left ventricular outflow tract obstruction（DLVOTO）の有無，組織ドプラtissue Doppler imaging（TDI）法による弁輪移動速度などを考慮し，後日再評価することが推奨される。

左房径

短軸像と長軸像の両方で計測は可能であるが，右側傍胸骨短軸像心基底部断面において左房径大動脈径比（LA/Ao）として指標化することが可能である[6, 7]。この断面においてMモード法を使用し，左房内径短縮率（LA-FS%）を測定することも可能である。また，もやもやエコーspontaneous echo contrast（SEC）は左房機能の低下および血流停滞と関連しているため，確認された場合には血栓症のリスク評価が推奨される。ACVIMコンセンサスステートメントでは参考の数値は提示されていないが，左室不全の猫は，ほとんどが右傍胸骨短軸像で直径18～19 mmを超え，LA/Aoは1.8～2.0を超えると報告されている[8, 9]。

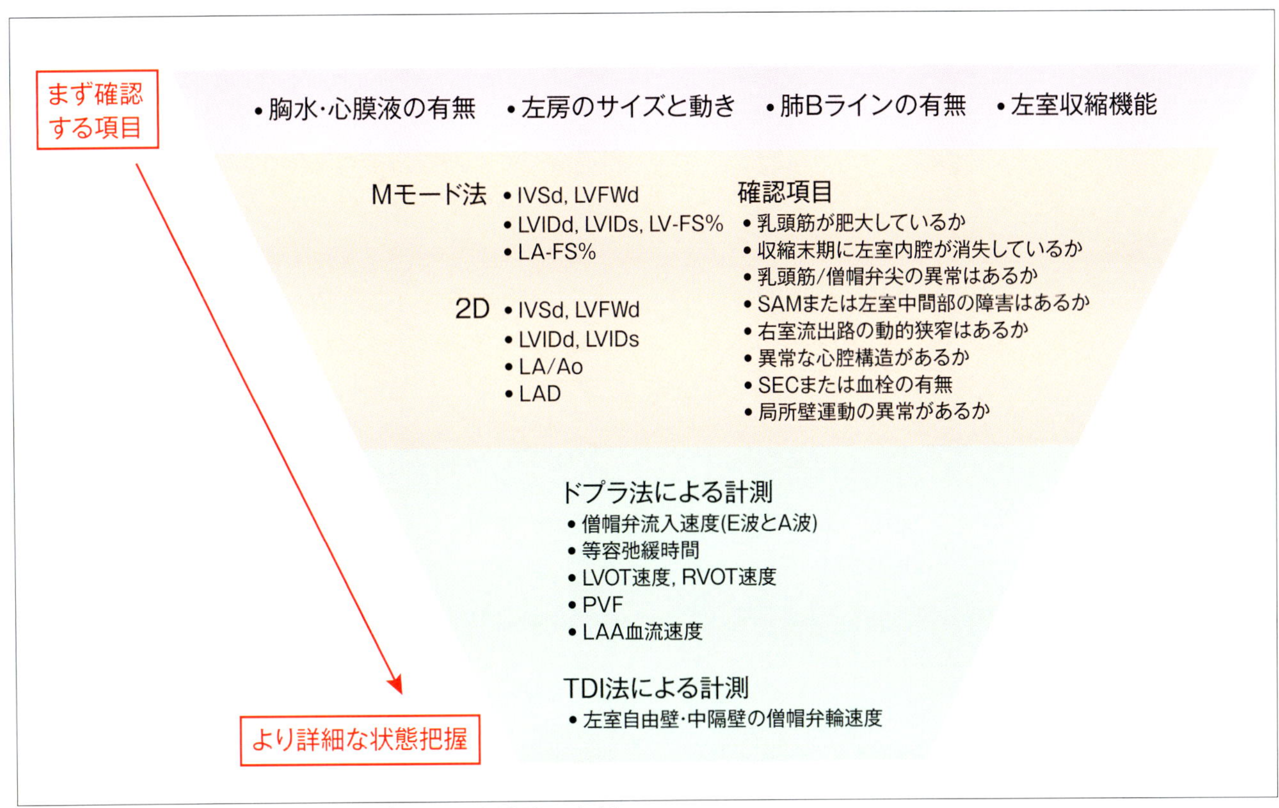

図2 心エコー図検査(ACVIM推奨プロトコルより引用・改変)
IVSd:拡張末期心室中隔壁厚, LVFWd:拡張末期左室自由壁厚, LVIDd:左室拡張末期径, LVIDs:左室収縮末期径, LV-FS%:左室内径短縮率, LA/Ao:左房径大動脈径比, LAD:左房径, LVOT速度:左室流出路血流速度, RVOT:右室流出路血流速度, PVF:肺静脈血流速波形, LAA:左心耳

動的左室流出路閉塞(DLVOTO)

Bモード法, Mモード法, ドプラ法を用いて評価することが可能である。Bモード法およびカラードプラ法において, 僧帽弁収縮期前方運動 systolic anterior motion of the mitral valve (SAM)を描出し, 左室流出路の閉塞を確認することができる。Mモード法によってSAMを描出することも可能である。カラードプラ法を用いて, 左室流出路閉塞, SAMによる僧帽弁閉鎖不全から起こる逆流などが観察できる。パルスドプラ法もしくは連続ドプラ法を用いることで左室流出路の流速から圧勾配の推定が可能である。また, 拡張機能に関してはTDI法を併用することで評価する。

病期ステージング

ACVIMコンセンサスステートメントでは, 猫の心筋症の病期についてのステージングも提唱され, ステージングごとの治療方針も示されている。

ステージA

心筋症の素因はあるが, 心筋疾患の証拠がない猫が含まれる。HCMフェノタイプにおいては, メインクーン, ラグドール, ブリティッシュ・ショートヘア, ペルシャ, ベンガル, スフィンクス, ノルウェージャン・フォレスト・キャット, バーマンなどが素因をもつとされる[10~15]。

ステージB1

心筋症を有するが臨床徴候がなく, 急性のCHFまたはATEのリスクが低い猫が含まれる。ステージB2への移行が示唆されていないか, 左房サイズ, 左房および左室収縮機能, 極端な左室壁の肥厚などを毎年検査する。飼い主には安静時または睡眠時呼吸数をモニターすることを指示する。重度のDLVOTOが認められる場合には, アテノロールの投与により圧勾配と心拍数の減少が期待できる[16]。

短期予後は良好であり[17], 長期予後は要注意で心室における疾患の重症度とタイプに左右される[18]。

例えば, HCMの猫では予後を最も左右するのは心房拡大の程度であるため, 病期分類に用いられるのは心房サイズである。左房または右房肥大がない，あるいは軽度の猫がステージB1とされ，心臓関連死は診断から1年以内にわずか7.0%，5年で23%，10年で28%と報告されている[18]。

ステージB2

心筋症を有し臨床徴候はないが，急性のCHFまたはATEのリスクが高い猫が含まれる。中～重度の左房拡大，LA-FS%の低下，左心耳内流速の低下，SECなどのATEリスクが示唆される場合には，クロピドグレルの投与を検討する。ATEリスクが非常に高いと判断される場合には，クロピドグレルに加えてアスピリンや経口第Xa因子阻害薬（リバーロキサバン），またはそれらの3剤の併用も検討される。ACVIMコンセンサスステートメント上では，各種アンジオテンシン変換酵素（ACE）阻害薬やピモベンダンに関して推奨する記載はない。

心室期外収縮ventricular premature contraction（VPC）はHCMおよびARVCでよく観察され突然死と関連する。アテノロールはHCMにおいてVPCを減少させるため[16]，アテノロール（6.25 mg/頭，1日2回，経口投与）が推奨される。もしくはソタロール（10～20 mg/頭，1日2回，経口投与）も有効である。

予後は短期・長期ともに不確定であるが，ステージB2以降は適切な治療が行われ良好な反応が得られれば，数カ月，時には1～2年は良好な生活の質（QOL）を保つことができるとされる[17]。

ステージC

CHFもしくはATEの臨床徴候を示した猫が含まれる。治療が奏効し，臨床徴候が消失しても，一度ステージCとなった場合にはステージBへと移行しない。

明らかな急性心不全を呈している場合には，検査などストレスによるデメリットが多くなるため，酸素を投与しつつ，利尿薬（フロセミド1.0～2.0 mg/kg，静脈ボーラス投与もしくは持続定量点滴）の投与が推奨される。胸水貯留による呼吸困難が生じた場合には，胸腔穿刺が推奨される。心拍出量の低下（低血圧，低体温，徐脈といった臨床徴候）が認められ，DLVOTOを有していなければピモベンダンの経口投与やドブタミンの投与が検討される。しかしながら，発症以前より心エコー図検査をしていなければ判断できず，筆者自身は安易に投与を開始すべきではないと考えている。一方で，DCMフェノタイプと判明していれば，強心薬を開始している。ニトログリセリンは使用してはならず，ACE阻害薬も徐脈に対しては適応とはならない。したがって，急性心不全の場合には，利尿薬を投与したうえで酸素室において安静にし，体温，呼吸数，体重，血圧，尿量などをモニタリングすることが推奨される。状態が安定したのち，心エコー図検査などでCHFの再評価を行い，血液検査などで腎機能を評価することが望まれる。

慢性期に移行した場合も，フロセミドは肺水腫および胸水のコントロールに使用される。フロセミドは0.5～2.0 mg/kgを1日2～3回で経口投与し，自宅での安静時または睡眠時呼吸数が30回/分となるように調整する。ACE阻害薬は内科医の判断によって使用される。

左房拡大が依然として認められる猫では，予防的な抗血栓療法としてクロピドグレル（18.75 mg/頭，1日1回，経口投与）が推奨される。左室流出路閉塞がない場合，ピモベンダン（0.625～1.25 mg/頭，1日2回，経口投与）の使用も可能である。DCMフェノタイプに関しては，食歴の聴取や血漿中タウリン濃度の測定を実施し，結果によって治療介入が推奨される。臨床徴候が安定していれば，2～4カ月ごとの定期検診が推奨される。

ステージD

治療抵抗性のCHF徴候を示す猫が含まれる。具体的には，高用量のフロセミド（6.0 mg/kg/日以上，経口投与）を使用しても，CHFが継続するような場合である。この場合には，トラセミドやスピノロラクトン（1.0～2.0 mg/kg，1日1～2回）に変更してもよい。しかしながら，スピノロラクトン（2.0 mg/kg，1日2回）をメインクーンに投与した際，潰瘍性皮膚炎といった有害事象の発生が報告されている[19]。筆者も心筋症ではないが，ラグドールへのスピノロラクトン投与で皮膚炎を経験しているため注意が必要である。左房収縮機能不全が認められる場合にはピモベンダンの投与が推奨され，さらに血漿中タウリン濃度が低下している場合にはタウリン（250 mg，1日2回）の経口投与も推奨される。食事の塩分濃度を控え，不必要な投薬の見直しも重要となる。

ステージDでは，心臓性悪液質となることもあり，低ナトリウムに気を遣うよりもカロリー摂取を優先し，体重の維持を目標とするべきである。低カリウム血症に対してはカリウムを食事から補填することが推奨される。

診断法

前述したとおり，ACVIM コンセンサスステートメントにおける診断法は，主に心エコー図検査をもとに行われる。しかしながら，ACVIM は心エコー図検査には熟練した技術が必要であると認めており，心エコー図検査での診断に苦慮する場合の診断法も提示している。

遺伝子検査

メインクーンとラグドールにおいては，心筋ミオシン結合蛋白C遺伝子（*MYBPC3*）の Ala31Pro（A31P）変異と *MYBPC3* Arg820Trp（R820W）変異の遺伝子検査が有効であり，繁殖に供するこれらの猫種において実施すべきである。詳細は第8章 p.192 をご確認いただきたい。

心電図検査

猫の心筋症のスクリーニングとしては推奨されない[20]。しかし，安静時心電図で心室頻脈性不整脈が認められた猫のほぼすべてが何らかの心筋症を有するため[18, 21]，実施してもよいと考えられる。

血圧測定

高血圧を鑑別するために HCM フェノタイプのすべての猫で実施する。

血中 N 末端プロ脳性ナトリウム利尿ペプチド

血中N末端プロ脳性ナトリウム利尿ペプチド（NT-proBNP）は，呼吸困難の原因が CHF か否かを鑑別するのに有用である。しかし，結果が出るまでに時間を要するため治療方針の決定には向かない。心エコー図検査ができない場合，ステージBが疑われる猫において有用であるが，あくまでも健常または軽症の猫との鑑別に使われる[22〜26]。ステージB以降の重症度や治療効果の判定には用いないほうがよいだろう。また，長期予後不良の判定に NT-proBNP ＞ 1,500 pmol/L が有用とされる[27]。詳細は第7章 p.170 ご確認いただきたい。

心筋トロポニン I

数値の上昇は心血管関連死のリスク増加と関連しており，左房の大きさとは無関係である[28]。呼吸困難の原因を鑑別することが可能であり[29〜31]，健常もしくはステージBを鑑別するために使用される[32, 33]。文献上，筆者自身はステージBの鑑別には NT-proBNP が優れるが，投薬治療開始後やその後の治療方針決定には心筋トロポニン I が有用であると考えている。こちらの詳細も第7章 p.170 をご確認いただきたい。

おわりに

猫の心筋疾患はそのほとんどが原因不明であり，緊急で来院した呼吸困難や急性心不全徴候を呈する猫への迅速な対応が求められる。二次診療施設においては，若齢で心雑音が聴取された猫や NT-proBNP が高値を示した猫などが紹介来院し，定期検査となることが多い。しかしながら，飼い主の献身的な管理にもかかわらず，突然の血栓症や肺水腫で運び込まれる猫も少なくない。猫の心エコー図検査は，保定や適した環境づくりが難しく，練習できる施設も少ないと思うが，ACVIM コンセンサスステートメントでもわかるように，猫の心筋症に関しては心エコー図検査が非常に有用であることが示唆されている。筆者自身は，飼い主の了承が得られる場合には，ステージAの猫はもちろん，心雑音と NT-proBNP の問題がなくなったとしても，心エコー図検査と病院に慣れるために定期的な受診を推奨している。

本書では，これから専門医の先生たちからの学術的，臨床的に非常に有用な情報が提供されることと思う。猫の心筋症に対する知見を深め，実際の臨床現場に還元し，さまざまな病態を呈する心筋症のさらなる知見が収集されることを願っている。

参考文献

1. Luis Fuentes, V., Abbott, J., Chetboul, V., *et al.* (2020) : ACVIM consensus statement guidelines for the classification, diagnosis, and management of cardiomyopathies in cats. *J. Vet. Intern. Med.*, 34 (3) : 1062-1077.
2. Elliott, P., Andersson, B., Arbustini, E., *et al.* (2008) : Classification of the cardiomyopathies: a position statement from the European Society Of Cardiology Working Group on Myocardial and Pericardial Diseases. *Eur. Heart. J.*, 29 (2) : 270-276.
3. Maron, B.J., Towbin, J.A., Thiene, G., *et al.* (2006) : Contemporary definitions and classification of the cardiomyopathies: an American Heart Association Scientific Statement from the Council on Clinical Cardiology, Heart Failure and Transplantation Committee; Quality of Care and Outcomes Research and Functional Genomics and Translational Biology Interdisciplinary Working Groups; and Council on Epidemiology and Prevention. *Circulation.*, 113 (14) : 1807-1816.
4. Nelson, L., Reidesel, E., Ware, W.A., *et al.* (2002) : Echocardiographic and radiographic changes associated with systemic hypertension in cats. *J. Vet. Intern. Med.*, 16 (4) : 418-425.
5. Payne, J.R., Brodbelt, D.C., Fuentes, V.L., (2015) : Cardiomyopathy prevalence in 780 apparently healthy cats in rehoming centres (the CatScan study) . *J. Vet. Cardiol.*, 17 (Suppl1) : S244-257.
6. Gaschen, F., Gaschen, L., Seiler, G., *et al.* (1998) : Lethal peracute rhabdomyolysis associated with stress and general anesthesia in three dystrophin-deficient cats. *Vet. Pathol.*, 35 (2) : 117-123.
7. Borgeat, K., Wright, J., Garrod, O., *et al.* (2014) : Arterial thromboembolism in 250 cats in general practice: 2004-2012. *J. Intern. Med.*, 28 (1) : 102-108.
8. Rohrbaugh, M.N., Schober, K.E., Rhinehart, J.D., *et al.* (2020) : Detection of congestive heart failure by Doppler echocardiography in cats with hypertrophic cardiomyopathy. *J. Vet. Intern. Med.*, 34 (3) : 1091-1101.
9. Duler, L., Scollan, K., LeBlanc, N. (2019) : Left atrial size and volume in cats with primary cardiomyopathy with and without congestive heart failure. *J. Vet. Cardiol.*, 24: 36-47.
10. Trehiou-Sechi, E., Tissier, R., Gouni, V., *et al.* (2012) : Comparative echocardiographic and clinical features of hypertrophic cardiomyopathy in 5 breeds of cats: a retrospective analysis of 344 cases (2001-2011) . *J. Vet. Intern. Med.*, 26 (3) : 532-541.
11. Meurs, K.M., Norgard, M.M., Ederer, M.M., *et al.* (2007) : A substitution mutation in the myosin binding protein C gene in ragdoll hypertrophic cardiomyopathy. *Genomics.*, 90 (2) : 261-264.
12. Borgeat, K., Casamian-Sorrosal, D., Helps, C., *et al.* (2014) : Association of the myosin binding protein C3 mutation (MYBPC3 R820W) with cardiac death in a survey of 236 Ragdoll cats. *J. Vet. Cardiol.*, 16 (2) : 73-80.
13. Granström, S., Nyberg Godiksen, M.T., Christiansen, M., *et al.* (2011) : Prevalence of hypertrophic cardiomyopathy in a cohort of British Shorthair cats in Denmark. *J. Vet. Intern. Med.*, 25 (4) : 866-871.
14. Chetboul, V., Petit, A., Gouni, V., *et al.* (2012) : Prospective echocardiographic and tissue Doppler screening of a large Sphynx cat population: reference ranges, heart disease prevalence and genetic aspects. *J. Vet. Cardiol.*, 14 (4) : 497-509.
15. März, I., Wilkie, L.J., Harrington, N., *et al.* (2015) : Familial cardiomyopathy in Norwegian Forest cats. *J. Feline. Med. Surg.*, 17 (8) : 681-691.
16. Jackson, B.L., Adin, D.B. Lehmkuhl, L.B. (2015) : Effect of atenolol on heart rate, arrhythmias, blood pressure, and dynamic left ventricular outflow tract obstruction in cats with subclinical hypertrophic cardiomyopathy. *J. Vet. Cardiol.*, 17 Suppl 1: S296-305.
17. Kittleson, M.D. Côté, E. (2021) : The Feline Cardiomyopathies: 1. General concepts. *J. Feline. Med. Surg.*, 23 (11) : 1009-1027.
18. .Fox, P.R., Keene, B.W., Lamb, K., *et al.* (2018) : International collaborative study to assess cardiovascular risk and evaluate long-term health in cats with preclinical hypertrophic cardiomyopathy and apparently healthy cats: The REVEAL Study. *J. Vet. Intern. Med.*, 32 (3) : 930-943.
19. MacDonald, K.A., Kittleson, M.D., Kass, P.H., *et al.* (2008) : Effect of spironolactone on diastolic function and left ventricular mass in Maine Coon cats with familial hypertrophic cardiomyopathy. *J. Vet. Intern. Med.*, 22 (2) : 335-341.
20. Elliott, P.M., Anastasakis, A., Borger M.A., *et al.* (2014) : 2014 ESC Guidelines on diagnosis and management of hypertrophic cardiomyopathy: the Task Force for the Diagnosis and Management of Hypertrophic Cardiomyopathy of the European Society of Cardiology (ESC) . *Eur. Heart. J.*, 35 (39) : 2733-2779.
21. Côté, E., Jaeger, R. (2008) : Ventricular tachyarrhythmias in 106 cats: associated structural cardiac disorders. *J. Vet. Intern. Med.*, 22 (6) : 1444-1446.
22. Fox, P.R., Rush, J.E., Reynolds, C.A., *et al.* (2011) : Multicenter evaluation of plasma N-terminal probrain natriuretic peptide (NT-pro BNP) as a biochemical screening test for asymptomatic (occult) cardiomyopathy in cats. *J. Vet. Intern. Med.*, 25 (5) : 1010-1016.
23. Hsu, A., Kittleson, M.D., Paling, A. (2009) : Investigation into the use of plasma NT-proBNP concentration to screen for feline hypertrophic cardiomyopathy. *J. Vet. Cardiol.*, 11 Suppl 1: S63-70.
24. Wess, G., Daisenberger, P., Mahling, M., *et al.* (2011) : Utility of measuring plasma N-terminal pro-brain natriuretic peptide in detecting hypertrophic cardiomyopathy and differentiating grades of severity in cats. *Vet. Clin. Pathol.*, 40 (2) : 237-244.
25. Machen, M.C., Oyama, M.A., Gordon, S.G., *et al.* (2014) : Multi-centered investigation of a point-of-care NT-proBNP ELISA assay to detect moderate to severe occult (pre-clinical) feline heart disease in cats referred for cardiac evaluation. *J. Vet. Cardiol.*, 16 (4) : 245-255.
26. Harris, A.N., Beatty, S.S., Estrada, A.H., *et al.* (2017) : Investigation of an N-Terminal Prohormone of Brain Natriuretic Peptide Point-of-Care ELISA in Clinically Normal Cats and Cats With Cardiac Disease. *J. Vet. Intern. Med.*, 31 (4) : 994-999.
27. Payne, J.R., Borgeat, K., Connolly, D.J., *et al.* (2013) : Prognostic indicators in cats with hypertrophic cardiomyopathy. *J. Vet. Intern. Med.*, 27 (6) : 1427-1436.
28. Borgeat, K., Sherwood, K., Payne J.R., *et al.* (2014) : Plasma Cardiac troponin I concentration and cardiac death in cats with hypertrophic cardiomyopathy. *J. Vet. Intern. Med.*, 28 (6) : 1731-1737.
29. Herndon, W.E., Rishniw, M., Schrope, D., *et al.* (2008) : Assessment of plasma cardiac troponin I concentration as a means to differentiate cardiac and noncardiac causes of dyspnea in cats. *J. Am. Vet. Med. Assoc.*, 233 (8) : 1261-1264.
30. Connolly, D.J., Brodbelt, D.C., Copeland, H., *et al.* (2009) : Assessment of the diagnostic accuracy of circulating cardiac troponin I concentration to distinguish between cats with cardiac and non-cardiac causes of respiratory distress. *J. Vet. Cardiol.*, 11 (2) : 71-78.
31. Wells, S.M., Shofer, F.S., Walters, P.C., *et al.* (2014) : Evaluation of blood cardiac troponin I concentrations obtained with a cage-side analyzer to differentiate cats with cardiac and noncardiac causes of dyspnea. *J. Am. Vet. Med. Assoc.*, 244 (4) : 425-430.
32. Hori, Y., Iguchi, M., Heishima, Y., *et al.* (2018) : Diagnostic utility of cardiac troponin I in cats with hypertrophic cardiomyopathy. *J. Vet. Intern. Med.*, 32 (3) : 922-929.
33. Hertzsch, S., Roos, A. Wess, G. (2019) : Evaluation of a sensitive cardiac troponin I assay as a screening test for the diagnosis of hypertrophic cardiomyopathy in cats. *J. Vet. Intern. Med.*, 33 (3) : 1242-1250.

山本 宗伸 Yamamoto, Soshin　COLUMN 1　Tokyo Cat Specialists

Tokyo Cat Specialistsでの心疾患の発生

国内の動物保険会社の調査でも，猫の心疾患の請求割合は2.4％であり，犬の4.6％に比べると約半分である[1)]。

当院にて心疾患が発見されるパターンとしては，①努力性呼吸などの臨床徴候の発現のため来院した際に発見される，②健康診断／術前検査で発見される，③慢性疾患の治療中に循環器，呼吸器徴候が顕在化し発見される，という3パターンがある。猫は慢性疾患の治療で皮下点滴をすることが多く，点滴により循環血液量が過剰になると前負荷が増え，③の肺水腫を起こすため，体重が軽い猫や老猫ではとくに点滴量に注意が必要である。理想として点滴を行う前には心エコー図検査を実施した方が安心である。②に関しては，当院では1歳以上の術前検査に心エコー図検査を組み込んでいる。肥大型心筋症は0.8歳からの発症が報告されているうえ，実際に若齢の心筋症で痛い目を見た経験がある。2歳の若齢性歯肉炎の猫で抜歯をした後に，動脈血栓塞栓症と肺水腫を発症した。血栓と手術の直接の因果関係は不明だが，発症した後に心エコーを見ると心筋壁の肥厚と左房の拡大を認めた。つまり，術前から心筋症があった可能性があるということである。それ以後は術前検査に組み込んだ[2)]。また，HCM発症の年齢中央値が7.2歳であったという報告から[2)]（**図**），7歳以上の猫で健康診断を行う際は心エコー図検査を行っている。

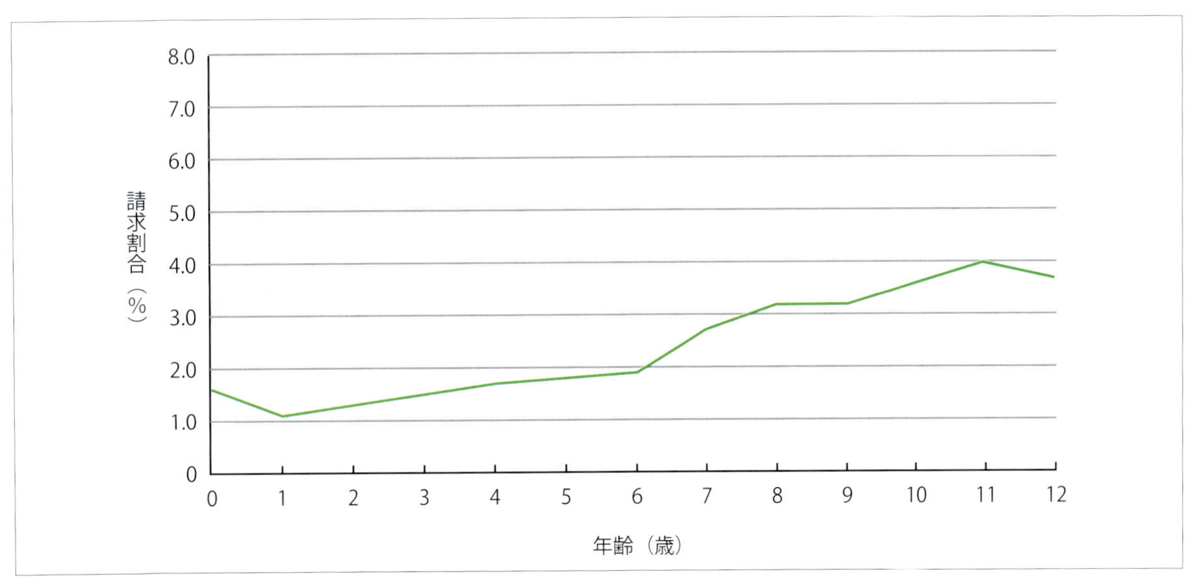

図　猫の心疾患の請求割合
7歳頃から心疾患が増えることがわかる。

参考文献

1. アニコム．家庭どうぶつ白書．2022. https://www.anicom-page.com/hakusho/book/pdf/book_202212.pdf,（accessed 2024-03-26）
2. Spalla, I., Locatelli, C., Riscazzi, G. *et al.*（2016）: Survival in cats with primary and secondary cardiomyopathies. *J. Feline Med. Surg.*, 18（6）: 501-509.

COLUMN 2

服部　幸 Hattori, Yuki　東京猫医療センター

東京猫医療センターでの猫の肥大型心筋症(HCM)の発生状況

一般的に，HCM は雑種猫の雄が罹患しやすいとされており[1]，好発品種は**表1**のとおりである[2~8]。しかし，これはあくまでも海外のいくつかの報告をまとめたものであり，本邦での発生状況を正確に反映していない可能性がある。そこで，当院での HCM の発生状況および全症例の品種別の割合をまとめたところ，以下のことが示された(**図**，**表2**)。

- HCM の発生率は雑種猫よりも純血種のほうが高い。
- HCM の好発品種と報告されているペルシャの発生率は高くない。
- 報告されている好発品種のほかに，マンチカン，サイベリアン，そしてラガマフィンでの発生率が高い。
- 雄の発生率が高い。

当院での発生状況が本邦での発生状況をただちに反映するとは限らないが，本邦と海外の発生状況に違いがあるかを考えてみたい。純血種の猫は，同じ品種同士での繁殖を繰り返すことにより，遺伝子プールが狭くなるため遺伝病が蔓延しやすい。とくに本邦では，マイナーな品種は先進的なブリーダーが海外から輸入し，その子孫を増やしていくことがあり，これは血統のラインともよばれる。そのため，本邦にいるマイナー品種の猫は，血縁関係が濃い可能性がある。繁殖に用いる猫が遺伝病因子を有していた場合には遺伝病の発生率は非常に高くなる。海外で報告されていない遺伝病因子を有する猫が本邦に存在すれば，その遺伝病は本邦でのみ好発する傾向を示すことが考えられる。実際のところ，本邦におけるアメリカン・カール，ノルウェージャン・フォレスト・キャット，サイアミーズ(シャム)などは，米国の同品種とは遺伝的な差異があることが報告されている[9]。これらのことから，品種好発性の疾患は，海外の報告だけでなく，本邦での報告や傾向を把握していることが必要である。

表1　HCMの好発品種[2~8]

アメリカン・ショートヘア
スコティッシュ・フォールド
ノルウェージャン・フォレスト・キャット
ブリティッシュ・ショートヘア
ペルシャ
ベンガル
メインクーン
ラグドール

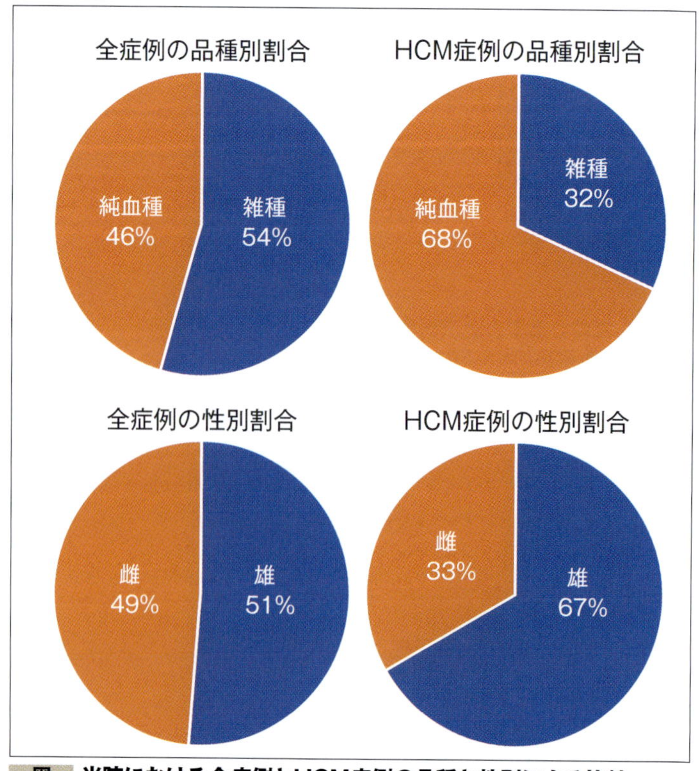

図　当院における全症例とHCM症例の品種と性別による比較

表2　当院における猫の全症例とHCM症例の品種別割合

順位	品種名	全症例(頭)	HCM症例(頭)	発生割合
1	雑種猫	4,775	37	0.8%
2	スコティッシュ・フォールド	681	22	3.2%
3	アメリカン・ショートヘア	438	8	1.8%
4	マンチカン	327	5	1.5%
5	ロシアンブルー	278	2	0.7%
6	ノルウェージャン・フォレスト・キャット	246	5	2.0%
7	ペルシャ	240	2	0.8%
8	ラグドール	216	4	1.9%
9	ブリティッシュ・ショートヘア	201	3	1.5%
10	メインクーン	188	5	2.7%
11	アビシニアン	166	1	0.6%
12	ベンガル	157	5	3.2%
13	ソマリ	116	0	0.0%
14	エキゾチック	110	3	2.7%
15	ミヌエット	103	2	1.9%
16	サイベリアン	92	3	3.3%
17	アメリカン・カール	72	1	1.4%
18	シンガプーラ	72	1	1.4%
19	ラガマフィン	59	2	3.4%
20	シャルトリュー	38	1	2.6%
21	ヒマラヤン	30	0	0.0%
22	トンキニーズ	27	0	0.0%
23	エジプシャン・マウ	20	2	10.0%
24	スフィンクス	16	0	0.0%
25	セルカーク・レックス	16	0	0.0%
26	サイアミーズ(シャム)	15	0	0.0%
27	オシキャット	12	1	8.3%
28	デボン・レックス	10	0	0.0%
29	キンカロー	8	0	0.0%
30	ラ・パーマ	8	0	0.0%
31	ターキッシュ・アンゴラ	6	1	16.7%
32	バーマン	6	0	0.0%
33	バーミーズ	6	0	0.0%
34	ボンベイ	6	0	0.0%
35	ブリティッシュ・ロングヘア	4	1	25.0%
36	コラット	3	0	0.0%
37	トイガー	3	0	0.0%
38	オリエンタル・ショートヘア	2	0	0.0%
39	サバンナキャット	2	0	0.0%
40	ラムキン	2	0	0.0%
41	アメリカン・ボブテイル	1	0	0.0%
42	カオマニー	1	0	0.0%
43	ヨーロピアン・ショートヘア	1	0	0.0%

参考文献

1. Kittleson, M.D., Côté, E. (2021) : The Feline Cardiomyopathies: 2. Hypertrophic cardiomyopathy. *J. Feline. Med. Surg.*, 23 (11) : 1028-1051.
2. Meurs, K. Kittleson, M., Towbin. J. *et al.* (1997) : Familial systolic anterior motion of the mitral valve and/or hypertrophic cardiomyopathy is apparently inherited in as an autosomal dominant trait in a family of American Shorthair cats. *J. Vet. Intern. Med.*, 11: 138.
3. März, I., Wilkie, L.J., Harrington, N., *et al.* (2015) : Familial cardiomyopathy in Norwegian Forest cats. *J. Feline. Med. Surg.*, 17 (8) : 681-691.
4. Granström, S., Nyberg Godiksen, M.T., Christiansen, M., *et al.* (2011) : Prevalence of hypertrophic cardiomyopathy in a cohort of British Shorthair cats in Denmark. *J. Vet. Intern. Med.*, 25 (4) : 866-871.
5. Trehiou-Sechi, E., Tissier, R., Gouni, V., *et al.* (2012) : Comparative echocardiographic and clinical features of hypertrophic cardiomyopathy in 5 breeds of cats: a retrospective analysis of 344 cases (2001-2011) . *J. Vet. Intern. Med.*, 26 (3) : 532-541.
6. Scansen, B.A., Morgan, K.L. (2015) : Reference intervals and allometric scaling of echocardiographic measurements in Bengal cats. *J. Vet. Cardiol.*, 17Suppl1: 282-295.
7. Meurs, K.M., Sanchez, X., David, R.M., *et al.* (2005) : A cardiac myosin binding protein C mutation in the Maine Coon cat with familial hypertrophic cardiomyopathy. *Hum. Mol. Genet.*, 14 (23) : 3587-3593.
8. Borgeat, K., Casamian-Sorrosal, D., Helps, C., *et al.* (2014) : Association of the myosin binding protein C3 mutation (MYBPC3 R820W) with cardiac death in a survey of 236 Ragdoll cats. *J. Vet Cardiol.*, 16 (2) : 73-80.
9. Borgeat, K., Stern, J., Meurs, K.M., *et al.* (2015) : The influence of clinical and genetic factors on left ventricular wall thickness in Ragdoll cats. *J. Vet. Cardiol.*, 17Suppl1: 258-267.

服部　幸 Hattori, Yuki
東京猫医療センター

COLUMN 3

東京猫医療センターでHCMと診断された症例の主訴

当院においてHCMと診断された症例の主訴を**表**にまとめた。食欲不振を心疾患関連徴候と関連づけるかどうかは判断が難しいところだが，多くの症例は健康診断やワクチン接種など，心疾患とは関連のない主訴で来院した際にHCMと診断されている。これは，猫のHCMは末期になるまで臨床徴候を示さないことも多く，初期～中期までは飼い主が気づかないためと考えられる。とくに，高齢猫の多くは，食事以外の時間は寝ていることが多いため，犬でみられるような散歩中の運動不耐性といった異常に気づくことができない。

このことから，呼吸困難や運動不耐性，動脈血栓塞栓症などの明らかな心疾患関連徴候を呈する場合以外，例えば元気消失，食欲不振などを主訴とした場合にも，HCMを鑑別診断に入れる必要がある。HCMを意識せずに安易に食欲不振の症例に皮下輸液を行うことで，胸水や肺水腫を誘発する可能性があることを常に意識する必要がある。

一方で心疾患関連徴候が発現している場合には高率でHCMに罹患していることにも注目すべきである(**図**)。このことから，心疾患関連徴候を有する症例に対しては，身体検査と聴診をしっかり行ったうえで，初期診療における迅速簡易超音波検査法(FAST)で大まかに病態を把握したのち，状態に応じて胸部X線検査と心エコー図検査を行う必要がある。

表　HCMと診断または発見した日の主訴(n=47)

臨床徴候	件数	%	心疾患関連症状の有無	
			有	無
食欲不振	7	14.9		○
健康診断	5	10.6		○
開口呼吸	4	8.5	○	
腎臓病	3	6.4		○
無徴候	3	6.4		○
ワクチン接種	3	6.4		○
嘔吐	2	4.3		○
下痢	2	4.3		○
尿検査	2	4.3		○
ふらつき	2	4.3	○	
歩行異常(後肢)	2	4.3	○	
体表腫瘤	1	2.1		○
外傷	1	2.1		○
上部気道感染症	1	2.1		○
スケーリング	1	2.1		○
舌下の腫脹	1	2.1		○
発熱	1	2.1		○
皮膚疾患	1	2.1		○
運動不耐	1	2.1	○	
後肢浮腫	1	2.1	○	
頻呼吸	1	2.1	○	
咳	1	2.1	○	
倒れた	1	2.1	○	
	合計		8件 17%	39件 83%

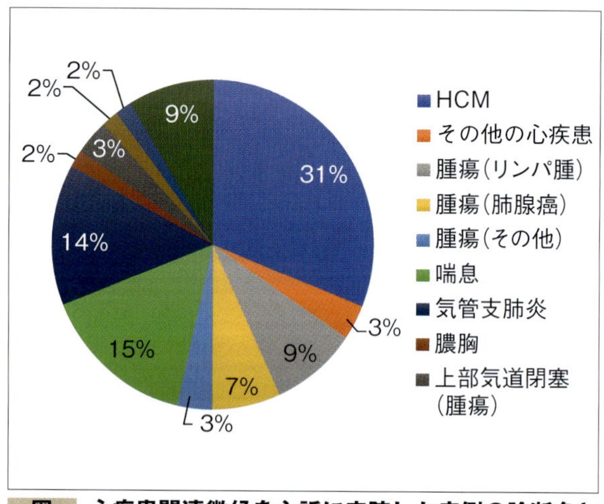

図　心疾患関連徴候を主訴に来院した症例の診断名とその割合

2 心筋症の分類
①肥大型心筋症(HCM)フェノタイプ

青木 卓磨
Aoki, Takuma
麻布大学 小動物外科学研究室

point

- **心筋肥大の原因は多岐にわたるため，原因を特定するまでは肥大型心筋症（HCM）フェノタイプ(表現型)と診断する。**
- **HCMフェノタイプは主に左室が肥大して拡張機能が低下することでうっ血性心不全(CHF)，動脈血栓塞栓症あるいは突然死を引き起こす。**
- **HCMは品種特異的にサルコメア遺伝子変異が報告されていることから，家族歴の有無も重要な診断指標であり，繁殖の際にも考慮される。**
- **心エコー図検査は診断には必須であるが，聴診，遺伝子検査，心電図検査，胸部X線検査ならびに心臓のバイオマーカー検査も補助的に使用され，診断や治療に有用である。**
- **心筋肥大を直接的に抑制する治療方法は明らかになっていないが，CHFの管理に加え，無徴候でもリスクがある場合には血栓予防療法を開始する。**

はじめに

肥大型心筋症 hypertrophic cardiomyopathy (HCM) は，猫において最も多く遭遇する心筋疾患である。2020年に米国獣医内科学会 American College of Veterinary Internal Medicine (ACVIM) からコンセンサスステートメント(以下，ACVIM コンセンサスステートメント)が発刊され，ヒトや犬と同様のステージ分類ごとに治療法が記載されている。また，心筋肥大の病因は多岐にわたることから，原因が特定されない限り HCM フェノタイプと診断することが提案されている。本稿では HCM フェノタイプにおける疾患の特性，病態，診断方法ならびに治療法について ACVIM コンセンサスステートメントを中心に解説する。また，ACVIM コンセンサスステートメントで対応がなされていない領域に関しては，筆者が現在臨床で実践している内容を紹介する。

定義と遺伝学

HCM は，原発性心筋症のひとつであり,「既知あるいは未知のサルコメア遺伝子変異により(1)左室ないしは右室心筋の肥大と(2)心肥大に基づく左室拡張能低下を特徴とする疾患群」と定義される[1]。ヒトの HCM の約 60%に常染色体顕性遺伝による家族歴があり，そのうち約 40～60%の症例がサルコメアなどの心筋構成蛋白をコードする遺伝子によって発症する。現在，11 種類以上の遺伝子の1,400 種類以上の変異が特定されている[1]。

猫においては，メインクーンとラグドールにおいてサルコメアを構成する心筋ミオシン結合蛋白C遺伝子(*MYBPC3*)の変異とHCMとの関連性が報告されており(それぞれAla31Pro［A31P］とArg820Trp［R820W］)[2]，品種特異的に遺伝子スクリーニング検査として使用できるほか，とくにホモ接合の場合は予後不良となることも報告されている[3〜5]。

*MYBPC3*におけるアミノ酸のミスセンス変異は心筋肥大の一因となるが[6〜10]，実際には猫のHCMは環境要因，修飾遺伝子あるいは心筋ストレスなどの複合的な要因により生じるとされる。事実，ヒトにおいてアルストローム症候群と関連し，細胞の分化や細胞周期制御に関連する*ALMS1*遺伝子の変異がスフィンクスのHCMと関連することが示唆されている[11]。これらの遺伝子変異は，本邦においてスコティッシュ・フォールド，マンチカン，アメリカン・ショートヘア，エキゾチック・ショートヘアならびにミヌエットのHCMとの関連性も示唆されている[12]。また，ヒトと同様にアンジオテンシン変換酵素(ACE)の遺伝子多型が心筋肥大に関連する可能性があり，とくにホモ接合の場合，*MYBPC3*変異のあるラグドールの心筋をより肥大させる可能性が示されている[13]。

前述のように，サルコメア遺伝子変異や心筋細胞の調節に関連した遺伝子変異などで心筋肥大が発症する場合はHCMと診断可能であるが，基礎疾患あるいは全身性の異常により続発する心筋肥大，すなわちに二次性心筋症を除外する必要がある。ヒトでは高血圧症のほかに，心アミロイドーシス，ファブリ病ならびにミトコンドリア心筋症などの二次性心筋症を除外する必要があり，血液化学検査，遺伝子検査あるいは心筋生検を実施して最終的にHCMを診断する。

猫においても全身性高血圧症，前負荷の減少，大動脈狭窄，腫瘍浸潤，先端巨大症，心筋炎，甲状腺機能亢進症あるいは一過性心筋肥大により心筋肥大を示すため，これらの除外に加え，サルコメア遺伝子変異を確認することでHCMの診断が可能である。しかしながら，猫において商業ベースで検査可能なサルコメア遺伝子変異は少なく，かつ品種特異的であり，二次性心筋症との鑑別が困難なこともある。そのことから，原因が明らかでない限り，「HCMフェノタイプ(表現型：生物の複合的で観察可能な特徴や形質を表す)」と表現することがACVIMコンセンサスステートメントにおいて提案されている[14]。

なお，猫のHCMはヒトと同様に前述の遺伝子変異があっても必ずしも発症しないこともある。さらに，環境や生活習慣によって，DNA配列は変わらずに遺伝子の発現が変化する現象(エピジェネティクス)として体重，体格，肥満度，年齢などの修飾因子が複合的に重なって発症する可能性がある[13, 15]。事実，HCMは家族歴のない雑種猫において最も多く診断される。すなわち，未知の原因が関連していると予想されるため，今後の研究が急がれる。

また，臨床的に拘束型心筋症restricticve cardiomyopathy (RCM)や拡張型心筋症dilated cardiomyopathy (DCM)との鑑別が困難であったり，臨床経過とともに心筋症の表現型が変化したりする症例も存在する。このような場合，筆者はヒトと同様に2つの分類を併記している[1]。

病態

HCMでは，心筋肥大により血液供給が減少することで，持続的な心筋細胞の損傷と細胞死が生じ，壊死した心筋細胞は線維組織に置換される[16]。これを置換性線維化という。線維化によるコラーゲン産生の増加により左室スティフネス(硬さ)が増大し，心筋の弛緩性が低下，さらに壁内管状血管の異常も生じることで不整脈も惹起される。左室の求心性肥大は拡張末期容積と一回心拍出量を減少させ，腎血流量が減少することでレニン・アンジオテンシン・アルドステロン(RAA)系が賦活化し，循環血液量が増加する[17]。

左室肥大による壁応力の減少により，正常な収縮は可能であるが，拡張期には弛緩せず，さらに循環血液量の増加により左室拡張末期圧，引いては左房圧を上昇させ，うっ血性心不全congestive heart failure (CHF)を惹起する。これを駆出率の保たれた心不全heart failure with preserved ejection fraction (HfpEF)とよぶ。

なお，猫のCHFでは，左房圧の上昇により肺水腫のみならず胸水が認められることもある。これはヒトと同様に，臓側胸膜静脈が肺静脈に終止することや血管床の有孔度が一因と考えられている[18]。しかしながら，最近，左房拡大と左房機能低下に加え，右室圧の増加も一因とする報告がある[19]。また，HCMの猫では左心耳を中心に血栓が形成され，心原性動脈血栓塞栓症cardiogenic arterial thromboembolism (CATE)の原因となるが，これらはとくに左房拡大と左房機能の低下がある猫において認められる。

分類

ヒトにおいて，HCMは肥大する部位や病態により，非閉塞性肥大型心筋症hyper nonobstructive cardiomyopathy (HNCM)，閉塞性肥大型心筋症hypertrophic obstructive cardiomyopathy (HOCM)，心室中部閉塞性心筋症midventricular obstruction (MVO)，心尖部肥大型心筋症apical hypertrophic cardiomyopathy (APH)ならびに拡張相肥大型心筋症dilated phase hypertrophic cardiomyopathy (D-HCM)に分類される。獣医臨床においてはHNCMとHOCMに区分することが一般的であり，前者はHCMの43%，後者は57%とややHOCMのほうが遭遇頻度は高い[20]。なお，本学においてはHOCMが68%であった。

ヒトではHOCMは予後不良であるが[1, 16]，猫ではHNCMとHOCMで生存期間に差がなく[20]，また猫では興奮により容易に左室流出路閉塞が誘発されることが多いため，この二者を区分することの意義は低いかもしれない。ただし，筆者は重度の閉塞をともなうHOCMではβ遮断薬を使用するため，必ず分類している。

ヒトにおいて，HCMの経過観察中に心室壁厚が減少，菲薄化し，壁運動の低下と左室拡張ならびに左室収縮不全が生じる病態をD-HCMと分類するが，猫においてもまれに発生し，終末期肥大型心筋症end stage hypertrophic cardiomyopathy (ES-HCM)と称され[21]，駆出率の低下した心不全heart failure with reduced ejection fraction (HFrEF)を発症する。

疫学

HCMは無徴候であることが多いため正確な有病率の算出は困難であるが，英国のリホーミングセンターにおける臨床的に健康な保護猫の調査において[22]，HCMの有病率は14.7%であり，加齢とともに増加して9歳以上では29.7%であったことが報告されている[22]。ヒトにおけるHCMの有病率が0.2～1.4%であることから[1, 23, 24]，猫におけるHCMの有病率はきわめて高いといえる。家族性HCMはメインクーン，ラグドール，スフィンクス，ベンガルに加え，アメリカン・ショートヘア（常染色体顕性遺伝）も知られているが，HCMはブリティッシュ・ショートヘア，ノルウェージャン・フォレスト・キャット，サイベリアンなどの純血種においても好発するとされる。ただし，HCMの猫における観察研究では61.3～65.4%が短毛の雑種猫と，HCMは雑種猫に最も多い[20, 25]。HCMの猫は体格が大きく，体重とボディ・コンディション・スコアbody condition score (BCS)が高いとされ[15]，事実，1,008頭のHCMを含む1,730頭の猫を用いた観察研究[20]においてHCM群は正常な猫よりも有意に体重が重かった(5 [4.2～6.0] kg vs 4.5 [3.6～5.4] kg，$p < 0.001$)[20]。診断時年齢は3カ月～17歳と幅広いが，前述の観察研究での診断時年齢は7.4 (0.5～20)歳であった[20]。HNCMの診断時年齢がHOCMよりも若齢であった理由は，HOCMのほうが心雑音の雑音強度が強く，早期に検出されたためと考えられる。一方で，ラグドール(2.5 [0.5～4.5]歳)[26]，メインクーン(A31P，ホモ接合：2.5 [1.0～4.5]歳，ヘテロ接合(4.0 [2.5～5.0]歳)，野生型：1.1 [0.8～1.8]歳)[27]およびスフィンクス(2 [0.5～7]歳)[28]などでは若齢時に発症することが多く，性別は雄に多い(79.2～87.0%)[25]。なお，本学においては紹介バイアスと流行猫種の影響もあると思われるが，スコティッシュ・フォールドをHCMと診断する機会が最も多い(オッズ比：10.45倍)。紹介時年齢はすべてのHCMでは5.0 (0.4～16.3)歳であったのに対し，スコティッシュ・フォールドでは2.1 (0.5 ± 11.9)歳と若齢であった[29]。

診断

臨床徴候

HCMの猫は無徴候なことが多く，HCMと診断された猫の33～55%に病歴や主訴が認められなかったことが報告されている[25, 26, 30]。また，「臨床的に明らかに健康な猫」780頭のうち14.7%にHCMが認められたことも報告されていることから[22]，飼い主が心疾患の存在に気づかない可能性は高い。CHFは27.9～46.0%で生じ[25, 30, 31]，臨床徴候として呼吸困難や頻呼吸が認められる。なお，CHFを発症した120頭のうち61頭が輸液(17/61頭)，手術や麻酔(15/61頭，来院の5.1 ± 5.5日前)，グルココルチコイドの使用(13/61頭，来院の6.8 ± 7.7日前)などとの関連が示唆されているため[25]，これらの処置の後にはCHFを警戒すべきである。その他の臨床徴候として，とくに左房拡大や左房を含めた心臓機能低下にともない，CATEを発症することがある(11.6～16.5%)[25, 31]。CATEにおける臨床徴候は血栓の塞栓部位により異なるが，71%が大動脈分岐部の塞栓(鞍状塞栓)による両後肢の不全麻痺であり(26%は単肢)で，15.7%に嘔吐が先行することがある[32]。また，CATEを発症した猫の44%にCHFが併発するとされる[33]。本学においては，脳梗塞により一過性に旋回運動や起立不能などの神経徴候を示したCATE症例の経験もあるため，突然の神経徴候と経時的な回復がある場合にはCATEを疑うべきである。まれに失神(4.0%)[25]や突然死(2.2～4.7%)[31, 33]が起こることもある。これらは不整脈やCHFが関連することもあるが，冠動脈や脳血管へのCATEが原因である可能性も考えられる。

遺伝子検査

本邦においてはメインクーンとラグドールの2猫種に関してそれぞれ*MYBPC3*のA31PとR820Wなどの変異について商業ベースで遺伝子検査を実施することが可能である。ACVIMコンセンサスステートメントにおいて，HCMの発生率を減少させることを目的に，繁殖用の猫への実施が推奨されている[14]。すなわち，ホモ接合であれば繁殖に使用せず，ヘテロ接合の場合は他に優れた性質がある場合は陰性の猫と交配させる。この2猫種に関しては非繁殖猫であっても診断と予後評価に遺伝子検査を実施することが可能である。

例えばメインクーンではA31Pのホモ接合の場合，4/6頭がHCMを発症し，残り2頭も拡張機能が低下し，HCM発症のオッズ比が21.6%であること，またヘテロ接合の場合でも6～11%がHCMを発症することが報告されている[3, 34]。また，ホモ接合の場合，心臓関連死するハザード比はヘテロ接合と比較して11.1 (3.7～33.3)倍と有意に高い[35]。

ラグドールにおいてはR820Wがホモ接合でもヘテロ接合でも心筋肥大がみられるが[13]，ホモ接合の場合，5.6 (0.4～10.9)歳で心臓関連死するのに対し，ヘテロ接合では16.7歳まで生存したことが報告されている[5]。ただし，それぞれの変異がない場合でもHCMを発症することがあるため(不完全浸透)[3]，遺伝子検査が正常であっても定期的な心エコー図検査が必要と思われる。

聴診

正常な猫であっても，興奮や聴診の手技(provocative testing：右胸壁に聴診器を穏やかに圧迫する手技)により誘発性あるいは医原性に心雑音を示すことが多く[36, 37]，正常であっても46.4%に心雑音が認められるとされる。すなわち，心雑音の有無のみでHCMと診断することは困難である。

一方で，HNCMの68.4%，HOCMの92.9%に心雑音があるとされるが[31]，とくにgrade 3/6以上の雑音強度がある場合はHCMの可能性が高い[31]。猫の心雑音は興奮などにより91.2%で雑音強度が変化するといった事実はあるものの[22]，grade 3/6以上の場合は積極的な画像診断検査が推奨される。過剰心音もHCMの猫に一般的であり，収縮中期クリックが聴取されることもあるが，臨床的に遭遇する過剰心音はほとんどが拡張期に聴取される4音もしくは3音のギャロップである。ギャロップの存在はHCM，とくに中等度以上の病態を示唆する所見のため[16, 22]，心臓を精査する必要がある。

筆者は心雑音やギャロップを疑うが明瞭でない場合，心不全を疑う明らかな所見がない限り，猫を2回ゆっくりと持ち上げるなどで興奮を誘発[38]して聴診する動的聴診法を行うこともある。また，不整脈の聴取もHCMを示唆する重要な所見である[39]。

心電図検査

心電図検査はHCMのスクリーニング検査としては優れているとはいえないが，正常と比較して有意にR波の増高がみられることが報告されている[40]。R波の高さが正常範囲(< 0.9 mV)を逸脱していることもあるが，前述の報告では正常な猫が0.4 ± 0.2 mVであるのに対し，HCMの猫では0.6 ± 0.3 mVであった。

一方で，不整脈の存在はHCMの可能性を示唆する所見である。ある報告では，心室期外収縮ventricular premature contraction (VPC)の幾何平均は正常では4回/日であったが，HCMでは123回/日であり，さらに二連発，三連発あるいは心室頻拍ventricular tachycardia

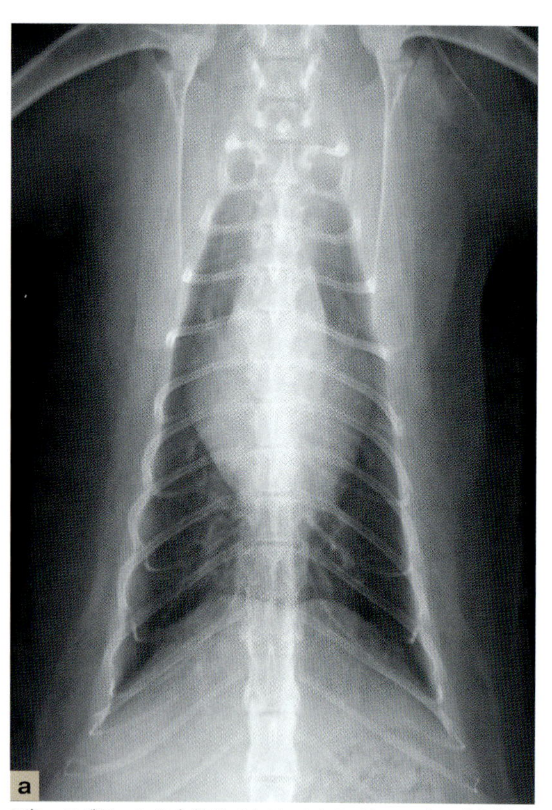

a

5歳，ラグドールの去勢雄である。LA/Aoは1.1であり左房拡大はみられなかった。皮下脂肪からもわかるように本症例は肥満しており，心臓周囲脂肪によりバレンタインハートを示している。

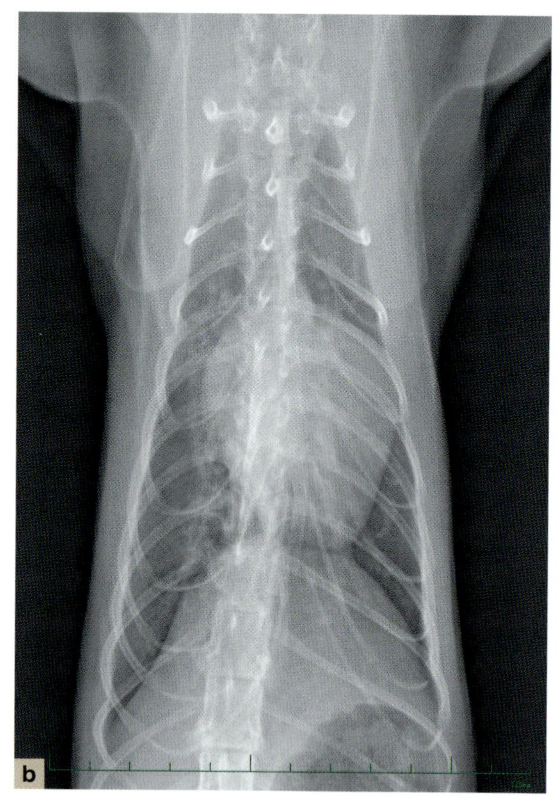

b

6歳6カ月，アメリカン・ショートヘアの雄でHOCMのステージCである。LA/Aoは2.32と，左房拡大をともなうバレンタインハートであった。

図1　胸部X線検査における「バレンタインハート」（DV方向像）

(VT)などより複雑性があった[40]。HCM以外も含まれる報告ではあるが，左房拡大がある場合は上室頻拍や心房細動atrial fibrillation (AF)がみられることもあり，前者の左房径は19.1 (12.8〜31.4) mmで，AFの場合は23.7 (16.2〜40.1) mmと左房サイズが大きいほどAFを起こしやすいことが報告されている[41]。

以上のことから筆者は，猫で不整脈を記録した場合には画像診断検査を実施すべきと考えている。

胸部X線検査

HCMは求心性肥大であるため，左房拡大が顕著でない限り胸部X線検査の感度は低い。また，両心房ともに拡大のあるHCMはかつて「バレンタインハート」を示すとされたが，「バレンタインハート」を示した41頭の猫のうち，実際に両心房ともに拡大があるのは8%のみであった[38]。また，バレンタインハートのうち実際に心筋症であったのは83%であり(34/41頭)，最も多いのは非特異的心筋症(41%)，ついでHCM (38%)であった[42, 43]。また，同報告では「バレンタインハート」を示した猫の7%は正常な心臓であり，これらは心臓周囲脂肪や胸腺の存在によって「バレンタインハート」を示したとしている(**図1**)。これらのことから，「バレンタインハート」により治療介入を決定すべきではない。

一方で，椎骨左房サイズ(VLAS)の有用性は見いだせなかったが，椎骨心臓サイズ(VHS)を用いた心サイズの増加(7.8 v以上)に加え，側方向像における，①気管分岐部の挙上，②左房陰影のふくらみ(bulging)，DV方向像における③左心耳領域のふくらみ，④第9肋骨と交差する右側後葉の肺動脈遠位が拡大している場合はHCMの可能性が高いことが報告されている[44]。また，DV方向像において，右側後葉の肺静脈陰影が拡大している場合は肺水腫リスクが高いことが示唆される[45]。

HCMの猫における肺水腫のパターンはさまざまである

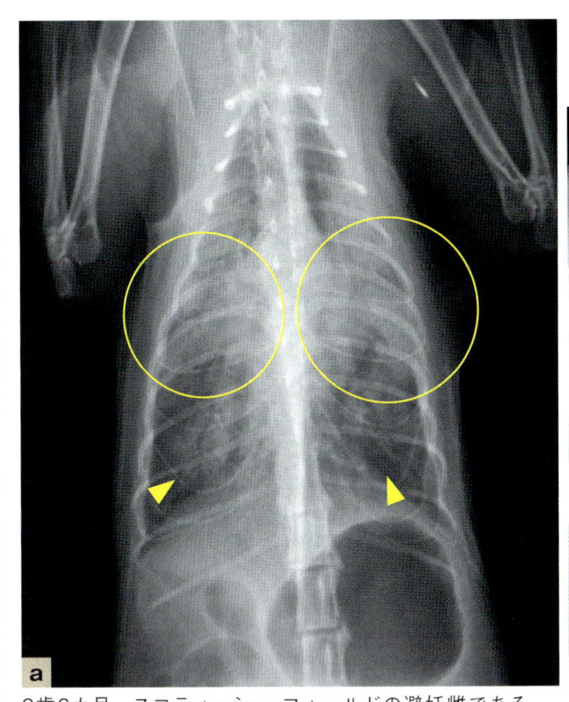

3歳6カ月，スコティッシュ・フォールドの避妊雌である。HOCMのステージCと診断されていたが，利尿薬を中断してしまい，呼吸困難を再発して来院した。びまん性に肺胞パターン(黄丸)が認められ，後葉領域には間質パターン(矢頭)も認められる。

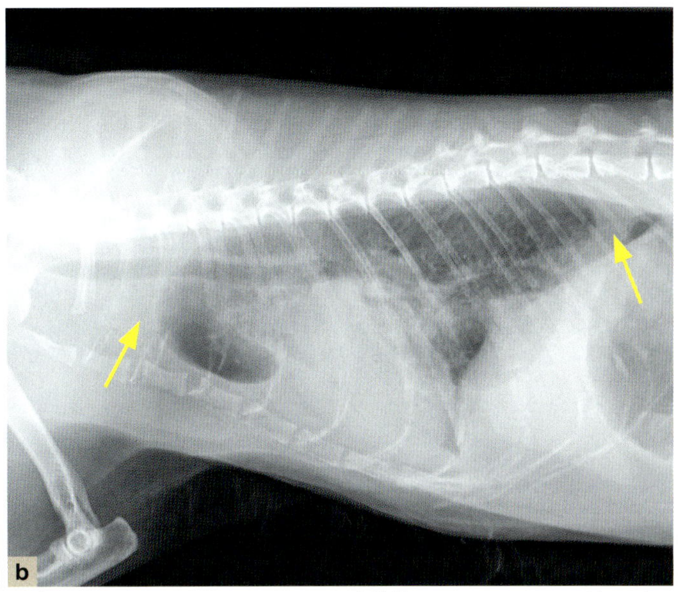

14歳8カ月，アメリカン・ショートヘアの去勢雄で，HNCMのステージCであったが，左室壁厚の菲薄化と左室収縮力の低下を認め，終末期HCMと診断した。心拡大(VHS:9.2v)に加え，胸水貯留が認められる(矢印)。

図2　HCMにおけるうっ血性左心不全

が，全例で網状，あるいは顆粒状の間質性パターンが認められ，かつ83%に肺胞パターン，61%に気管支パターンを併発していたことが報告されている[46]。肺水腫が発生する領域としてはびまん性であることが最も多いが，多巣性に認められることや，腹側，腹側，肺門部の順の頻度で限局的に認められることもある[45]（**図2**）。HCMの34%に胸水が認められ，14%では呼吸困難を示す原因となるほどの胸水貯留が認められる[25]（**図2**）。

胸部X線検査はHCMのスクリーニング検査としての感度は低いが，CHFの確認には有用である。ただし，呼吸困難で来院した猫に対しては，胸部X線検査により状態が悪化する可能性があるため，筆者は胸部X線検査を実施する前に酸素化しながら心エコー図検査を実施し，左房サイズと胸水貯留の有無を簡易的に評価している。なお，肺水腫についても，犬と同様に肺エコー検査によるBラインの有無で確認することの有効性が報告されている[46]。

心エコー図検査

猫においては短軸像で拡張末期左室後壁厚が6.0 mmを超える場合[47]，あるいは体重を考慮し，8.0 kg以下の猫の基準値上限を5.5 mm，5.0 kg以下の猫の基準値上限を5.0 mmとして，前者はBモード法，後者はMモード法を用いて肥大の有無を判定する[48]。筆者は，HCMの59%が非対称性中隔肥大asymmetric septal hypertrophy (ASH)であり，かつMモード法では肥大した乳頭筋などにより心筋壁を過大評価する傾向にあることから，Bモード法を用いて拡張末期もしくは左室が最も拡張した段階で広い範囲で左室壁厚を測定し，年齢や体重に依らず5.0 mmをグレーゾーン，6.0 mm以上をHCMと判断している。なお，測定はMモード法と同様に境界面の上縁を使用するleading edge法を使用している(**図3**)[49]。また，左室壁厚の測定として右傍胸骨四腔短軸断面だけではなく，左室流出路断面も用いており，心室中隔基底部も測定している(**図3**)。

なお，壁厚を測定する際に，仮性腱索の付着部位は除い

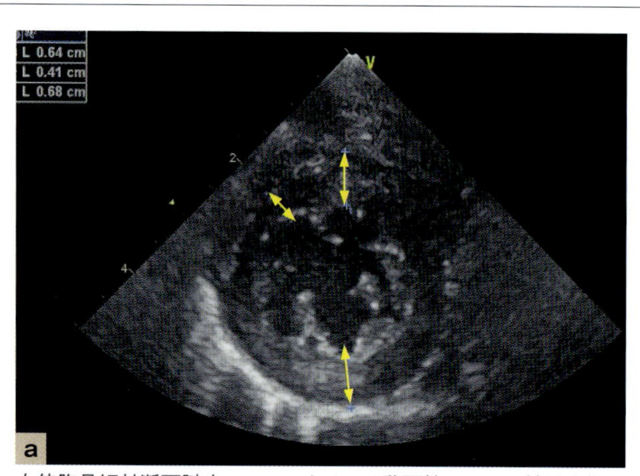

右傍胸骨短軸断面腱索レベル，あるいは乳頭筋レベルの拡張末期において，複数個所をleading edge法で測定し，6.0 mm以上をHCMと診断し，5.0 mm以上であればグレーゾーンと診断する。

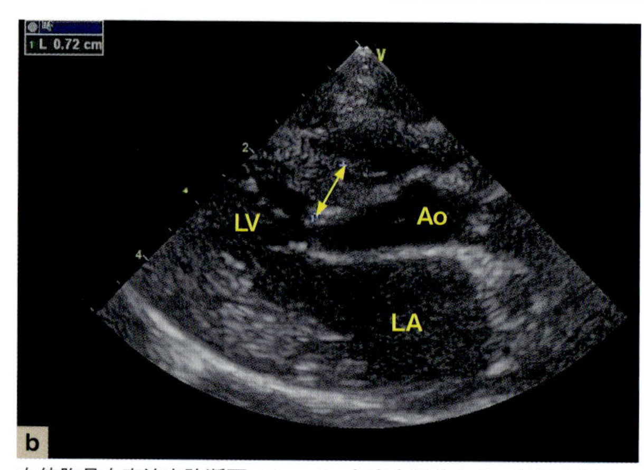

右傍胸骨左室流出路断面において，心室中隔基底部の拡張末期壁厚も測定し，6.0 mmを超えていた場合はHCMと診断する。
LA:左房，Ao:大動脈，LV:左室

図3　HCMにおける心エコー図検査画像(Bモード法)

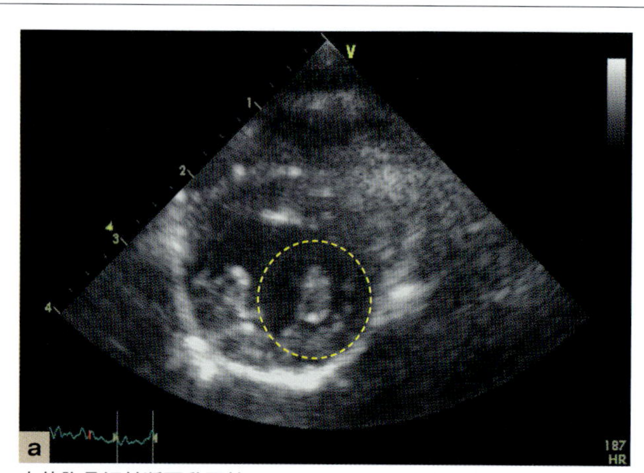

右傍胸骨短軸断面乳頭筋レベルにおいて，正常な猫では細く指の先端のような楕円形を示す(黄破線内)。

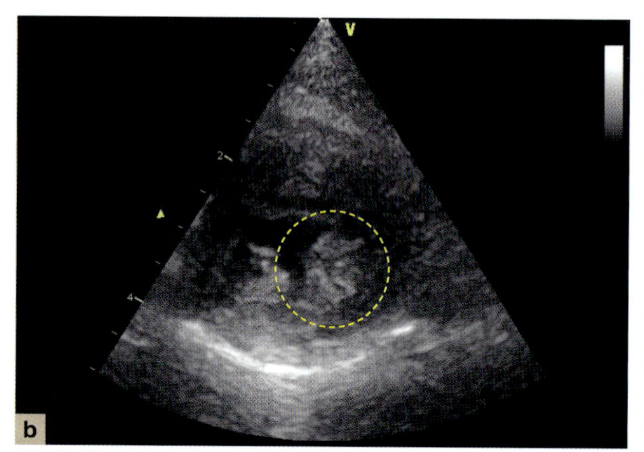

HCMの猫では三角形の形態を示す(黄破線内)。

図4　乳頭筋に対する心エコー図検査画像(Bモード法)

て実施している[50]。また，HCMの初期に乳頭筋肥大が先行して認められることがあり[51]，基準値と重複することから絶対値での評価は困難であるが，乳頭筋の形態も確認すべきである。正常では指先のような形をしているが，乳頭筋が肥大した場合は土手型や三角型の形態を示す(**図4**)。

乳頭筋が肥大して頭側に変位し，さらに収縮期に僧帽弁装置(中隔尖[前尖]や腱索など)が左室流出路に前方移動systolic anterior motion (SAM)した場合，動的左室流出路閉塞dynamic left ventricular outflow tract obstruction (DLVOTO)が生じる(**図5**)[52]。左室流出路内の弁尖は収縮期に血流によりさらに心室中隔方向に移動し，とくに心基底部が肥大している場合には中隔尖や腱索が心室中隔に接することもある。また，中隔尖が長いこともSAMを悪化させる要因とされている[53]。ヒトにおいて安静時に左室流出路圧較差が30 mmHgを超える場合はHOCM (basal obstruction)，安静時には圧較差が30 mmHg以下であるが，バルサルバ法(閉じた上気道に対して息を吐きだす手技)や運動などで圧較差が30 mmHg以上となった場合をHOCM (labile/provocable obstruction)と診断する[1]。猫においては安静や運動誘発の評価が困難であるため，DLVOTOが2.5 m/秒を超える場合をHOCMと診断し，それ以下であればHNCMと診断する[20]。HCMの経過観察中に心筋壁の菲薄化や心収縮力が低下した場合は，「肥大相」から「拡張相(猫では「末

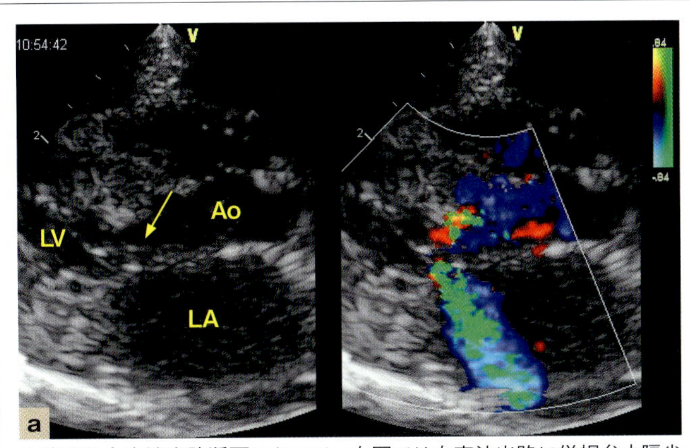

右傍胸骨左室流出路断面において，左図では左室流出路に僧帽弁中隔尖(前尖)が収縮期に前方移動(SAM)することで左室流出路を閉塞しており(矢印)，右図のカラードプラ法において血流速度が亢進していることがわかる。僧帽弁装置の歪みにより僧帽弁逆流を起こすことが多いが，必発ではない。
LA:左房，Ao:大動脈，LV:左室

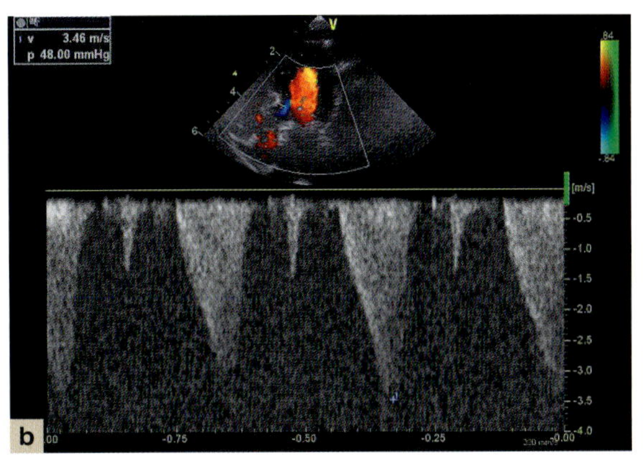

左傍胸骨五腔断面における左室流出路の連続波ドプラ法では，収縮後期に血流が加速し(DLVOTO)，西洋のダガーソードという剣の形に類似した特徴的な所見を示す。DLVOTOが2.5 m/秒を超えた症例をHOCMと診断し，筆者は4.5 m/秒を重度の閉塞と診断してアテノロールを処方している。

図5　DLVOTOの心エコー図検査画像

表1　左房サイズの重症度分類

	軽度	中等度	重度
左房径	16.0〜19.9 mm	20.0〜24.0 mm	>24.0 mm
LA/Ao	1.51〜1.79	1.80〜1.99	≧2.0

期HCM」と表現)」へと移行したこと意味し，通常予後不良である。

前述の方法で心筋肥大があり，かつ偽肥大や心筋肥大を惹起する基礎疾患や病態を除外した場合にHCMと診断する。基礎疾患や病態の例として，甲状腺機能亢進症，大動脈弁狭窄，全身性高血圧，末端肥大症，ステロイドの長期投与，腫瘍，頻拍ならびに脱水など[54〜56]が挙げられる。

HCMにおいては心筋肥大にともない拡張機能不全が生じるため，左室充満圧の上昇の評価として左房サイズを用いる(**表1**)。左房サイズは，右傍胸骨四腔断面での実寸径と短軸像大動脈弁レベルでの左房径大動脈径比(LA/Ao)を用いて評価する(**図6**)。左房拡大は，心不全や動脈血栓塞栓症のリスクが増加したことを意味し，とくに中等度以上の左房拡大はリスクが高い[16]。左房拡大にともない左心耳も拡張するが，とくに左心耳内の血流速度が0.2 m/秒以下に低下した場合には，血栓形成のリスクとされるもやもやエコーspontaneous echo contrast (SEC)[57]や，血栓自体が認められることもある。最近では左房の機能評価も注目されており，左房機能(LA-FS%)が低下している例では，SECや胸水貯留の発症と関連することも報告されている[19]。さらに，正常な猫や6.0 mm以下のグレーゾーンの左室壁厚を持つ猫において，LA-FS%が25%以下である場合は将来的にHCMを発症する可能性が高いことが報告されている[58](**図6**)。HCMの拡張期能の低下また，組織ドプラ法による直接的な左室拡張能の評価法もあり，猫では左室自由壁を用い，E'が6.0 cm/秒を下回った際に拡張機能の低下が示唆されるが[59]，緊張や薬剤の影響を受けるため，筆者は同一個体の経過観察中に低下した場合には再診の間隔を短縮するようにしている。

血中バイオマーカー

ヒトにおいて，N末端プロ脳性ナトリウム利尿ペプチド(NT-proBNP)や心臓トロポニン(cTn)などの血中バイオマーカーは日常的に使用されており，獣医領域においても前述に加え，ホモシステイン，エンドセリン1ならびにA型ナトリウム利尿ペプチド(ANP)，さらに最近では心筋ガレクチン-3がHCMの診断に有用であることが報告された[60]。本邦においては，ANP，NT-proBNPと高感度cTnIが商業ベースで利用可能である。ただし，血中バイオマーカーは，

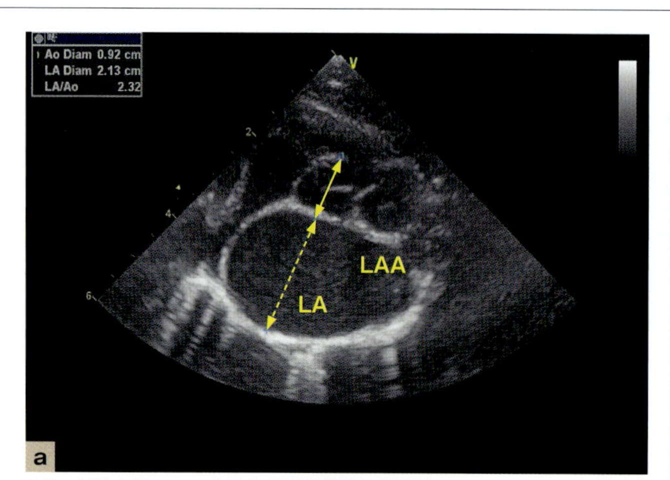

Bモード法を用いて，右傍胸骨短軸断面大動脈弁レベルにおいて大動脈弁が閉鎖した1枚目のフレームを使用し，内縁どうしを測定するinner edge-to-inner edge 法を用いて大動脈径（黄両矢印）と左房径（黄破線両矢印）からLA/Aoを算出する。
また，左房機能が低下した場合，左心耳（LAA）内にSECや血栓を認めることがあるため注視する必要がある。
LA：左房，LAA：左心耳

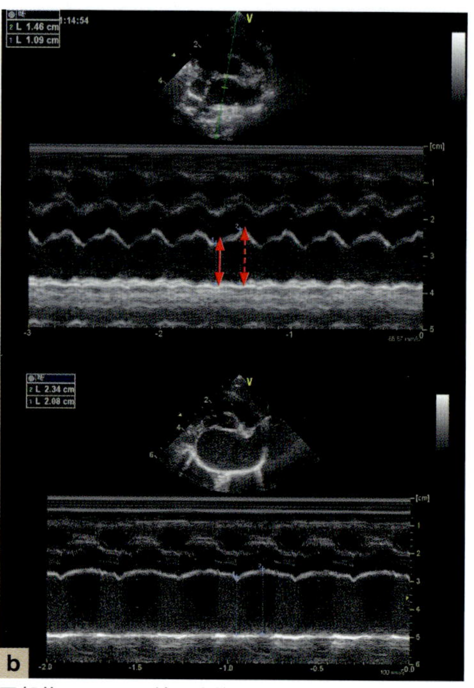

同部位でMモード法を実施することで，LA-FS％を算出する。Leading edge-to-leading edge法で左房の最大径（赤破線両矢印）と最小径（赤両矢印）を測定し，最大値－最小値/最大値×100％で算出する（正常範囲：15.3～34.9％）。25％以下の場合は将来HCMを発症する可能性が高く，15％以下は正常範囲を逸脱するためCHFやCATEのリスクが高いことを意味する。図は同一症例（アメリカン・ショートヘア，雄）の変化を示している。上段は3歳3カ月の時点であり，ステージB1でLA-FS％は25.3％であったが，下段は6歳の時点であり，LA-FS％は11.1％に低下し，肺水腫を発症した。

図6　DLVOTOの心エコー図検査画像

HCMの有病率が15％程度であること，また検査としての感度，特異度から，HCMの危険因子がなく，一見健康に見えるすべての猫に対して無差別に実施すべきではない[61]。すなわち，血中バイオマーカーで偽陽性の正常な猫に対して心エコー図検査で確認することになりかねないため，猫と飼い主への負担が大きい。そのことから，雑音強度の強い心雑音がある，不整脈がある，高齢である，あるいはHCMが好発する家系など，HCMを疑う所見がある場合に検査することが望ましい。

NT-proBNPは血中で安定性の高いペプチドであり，心筋細胞への容量負荷や圧負荷により分泌されるBNPから分解されて生じる。HCMにおいて特異度の高い血中バイオマーカーとして知られており，カットオフ値として99 pmol/L以下であればHCMに罹患している可能性が低く[62]，HCMに罹患している場合はステージの進行とともに増加する[60]。また，HOCMではHNCMよりも高値であることが報告されている[63]。急性の呼吸困難において鑑別診断としても有用であり，NT-proBNPが265 pmol/L以上である場合はCHFである可能性が高い[64]。また，左房拡大（LA/Ao＞1.5）があり，かつNT-proBNPが700 pmol/L以上の場合，88.9％の猫が1,016（95％信頼区間：647～1,384）日以内にCHFやCATE，あるいは突然死を起こした[65]。

高感度cTnIもHCMの検出に有用な検査であり，0.06 ng/mLを超えた場合，HCMである可能性が高い[66]。また，TnIが0.7 ng/mLを超えたHCMの猫は，それ以下よりも生存期間中央値が短いとの報告がある（40［95％信頼区間：0～168vs＞1,274，p＝0.0001］日[67]）。cTnIは心筋障害のバイオマーカーであるため，とくに高感度ではHCMの検出に有利と思われるが，NT-proBNPと比較した報告で

表2　ACVIMによる猫の心筋症のステージング

重症度	定義
ステージA	素因はあるが，心筋症はない
ステージB1（低リスク）	無徴候であるが心筋症があり，左房拡大は正常〜軽度
ステージB2（高リスク）	無徴候であるが心筋症があり，左房拡大は中等度〜重度；ギャロップ，不整脈，左房/左室機能低下，SEC/血栓，心筋壁の局所的な運動異常，顕著な心筋肥大含む
ステージC	CHF/動脈血栓塞栓症の徴候/既往あり
ステージD	難治性心不全（フロセミド≧6.0 mg/kg/日）

の優劣はさまざまであるため，コストや利用のしやすさで選択すればよいと思われる。

ステージング

ACVIMコンセンサスステートメントにおいて，米国心臓協会American Heart Association（AHA）によるヒトの心不全分類を参考に，猫においても心筋症をstage A〜Dへと病期分類した（**表2**）。同ステージングは予後予測と治療方針の決定に重要であるため，筆者も必ず使用している。なお，ステージAについてはACVIMコンセンサスステートメントの治療項目での記載はないが，繁殖の相談の際に重要となるため追加して記述する。治療に関するエビデンス・レベルlevels of evidence（LOE）は高（猫における無策比較試験がある，など），中（猫における実験研究や後方視的研究など），低（専門家の意見や症例報告など）で示した。

治療（表3）

ステージAについて

治療が必要なステージではないが，とくにHCMを好発する猫種においては繁殖に関する相談を受ける可能性がある。遺伝子検査が実施できる場合は前述したとおりメイン・クーン，ラグドール，スフィンクスのみであるが，ホモ接合であれば繁殖に使用せず，ヘテロ接合でほかに優れた性質がある場合は陰性の猫と交配させるべきである。遺伝子検査が利用できない場合，十分な統計的根拠はないが，PawPeds，ACVIM Registry of Cardiac Health（ARCH）ならびにVeterinary Cardiovascular Society/Feline Advisory Bureau（現在のInternational Cat Care）（VCS/FAB）などの団体がそれぞれHCMの繁殖とスクリーニングに関するコンセンサスステートメントを発刊している[49]。毎年の心エコー図検査を推奨する団体もあるが，一般的には繁殖期間中は遅くとも3歳までにHCMの心エコー図検査によるスクリーニングを行う。また，5〜8歳で再度検査を実施すべきであり，いずれかでHCMの証拠があった場合は繁殖からは取り除くべきである。近親にHCMが診断された猫は，成熟期（2〜3歳）にHCMの所見がない場合に繁殖に使用してもよいが，回数を制限することが望ましい。グレーゾーンの場合も成熟期においてHCMが否定されるまで繁殖に使用しないことが望ましく，繁殖させる場合でも正常な猫と交配させるべきである。

ステージB1の治療について

●治療介入は推奨していない（LOE：低）
●DLVOTOが重度である場合，アテノロール投与を考慮（LOE：低）
●1年ごとに経過観察
＊DLVOTOが4.5 m/秒以上でアテノロールを使用
＊左房拡大/左房機能低下がある場合は，低用量アスピリンで血栓の一次予防を実施
＊左房拡大，E'が6.0 cm/秒以下，LA-FS%＜15%以下では3〜6カ月ごとに経過観察
＊多量の輸液を避け，ステロイドは最低用量で使用
（●はACVIMコンセンサスステートメント，＊は筆者の私見）

前述のとおり心筋肥大の原因は多岐にわたり，これまでにアンジオテンシン変換酵素（ACE）阻害薬，ジルチアゼム，スピロノラクトンが心筋肥大の進行抑制あるいは治療

表3 HCMに使用される主な薬剤

薬剤	薬用量
抗血栓治療	
抗血小板薬	
アスピリン[31]	低用量：5.0 mg/頭，経口投与，3日に1回 高用量：40 mg/頭，経口投与，3日に1回
クロピドグレル[90, 115]	18.75 mg/頭，経口投与，1日1回（食事とともに） ローディング：37.5～75 mg/頭
抗凝固薬	
リバーロキサバン[96, 115]	0.5～1.0 mg/kg，経口投与，1日1回
低分子ヘパリン[115]	2.5 mg/頭，経口投与，1日1回（クロピドグレルとの併用量） 75～150 IU/kg，皮下投与，1日4回
エノキサパリン[115]	100 IU/kg，皮下投与，1日2回（コスト・コンプライアンスでの私見） 0.75～1.0 mg/kg，皮下投与1日2～4回
抗不整脈薬	
アテノロール[14]	6.25 mg/頭，経口投与，1日2回
ソタロール[14]	10～20 mg/頭，経口投与，1日2回
ジルチアゼム	1.0 mg/kg，経口投与，1日3回（徐放薬は使用しない）
ACE阻害薬	**薬剤により異なる**
スピロノラクトン[14]	1.0～2.0 mg/kg，経口投与，1日1～2回
強心薬	
ピモベンダン[14]	0.625～1.25 mg/頭，経口投与，1日2回
利尿薬	
フロセミド[14, 116]	急性期：1.0～2.0 mg/kg，静脈内投与，1～2時間ごと ：0.5～1.0 mg/kg/時，持続定量点滴 慢性期：0.5～2.0 mg/kg，経口投与，1日2～3回（安静時/睡眠時呼吸数<30 回/分） ：一般的な開始用量，1.0～2.0 mg/kg，経口投与，1日2回
トラセミド[14]	0.1～0.2 mg/kg，経口投与，1日1回から開始し，必要に応じて増量

を目的に使用されてきたが，ステージB1での投与はACVIMコンセンサスステートメントにおいては推奨されていない[14]。ACE阻害薬はACEを阻害することでアンジオテンシンⅡの生成を抑制する薬剤であり，アルドステロンの減少により左室心筋の肥大や線維化が抑制される可能性がある[1]。しかしながら，ヒトにおいてもHOCMでは血管拡張効果によるDLVOTOの悪化からACE阻害薬の使用は推奨されておらず，HNCMであっても予後改善効果は十分に確立していない。猫においては，家族性HCMのメインクーンに対して1年間，ACE阻害薬であるラミプリルを投与した臨床研究において，左室心筋重量や拡張機能に改善は認められず，心筋肥大が抑制されなかったことが報告されている[68]。さらに，同研究において血中ACE活性は97%減少していたが，ラミプリルを服用していた猫の58～69%において血中アルドステロン濃度が上昇していた。これはアルドステロン・ブレイクスルーとよばれる現象である。すなわち，ACE阻害薬を服用しても作用していない症例が存在するものと思われる。アルドステロン・ブレイクスルーに対して，アルドステロン受容体に直接拮抗するミネラルコルチコイド受容体拮抗薬（スピロノラクトン）の使用が試みられたが，家族性HCMのメインクーンに対して使用したところ，心筋肥大は抑制されず，さらに約3割の猫の顔面に難治性潰瘍性皮膚炎が認められたことが報告されており、皮膚炎の治癒には休薬後4～6週間を要した[69]。ジルチアゼムは非ジヒドロピリジン系のカルシウムチャネル拮抗薬であり，軽度の陰性変力作用があるが，陰性変時作用による拡張早期の心室弛緩の改善を期待して使用される。無徴候性のHCM猫において，ジルチアゼムが心筋肥大を改善したとする報告もあるが[70]，小規模で盲検化されていないことから使用を積極的に推奨するものではない。心拍数低下により拡張期が延長することで左室壁厚は減少するため[71]，前述の臨床研究では真の心筋肥大の改善を意味するものではないかもしれない。心拍数を低下させる作用は弱いが[72]，筆者は上室頻拍やAFなどの上室頻脈性不整脈が認められる場合にのみジルチアゼムを使用することがある。

最近の報告では，インスリン様成長因子が心筋肥大に関連していることから，低炭水化物に調整しさらに魚油を加えた食事をHCMの猫に1年間給与したところ，心筋トロポニンIの低下と左室心筋肥大の改善が認められた[73]。また，免疫抑制薬であるラパマイシンが細胞の成長・分裂などを調節する哺乳類ラパマイシン標的蛋白質に作用することで，HCMの猫において心筋肥大を抑制する可能性が示唆された[74]。現時点ではいずれもACVIMコンセンサスステートメントには記載されていないが，心筋肥大を抑制，改善する新たな治療戦略となり得る可能性がある。

アテノロールはβ受容体遮断薬であり，①陰性変時作用による拡張時間の延長，②陰性変力作用による動的閉塞の改善，③抗不整脈作用，を期待して使用される。アテノロールはHOCMの猫においてDLVOTOを改善し，不整脈を抑制することが明らかとなっているが[75]，無徴候HCMのメインクーンに対してアテノロールを投与した研究において，NT-pro BNPおよびcTnIに改善が認められなかったこと[76]，また5年生存率においても投薬群とプラセボ群とに差がなかったことが報告されている[77]。さらに，HCMの猫は健康な猫と比較して日常生活動作が低いが，アテノロールは活動量を改善させなかった[78]。しかしながら，ヒトではHOCMの症例において狭心症様症状が改善するとされており，本学において活動量を用いた重度のHOCM症例に対してアテノロールを投薬したところ，活動量が改善した例を経験している[79]。すなわち，アテノロールにより活動性が改善するHCMの症例も存在するものと思われる。以上のことから，筆者は，不整脈や左室流出路圧較差が4.5 m/秒以上である場合には積極的にアテノロールを投薬し，①活動量が改善した例，②DLVOTOが著しく低下した例，③不整脈が著しく改善した例では，継続した投与を勧めている。活動量など生活の質に関しては，活動量が利用できない場合，飼い主へのアンケート(CATCHアンケート)を用いることも可能と思われる[80]。ただし，陰性変力作用により運動不耐性，虚脱あるいは高窒素血症が生じる可能性があるため，低用量から開始し，必要に応じて増量するなどの調整が必要である。

また，最近，心筋ミオシン阻害薬であるアフィカムテンについて，HOCMの症例におけるDLVOTOの改善が示されたが[81]，猫においても同様の効果が認められ[82]，今後，HOCMの治療薬のひとつとなる可能性がある。

抗血栓治療はステージB1では推奨されていないが，CATEに罹患したHCMの猫では，LA/Aoが2.0以上である例は57％，1.63～1.99が14％，1.25～1.63が22％，そして1.25未満が5%であったことが報告されている[83]。猫におけるLA/Aoの正常範囲は1.5以下であることから[84]，左房サイズが正常だとしてもCATEの発生に注意する必要がある。また，左房機能(LA-FS%)ならびに左室機能(LV-FS%)が低下している症例も血栓形成リスクが高いことから[85]，腎機能に問題がないことを条件に，左房拡大がある場合(LA/Ao ＞ 1.5)やLA-FS%が低値の場合(＜15%[84])，コストならびに投薬頻度の観点で筆者はアスピリンを使用することがある。なお，アスピリンは高用量(40 mg/頭，3日に1回)と低用量(5.0 mg/頭，3日に1回)ではCATE後の再発率や生存率に差はなく，低用量のほうが消化器徴候の副作用が少なかったことから[32]，筆者は低用量アスピリンを使用している。

生活指導においては，輸液やステロイドの長期投与などに加え，手術や入院もCHFの一因となることから[25]，興奮による交感神経の持続的な賦活化を避けるよう指導している。また，輸液や麻酔処置などを実施する場合，処置後に1週間程度は呼吸数や呼吸様式を確認するよう指導している。食事に関しては，高塩分食(ヒトの食事など)は避けるように指導している。

ステージB2の治療について

●クロピドグレルによる血栓の一次予防(LOE：中)
●血栓形成リスクが高い場合はアスピリンや直接作用型経口抗凝固薬の併用(LOE：低)
●検査は最小限のストレスで，ガバペンチンや合成フェロモン剤を使用
● AFでは抗不整脈使用を考慮(LOE：低)
●飼い主による安静時/睡眠時呼吸数の計測(LOE：中)
＊DLVOTOが4.5 m/秒以上か，心室不整脈が多発した場合はアテノロールを使用
＊R on T現象やVTがある場合はソタロールに変更
＊血栓形成リスクが高く，経口抗凝固療法が難しい場合は低分子ヘパリンを使用
＊階段などを使用せず，可能であれば一部屋で飼育するよう指導
＊激しい興奮や点滴，麻酔/入院ならびにステロイ

ドの長期投与に注意する
＊高塩分食（ヒトのご飯）などは与えないように指導
＊3〜6カ月ごとの経過観察で呼吸数だけではなく，呼吸様式の変化があれば連絡を指導
（●はACVIMコンセンサスステートメント，＊は筆者の私見）

ステージB2では左房拡大に進行にともない，CHFやCATEのリスクが上昇する。左房拡大は左室拡張機能低下の結果であることから，左室拡張機能の改善が望ましいが，ステージB1で示したようにACE阻害薬やスピロノラクトン，アテノロールなどの効果は否定的である[68, 69, 76]。しかしながら，筆者はステージB1で示したようにDLVOTOが4.5 m/秒以上の場合はアテノロールを使用することが多い。また，ソタロールは猫での使用報告は少ないが，心室不整脈に対して使用され，さらに上室頻拍supraventricular tachycardia（SVT）に対しても有効である[86, 87]。ソタロールはβ遮断作用もあり，高心拍のVTに対してはアテノロールよりも効果が強いことから[88]，筆者はとくに複雑な心室不整脈（VPCが多形性，2連発以上，VTあるいはR on T現象）の場合はソタロールに変更している。また，SVTの症例に使用することも多い。

ピモベンダンは左房機能を改善させることから[89, 90]，CHFやCATEに対して予防的に作用する可能性はあり，無徴候期のHCMへの単回使用で猫での安全性と左房機能の改善が確認されているものの[91]，現時点ではステージB2への慢性投与は検討されていない。

ステージB2では抗血栓治療が必須であるが，ACVIMコンセンサスステートメントにおいても十分に研究されていないことが記載されている。CATEを発症した猫の93％に左房拡大が認められたことが報告されており[32]，5.0％は正常な左房サイズであったが，57％に重度の左房拡大が，14％に中等度の左房拡大が，22％に軽度の左房拡大が認められた[83]。すなわち，左房拡大に比例してCATEの発症リスクは上昇する。しかしながら，左房拡大に加え，AF，LA-FS％の低下，左心耳の血流速度低下，SECなどもCATEに対するリスク因子である。抗血栓治療として使用される薬剤は，かつてはアスピリンが主に使用されてきたが，CATE発症後はアスピリン（81 mg/頭，経口投与，3日に1回）よりもクロピドグレル（18.75 mg/頭，経口投与，1日1回）のほうが再発率，再発までの期間ならびに生存期間が有意に延長した（FAT CAT Study）[92]。FAT CAT studyはCATE後（ステージC以降）のクロピドグレルの二次予防（再発予防）効果を示した臨床研究であるが，ACVIMコンセンサスステートメントにおいては一次予防（発症予防）としてステージB2でのクロピドグレルの使用を推奨している。一方で，アスピリンやクロピドグレルなどの抗血小板薬はヒトと同様に猫でも耐性（抵抗性）のある個体が知られている。

HCMの猫において，クロピドグレルの作用点であり，血小板を凝集させるアデノシン二リン酸（ADP）受容体のP2RY1における遺伝子変異（A236G）とクロピドグレル抵抗性とが関連していることが示された[93]。A236Gの変異はHCMの猫においてホモ接合が16.3％，ヘテロ接合が51％と高い確率で変異が認められる[93]。しかしながら，遺伝子変異の高い有病率と異なり，クロピドグレルの1年以内のCATE再発率は36％と低く[92]，non-respondor（非応答者）は15.4％のみであった[94]。ヒトのクロピドグレル抵抗性は肝臓での代謝に関連するため増量が奏効するが[95]，猫ではクロピドグレルが結合するADP受容体が原因であるため，薬剤の増量では有効性は期待できない[93]。この場合，ヒトではアスピリンを併用する抗血小板薬二剤併用療法が有効だが，猫では十分に検討されていない[96]。ただし，ヒトにおいて，直接経口抗凝固薬（リバーロキサバン，アピキサバン，ダビガトランなど）を追加した二剤併用療法のほうが単剤療法よりも血栓予防ならびに発生率の観点で有益性が報告されていることを受け[97]，ACVIMコンセンサスステートメントにおいてもとくに高リスクの症例では二剤併用療法が推奨された[14, 92]。事実，CATE発症後の猫において，クロピドグレルとリバーロキサバンによる二剤併用療法は，副作用として一部に入院を必要としない出血はあったものの，生存期間中央値は502日で再発率は16.7％と，FAT CAT studyにおけるクロピドグレル単剤使用での248日と36％と比較して良好な予後が示された[92, 98]。以上のことから，ステージB2のHCMにおいてはクロピドグレル単剤での抗血栓治療が推奨されるが，血栓形成リスクが高い場合は二剤併用療法を検討すべきである。なお筆者は，クロピドグレルの苦みにより投薬が難しい場合，食事や薬剤投与用のトリーツあるいはゼラチンカプセルなどを勧めている。リバーロキサバンは苦みがない分，クロピドグレルより経口投与が容易であり，現在，両剤を用いた二次予防効果の比較試験が実施されている（SUPER-CAT trial)。

ステージB2はCHFの高リスク群であり，検査のストレスにより心不全が惹起される可能性がある。そのことから，検査中は保定などを含め可能な限りストレスを与えないようにし，さらに興奮しやすい猫の場合はガバペンチン(50～100 mg/頭)を来院2～3時間前に経口投与してもらっている[99]。来院してからの興奮に対して，筆者はブトルファノール(0.1～0.3 mg/kg，皮下/筋肉内投与)などを用いている。また，当院では心エコー図検査室において，合成フェロモン剤のデフューザーを使用している[14]。

ステージCの治療について

急性期

●画像診断が利用できず，頻呼吸に加え低体温やギャロップがあれば利尿薬を投与(LOE：低)
●呼吸困難がある場合は酸素化と抗不安薬を投与(LOE：低)
●静かな部屋，また隠れられる部屋で検査の際には穏やかに保定
●肺水腫に対してはフロセミドを繰り返しあるいは持続定量点滴で静脈内投与(LOE：低)
●胸水貯留に対しては胸腔穿刺術を実施(LOE：低)
●静脈内輸液は禁忌で，利尿薬を同時投与してもCHFを悪化させる(LOE：低)
●症例への負担が許容範囲であれば，治療前に血液化学検査(LOE：低)
●高窒素血症の有無にかかわらず，利尿薬治療を推奨(LOE：低)
●低血圧，低体温，徐脈があり，DLVOTOがない場合はピモベンダンを使用(LOE：低)
●ピモベンダンに反応しない場合はドブタミンの持続定量点滴(LOE：低)
●ニトログリセリンの経皮的投与は推奨しない(LOE：中)
● ACE阻害薬は急性増悪の猫では適応とならない(LOE：中)
●体温，呼吸数，体重，血圧ならびに推定尿量をモニタリング(LOE：高)
＊酸素化しながら簡易的な超音波検査で左房拡大と胸水の有無を確認
＊フロセミド静脈内投与の終了目標は呼吸数≦50回/分，努力性呼吸の改善，リラックスしていること
＊ CATEの場合は低分子ヘパリンとフェンタニルクエン酸塩を使用
＊ SVTや複雑な心室不整脈がある場合はソタロールを投与
(●はACVIMコンセンサスステートメント，＊は筆者の私見)

急性CHFでは多くの症例が呼吸困難で来院することから，興奮させないように最低限の保定ですみやかに酸素化を行い，必要に応じて鎮静薬(ブトルファノールなど)を使用しながら診断および治療を進める。鎮静薬はストレスを軽減させることで心筋酸素消費量や神経体液性の反応を抑制するため，筆者は使用する機会が多い。

はじめに聴診により肺水腫の有無を確認し，次いで心エコー図検査により胸水および左房拡大の有無などを簡易的に評価する。この時点で胸水貯留がある場合には胸腔穿刺術を優先するが，胸部X線検査所見から肺水腫を原因と判断した場合はフロセミドを静脈内投与する。静脈内投与が困難であれば筋肉内投与とする。フロセミド投与後，利尿があった時点で自由飲水とする。最初のフロセミド投与後，1～3時間の時点で呼吸数の低下(＜50回/分)や努力性呼吸の改善が認められない場合には，フロセミドを追加投与する[100]。持続定量点滴も使用可能である。慢性腎臓病の既往がある場合にはフロセミドが過剰とならないように注意する。利尿薬と輸液の併用は避けるべきであり，通常，利尿薬を過剰に使用しないことで達成可能となる。過剰に脱水した場合は利尿薬を中止し，カリウムを添加した0.45%の生理食塩液を慎重に輸液する。虚脱や低血圧が確認された場合は低心拍出量症候群を疑診し，経口投与が可能であればピモベンダンを，経口投与が困難である場合はドブタミンなどの強心薬を使用する。ただし，重度のDLVOTOがある症例ではSAMの悪化により低血圧が生じる可能性があるため，強心薬は積極的には推奨しない。心原性ショックによる低血圧が持続する場合は，前述とドパミンを併用する。

SVTやVT，AFなど血行動態に悪影響を及ぼすと考えられる不整脈は治療の対象となる。筆者はSVTや心室レートが250回/分を超えるようなAFにはジルチアゼ

ムやソタロールを，多形性のVPC，あるいはVTに対してはソタロールを使用する。

⊙慢性期

●フロセミドは臨床徴候と重症度で調整するが，1.0〜2.0 mg/kg，1日2回で開始(LOE：低)
●フロセミドの維持量は安静時/睡眠時呼吸数≦30回/分となるように調整(LOE：低)
●フロセミド開始から3〜7日後に腎数値と高窒素血症を確認(LOE：低)
●ACE阻害薬を使用する臨床医もいるが，心不全コントロールの有益性は低い(LOE：高)
●クロピドグレルを血栓の一次/二次予防として投与(食事やゼラチンカプセル)
●ピモベンダンはDLVOTOがない場合に検討
●2〜4カ月ごとに経過観察するが，在宅での呼吸数を参考にした電話での薬剤調整も可
*過剰な興奮を避け，部屋が複数ある場合は一部屋で飼育するように指導する
*皮下点滴，輸血，長期的なステロイド，麻酔処置などへの注意するように指導
*急性期からの退院後はトラセミドで管理し，その後必要に応じてフロセミドに変更
*利尿薬の用量目標：安静時呼吸数≦30回/分と努力性呼吸がないこと
*投薬可能であればスピロノラクトンを投与(ACE阻害薬よりも優先)
*経口薬が多く服用困難な場合は，フロセミドを皮下投与に変更
*アテノロールは減薬もしくは休薬
*SVTや複雑なVPCがある場合にはソタロールを使用
*AFは心不全治療を行い，その後，ジルチアゼムや最低用量のアテノロールを使用
*血栓予防療法は二剤併用療法で，経口投与が難しい場合は低分子ヘパリンを使用
(●はACVIMコンセンサスステートメント，*は筆者の私見)

腎機能への悪影響を考慮し，急性期を脱した時点で利尿薬は努力性呼吸がなく，かつ安静時呼吸数が30回/分以下となるように最低用量に調整する[101]。帰宅後も飼い主に協力してもらい，呼吸数や呼吸様式に注意しながら最低用量で利尿薬を調整してもらうとよい。利尿薬にはこれまで短時間作用型のループ利尿薬であるフロセミドが使用されてきたが，ヒトにおいて長時間作用型の利尿薬のほうが生存期間を延長することが報告されている[102, 103]。犬においても長時間作用型のトラセミドは高窒素血症の傾向とはなるものの，生体利用率(80〜100%；フロセミドは50%)，利尿効果(フロセミドの10倍)ともにフロセミドより優れており，トラセミドの1日1回投与とフロセミドの1日2回投与との同等性が報告されている[104, 105]。猫においても，フロセミドに対する抵抗性があった猫に対してトラセミドはより少ない投薬回数で心不全の管理が可能であった[106]。このことから，トラセミドは猫への投薬回数を減少させる意味でも有効と思われる。筆者は退院直後には生体利用率の高さと利尿効果の強さからトラセミドを使用するが，1週間程度で腎数値と家での排尿の様子を確認し，高窒素血症が顕著である場合はフロセミドへ変更している。

ACE阻害薬は無徴候性のHCM罹患猫に対する有効性は乏しいが，CHFに対する慢性的な利尿薬投与がRAA系を賦活化する可能性があるため[107]，急性期を脱し，飲食を開始するなど水和が得られた時点で開始する。HCMによりCHFを発症した猫に対してエナラプリルを投与したところ，左室および左房径が縮小したとする報告もある[108]。一方で，ACE阻害薬にはアルドステロン・ブレイクスルーの可能性がある[67]。この場合，スピロノラクトンの投薬が考慮され，パイロット先行研究ではあるが，CHFを発症した猫において生存期間が延長したとする報告がある[109]。また，最近，無作為比較試験において，ベナゼプリルがステージCのHCMに対する治療管理に有効性がなかったことが報告されている[59]。そのことから，筆者はいずれかの薬剤を選択せざるを得ない場合は，ACE阻害薬よりもスピロノラクトンを優先している。

アテノロールに関しては，とくにHOCMによるDLVOTOが重度の場合は無徴候の段階から使用するが，心不全発症後においてもDLVOTOが重度，あるいは心室不整脈やAFがある場合は半減し，継続している。ただし，重篤な血圧低下や心収縮力低下がある場合には休薬すべきである。

ピモベンダンは猫においては認可されていないが，副作

用(鳴く，食欲不振，興奮，便秘など[110])は少なく，心不全の既往のある猫54頭(ピモベンダン投与群27頭，プラセボ群27頭)に対してピモベンダンの有効性を検討した研究では，プラセボ群の生存期間中央値が103日であったのに対し，ピモベンダン投与群の生存期間中央値は626日と，有意に生存期間が延長したことが報告されている[111]。また，末期HCMや局所心筋運動機能の低下を示す症例に対しても有効である[112]。ただし，ピモベンダンは陽性変力作用によりDLVOTOが悪化する可能性があり，SAMの悪化により低血圧を発症したとする報告もあるため[112]，HOCM症例に対しては使用しない方が望ましい。なお，最近実施されたステージCのHCMの猫に対するピモベンダンの多施設における前向き二重盲検無作為化比較試験において，ピモベンダンは180日間ではCHFの管理に有用性は見いだせなかった[113]。ただし，HOCMへの有用性は低いが，HNCMではフロセミドの増量を予防できた可能性が高い。また，筆者は心不全発症後のHCM症例に対するピモベンダンの効果は左室の収縮能改善よりも左房機能の改善にあると考えており[89, 90]，肺水腫の再発防止に加え，胸水貯留や血栓形成のリスクも減じる可能性があると考えている。なお，胸水貯留がある場合は線溶系の亢進や炎症の程度が関連してCATEの発症リスクが低減することが報告されているため[114]，抗血栓治療は必須であるが軽減できる可能性はある。

生活指導においては，ステージBと同様である。食事は原則としては低塩分食(老猫用の市販食)や，慢性腎臓病がある場合は蛋白制限された処方食を提案するが，悪液質の発症，すなわち筋肉量減少や体重減少がある場合には予後が不良となる可能性があるため[115]，最終的には摂取カロリー量を重視し，高齢猫用のフードの中で嗜好性の高いものを探して給与するように指導している。

ステージDの治療について

●フロセミド投与でも心不全が持続する場合は，トラセミドに変更し，漸増(LOE：低)
●スピロノラクトンを投与するが，潰瘍性皮膚炎の可能性がある(LOE：中)
●カロリー摂取を優先するが，塩分の多い食事は避ける(LOE：低)
●心原性悪液質に注意し，BCSと体重を枚診察時に記録(LOE：低)
●低カリウム血症がある場合は，カリウムのサプリもしくは食事で補充(LOE：低)
*ピモベンダンを投与
*興奮を避け，部屋が複数ある場合は一部屋で飼育するように飼い主に指導する
*不必要な麻酔や手術は禁忌
*低塩分食とするが，摂食しない場合はカロリー優先で高齢猫用の食事から選択
*利尿薬は呼吸数・呼吸様式や胸腔穿刺術の実施回数に合わせて調整
*経口投与が困難である場合は，フロセミドを皮下投与に変更
*アテノロールは減薬もしくは休薬
*SVTや複雑なVPCがある場合にはソタロール塩酸塩を使用
*AFは心不全治療を行い，その後，ジルチアゼムや最低用量のアテノロールを使用
*血栓予防療法は二剤併用療法で，経口投与が難しい場合は低分子ヘパリンを使用
(●はACVIMコンセンサスステートメント，*は筆者の私見)

利尿薬は，利尿作用と生体利用率の観点で，原則フロセミドからトラセミドへ変更する。トラセミドを1日に2回投与することもあるが，高窒素血症がある場合は，朝はトラセミド，夜はフロセミドなどのように可能な限り腎機能を配慮した用量で管理している。胸水貯留に対しては完全に胸水が消失するまで利尿薬を増量すると高窒素血症が顕著に悪化する症例が多いことから，筆者は2週間に1回程度の胸腔穿刺術であれば許容するように利尿薬を最低用量に調整している。経口投与に抵抗する猫の場合，マイジェクターなどを用いて慢性的にフロセミドを皮下投与することを飼い主に勧めている。ただし，フロセミドの製品によっては皮下投与で肉芽腫や脱毛が生じることもあるため，その場合は別の製品に変更するとよい[106]。チアジド系利尿薬であるヒドロクロロチアジド(1.0～2.0 mg/kg，1日1～2回)の追加投与も考慮されるが，腎機能や電解質への影響から可能な限り最低限で投与すべきである。フロセミドやトラセミドと併用可能で，かつ腎保護作用を期待して利尿作用の増強が考えられるのはトルバプタンやsodium glucose cotransporter 2 (SGLT2)阻害薬であるが[116]，現

時点ではHCMの猫に使用した報告はない。

予後

HCMはヒトと同様に予後良好の疾患である。しかしながら，1,008頭のHCMの猫と正常な猫の生存期間を比較した検討において[20]，前者は死亡イベントが少ないため生存期間中央値は推定できないが(範囲は6日から14.1年)，HCMの猫は10.9年(範囲：3日～13.1年)と有意に短かった[20]。同報告では，HCMの1,008頭の猫において，30.5%がCHF ± CATEを発症し，27.9%が心血管関連で死亡したものの，HOCMとHNCMで生存期間に有意差はなかった。1年，5年ならびに10年後の経過観察において，CHF/CATEはそれぞれ7.0% /3.5%，19.9% /9.7%ならびに23.9% /11.3%の発生率であり，心臓関連死はそれぞれ6.7%，22.8%，28.3%であった。また，突然死は年齢層に関係なく，2.2%に生じた。猫におけるHCMの有病率はリホーミングセンターで示した横断研究[22]から発展した縦断研究[58]において，正常あるいは6.0 mm以下のグレーゾーンの猫は中央値5.6 (1.8～7.8)年の経過観察において22.9%がHCMを発症し，とくにLA-FS%が25%以下で，LV-FS%が高いことがリスク因子であった[58]。左房拡大は前述のとおりSVTやAFの原因となり，AFの生存期間中央値は58 (1～780)日であり，SVTの259 (2～2,295)日と比較して有意に短かった[41]。また，同時にCHFがあるとより生存期間が短縮した。一方で，VPCの存在は生存期間に有意な影響を与えなかった。

おわりに

HCMは特定の遺伝子変異があっても必ず発症するとは限らず，遺伝的要因に加え，環境要因も関連することが示唆されている。また，HCMフェノタイプは加齢とともに増加し，高齢の猫では二次性心筋症が併発することもあるため病態は複雑化する。現時点ではHCMの病態は十分には解明されていないため，今後も継続的な研究が必要である。すなわち，本稿は現時点での最新の情報を用いて執筆しているが，病態のさらなる解明とともに診断方法，治療法ともにアップデートされていく可能性があることをご理解いただいたうえでご活用いただければ幸いである。

参考文献

1. Kitaoka, H., Tsutsui, H., Kubo, T., *et al.* (2021) : JCS/JHFS 2018 Guideline on the Diagnosis and Treatment of Cardiomyopathies. *Circ. J.*, 85 (9) : 1590-1689.
2. Kittleson, M.D., Meurs, K.M., Harris, S.P. (2015) : The genetic basis of hypertrophic cardiomyopathy in cats and humans. *J. Vet. Cardiol.*, 17 Suppl 1 (Suppl 1) : S53-73.
3. Sampedrano, C.C., Chetboul, V., Mary, J., *et al.* (2009) : Prospective echocardiographic and tissue Doppler imaging screening of a population of Maine Coon cats tested for the A31P mutation in the myosin-binding protein C gene: a specific analysis of the heterozygous status. *J. Vet. Intern. Med.*, 23 (1) : 91-99.
4. Godiksen, M.T., Granstrøm, S., Koch, J., *et al.* (2011) : Hypertrophic cardiomyopathy in young Maine Coon cats caused by the p.A31P cMyBP-C mutation--the clinical significance of having the mutation. *Acta. Vet. Scand.*, 53 (1) : 7.
5. Borgeat, K., Casamian-Sorrosal, D., Helps, C., *et al.* (2014) : Association of the myosin binding protein C3 mutation (MYBPC3 R820W) with cardiac death in a survey of 236 Ragdoll cats. *J. Vet. Cardiol.*, 16 (2) : 73-80.
6. Kittleson, M.D., Meurs, K.M., Munro, M.J., *et al.* (1999) : Familial hypertrophic cardiomyopathy in maine coon cats: an animal model of human disease. *Circulation*. 99 (24) : 3172-3180.
7. Mary, J., Chetboul, V., Sampedrano, C.C., *et al.* (2010) : Prevalence of the MYBPC3-A31P mutation in a large European feline population and association with hypertrophic cardiomyopathy in the Maine Coon breed. *J. Vet. Cardiol.*, 12 (3) : 155-161.
8. Fries, R., Heaney, A.M., Meurs, K.M. (2008) : Prevalence of the myosin-binding protein C mutation in Maine Coon cats. *J. Vet. Intern. Med.*, 22 (4) : 893-896.
9. Meurs, K.M., Norgard, M.M., Ederer, M.M., *et al.* (2007) : A substitution mutation in the myosin binding protein C gene in ragdoll hypertrophic cardiomyopathy. *Genomics.*, 90 (2) : 261-264.
10. Gil-Ortuño, C., Sebastián-Marcos, P., Sabater-Molina, M., *et al.* (2020) : Genetics of feline hypertrophic cardiomyopathy. *Clin. Genet.*, 98 (3) , 203-214.
11. Meurs, K.M., Williams, B.G., DeProspero, D., *et al.* (2021) : A deleterious mutation in the ALMS1 gene in a naturally occurring model of hypertrophic cardiomyopathy in the Sphynx cat. *Orphanet J. Rare Dis.*, 16 (1) : 108.
12. Akiyama, N., Suzuki, R., Saito, T., *et al.* (2023) : Presence of known feline ALMS1 and MYBPC3 variants in a diverse cohort of cats with hypertrophic cardiomyopathy in Japan. *PLoS One,* 18 (4) , e0283433.
13. Borgeat, K., Stern, J., Meurs, K.M., *et al.* (2015) : The influence of clinical and genetic factors on left ventricular wall thickness in Ragdoll cats. *J. Vet. Cardiol.*, 17 Suppl 1: S258-267.
14. Fuentes, V.L., Abbott, J., Chetboul, V., *et al.* (2020) : ACVIM consensus statement guidelines for the classification, diagnosis, and management of cardiomyopathies in cats. *J. Vet. Intern. Med.*, 34(3): 1062-1077.
15. Freeman, L.M., Rush, J.E., Meurs, K.M., *et al.* (2013) : Body size and metabolic differences in Maine Coon cats with and without hypertrophic cardiomyopathy. *J. Feline Med. Surg.*, 15 (2) , 74-80.

16. Kittleson, M.D., Côté, E., (2021) : The Feline Cardiomyopathies: 2. Hypertrophic cardiomyopathy. *J. Feline Med. Surg.*, 23 (11) : 1028-1051.

17. Taugner, F.M. (2001) : Stimulation of the renin-angiotensin system in cats with hypertrophic cardiomyopathy., *J. Comp. Pathol.*, 125 (2-3) : 122-129.

18. Wiener-Kronish, J.P., Goldstein, R., Matthay, RA., *et al.* (1987) : Lack of association of pleural effusion with chronic pulmonary arterial and right atrial hypertension. *Chest*, 92 (6) : 967-970.

19. Johns, S.M., Nelson, O.L., Gay, J.M. (2012) : Left atrial function in cats with left-sided cardiac disease and pleural effusion or pulmonary edema. *J. Vet. Intern. Med.*, 26 (5) : 1134-1139.

20. Fox, P.R., Keene, B.W., Lamb, K., *et al.* (2018) : International collaborative study to assess cardiovascular risk and evaluate long-term health in cats with preclinical hypertrophic cardiomyopathy and apparently healthy cats: The REVEAL Study. *J. Vet. Intern. Med.*, 32 (3) : 930-943.

21. Cesta, M.F., Baty, C.J., Keene, B.W., *et al.* (2005) : Pathology of end-stage remodeling in a family of cats with hypertrophic cardiomyopathy. *Vet. Pathol.*, 42 (4) : 458-467.

22. Payne, J.R., Brodbelt, D.C., Fuentes, V.L., (2015) : Cardiomyopathy prevalence in 780 apparently healthy cats in rehoming centres (the CatScan study) . *J. Vet. Cardiol.*, 17 Suppl 1: S244-257.

23. Semsarian, C., Ingles, J., Maron, M.S., *et al.* (2015) : New perspectives on the prevalence of hypertrophic cardiomyopathy. *J. Am. Coll. Cardiol.*, 65 (12) : 1249-1254.

24. Massera, D., McClelland, R.L., Ambale-Venkatesh, B., *et al.* (2019) : Prevalence of Unexplained Left Ventricular Hypertrophy by Cardiac Magnetic Resonance Imaging in MESA. *J. Am. Heart Assoc.*, 8 (8) : e012250.

25. Rush, J.E., Freeman, L.M., Fenollosa, N.K., *et al.* (2002) : Population and survival characteristics of cats with hypertrophic cardiomyopathy: 260 cases (1990-1999) . *J. Am. Vet. Med. Assoc.*, 220 (2) : 202-207.

26. Payne, J., Fuentes, L.V., Boswood, A., *et al.* (2010) : Population characteristics and survival in 127 referred cats with hypertrophic cardiomyopathy (1997 to 2005) . *J. Small Anim. Pract.*, 51 (10) : 540-547.

27. Trehiou-Sechi, E., Tissier, R., Gouni, V., *et al.* (2012) : Comparative echocardiographic and clinical features of hypertrophic cardiomyopathy in 5 breeds of cats: a retrospective analysis of 344 cases (2001-2011) . *J. Vet. Intern. Med.*, 26 (3) : 532-541.

28. Silverman, S.J., Stern, J.A., Meurs, K.M. (2012) : Hypertrophic cardiomyopathy in the Sphynx cat: a retrospective evaluation of clinical presentation and heritable etiology. *J. Feline Med. Surg.*, 14 (4) : 246-249.

29. 鈴木珠美，新実誠矢，青木卓磨．(2019)：麻布大学における肥大型心筋症の後方視的研究，日本獣医麻酔外科雑誌，50 (1) ：324

30. Atkins, C.E., Gallo, A.M., Kurzman, I.D., *et al.* (1992) : Risk factors, clinical signs, and survival in cats with a clinical diagnosis of idiopathic hypertrophic cardiomyopathy: 74 cases (1985-1989) . *J. Am. Vet. Med. Assoc.*, 201 (4) : 613-618.

31. (2018) International collaborative study to assess cardiovascular risk and evaluate long-term health in cats with preclinical hypertrophic cardiomyopathy and apparently healthy cats: The REVEAL Study. *J. Vet. Intern. Med.*, 32 (6) : 2310.

32. Smith, S.A., Tobias, A.H., Jacob, K.A., *et al.* (2003) : Arterial thromboembolism in cats: acute crisis in 127 cases (1992-2001) and long-term management with low-dose aspirin in 24 cases. *J. Vet. Intern. Med.*, 17 (1) : 73-83.

33. Payne, J.R., Borgeat, K., Brodbelt, D.C., *et al.* (2015) : Risk factors associated with sudden death vs. congestive heart failure or arterial thromboembolism in cats with hypertrophic cardiomyopathy. *J. Vet. Cardiol.*, 17 Suppl 1: S318-328.

34. Godiksen, M.T., Granstrøm, S., Koch, J., *et al.* (2011) : Hypertrophic cardiomyopathy in young Maine Coon cats caused by the p.A31P cMyBP-C mutation--the clinical significance of having the mutation. *Acta. Vet. Scand.*, 53 (1) : 7.

35. Granström, S., Godiksen, MT., Christiansen, M., *et al.* (2015) : Genotype-phenotype correlation between the cardiac myosin binding protein C mutation A31P and hypertrophic cardiomyopathy in a cohort of Maine Coon cats: a longitudinal study. *J. Vet. Cardiol.*, 17 Suppl 1: S268-281.

36. Rishniw, M., Thomas, W.P. (2002) : Dynamic right ventricular outflow obstruction: a new cause of systolic murmurs in cats. *J. Vet. Intern. Med.*, 16 (5) : 547-552.

37. Ferasin, L., Ferasin, H., Kilkenny, E. (2020) : Heart murmurs in apparently healthy cats caused by iatrogenic dynamic right ventricular outflow tract obstruction. *J. Vet. Intern. Med.*, 34 (3) : 1102-1107.

38. Paige, C.F., Abbott, J.A., Elvinger, F., *et al.* (2009) : Prevalence of cardiomyopathy in apparently healthy cats. *J. Am. Vet. Med. Assoc.*, 234 (11) : 1398-1403.

39. Romito, G., Guglielmini, C., Mazzarella, M.O., *et al.* (2018) : Diagnostic and prognostic utility of surface electrocardiography in cats with left ventricular hypertrophy. *J. Vet. Cardiol.*, 20 (5) : 364-375.

40. Jackson, B.L., Lehmkuhl, L.B., Adin, D.B., (2014) : Heart rate and arrhythmia frequency of normal cats compared to cats with asymptomatic hypertrophic cardiomyopathy. *J. Vet. Cardiol.*, 16 (4) : 215-225.

41. Greet, V., Sargent, J., Brannick, M., *et al.* (2020) : Supraventricular tachycardia in 23 cats; comparison with 21 cats with atrial fibrillation (2004-2014) . *J. Vet. Cardiol.*, 30: 7-16.

42. Winter, M.D., Giglio, R.F., Berry, C.R., *et al.* (2015) : Associations between 'valentine' heart shape, atrial enlargement and cardiomyopathy in cats. *J. Feline Med. Surg.*, 17 (6) : 447-452.

43. Oura, T.J., Young, A.N., Keene, B.W., *et al.* (2015) : A valentine-shaped cardiac silhouette in feline thoracic radiographs is primarily due to left atrial enlargement. *Vet. Radiol. Ultrasound*, 56 (3) : 245-250.

44. Kim, S., Lee, D., Park, S., *et al.* (2023) : Radiographic findings of cardiopulmonary structures can predict hypertrophic cardiomyopathy and congestive heart failure in cats. *Am. J. Vet. Res.*, 84 (9) .

45. Benigni, L., Morgan, N., Lamb, C.R. (2009) : Radiographic appearance of cardiogenic pulmonary oedema in 23 cats. *J. Small Anim. Pract.*, 50 (1) : 9-14.

46. Ward, J.L., Lisciandro, G.R., Ware, W.A., *et al.* (2018) : Evaluation of point-of-care thoracic ultrasound and NT-proBNP for the diagnosis of congestive heart failure in cats with respiratory distress. *J. Vet. Intern. Med.*, 32 (5) : 1530-1540.

47. 4Fox, P.R., Liu, S.K., Maron, B.J. (1995) : Echocardiographic assessment of spontaneously occurring feline hypertrophic cardiomyopathy. An animal model of human disease. *Circulation*, 92 (9) : 2645-2651.

48. Häggström, J., Andersson, A.O., Falk, T., *et al.* (2016) : Effect of Body Weight on Echocardiographic Measurements in 19,866 Pure-Bred Cats with or without Heart Disease. *J. Vet. Intern. Med.*, 30(5) : 1601-1611.

49. Häggström, J., Fuentes, V.L., Wess, G. (2015) : Screening for hypertrophic cardiomyopathy in cats. *J. Vet. Cardiol.*, 17 Suppl 1: S134-149.

50. Wolf, O.A., Imgrund, M., Wess, G. (2017) : Echocardiographic assessment of feline false tendons and their relationship with focal thickening of the left ventricle. *J. Vet. Cardiol.*, 19 (1) : 14-23.

51. Adin, D.B., Diley-Poston, L. (2007) : Papillary muscle measurements in cats with normal echocardiograms and cats with concentric left ventricular hypertrophy. *J. Vet. Intern. Med.*, 21 (4) : 737-741.

52. Levine, R.A., Vlahakes, G.J., Lefebvre, X., *et al.* (1995) : Papillary muscle displacement causes systolic anterior motion of the mitral valve. Experimental validation and insights into the mechanism of subaortic obstruction. *Circulation*, 91 (4) : 1189-1195.

53. Schober, K., Todd, A. (2010) : Echocardiographic assessment of left ventricular geometry and the mitral valve apparatus in cats with hypertrophic cardiomyopathy. *J. Vet. Cardiol.*, 12 (1) : 1-16.

54. Hori, Y., Uechi, M., Indou, A. (2007) : Effects of changes in loading conditions and heart rate on the myocardial performance index in cats. *Am. J. Vet. Res.*, 68 (11) : 1183-1187.

55. Campbell, F.E., Kittleson, M.D. (2007) : The effect of hydration status on the echocardiographic measurements of normal cats. *J. Vet. Intern. Med.*, 21 (5) : 1008-1015.

56. Sugimoto, K., Fujii, Y., Ogura, Y., *et al.* (2016) : Influence of alterations in heart rate on left ventricular echocardiographic measurements in healthy cats. *J. Feline Med. Surg.*, 19 (8) : 841-845.

57. Schober, K.E., Maerz, I. (2006) : Assessment of left atrial appendage flow velocity and its relation to spontaneous echocardiographic contrast in 89 cats with myocardial disease. *J. Vet. Intern. Med.*, 20 (1) : 120-130.

58. Matos, J.N., Payne, J.R., Seo, J., *et al.* (2022) : Natural history of hypertrophic cardiomyopathy in cats from rehoming centers: The CatScan II study. *J. Vet. Intern. Med.*, 36 (6) : 1900-1912.

59. King, J.N., Martin, M., Chetboul, V., *et al.* (2019) : Evaluation of benazepril in cats with heart disease in a prospective, randomized, blinded, placebo-controlled clinical trial. *J. Vet. Intern. Med.*, 33 (6) : 2559-2571.

60. Stack, J.P., Fries, R.C., Kruckman, L., *et al.* (2023) : Galectin-3 as a novel biomarker in cats with hypertrophic cardiomyopathy. *J. Vet. Cardiol.*, 48: 54-62.

61. Fries, R. (2023) : Hypertrophic Cardiomyopathy-Advances in Imaging and Diagnostic Strategies. *Vet. Clin. North Am. Small Anim. Pract.*, 53 (6) : 1325-1342.

62. Fox, P.R., Rush, J.E., Reynolds, C.A., *et al.* (2011) : Multicenter evaluation of plasma N-terminal probrain natriuretic peptide (NT-pro BNP) as a biochemical screening test for asymptomatic (occult) cardiomyopathy in cats. *J. Vet. Intern. Med.*, 25 (5) : 1010-1016.

63. Seo, J., Payne, J.R., Matos, J.N., *et al.* (2020) : Biomarker changes with systolic anterior motion of the mitral valve in cats with hypertrophic cardiomyopathy. *J. Vet. Intern. Med.*, 34 (5) : 1718-1727.

64. Fox, P.R., Oyama, M.A., Reynolds, C., *et al.* (2009) : Utility of plasma N-terminal pro-brain natriuretic peptide (NT-proBNP) to distinguish between congestive heart failure and non-cardiac causes of acute dyspnea in cats. *J. Vet. Cardiol.*, 11 Suppl 1: S51-61.

65. Ironside, V.A., Tricklebank, P.R., Boswood, A. (2021) : Risk indictors in cats with preclinical hypertrophic cardiomyopathy: a prospective cohort study. *J. Feline Med. Surg.*, 23 (2) : 149-159.

66. Hertzsch, S., Roos, A., Wess, G. (2019) : Evaluation of a sensitive cardiac troponin I assay as a screening test for the diagnosis of hypertrophic cardiomyopathy in cats. *J. Vet. Intern. Med.*, 33 (3) : 1242-1250.

67. Borgeat, K., Sherwood, K., Payne, J.R., *et al.* (2014) : Plasma cardiac troponin I concentration and cardiac death in cats with hypertrophic cardiomyopathy. *J. Vet. Intern. Med.*, 28 (6) : 1731-1737.

68. MacDonald, K.A., Kittleson, M.D., Larson, R.F., *et al.* (2006) : The effect of ramipril on left ventricular mass, myocardial fibrosis, diastolic function, and plasma neurohormones in Maine Coon cats with familial hypertrophic cardiomyopathy without heart failure. *J. Vet. Intern. Med.*, 20 (5) : 1093-1105.

69. MacDonald, K.A., Kittleson, M.D., Kass, P.H., *et al.* (2008) : Effect of spironolactone on diastolic function and left ventricular mass in Maine Coon cats with familial hypertrophic cardiomyopathy. *J. Vet. Intern. Med.*, 22 (2) : 335-341.

70. Bright, J.M., Golden, A.L., Gompf, R.E., *et al.* (1991) : Evaluation of the calcium channel-blocking agents diltiazem and verapamil for treatment of feline hypertrophic cardiomyopathy. *J. Vet. Intern. Med.*, 5 (5) : 272-282.

71. Sugimoto, K., Fujii, Y., Ogura, Y., *et al.* (2017) : Influence of alterations in heart rate on left ventricular echocardiographic measurements in healthy cats. *J. Feline Med. Surg.*, 19 (8) : 841-845.

72. Johnson, L.M., Atkins, C.E., Keene, B.W., *et al.* (1996) : Pharmacokinetic and pharmacodynamic properties of conventional and CD-formulated diltiazem in cats. *J. Vet. Intern. Med.*, 10 (5) : 316-320.

73. van Hoek, I., Hodgkiss-Geere, H., Bode, E.F., *et al.* (2020) : Association of diet with left ventricular wall thickness, troponin I and IGF-1 in cats with subclinical hypertrophic cardiomyopathy. *J. Vet. Intern. Med.*, 34 (6) : 2197-2210.

74. Rivas, V.N., Kaplan, J.L., Kennedy, S.A., *et al.* (2023) : Multi-Omic, Histopathologic, and Clinicopathologic Effects of Once-Weekly Oral Rapamycin in a Naturally Occurring Feline Model of Hypertrophic Cardiomyopathy: A Pilot Study. *Animals (Basel)*, 13 (20) : 3184.

75. Jackson, B.L., Adin, D.B., Lehmkuhl, L.B. (2015) : Effect of atenolol on heart rate, arrhythmias, blood pressure, and dynamic left ventricular outflow tract obstruction in cats with subclinical hypertrophic cardiomyopathy. *J. Vet. Cardiol.*, 17 Suppl 1: S296-305.

76. Jung, S.W., Kittleson, M.D. (2011) : The effect of atenolol on NT-proBNP and troponin in asymptomatic cats with severe left ventricular hypertrophy because of hypertrophic cardiomyopathy: a pilot study. *J. Vet. Intern. Med.*, 25 (5) : 1044-1049.

77. Schober, K.E., Zientek, J., Li, X., *et al.* (2013) : Effect of treatment with atenolol on 5-year survival in cats with preclinical (asymptomatic) hypertrophic cardiomyopathy. *J. Vet. Cardiol.*, 15 (2) : 93-104.

78. Coleman, A.E., DeFrancesco, T.C., Griffiths, E.H., *et al.* (2020) : Atenolol in cats with subclinical hypertrophic cardiomyopathy: a double-blind, placebo-controlled, randomized clinical trial of effect on quality of life, activity, and cardiac biomarkers. *J. Vet. Cardiol.*, 30: 77-91.

79. 宇治正憲，宍戸優太，新実誠矢，青木卓磨，菊水健史．(2020)：閉塞性肥大型心筋症の猫に対するアテノロール投与における活動量の変化について，第16回日本獣医内科学アカデミー，横浜．

80. Freeman, L.M., Rush, J.E., Oyama, M.A., *et al.* (2012) : Development and evaluation of a questionnaire for assessment of health-related quality of life in cats with cardiac disease. *J. Am. Vet. Med. Assoc.*, 240 (10) : 1188-1193.

81. Yassen, M., Changal, K., Busken, J., *et al.* (2024) : The Efficacy of Cardiac Myosin Inhibitors Versus Placebo in Patients With Symptomatic Hypertrophic Cardiomyopathy: A Meta-Analysis and Systematic Review. *Am. J. Cardiol.*, 210: 219-224.

82. Sharpe, A.N., Oldach, M.S., Rivas, V.N., *et al.* (2023) : Effects of Aficamten on cardiac contractility in a feline translational model of hypertrophic cardiomyopathy. *Sci. Rep.*, 13 (1) : 32.

83. Laste, N.J., Harpster, N.K. (1995) : A retrospective study of 100 cases of feline distal aortic thromboembolism: 1977-1993. *J. Am. Anim. Hosp. Assoc.*, 31 (6) : 492-500.

84. Abbott, J.A., MacLean, H.N. (2006) : Two-dimensional echocardiographic assessment of the feline left atrium. *J. Vet. Intern. Med.*, 20 (1) : 111-119.

85. Fuentes, L.V. (2012) : Arterial thromboembolism: risks, realities and a rational first-line approach. *J. Feline Med. Surg.*, 14 (7) : 459-470.

86. Ferasin, L. (2009) : Recurrent syncope associated with paroxysmal supraventricular tachycardia in a Devon Rex cat diagnosed by implantable loop recorder. *J. Feline Med. Surg.*, 11 (2) : 149-152.

87. Schober, K.E., Kent, A.M., Aeffner, F. (2014) : Tachycardia-induced cardiomyopathy in a cat. *Schweiz. Arch. Tierheilkd.*, 156 (3) : 133-139.

88. Fox, P.R., Schober, K.A. (2015) : Management of asymptomatic (occult) feline cardiomyopathy: Challenges and realities. *J. Vet. Cardiol.*, 17 Suppl 1: S150-158.

89. Toaldo, M.B., Pollesel, M., Diana, A. (2020) : Effect of pimobendan on left atrial function: an echocardiographic pilot study in 11 healthy cats. *J. Vet. Cardiol.*, 28: 37-47.

90. Oldach, M.S., Ueda, Y., Ontiveros, E.S., *et al.* (2019) : Cardiac Effects of a Single Dose of Pimobendan in Cats With Hypertrophic Cardiomyopathy; A Randomized, Placebo-Controlled, Crossover Study. Front. *Vet. Sci.*, 6: 15.

91. Oldach, M.S., Ueda, Y., Ontiveros, E.S., *et al.* (2021) : Acute pharmacodynamic effects of pimobendan in client-owned cats with subclinical hypertrophic cardiomyopathy. *BMC Vet. Res.*, 17 (1) : 89.

92. Hogan, D.F., Fox, P.R., Jacob, K., *et al.* (2015) : Secondary prevention of cardiogenic arterial thromboembolism in the cat: The double-blind, randomized, positive-controlled feline arterial thromboembolism; clopidogrel vs. aspirin trial (FAT CAT) . *J. Vet. Cardiol.*, 17 Suppl 1: S306-317.

93. Ueda, Y., Li, R.H.L., Nguyen, N., *et al.* (2021) : A genetic polymorphism in P2RY1 impacts response to clopidogrel in cats with hypertrophic cardiomyopathy. *Sci. Rep.*, 11 (1) : 12522.

94. Li, R.H.L., Stern, J.A., Ho, V., *et al.* (2016) : Platelet Activation and Clopidogrel Effects on ADP-Induced Platelet Activation in Cats with or without the A31P Mutation in MYBPC3. *J. Vet. Intern. Med.*, 30 (5) : 1619-1629.

95. Nawaz, U., Noor, M., Waheed, A. (2023) : Cytochrome P-450 CYP2C19 genetic polymorphism and its relation with clopidogrel resistance. *J. Pak. Med. Assoc.*, 73 (12) : 2388-2392.

96. O'Reilly, H., Brennan, M. (2021) : Does clopidogrel or clopidogrel plus aspirin result in longer survival times in cats with hypertrophic cardiomyopathy?. *Vet. Rec.*, 189 (10) : 404.

97. Yuan, J. (2018) : Efficacy and safety of adding rivaroxaban to the anti-platelet regimen in patients with coronary artery disease: a systematic review and meta-analysis of randomized controlled trials. *BMC Pharmacol. Toxicol.*, 19 (1) : 19.

98. Lo, S.T., Walker, A.L., Georges, C.J., *et al.* (2022) : Dual therapy with clopidogrel and rivaroxaban in cats with thromboembolic disease. *J. Feline Med. Surg.*, 24 (4) : 277-283.

99. Pankratz, K.E., Ferris, K.K., Griffith, E.H., *et al.* (2018) : Use of single-dose oral gabapentin to attenuate fear responses in cage-trap confined community cats: a double-blind, placebo-controlled field trial. *J. Feline Med. Surg.*, 20 (6) : 535-543.

100. Ferasin, L., DeFrancesco, T. (2015) : Management of acute heart failure in cats. *J. Vet. Cardiol.*, 17 Suppl 1: S173-189.

101. Porciello, F., Rishniw, M., Ljungvall, I., *et al.* (2016) : Sleeping and resting respiratory rates in dogs and cats with medically-controlled left-sided congestive heart failure. *Vet. J.*, 207: 164-168.

102. Cosín, J., Díez, J., TORIC investigators. (2002) : Torasemide in chronic heart failure: results of the TORIC study. *Eur. J. Heart Fail.*, 4 (4) : 507-513.

103. J-MELODIC Program Committee. (2007) : Rationale and design of a randomized trial to assess the effects of diuretics in heart failure: Japanese Multicenter Evaluation of Long- vs Short-Acting Diuretics in Congestive Heart Failure (J-MELODIC) . *Circ. J.*, 71 (7) : 1137-1140.

104. Chetboul, V., Pouchelon, J.L., Menard, J., *et al.* (2017) : Short-Term Efficacy and Safety of Torasemide and Furosemide in 366 Dogs with Degenerative Mitral Valve Disease: The TEST Study. *J. Vet. Intern. Med.*, 31 (6) : 1629-1642.

105. Besche, B., Blondel, T., Guillot, E., *et al.* (2020) : Efficacy of oral torasemide in dogs with degenerative mitral valve disease and new onset congestive heart failure: The CARPODIEM study. *J. Vet. Intern. Med.*, 34 (5) : 1746-1758.

106. Poissonnier, C., Ghazal, S., Passavin, P., *et al.* (2020) : Tolerance of torasemide in cats with congestive heart failure: a retrospective study on 21 cases (2016-2019) . *BMC Vet. Res.*, 16 (1) : 339.

107. Smith, C.E., Rozanski, E.A., Freeman, L.M., *et al.* (2004) : Use of low molecular weight heparin in cats: 57 cases (1999-2003) . *J. Am. Vet. Med. Assoc.*, 225 (8) : 1237-1241.

108. Rush, J.E., Freeman, L.M., Brown, D.J., *et al.* (1998) : The use of enalapril in the treatment of feline hypertrophic cardiomyopathy. *J. Am. Anim. Hosp. Assoc.*, 34 (1) : 38-41.

109. James, R., Guillot, E., Garelli-Paar, C., *et al.* (2018) : The SEISICAT study: a pilot study assessing efficacy and safety of spironolactone in cats with congestive heart failure secondary to cardiomyopathy. *J. Vet. Cardiol.*, 20 (1) : 1-12.

110. Macgregor, J.M., Rush, J.E., Laste, N.J., *et al.* (2011) : Use of pimobendan in 170 cats (2006-2010) . *J. Vet. Cardiol.*, 13 (4) : 251-260.

111. Reina-Doreste, Y., Stern, J.A., Keene, B.W., *et al.* (2014) : Case-control study of the effects of pimobendan on survival time in cats with hypertrophic cardiomyopathy and congestive heart failure. *J. Am. Vet. Med. Assoc.*, 245 (5) : 534-539.

112. Gordon, S.G., Saunders, A.B., Roland, R.M., *et al.* (2012) : Effect of oral administration of (imobendane in cats with heart failure. *J. Am. Vet. Med. Assoc.*, 241 (1) : 89-94.

113. Schober, K.E., Rush, J.E., Fuentes, L.V., *et al.* (2021) : Effects of pimobendan in cats with hypertrophic cardiomyopathy and recent congestive heart failure: Results of a prospective, double-blind, randomized, nonpivotal, exploratory field study. *J. Vet. Intern. Med.*, 35 (2) : 789-800.

114. Busato, F., Drigo, M., Zoia, A. (2022) : Reduced risk of arterial thromboembolism in cats with pleural effusion due to congestive heart failure. *J. Feline Med. Surg.*, 24 (8) : e142-e152.

115. Santiago, S.L., Freeman, L.M., Rush, J.E. (2020) : Cardiac cachexia in cats with congestive heart failure: Prevalence and clinical, laboratory, and survival findings. *J. Vet. Intern. Med.*, 34 (1) : 35-44.

116. Tsutsui, H., Ide, T., Ito, H., *et al.* (2021) : JCS/JHFS 2021 Guideline Focused Update on Diagnosis and Treatment of Acute and Chronic Heart Failure. *J. Card. Fail.*, 27 (12) : 1404-1444.

117. Goggs, R., Blais, M.C., Brainard, B.M., *et al.* (2019) : American College of Veterinary Emergency and Critical Care (ACVECC) Consensus on the Rational Use of Antithrombotics in Veterinary Critical Care (CURATIVE) guidelines: Small animal. *J. Vet. Emerg. Crit. Care (San Antonio)*, 29 (1) : 12-36.

118. Ohad, D.G., Segev, Y., Kelmer, E., *et al.* (2018) : Constant rate infusion vs. intermittent bolus administration of IV furosemide in 100 pets with acute left-sided congestive heart failure: A retrospective study. *Vet. J.*, 238: 70-75.

COLUMN 4

服部　幸 Hattori, Yuki　東京猫医療センター

若齢猫の胸部X線検査に注意

胸部X線検査において，生後6カ月前後の若齢猫の心陰影は拡大していることを多く経験している(**図a**)。その程度は1歳ごろになると目立たなくなる(**図b**)。この変化は，成長の過程においては骨格よりも心臓の発育のほうが早いため，若齢猫では心陰影が拡大しているように観察できると推察している。生後6カ月前後の月齢は，避妊や去勢の手術を行う時期であり，全身麻酔をかけるタイミングであるため，心疾患は見逃したくない。術前の胸部X線検査でこのような所見が得られた場合，心臓に問題はないことが多いが，鑑別診断のための心エコー図検査は有用であると考える。

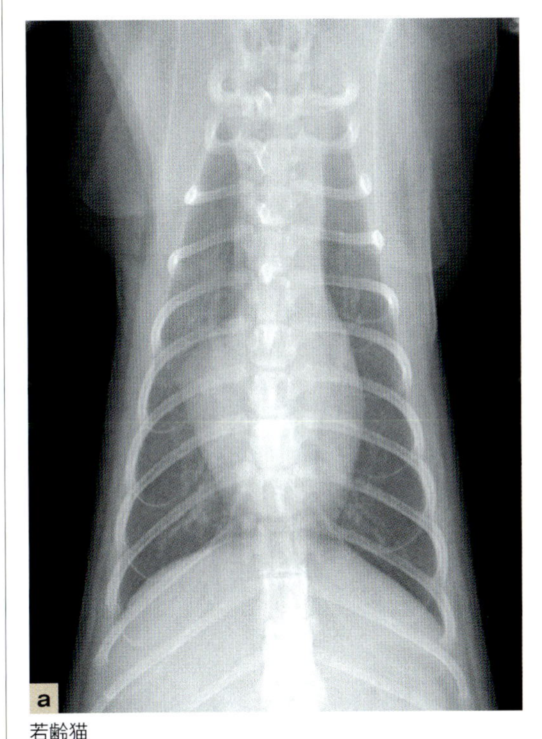

若齢猫

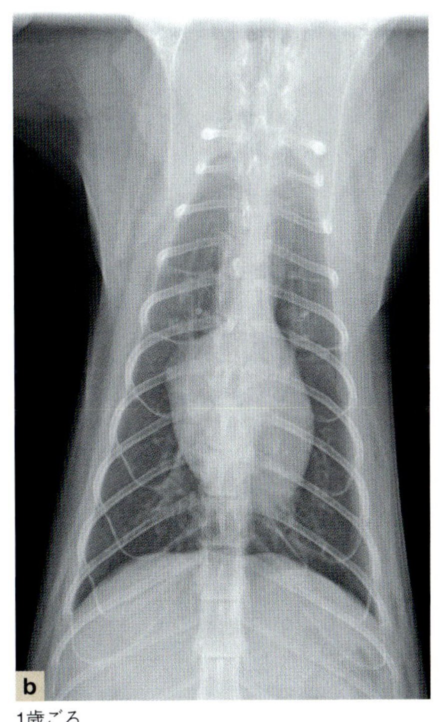

1歳ごろ

図　若齢猫と1歳ごろの胸部X線検査画像の比較

Question

肥大型心筋症(HCM)は，心筋壁6.0 mm以上で治療を開始するのでしょうか？

Answer

6.0 mmを超えているだけでは，治療することは推奨されていません。

HCM フェノタイプで心筋肥厚の原因を除外している場合は，基本的にステージ B1 での治療は推奨していません。アンジオテンシン変換酵素(ACE)阻害薬やアテノロールが開始されていることが多くありませんが，治療により予後が改善するなど良好な結果が得られたデータはありません。まずは心エコー図検査でしっかりと肥厚があることを確認し，経過観察することが望ましいと思います。初診の場合や，興奮しやすい症例は心拍数も上がりやすく，正常猫でも 6.0 mm 程度になることがあります。また，高血圧や甲状腺機能亢進症などを除外しておくことが重要です。経過観察しながら，少なくとも左房拡大が重度のステージ B2 程度になるまでは治療の有用性はないかもしれません。

循環器学 Q&A 2

肥大型心筋症の拡張相ってよくあることですか?

肥大型心筋症から拡張相に移行した報告はほとんどありません。

肥大型心筋症と診断し，その後に拡張相肥大型心筋症に移行していった報告はほとんどありません。循環器専門医でも，ヒトでいわれているような典型的な変化を示す症例をみることは少ないようです。病理組織学的に拡張相肥大型心筋症を疑う報告はありますが，臨床経過中に診断や治療をすることは少ないようです。いずれにしろ収縮力が低下しているような所見ではピモベンダンなどが必要になる可能性は高いと思います。

Question

猫のうっ血性心不全で，肺水腫を判断するのは難しいですか？

肺炎や腫瘍などの呼吸器疾患との鑑別は，犬に比べて難しいと考えられます。

猫の肺水腫は，犬の僧帽弁閉鎖不全症（MVD）からの肺水腫と同様に診断治療することが，やや難しいと感じることがあります。犬のMVDの場合，肺後葉の悪化が多くみられます。一方で猫の場合は，文献上でも経験上でも，均一ではなく，前葉に広がっていたり，肺移転のようになっていたりするケースもあります。基本的には犬の急性腱索断裂のように，心拡大はそれほどないにもかかわらず肺水腫を起こす症例は少ないと思います。心原性の場合は左房拡大が高率にあるので，肥大型心筋症，拘束型心筋症，拡張型心筋症のいずれでも基本的には左房拡大が重度であれば心原性を疑います。軽度であれば肺炎などの可能性が高くなると思います。当然，血液検査結果なども参考にはすることになるでしょう。

2 心筋症の分類
②拡張型心筋症（DCM）フェノタイプ

田中 綾
Tanaka, Ryo
東京農工大学 農学部附属動物医療センター

point

- **拡張型心筋症（DCM）は，以前はタウリン欠乏によりよくみられたフェノタイプであったが，近年ではあまり認められなくなった。**
- **肥大型心筋症（HCM）の末期である拡張相とは形態が類似しており，形態のみでは鑑別が困難なことがある。**
- **治療に入る前に栄養学的あるいは内分泌的な除外診断が重要である。**
- **治療法としては犬の拡張型心筋症（DCM）と同様であり，とくにピモベンダンによる強心治療が治療の主体となる。**

はじめに

拡張型心筋症 dilated cardiomyopathy（DCM）は，左室収縮低下と左室内腔の拡張を特徴とする疾患群であり，ほかの心筋症と同様に，従来は特発性（原因が不明）とされてきた疾患である。近年は遺伝子の異常などその原因が解明されつつあるものの，依然として生前における確定診断は難しい疾患であり，その診断は除外診断が主体となる。獣医領域では治療は投薬による内科的治療が主体であるが，正しい診断と正しい治療計画がとても重要となる。

定義と遺伝子

DCM は，何らかの原因でとくに左室の心筋の収縮する能力が低下し，左室が拡張してしまう疾患である。ヒト医療では 2005 年の特発性心筋症調査研究班の手引きおよびガイドラインの両方において，DCM は，「①左室のびまん性収縮障害と②左室拡大を特徴とする疾患群」と定義されている[1]。

あえて特発性と呼称されることがあるように，ヒト医療で DCM は「明らかな原因を有さず，心筋に病変の首座がある一連の疾患」であると，1995 年の WHO/ISFC 合同委員会により定義されている。また，米国心臓協会 american heart association（AHA）による心筋症の定義と分類によると，ヒトでは HCM や不整脈原性右室心筋症 arrhythmogenic right ventricular cardiomyopathy（ARVC）は遺伝性疾患であると分類されているが，DCM は先天性と後天性の両方の要素を有する混合性であると定義されている[2]。これは近年になり DCM は遺伝性（家族性）と非遺伝性（非家族性）に分けて分析されるようになり，とくに成人で発症する DCM の多くは，両成因が関与した症候群という考えが主流となっていることを表している。ヒトでは DCM の約 20～30％は遺伝性であり，核膜内側構成蛋白であるラミン A/C 遺伝子（*LMNA*），サルコメアの Z 帯から M 帯までをつなぐ巨大弾性蛋白であるタイチン遺伝子(*TTN*)をはじめとして，その他βミオシン重鎖(*MYH7*)，心筋ナトリウムチャンネル(*SCN5A*)，転写因子Eya4(*EYA4*)，RNA結合モチーフ蛋白20(*RBM20*)のような遺伝子変異の同定がなされている。ヒトでは家族性DCM症例の約20%に何らかの遺伝子変異が検出されることから，猫でもHCMのように心筋の収縮にかかわる遺伝子に何らかの異常がある可能性もある。ヒトでは上記の要因は独立したものではなく，より複合的な要因も指摘されている。例えば，遺伝子変異を有する場合，ウイルス感染後に持続的な自己免疫機序が作動し，DCMに移行する可能性も推定される。また，抗心筋自己抗体は家族性DCM症例に多く検出されることも明らかにされている。

猫においては1993年の報告では家族性を定量的に証明した研究が報告されているものの，この時点ではまだ原因遺伝子については言及される段階にない[3]。犬では2012年にドーベルマン・ピンシャー(ドーベルマン)において*PDK4*の変異が報告されており[4]，その他にも*DCM2*と命名された変異がドーベルマンにおいて報告されている[5]。猫においてはHCMに関する遺伝子変異の報告は*MYBPC3* Ala31Pro(A31P)などにおいてある程度認められるものの[6, 7]，猫のDCMに関する遺伝子の変異の報告は現時点では皆無といってもよい[8]。

病態

第一に心筋の収縮力が低下するため，左室収縮機能障害により左室駆出率left ventricular ejection fraction(LVEF)や左室内径短縮率left ventricular fractional shortening(FS)が低下した症例が多い。拍出の低下により心室のうっ血と心内腔の拡大が生じ，低下した収縮力を維持しようとする代償機序(Flank-Starlingの法則)が働くことになる[9]。一方で，心筋壁が菲薄化し，心内腔は拡大していくため，心筋にかかる負荷(張力)はLaplaceの法則にしたがって増大し，心筋に進行性の線維化や壊死を引き起こすと考えられている。心内腔の拡張により心筋にはより大きな張力がかかるものの，それを代償するための壁厚の上昇が生じないため，心筋はさらに伸展するという悪循環に陥る。心内腔の拡張は弁輪部の拡張も引き起こすため，僧帽弁逆流が生じることもしばしばみられる。この僧帽弁逆流は弁尖には異常のみられない機能性僧帽弁逆流である。機能性僧帽弁逆流とは，左室機能障害，左室拡大，弁輪拡大により弁尖の閉鎖が妨げられ，僧帽弁逆流が生じることである。僧帽弁逆流の有無そしてその重症度は心機能障害や予後に影響する因子であると考えられるため，その評価は重要である。もともとみられる拡張末期圧の上昇に加えて，僧帽弁逆流が生じると，うっ血や肺水腫のリスクはさらに高くなると考えられる。エビデンスとなるデータや論文はないものの，DCMでは慢性期に交感神経系やレニン・アンジオテンシン・アルドステロンrenin-angiotensin-aldosterone(RAA)系が賦活化され，進行性の左室拡大と収縮性の低下，すなわちリモデリングが生じ，死亡や心不全の悪化などのイベントにつながると考えられている。

左脚ブロックを呈するDCMでは，左室心室内同期不全が生じ，心拍出の効率性が低下し予後に影響すると考えられている。そのほかにも心房細動atrial fibrillation(AF)など，心筋がダメージを受けることによる不整脈の発生が報告されている。犬では高頻拍で心筋ペーシングを行うことによってペーシング誘導型のDCMを発症させることが知られているが，猫ではこのような頻脈誘発性のDCMを呈することはほとんどないと思われる。

左室の収縮力が低下するのと同じく，拡張力の低下も認められるようになる。左房にある血液は拡張期に左室へと移動し、拡張末期に左房の収縮が起こり，左室へと送られる。しかし，DCMにより拡張力が低下し，拡張期の左室の能動的な弛緩が十分でないと，正常と比べて左房内には多くの血液が残存することとなり，左房圧の上昇や左房の拡大を示すようになる。拡張能の低下した左室は同時にコンプライアンスの低下も呈するようになり，左室の拡張末期圧は容易に上昇するようになる。左室の拡張末期圧の上昇や左房圧の上昇はいずれもうっ血の典型的な病態であり，肺静脈圧の上昇を介して肺毛細血管圧の上昇をもたらし，肺水腫の原因となる。

左房の拡大により左房への負荷が増大し，左房のリモデリングや線維化をもたらす。それによりイオンチャネルの発現や機能の異常などが起こることでリエントリー回路が形成され，AFのような不整脈を発生する可能性がある。しかし，AFの猫50頭における回顧的な研究では，肥大型心筋症hypertrophic cardiomyopathy(HCM)や拘束型心筋症restrictive cardiomyopathy(RCM)由来の猫がそれぞれ38%，36%と多く，DCM由来の猫は12%と多くはなかった[10]。その理由は明らかにはされていないが，DCM自体の発生が少ないことに加えて，RCMやHCMに比べてDCMでは左房圧の上昇が軽度で，左房の拡大が起こりにくいことも関与しているかもしれない。

⊙タウリン欠乏との関連性

1987年にタウリン欠乏とDCMとの関連性が報告される以前は，猫のDCMの多くはタウリン欠乏が原因であった。含硫アミノ酸であるタウリンは，心筋細胞内に高濃度存在し，さまざまな生理活性を有するといわれており，心筋の機能保持に重要な役割を果たしている[11]。猫やキツネなどの種ではタウリンの合成能が低く，タウリンの欠乏や利用障害を生じるとDCMの様相を呈するといわれている[12~15]。実験的にもタウリン欠乏食で飼育された猫においては，経年的に進行する拡張性変化をともなう心筋症を呈することが示されている。正常な心筋細胞ではタウリンがtRNAと結合すること(タウリン修飾)で，ミトコンドリアでの蛋白質翻訳が行われている。一方，タウリン欠乏性DCM猫の心筋細胞ではタウリン修飾が低下し，ミトコンドリアのなかで蛋白質翻訳が止まり，蛋白質の機能異常が生じていることが明らかとなった[16]。猫のタウリン欠乏症に類似した疾患として，ヒトのミトコンドリア筋症・脳症・乳酸アシドーシス・脳卒中様症候群 mitochondrial myopathy encephalopathy, lactic acidosis, and stroke like episodes（ミトコンドリア病MELAS）という疾患がある。この疾患に対しタウリンの大量投与を行うと病態が改善することが報告されている[17]。

このように，1987年を境として，その前後では猫のDCMの構成は大きく変化しているが，循環動態などの病態に関しては大きな変化はなく同様である。猫のタウリン欠乏性心筋症における心エコー図検査を用いた検討によれば，タウリン不足は心室の収縮能，拡張能のいずれも低下させるとされている[18, 19]。通常，DCMは不可逆性の変化であるが，タウリン欠乏性DCMにおけるこれらの変化は発症後のタウリン投与によりある程度は改善することから，可逆性を有する変化と考えられている[12]。

病理

ヒトにおいてはDCMに特異的な病理組織学的所見はなく，組織学的変性所見と心機能ないし予後との関連も明らかではないとされている。確定診断に心筋生検は必須ではないが，二次性心筋症の可能性が疑われる場合には，鑑別診断に有用である。

DCMの組織所見は非特異的であるが，症例ごとに種々の程度の心筋の変性所見が観察される。一般に進行したDCMでは，心筋の変性脱落と同時に高度な代償性肥大心筋が出現し，核変性像(核腫大，核不整，クロマチンの濃染像)，筋原線維の減少(粗鬆化)や空胞変性をともなう[1]。

猫においても，心内腔が拡張するために左室の壁は菲薄化しているようにみえる。実際に菲薄化していることもあるが，計測してみると正常であることも多い。病理組織学的には非特異的であることが多いが，心筋細胞溶解，筋原線維の変性・消失，線維化が認められることもある[20]。

左房の拡張はDCMにおいても僧帽弁閉鎖不全症においても認められるが，不整脈の発生はDCMにおいてより高頻度で認められる。左房の病理組織学的所見をDCMと僧帽弁閉鎖不全症の両方において比較したところ，DCMでは間質性の線維化がより多く認められ血管周囲性の線維化は少なかったことが明らかとなった[21]。これらの病理組織学的な変化の違いが不整脈の発生頻度の違いなど，病態の違いの原因となっていることが示唆される。一方，デスミン，ビメンチン，ペリオスチン，カスパーゼ-3の発現パターンはDCMと僧帽弁閉鎖不全症の間で差はないものの，左房拡大の程度が同等であってもDCMにおいてより著明な変化が認められることから，容量負荷以外の素因がDCMの心筋の変性には関与していることが示唆されている[22]。DCMは心内膜における弾性線維の産生との関連が指摘されている。2019年には4週のマヌルネコにおいて心内膜線維弾性症をともなうDCMが報告されている[23]。この症例では心内膜にエラスチンとコラーゲンの集積が認められた。

疫学

これまでにペルシャ，ドメスティック・ショートヘア，ドメスティック・ロングヘア，バーマン，シャム，バーミーズのような品種で報告されているが，品種特異度はとくに報告されていない[24]。成猫で発症する疾患であり，発症平均年齢は7～9歳との報告があり，性差も報告されて

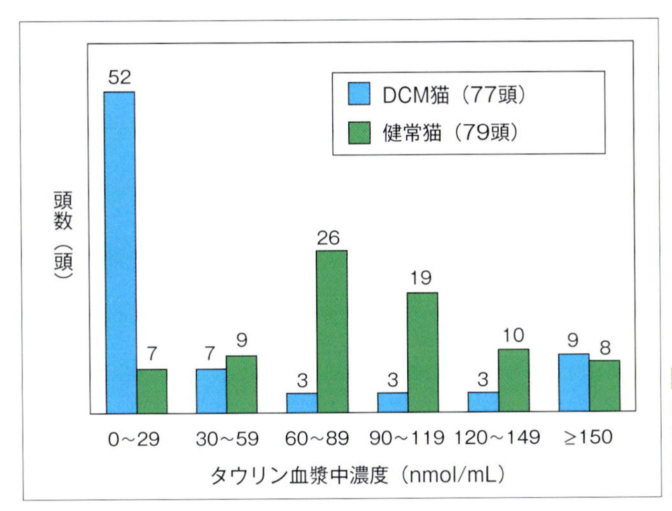

図1　DCM猫と健常猫におけるタウリン血漿中濃度の比較[26]
DCM猫77頭と健常猫79頭のタウリン血漿中濃度を比較した1991年の研究で，このころはDCMの多く(52/77)においてタウリン血漿中濃度の重度低下(29 nmol/mL未満)を呈しており，タウリン血漿中濃度の低下がDCMの発生要因であることをうかがわせる。

いない。

1974年にHurstは心筋疾患を5つのサブグループに分類したが，このときの分類は，①心筋炎，②うっ血性心筋症，③特発性肥大型心筋症，④閉塞性肥大型心筋症 hypertrophic obstructive cardiomyopathy (HOCM)，⑤RCMの5つであった。1974年にLiuが218頭の猫を死後剖検によって病理学的に分類した結果では，①心内膜炎が17頭，②心内膜の線維化，左室・左房肥大(HCM)が148頭，③心筋の線維化，左右室・心房の拡張(うっ血性心筋症)が53頭であったとされている[25]。これらの記述から，このかつてうっ血性心筋症とよばれていた疾患が現在ではDCMにあたると判断できるが，HCMと比べると少ないものの，ある程度の症例数は確認されていたことがわかる。

しかし，1987年にタウリン欠乏とDCMとの関連性が報告されてからは[12]，市販のペットフードにおけるタウリンの含有量が増加されるようになった。これまでDCMと診断されてきた症例は，タウリン欠乏性DCMとタウリンが十分に給与されているにもかかわらず発症したDCMに分類されるようになった。1987～1989年に米国で行われたDCM猫のタウリン血漿中濃度を測定した多施設試験の結果では，77頭中52頭が0～29 nmol/mLと低価を示していた[26] (**図1**)。このことはこれまでDCMと診断されていた症例の多くはタウリン欠乏性DCMであったことを示している。

1987年以前は，DCMは猫の心筋症のなかで2番目に多い重要な疾患であるとみなされていたが，現在ではタウリン欠乏性のDCMはほとんど発生しないためDCMの割合は大きく減少している。2003年にFerasinらが106頭の心筋症猫について調査した研究では，DCMは106頭中わずか10.4%であり，これはHCM，RCMに次いで3番目であった。雌が72.7%と多かったのが特徴で，平均年齢は9.1 (2～15.5)歳であった[27]。臨床徴候としては呼吸困難(81.8%)，頻脈(54.5%)，低血圧(54.5%)，腹水(54.5%)であった。タウリン欠乏性のDCMではなかったものの，網膜変性が18.2%において認められた。

また，2023年のDuPerryらの報告では，タウリン欠乏以外の食事性のDCM猫が報告されている[28]。この症例は11歳のドメスティック・ショートヘアの避妊雌で，頻呼吸，倦怠感，低酸素血症を呈して救急診療へと来院した。タウリンの血漿中濃度が高い(346 nmol/mL)にもかかわらず，胸部X線検査や心エコー図検査においてDCMの所見が認められた。その猫は何年にもわたって豆類(エンドウ，レンズ豆，ヒヨコ豆)の含有量の高いドライフードを食していたため，豆類を含有しない減塩キャットフードに切り替えたところ，その後1年ほどは良好な状態を維持できたとの報告であった。このことから，豆類を多く含むフードによってもDCMが引き起こされる可能性を示唆している。また，豆類の含有量の高いドライフードを給与している猫では，その摂取期間と拡張期および収縮期の左室壁厚との間に負の相関関係が認められたとの報告がある[29]。豆類以外にもグレインフリーのフードやポテトを含有するフードによってもDCMが発生したとの報告もあり，最近は食事が原因でDCMと診断される猫が増えてきていることに注意する必要がある[30]。もちろんであるが厳密にはこれらの症例はDCMではない。予後に関しても，これらの食事性のDCMのほうが，長期予後がよい結果(82日vs10日，中央値)が示されているし，食事内容を変更することによってさらによい予後(290日)が得られることも報告されている。

2022年にはDCMに7カ月のメスのドメスティック・ショートヘアにおいて成長ホルモン growth hormone(GH)の欠乏が原因で発生したDCMが報告されている。この症例ではインスリン様成長因子1(IGF-1)の血漿中濃度が低く，GHRH刺激試験でのGHの反応が欠如しており，またMRI検査や病理組織学的所見から低ソマトトロピン症と診断された[31]。非常にまれな疾患であるが，もし症例が低血糖を繰り返すようであればDCMの鑑別診断に入れる必要があるだろう。

原因が特定できない原発性心筋症のなかで，構造的・機能的変化がDCMと類似しているものの，とくに鑑別すべき心筋症として，拡張相肥大型心筋症 dilated phase of HCM(D-HCM)，ARVCが挙げられる。猫においてはとくに拡張相肥大型心筋症がDCMとの鑑別に苦慮することが多いと思われるが，以下にそれぞれの疾患の特徴とDCMとの鑑別のポイントについて記載しておく。

拡張相肥大型心筋症(D-HCM)

HCMの一部には長い経過中に肥大した心筋の壁厚が次第に薄くなり，左室収縮力の低下，左室内腔の拡大を呈し，DCMに似た病態を呈するものがある。過去にHCMの診断を受けていないかどうかの確認は重要である。ヒトではHCMの5〜10%が拡張相へと移行するといわれており，その元として最も可能性が高そうなのは冠動脈の肥厚とそれによる内腔の狭窄がもたらす心筋の虚血である[32]。ヒトと猫とではHCMの経過が異なる部分も多く，全く同じ理論が成立するかは疑問である。Cestaは4頭の猫においてD-HCMの病理的検査による病態解明を試み，病態の形成の要因として血栓形成による冠動脈の閉塞を示唆しているが[33]，正確な原因については立証されていない。

不整脈原性右室心筋症(ARVC)

右室の拡大と機能低下および右室起源の心室不整脈を特徴とする心筋症である[34]。ヒトでは1978年にFontaineらによって，右室異形成(right ventricular dysplasia)として初めて報告された[35]。猫では2000年にFoxによって始めて報告された珍しい疾患である[36]。ARVCは心筋(とくに右室)に脂肪や線維組織が浸潤し，右心不全を呈するのが特徴である。ヒト医療ではデスモソーム蛋白の遺伝子変異が原因で発生することがあるとされているが，猫ではそのような報告はなく，発生原因は不明である。その名前のとおり不整脈が特徴的であり，AF，完全房室ブロック，多型性心室不整脈，心室頻拍 ventricular tachycardia(VT)，2段脈などの不整脈が認められる。右房と右室は重度に拡張し，その運動性は重度に障害されている(**図2**)。

診断

除外診断の重要性

あえて診断の項の冒頭に記載するが，診断の確定に際しては，基礎疾患ないし全身性の異常に続発し類似した病態を示す「二次性心筋症」を除外する必要がある。前述のように，タウリン欠乏性のDCMは現在ではDCMに含まないため，DCMと思われる症例に遭遇した場合には，まずはタウリンの血漿中濃度の測定を検討する必要がある。ちなみにタウリン欠乏のすべての猫がDCMを発症するわけではなく，20〜65%程度に限られるようであり，タウリン以外の複合的な要因も示唆されている[37]。タウリンの血漿中濃度に関してはタウリン欠乏性のDCMがまだ認められていた時代(1987〜1989年)の報告では，多くのDCM猫が30 nmol/mL未満であった[26]。最近ではタウリンの血漿中濃度をルーチンで測定する獣医師も少なくなっているようであるが[30]，食事内容を聴取のうえ，必要であれば積極的に測定するべきであろう。タウリンは血漿と全血で測定することができる。血漿中で$<$50 nmol/mL，全血で$<$250 nmol/mLでタウリン欠乏であると紹介されているが[37]，サンプルの採取法，保管法も含めて検査機関に確認したい。

臨床徴候

心拍出量の低下とうっ血にともなううっ血性心不全 congestive heart failure(CHF)の徴候が主な臨床徴候であるが，それに先立って元気消失，食欲不振，沈うつのよ

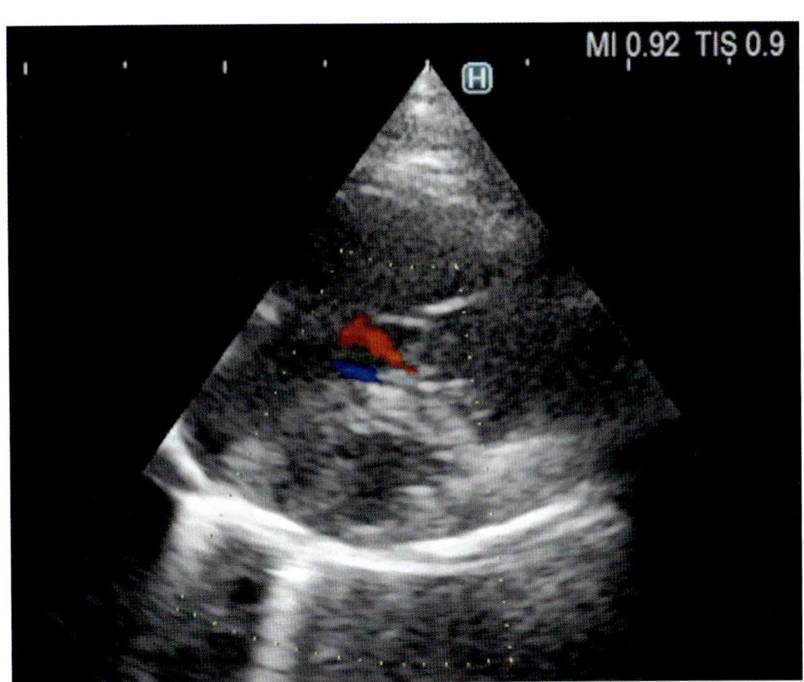

図2　ARVCが疑われる猫の左室短軸断面像(拡張期)
右室の著明な拡張が認められ，相対的に左室が非常に小さくみえる。本症例では三尖弁逆流も認められ，また心室期外収縮も観察された。

うな臨床徴候を呈することもある。症例によっては急性CHFや動脈血栓塞栓症を発症する前に何の臨床徴候も呈さないこともある。2003年のFrasinの11頭のDCMにおける報告では，呼吸困難が81.8%，頻呼吸が54.5%，低血圧が54.5%，腹水が54.5%に認められた[29]。その他の報告ではギャロップ音は61/77頭(79.2%)，収縮期性雑音は13/77頭(16.9%)，胸水は66/76頭(86.8%)，肺水腫は24/75頭(32.0%)，腹水は10/71頭(14.1%)，血栓症は13/71頭(18.3%)で認められたとの報告がある[38]。タウリン欠乏がなくても網膜の異常が22/65頭(33.8%)において認められたのは興味深い[38]。

X線検査

X線検査の有用性はそれほど高くなく，心筋症の鑑別に役立たないこともあり[20]，教科書によってはX線検査の記載がない[37]。X線検査所見として肺水腫や胸水の有無は左心不全あるいは両心不全の存在を示唆している。71頭の心筋症の猫を集めてそのX線検査所見について解析した論文では，これらの所見が認められた猫のうちDCMはわずか4頭(5.6%)のみであった[39]。また心エコー図検査では22頭の猫で胸水が認められたにもかかわらず，X線検査では14頭にしか胸水が認められなかったとの報告もある[24]。一方で，2003年のFerasinのDCM猫11頭の報告では，X線検査において胸水が90.9%，肺水腫が36.4%，腹水が54.5%において認められた[27]。このことから統計学的なX線検査所見の特徴については言及できない状況である[39]。その他の所見としては，3歳のドメスティック・ショートヘアの避妊雌において，DV像において顕著な球形な心臓シルエットのサイズ増加に加え，線状影が観察され，ラテラル像において気管の挙上と肺辺縁像の波形変形scallopingが認められたという報告もある[39](**図3**)。

心エコー図検査

DCMの診断において心エコー図検査は心臓の形態を評価するうえで重要な役割を果たしている。左室の拡張は，収縮期において評価する方法と拡張期において評価する方法がある。収縮期において評価する方法は，どちらかというと収縮力の低下を反映する手法であり，その指標として，左室収縮末期径(LVIDs)が＞14 mm[24, 27, 40]，あるいは＞1.2 cm[30]，＞11 mm[37]などの診断基準が報告されている。拡張期において評価する方法は，どちらかというとうっ血の評価として知られており，左室拡張末期径(LVIDd)の基準値としては＞16 mm[20]や＞18 mm[37]という報告がある。LVIDsとLVIDdから演算して得られるのがFSであり，その診断基準としては＜26%[37]あるいは＜28%[24, 27, 30, 40]，＞35%[26]が知られている。一般的に心

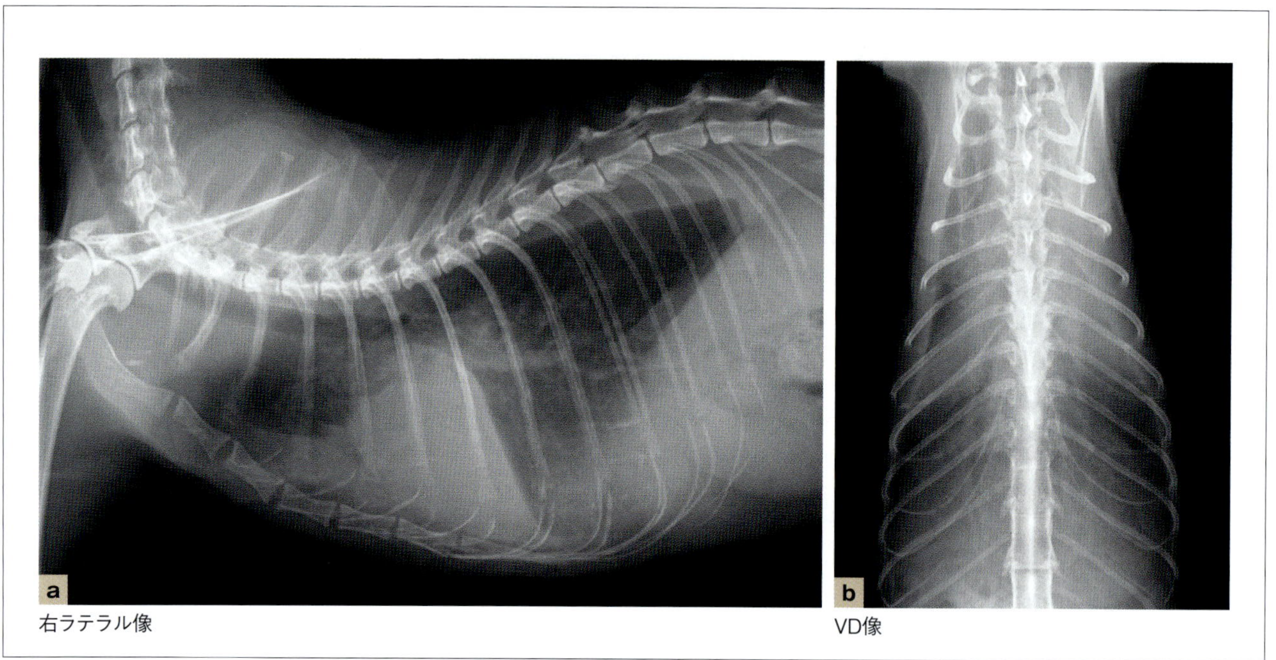

図3 DCMの猫の胸部X線検査画像
DCM自体の診断は胸部X線のみでは難しいが，胸腔内や肺野の状況を評価するためには胸部X線撮影は欠かすことはできない。本症例でも胸水の貯留が認められ，葉間裂が明瞭に観察される。

室の拡張が生じる前に左室収縮不全が生じることから，収縮力の指標である僧帽弁前尖と心室中隔との最短距離 E-point septal separation（EPSS）が＞4 mm という指標が用いられることもある[37]。

左房径大動脈径比（LA/Ao）に関してはBモードで測定したり，Mモードで測定したり，さまざまな測定方法が紹介されている。大規模症例報告において途中で計測方法を変更しているものも認められる[24]が，測定方法の違いが測定結果に影響を与えている側面は否めない[30]。LA/Ao＞1.6[30]あるいは＞1.537[40]，左房径＞16 mm[40]という DCM の診断基準が報告されているが，ひとつの目安として活用したい。また，左房拡大は予後と関連性がなかったとする報告もあり[24]，その重要性についても検討の余地がある。

心内腔の拡張にともなって弁尖に隙間が生じるようになることから，僧帽弁逆流の有無についても確認しておく必要がある。僧帽弁逆流はうっ血を悪化させることから予後の悪化につながる因子である。僧帽弁の逆流波形から dp/dt を計測することが可能で，収縮力のよいパラメータとなる。うっ血や拡張能の評価には左室流入波形であるE波を活用するとよい。DCM は左心系だけでなく両心性に進行することがあるため，右房の拡張と右室の遠心性肥大についても確認しておきたい。

心膜液は猫の DCM において比較的よくみられる病態である（18.2%[27]）。X 線では心膜液と DCM の鑑別が難しいため，心エコー図検査で確認しておくことが重要である。左房内の血栓については，18.2%において認められたとの報告もある[27]。左房拡大が顕著な症例では血栓が生じやすいことから，血栓自体の確認に加えて左室内での血液のうっ滞を表し血栓ができやすい状態であるもやもやエコー spontaneous echo contrast（SEC）についても確認しておきたい（**図4，5**）。

心電図検査

心電図の波形自体は正常であることもあるが，不整脈が確認されることが比較的多いため，心電図検査は重要な検査である。猫の DCM においてよく認められる不整脈には洞頻脈や心房あるいは心室早期収縮がある。Ferasin の報告では上室頻拍 supraventricular tachycardia（SVT）が 27.3％において認められた[27]。AF を呈した 50 頭の猫の報告では，DCM は 6 頭（12％）で報告されている[10]。その他，2009 年の Mulz の症例報告では，異常に大きな左房，胸水，重度低血圧（収縮期圧 54 mmHg）を呈した重度

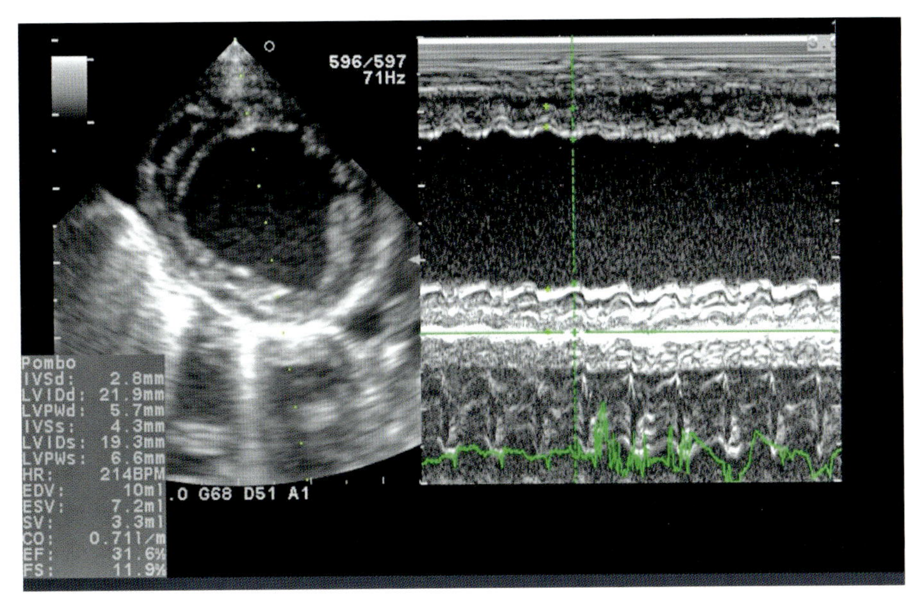

図4　DCMの猫におけるMモード心エコー図検査画像
本症例ではLVIDsは19.3 mmと14 mm以上を呈し，またLVIDdに関しても21.9 mmと18 mm以上を呈している。診断基準にはいくつかの数値基準が紹介されているが，本症例の場合はそのなかでも厳しい基準よりもさらに大きな心内腔を呈している。このことから十分にDCMであるということができる。FSは11.9%であり，収縮能の重度な低下があることが示唆される。

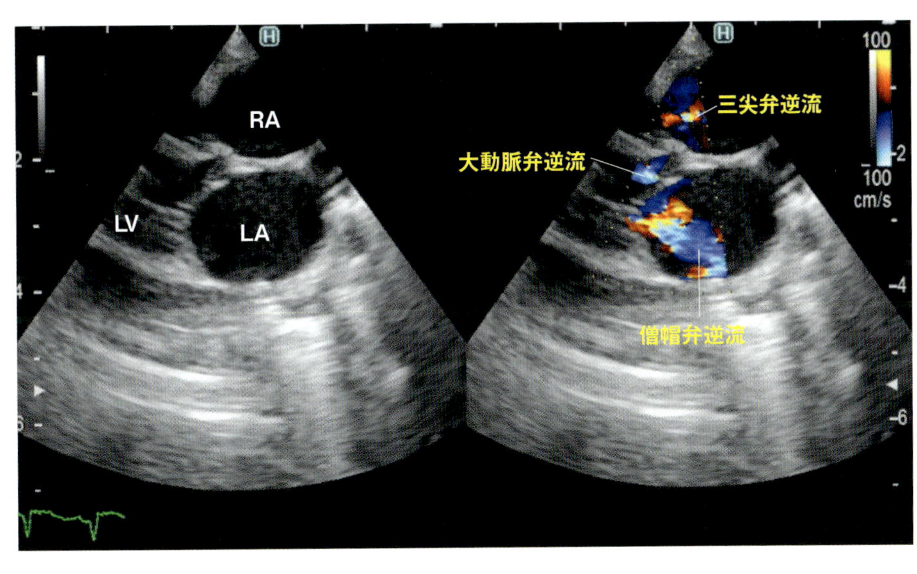

図5　DCMの猫におけるBモード心エコー図検査画像（右傍胸骨長軸四腔断面）
図4と同一症例である。左室の内腔の拡張に加え，左房および右房の拡張も顕著である。僧帽弁逆流，三尖弁逆流，大動脈弁逆流がそれぞれ認められる。
LA:左房，LV:左室，RA:右房

DCMの10歳の去勢済シャム猫において認められた心電図異常は，QRSの延長，STスラー，左脚ブロック，第I度房室ブロックであった[41]。

心臓のバイオマーカー検査[29]

DCMに特異的なバイオマーカーは存在しないため，代わりに心不全のバイオマーカーを使用して診断することが多い。なかでも，BNPとNT-proBNPは心不全のバイオマーカーとして広く使用されている。一般的に心筋細胞の障害や心筋へのストレッチが増加すると，バイオマーカーの値が上昇することから，バイオマーカーは心筋梗塞やCHFの検出に使用される。

治療

収縮力の低下が第一の病態であり，それに付随する二次的なうっ血や胸水などに対し，まずは収縮力の改善をはかることが治療の第一歩となる。しかし，急性CHFの治療は一刻を争うことから，酸素吸入，利尿薬，血管拡張薬，強心薬，胸水抜去などによる救急治療を実施し，まずは生命の危機を脱する必要がある。急性期を脱して慢性期へと移行した段階で，以下のような慢性期の治療を実施するこ

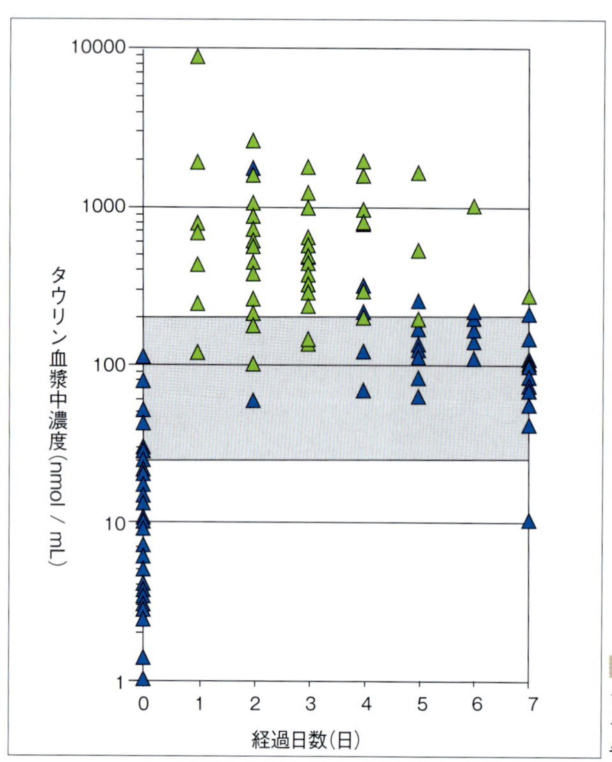

図6 DCMと診断された37頭の猫のタウリン血漿中濃度の変動
タウリンの給与は収縮末期径が12 mm, FS>33%となった時点で休止している。青の三角はタウリン給与が行われていないときの結果で，緑はタウリン給与が行われているときの結果である[14]。

とになる。

タウリン

万が一DCMの原因が食事性であり，例えばタウリン減少が明らかとなった場合には原因治療を行うべきである。1986〜1988年に37頭のDCMの猫に対して500 mgあるいは1,000 mgのタウリンを投与した結果，14頭(38%)は30日未満で死亡したものの，30日以上生存した22頭は臨床徴候や心エコー図検査所見は著明に改善し，投薬からは離脱した。また食事内容の変更によりタウリンの投与も必要なくなったとしている[14]。タウリンの投与量は(250〜500 mg，1日1回)[27]などの報告もあるが，あまり厳密な調整は必要なく，タウリン血漿中濃度が30 nmol/mLを維持できるようにすればよいようである。ヒトのミトコンドリア病におけるタウリンの大量投与療法が近年報告されているが[42]，同様の方法が猫において有効であるかどうかは知られていない(**図6**)。

強心薬

DCMの原因となる収縮力の低下を強心薬で完全に回復させることはできないが，病態の進行を送らせて臨床徴候を改善するうえで強心薬の投与は非常に有効である。ヒト医療では経口強心薬はQOLの改善，経静脈的強心薬からの離脱を目的とした短期投与，β遮断薬導入時の投与といった限定的な目的で使用されているが，犬や猫のDCMではよりメインの治療薬として強心薬が使用されることが多い。

強心薬として古くからジギタリスが用いられてきたが[43]，副作用が多く使用しにくい薬でもあったため，現在ではあまり使用されていない。ジゴキシン(一般薬品名)の使用法として10 μg/kg，1日1回，経口投与[27]などが紹介されている。ヒト医療ではジギタリスは強心目的ではなく，頻脈誘発性心不全におけるAFの心拍数コントロール目的での投与が行われている。

ピモベンダンはホスホジエステラーゼⅢ(PDE Ⅲ)阻害作用とカルシウム感受性増強の2つの機序によって強心作用を示す強心薬である。PDE Ⅲ阻害作用のみの場合，カテコラミン製剤と類似の機序であるため，心筋への負荷が

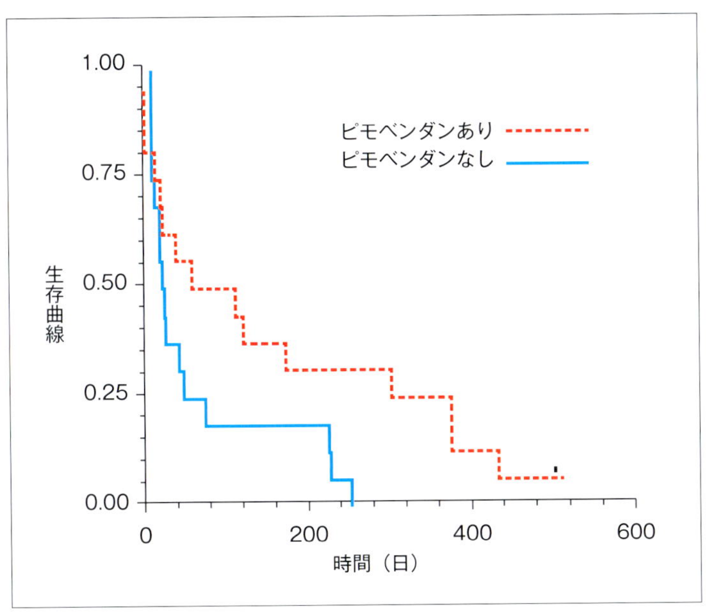

図7 DCMの猫をピモベンダンあり(n=16)およびピモベンダンなし(n=16)で治療した場合の生存曲線の比較
ピモベンダンで治療した群のほうが治療していない群に比べて有意に(P=0.048)長く生存した[24]。

大きく，効果は一時的で予後の悪化が危惧される。しかし，カルシウム感受性増強作用もあることで臨床徴候と予後の改善を両立できていると考えられる。また，血管拡張作用も有しているため後負荷の軽減作用も同時に期待できる。このようにピモベンダンは強心作用と血管拡張作用のバランスがよいため良好な結果をもたらしていると考えられるが，近年利用可能となったピモベンダンの注射薬を急速静注した場合には，血管拡張作用が顕著となり低血圧を呈することが知られている[44]。ピモベンダン投与時には血圧のモニタリングを実施したい。

DCM猫に対してピモベンダンを投与するかしないかで，予後がどのように変化するか研究した報告では生存期間中央値はピモベンダン非投与群が12日であったのに対して，ピモベンダン群では49日であった。ピモベンダンの投与量は0.23～0.35 mg/kg/doseであり，ピモベンダン投与による副作用もみられなかった[24]。これは回顧的研究であるため，症例の選択などにおいてある程度恣意的な要素が含まれている可能性もあるが，それを差し引いてもピモベンダンはDCM猫に有効であったといえる。このことからピモベンダン投与は猫においては承認されていない使用法であるものの，現時点では犬と同様に使用できそうである。

また，健常猫に対してピモベンダンを投与したときの左房機能への効果が検討されており，これによるとピモベンダンは左室だけでなく左房の機能も改善することが期待できる[45]。左房は左室の負荷を鋭敏に反映する指標であり，左房機能は左室拡張機能を反映する予後予測因子でもあるとされている。現時点では猫の左房機能は主にHCMにおいて計測されているが，DCMにおける左房機能の重要性についても今後検討の余地がある(**図7**)。

血管拡張薬

アンジオテンシン変換酵素(ACE)阻害薬の使用はしばしばDCM猫に対して推奨されている。とくに重度な収縮機能不全がある症例に対してはその使用が推奨される[20, 37, 46]。しかし，高窒素血症や低血圧がみられる場合にはACE阻害薬の使用は控えるべきである[47]。ACE阻害薬の使用が生存期間の延長に関して有意に効果を示しているのではないかという報告もある[30]。これはACE阻害薬がDCMに対して有効であり，予後を改善すると考えることも可能であるが，一方ではACE阻害薬に適応でき，高窒素血症や低血圧を呈さないような症例はそれほど重症度が高くない症例であったと考えることもできる。ACE阻害薬が本当にDCMに対して有効であるかのエビデンスはないものの，心筋組織におけるRAA系の活性を抑える目的で用いることで，心筋のさらなるリモデリングや線維化を抑えるという目的は理にかなっているといえるだろう。DCMに対して使用するACE阻害薬としてはエナラプリル(0.25 mg，1日2回，経口投与)の報告がある[27]。

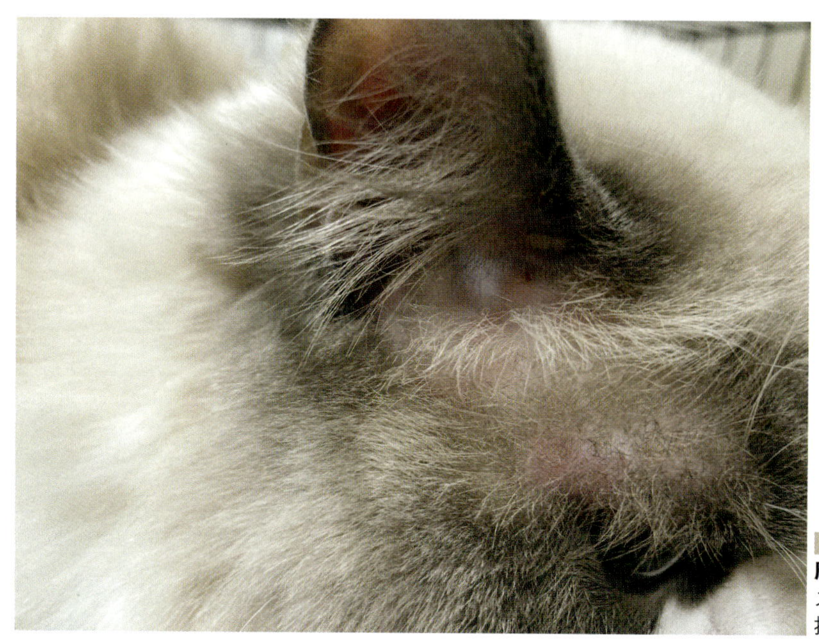

図8 ラグドールにおいて認められた顔面の皮膚炎
スピロノラクトン投与開始後に認められるようになり，投与を中止すると改善した。

利尿薬

利尿薬の使用はうっ血の顕著なDCMにおいては標準的な治療法である。ループ利尿薬であるフロセミドは古くから作用の強い利尿薬として肺水腫や胸水などのCHFの治療に用いられてきた。フロセミドの使用量はCHFの治療における用量に準拠して使用するが，2.0 mg/kg，1日2回〜1日3回[27]といった用量が使用されている。スピロノラクトンはフロセミドと併用して使用されることが多く，2.0〜4.0 mg/kg，経口投与といった用量が使用されているが，メインクーンなどの猫種において潰瘍性顔面の皮膚炎が発症することが知られている(**図8**)。

トラセミドは猫における使用経験はヒトや犬ほどに豊富ではない。CHFを呈する21頭の猫にトラセミド(0.21 mg/kg，1日1回)を投与し，フロセミドを投与した群(54頭)と比較した研究が報告されている[48]。このなかにDCMは1頭しか含まれておらず，またフロセミドと比べて大きく優れた点は認められなかったが，少なくとも猫においてトラセミドが安全かつ効果的に使用できることが実証されたといえる。

抗不整脈薬

猫のDCMでは心房頻脈や心室頻脈，そして徐脈が報告されている[26]。猫のDCMにおける不整脈治療に関する記述は少なく，その使用法は一般的なCHFでの使用に準拠すべきと思われる[49]。ソタロールやアテノロールといったβ遮断薬の使用は収縮能をさらに悪化させてしまうことに注意が必要である。CHFや低酸素の治療が不整脈の改善につながることもあるため，酸素化を改善するために酸素補給，利尿薬の投与，胸腔穿刺による胸水抜去を行うだけで抗不整脈薬なしでも不整脈が改善することもある。250回/分を超えるような拍出異常を来すVTに対しては抗不整脈薬の使用を検討してもよいだろう。リドカインを0.25〜2.0 mg/kgでゆっくりと静脈内投与したり，10〜40 μg/kg/分で微量点滴を行ったりする方法は最初に試みるべき治療法である。経口薬としては，メキシレチン5.0 mg/kg，経口投与，1日3回やソタロール2.0 mg/kg，経口投与，1日3回が使用される。抗不整脈薬ではないが，DCMに対しての治療法としてジゴキシン0.007 mg/kg，経口投与，2日に1回やピモベンダン0.25 mg/kg，経口投与，1日2回，が効果を発揮して不整脈の抑制効果を示すことがあるが，適用外使用法なので注意深く自己責任で使用したい[20]。アミオダロンもVTの治療において有効であったとの報告がある。DCMかD-HCMかは定かではないものの，静脈内投与および経口投与(12.5 mg/kg，1日1回)によって有効であったとされている[50]。

AFを含む上室不整脈に対しては，レートコントロールの治療法が行われる。ジルチアゼム1.0〜2.5 mg/kg，経口投与，1日3回などによって，心臓が正常な拍出可能な

表1　73頭の心筋症の猫を解析した2003年の報告[27)]

	Total (n=73)		HCM (n=43)		RCM (n=16)		DCM (n=8)		UCM (n=5)		MBCM (n=1)	
	N	%	*N*	%	*N*	%	*N*	%	*N*	%	*N*	%
死亡	46	63.0	23	53.5	12	75.0	8	100.0	3	60.0	0	0.0
生存	27	37.0	20	46.5	4	25.0	0	0.0	2	40.0	1	100
30日以内の生存	19	26.0	6	14.0	7	43.8	6	75.0	0	0.0	0	0.0
30日以上生存	54	74.0	37	86.0	9	56.3	2	25.0	5	100.0	1	100
	Days		Days		Days		Days		Days		Days	
生存期間中央値(死亡)	125		180		21		11		670		0	
生存期間中央値(生存)	1,144		913		1,277		0		1,397		1,685	
生存期間中央値(合計)	300		492		132		11		925		1,685	

DCMは以前と比べて非常に少なくなっており，73頭中8頭を占めるのみであった。生存期間中央値は11日と非常に予後が悪いことが特徴的である。

心拍になるように心拍数を減少させることが目標となる。

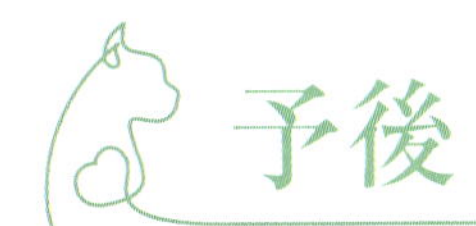

予後

DCMの予後については，有効かつ明確な調査がないのが現状である。タウリン欠乏症がDCMに含まれていたころは，DCMはタウリンに対して反応する症例が多かったが，タウリン欠乏症がDCMに含まれなくなってからは，有効な治療法がなくなりDCMの予後は悪くなったといえる[28)]。同時にDCMの症例数も激減したため統計学的な調査もなかなか行われなくなった。Ferasinの73頭の心筋症の症例のうち，DCMはわずか8頭であり，統計学的な意義は薄いといえるが，生存期間中央値が11日というのはHCMの180日に比べても明らかに短いといえる(**表1**)[27)]。2001〜2010年までの回顧的研究においても，生存期間中央値はわずか49日であった[24)]。その報告では低体温とFS＜20%は予後不良との関連性ありとの記載がある[24)]。

おわりに

DCMは，ほかの心筋症と比べても心機能の低下の理由がわかりやすく，Frank-Starlingの法則やLaplaceの法則など，生理学で学んだ知識をそのまま応用しやすい疾患である。近年は発生数が少なく遭遇することはまれであるが，本疾患に遭遇した場合には正しい診断，治療ができるようによく理解しておいてほしい。

参考文献

1. 日本循環器学会／日本心不全学会合同研究班(2019)：心筋症診療ガイドライン(2018年改訂版) https://www.j-circ.or.jp/cms/wp-content/uploads/2018/08/JCS2018_tsutsui_kitaoka.pdf.
2. Maron, B.J., Towbin, J.A., Thiene, G., *et al.* (2006) : Contemporary definitions and classification of the cardiomyopathies: an American Heart Association Scientific Statement from the Council on Clinical Cardiology, Heart Failure and Transplantation Committee; Quality of Care and Outcomes Research and Functional Genomics and Translational Biology Interdisciplinary Working Groups; and Council on Epidemiology and Prevention. *Circulation.*, 113 (14) : 1807-1816.
3. Lawler, D.F., Templeton, A.J., Monti, K.L. (1993) : Evidence for genetic involvement in feline dilated cardiomyopathy. *J. Vet. Intern. Med.*, 7 (6) : 383-387.
4. Meurs, K.M., Lahmers, S., Keene, B.W., *et al.* (2012) : A splice site mutation in a gene encoding for PDK4, a mitochondrial protein, is associated with the development of dilated cardiomyopathy in the Doberman pinscher. *Hum Genet.*, 131 (8) : 1319-1325.
5. Mausberg, T.B., Wess, G., Simak, J., *et al.* (2011) : A locus on chromosome 5 is associated with dilated cardiomyopathy in Doberman Pinschers. *PLoS One.*, 6 (5) : e20042.
6. Meurs, K.M., Williams, B.G., DeProspero, D., *et al.* (2021) : A deleterious mutation in the ALMS1 gene in a naturally occurring model of hypertrophic cardiomyopathy in the Sphynx cat. *Orphanet J. Rare Dis.*, 16 (1) : 108.
7. Kittleson, M.D., Côté, E. (2021) : The Feline Cardiomyopathies: 3. Cardiomyopathies other than HCM. *J. Feline Med. Surg.*, 23 (11) :1053-1067.
8. Stern, J.A., Ueda, Y. (2019) : Inherited cardiomyopathies in veterinary medicine. *Pflugers Arch.*, 471 (5) : 745-753.
9. Kosta, S., Dauby, P.C. (2021) : Frank-Starling mechanism, fluid responsiveness, and length-dependent activation: Unravelling the multiscale behaviors with an in silico analysis. *PLoS Comput. Biol.*, 17 (10) : e1009469.
10. Côté, E., Harpster, N.K., Laste, N.J. *et al.* (2004) : Atrial fibrillation in cats: 50 cases (1979-2002) . *J. Am. Vet. Med. Assoc.*, 225 (2) : 256-260.

11. Schaffer, S.W., Jong, C.J., Ramila, K.C., *et al.* (2010) : Physiological roles of taurine in heart and muscle. *J. Biomed. Sci.*;17 Suppl 1 (Suppl 1) : S2.
12. Pion, P.D., Kittleson, M.D., Rogers, Q.R. *et al.* (1987) : Myocardial failure in cats associated with low plasma taurine: a reversible cardiomyopathy. *Science.*, 237 (4816) : 764-8.
13. Pion, P.D., Kittleson, M.D., Rogers, Q.R. (1989) : Taurine deficiency as a cause of dilated cardiomyopathy in cats. *Tijdschr. Diergeneeskd.*, 114 Suppl 1: 62S-64S.
14. Pion, P.D., Kittleson, M.D., Thomas, W.P., *et al.* (1992) : Response of cats with dilated cardiomyopathy to taurine supplementation. *J. Am. Vet. Med. Assoc.*, 201 (2) : 275-84.
15. Pion, P.D., Kittleson, M.D., Thomas, W.P., *et al.* (1992) : Clinical findings in cats with dilated cardiomyopathy and relationship of findings to taurine deficiency. *J. Am. Vet. Med. Assoc.*, 201 (2) : 267-274.
16. Asano, K., Suzuki, T., Saito, A., *et al.* (2018) : Metabolic and chemical regulation of tRNA modification associated with taurine deficiency and human disease. *Nucleic Acids Res,* 46 (4) : 1565-1583.
17. Tomoda, E., Nagao, A., Shirai, Y., *et al.* (2023) : Restoration of mitochondrial function through activation of hypomodified tRNAs with pathogenic mutations associated with mitochondrial diseases. *Nucleic Acids Res.*, 51 (14) : 7563-7579.
18. Novotny, M.J., Hogan, P.M., Flannigan, G. (1994): Echocardiographic evidence for myocardial failure induced by taurine deficiency in domestic cats. *Can. J. Vet. Res.*,;58 (1) : 6-12.
19. Novotny, M.J., Hogan, P.M. (1996) : Inotropic interventions in the assessment of myocardial failure associated with taurine deficiency in domestic cats. *Adv. Exp. Med. Biol.*, 403: 305-314.
20. Côté, E., MacDonald, K.A., Meurs, K.M., *et al.* (2011) : Dilated cardiomyopathy. In: Côté, E., MacDonald, K.A., Meurs, K.M., *et al.* editors. Feline Cardiology. West Sussex, UK: John Wiley & Sons, 183-187.
21. Janus, I., Noszczyk-Nowak, A., Nowak, M., *et al.* (2016) : A comparison of the histopathologic pattern of the left atrium in canine dilated cardiomyopathy and chronic mitral valve disease. *BMC Vet. Res.*, 12: 3.
22. Janus, I., Kandefer-Gola, M., Ciaputa, R., *et al.* (2016) : The immunohistochemical evaluation of selected markers in the left atrium of dogs with end-stage dilated cardiomyopathy and myxomatous mitral valve disease - a preliminary study. Ir. *Vet. J.*, 69: 18.
23. Gudenschwager, E.K., Abbott, J.A., LeRoith, T. (2019) : Dilated cardiomyopathy with endocardial fibroelastosis in a juvenile Pallas cat. *J. Vet. Diagn,. Invest.*, 31 (2) : 289-293.
24. Hambrook, L.E., Bennett, P.F. (2012) : Effect of pimobendan on the clinical outcome and survival of cats with non-taurine responsive dilated cardiomyopathy. *J. Feline Med. Surg.*, 14 (4) : 233-239.
25. Tilley, L.P., Liu, S.K., Gilbertson, S.R., *et al.* (1977) : Primary myocardial disease in the cat. A model for human cardiomyopathy. *Am. J. Pathol.*, 86 (3) : 493-522.
26. Sisson, D.D., Knight, D.H., Helinski, C., *et al.* (1991) : Plasma taurine concentrations and M-mode echocardiographic measures in healthy cats and in cats with dilated cardiomyopathy. *J. Vet. Intern. Med.*, 5 (4) : 232-238.
27. Ferasin, L., Sturgess, C.P., Cannon, M.J., *et al.* (2003) : Feline idiopathic cardiomyopathy: a retrospective study of 106 cats (1994-2001) . *J. Feline Med. Surg.*, 5 (3) : 151-159.
28. DuPerry, B., Lopez, K.E., Rush, J.E., *et al.* (2023) : Dilated cardiomyopathy of possible dietary origin in a cat. *J. Vet. Cardiol.*, 51: 172-178.
29. Karp, S.I., Freeman, L.M., Rush, J.E., *et al.* (2023) : Comparison of echocardiography, biomarkers and taurine concentrations in cats eating high- or low-pulse diets. *J. Feline. Med. Surg.*, 25 (2) : 1098612X231154859.
30. Karp, S.I., Freeman, L.M., Rush, J.E., *et al.* (2022) : Dilated cardiomyopathy in cats: survey of veterinary cardiologists and retrospective evaluation of a possible association with diet. *J. Vet. Cardiol.*, 39: 22-34.
31. Lutz, B., Betting, A., Kovacevic, A., *et al.* (2022) : Dilated cardiomyopathy in a cat with congenital hyposomatotropism. *JFMS Open Rep.*, 8 (1) :20551169221086437.
32. Maron, B.J., Spirito, P. (1998) : Implications of left ventricular remodeling in hypertrophic cardiomyopathy. *Am. J. Cardiol.*, 81 (11) : 1339-1344.
33. Cesta, M.F., Baty, C.J., Keene, B.W., *et al.* (2005) : Pathology of end-stage remodeling in a family of cats with hypertrophic cardiomyopathy. *Vet. Pathol.*, 42 (4) : 458-467.
34. Harvey, A.M., Battersby, I.A., Faena, M., *et al.* (2005) : Arrhythmogenic right ventricular cardiomyopathy in two cats. *J. Small Anim. Pract.*, 46 (3) : 151-156.
35. Frank, R., Fontaine, G., Vedel, J., *et al.* (1978) : [Electrocardiology of 4 cases of right ventricular dysplasia inducing arrhythmia]. *Arch. Mal. Coeur. Vaiss.*, 71 (9) : 963-972.
36. Fox, P.R., Maron, B.J., Basso, C., *et al.* (2000) : Spontaneously occurring arrhythmogenic right ventricular cardiomyopathy in the domestic cat: A new animal model similar to the human disease. *Circulation.*, 102 (15) : 1863-1870.
37. Fox, P.R., (1999): Feline cardiomyopathies. In: Fox, P.R., Sisson, D.D., Moise, N.S., editors. Textbook of Canine and Feline Cardiology: Principles and Clinical Practice, 2nd edition. Philadelphia, PA: W. B. Saunders Company: 621-678.
38. Sisson, D.D., Knight, D.H., Helinski, C., *et al.* (1991) : Plasma taurine concentrations and M-mode echocardiographic measures in healthy cats and in cats with dilated cardiomyopathy. *J. Vet. Intern. Med.*, 5 (4) , 232-238.
39. Wolff, C.A., Fischetti, A.J., Bond, B.R. (2010) : What is your diagnosis? Pericardial effusion and dilated cardiomyopathy. *J. Am. Vet. Med. Assoc.*, 236 (7) : 735-736.
40. Diana, A., Perfetti, S., Valente, C., *et al.* (2022) : Radiographic features of cardiogenic pulmonary oedema in cats with left-sided cardiac disease: 71 cases. *J. Feline Med. Surg.*, 24 (12) : e568-e579.
41. Mulz, J.M., Schrope, D.P. (2009) : ECG of the month. Dilated cardiomyopathy. *J. Am. Vet. Med. Assoc.*, 235 (1) : 35-36.
42. Suzuki, T., Suzuki, T., Wada, T., *et al.* (2002) : Taurine as a constituent of mitochondrial tRNAs: new insights into the functions of taurine and human mitochondrial diseases. *EMBO J.*, 21 (23) : 6581-6589.
43. Atkins, C.E., Snyder, P.S., Keene, B.W., *et al.* (1990) : Efficacy of digoxin for treatment of cats with dilated cardiomyopathy. *J. Am. Vet. Med. Assoc.*, 196 (9) : 1463-1469.
44. Enokizono, M., Mandour, A.S., Komeda, S., *et al.* (2022) : Hemodynamic effect of pimobendan following intramuscular and intravenous administration in healthy dogs: A pilot study. Front. *Vet. Sci.*, 9: 969304.
45. Toaldo, B.M., Pollesel, M., Diana, A. (2020) : Effect of pimobendan on left atrial function: an echocardiographic pilot study in 11 healthy cats. *J. Vet. Cardiol.* 28: 37-47.

46. Chetboul, V. (2017) : Feline myocardial diseases. In: Ettinger, S.J., Feldman, E.C., Côté, E., editors. Textbook of Veterinary Internal Medicine Expert Consult, 8th ed. St. Louis, MO: Elsevier: 1278-1305.
47. Boothe, D.M. (2012) : Therapy of cardiovascular diseases. In: Boothe, D.M., editor. Small Animal Clinical Pharmacology 2nd ed. St Louis, MO: Elsevier Saunders: 469-567.
48. Poissonnier, C. Ghazal, S., Passavin, P., *et al*. (2020) : Tolerance of torasemide in cats with congestive heart failure: a retrospective study on 21 cases (2016-2019) . *BMC Vet. Res*., 16 (1) : 339.
49. Anderson, E.L. (2018) : Arrhythmias in Feline Cardiomyopathies. In: Willis, R., Oliveira, P., Mavropoulou, A., editors. Guide to Canine and Feline Electrocardiography. Wiley-Blackwell: 301-314.
50. Berlin, N., Ohad, D.G., Maiorkis, I., *et al*. (2020) : Successful management of ventricular fibrillation and ventricular tachycardia using defibrillation and intravenous amiodarone therapy in a cat. *J. Vet. Emerg. Crit. Care (San Antonio)* ., 30 (4) : 474-480.

2 心筋症の分類
③拘束型心筋症(RCM)フェノタイプ

藤井 洋子
Fujii, Yoko
麻布大学 小動物外科学研究室

point

- **心室の拡張障害に特徴づけられる。**
- **左室形態と収縮機能は正常であることから，左房拡大が進行しないと診断が困難である。**
- **いくつかのタイプがある。**
- **診断時にはすでに心不全を呈していることが多く，予後は比較的悪い。**

はじめに

拘束型心筋症 restrictive cardiomyopathy (RCM) は，猫においては2番目に多いとされる心筋症である(767頭中，肥大型心筋症 hypertrophic cardiomyopathy [HCM] 77％に次いで RCM15％) [1]。病因について，ヒトの心筋症の中では最も幅広い病因が挙げられており，確定診断には心臓カテーテル検査，心筋生検(心筋バイオプシー)，心臓 MRI 検査，場合によっては PET-CT 検査，心筋シンチグラフィ検査などが必要であるとされているが [2]，猫においては侵襲的な検査は現実的ではない。

ヒトにおける RCM の定義は，心室壁厚や収縮機能に関係なく，持続的な拘束性の病態生理を呈し，すなわち一般的には心室形態は正常であるものの心房の拡大を呈することを特徴とする疾患である [2]。猫においても RCM は同様な病態とされている [3]。

RCM のタイプ

猫の RCM は心エコー図検査による形態的な所見や剖検所見により，以下のサブカテゴリーに分類されている [4, 5]。

①心内膜心筋型 endomyocardial fibrosis
②心筋型 myocardial form
③心内膜炎 / 心内膜線維化 endocarditis/endocardial fibrosis
④心内膜線維弾性症 endocardial fibroelastosis

①心内膜心筋型は，独立した厚い索状の線維組織が左室内に存在し，心室中隔から左室自由壁あるいは乳頭筋に架橋するような形態を呈する。線維性索状構造物は左室の引き攣れを生じさせ，左室機能を障害する [5]。②心筋型は，心筋が線維組織に置換されたタイプである。

猫においては，①心内膜心筋型と②心筋型が古典的な従来の分類であるが，③心内膜炎 / 心内膜線維化，④心内膜線維弾性症の発生も，まれではあるものの報告されている。③心内膜炎 / 心内膜線維化は，心内膜が炎症を生じ線維化したものをいう [6]。④心内膜線維弾性症は，線維および弾

表1　"真の"RCMと病態生理からみたフェノタイプによる分類

		"真の"RCM	時に"拘束"の病態生理を呈するもしくは混合する フェノタイプ
浸潤性疾患	遺伝性	ATTRvアミロイドーシス APOAアミロイドーシス	
	非遺伝性	ALアミロイドーシス	ATTRwtアミロイドーシス サルコイドーシス
蓄積病	遺伝性	デスミン	Anderson-Fabry病 ダノン病 PRKAG2心臓症候群 鉄過剰による心筋障害 糖原病
間質の線維化/内因性心筋障害	遺伝性	一次性RCM サルコメア，細胞骨格，核膜，フィラミン，タイチンの遺伝子変異 弾性線維性仮性黄色腫	
	非遺伝性	放射線	化学療法 全身性強皮症 糖尿病
心内膜心筋疾患	非遺伝性	熱帯性EMF 非熱帯性EMF 特発性好酸球増加症候群	心内膜線維弾性症 カルチノイド

（文献2より引用，改変）

性組織によりびまん性に心内膜が肥厚したタイプをいう。ヒトでは新生児や小児で多く認められることから，先天性を含むさまざまな因子（遺伝子異常，自己免疫性，感染症など）[7]が発生に関与していると考えられているが，その原因はいまだ不明である。獣医療においても報告はあるが少なく，その発生はまれである[8, 9]。

Rapezziらは，ヒトのRCMを"真の"RCMと病態生理からみたフェノタイプ（表現型）に分類しており，それぞれ遺伝性，非遺伝性が挙げられている（**表1**）[2]。二次性RCMの原因としてさまざまな疾患が挙げられているが，なかでもアミロイドーシスが最も多いとされる[10]。心内膜心筋線維症 endomyocardial fibrosis（EMF）は南米の熱帯地方の国々では発生が多く重要視されている[11]。猫においては報告のない疾患も多く，今後の研究が待たれる。

欧州の後方視的な猫の臨床研究（n=92）では，最も多いタイプは心筋型（90%），次いで心内膜心筋型（10%）であった[12]。別の臨床研究では，90頭のRCM猫のうち2頭において心内膜心筋型で認められる線維性構造物を認めていることから，おそらく心内膜心筋型は2頭のみで，やはり心筋型が多いと推察される[1]。

心不全分類

米国獣医内科学会の猫の心筋症のガイドライン（以下，ACVIMコンセンサスステートメント）の中で，心不全分類が述べられている[13]。ACVIMコンセンサスステートメントは主にHCMに対する記載が多いものの，RCMにおいてもあてはめて考えてもよいと思われる。この心不全分類についてはHCMの項p.29を参照されたい。

ヒトにおいて，ACVIMコンセンサスステートメントに示される分類のように，AからDまでの心不全ステージ分類がある一方で，心不全を左室収縮機能（左室駆出率 left ventricular ejection fraction［LVEF］）をもとに分類する方法もヒトの急性・慢性心不全診療ガイドラインで明記されている。治療方針を決定する際にLVEFは欠かすことのできない指標であり，さらにLVEFの経時的な変化も重要であるとしている。ヒトの急性・慢性心不全診療ガイドラインではLVEFにより以下の3つに分類されている。

①左室駆出率の低下した心不全 heart failure with reduced ejection fraction（HFrEF）：LVEF40%未満

②左室駆出率が軽度低下した心不全 heart failure with mid-range ejection fraction（HFmrEF）：LVEF40%

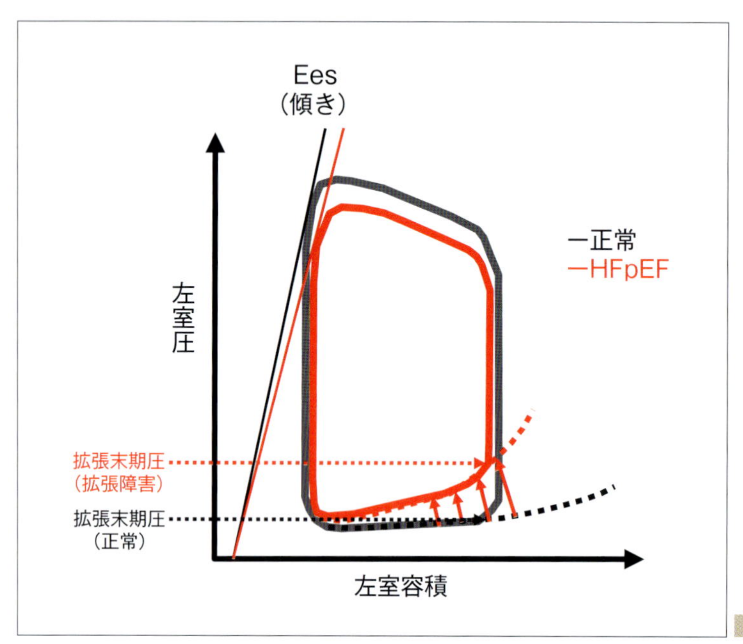

図1 拡張障害を呈する心臓の圧-容量曲線

以上 50%未満

③駆出率の保たれた心不全heart failure with preserved ejection fraction (HFpEF) : LVEF50%以上

RCM は通常 HFpEF に分類される疾患である。

本稿の RCM のタイプの項で述べたが，ヒトでは心内膜線維弾性症の背景に遺伝性も挙げられており，猫においてはバーミーズにおける同疾患の報告があり遺伝的背景が推察されている[16]。

病因

多くの場合，猫の RCM の原因は不明である。

可能性のある原因として，感染症を論じている研究がいくつかある。心内膜型の RCM においては仮性腱索が罹患するようなタイプの感染症の可能性が論じられ[14]，心内膜にバルトネラを認めたとの報告もある[15]。1995 年の心内膜炎 / 心内膜線維化を認めた猫の報告では，37 頭の心内膜炎と 25 頭の心内膜線維化を呈した猫の病理所見について論じている[15]。このうち，71%の症例で間質性肺炎を認めたとしており，心内膜線維化は心内膜炎の進行した病型では，と考察されている。比較的多くの臨床例を後方視的に集めた臨床研究においても，半数以上の RCM 猫で全身性の併発疾患(猫免疫不全ウイルス feline immunodeficiency virus [FIV] 感染症，子宮蓄膿症，尿路感染症，気管支炎，猫伝染性腹膜炎 feline infectious peritonitis [FIP]，膿胸など)をともなっていた[12]。これらの過去の報告から，RCM の発生は何らかの炎症性あるいは感染性疾患と関連があるのでは，と推察されている。

病態生理

RCM の症例は左室の拡張障害を呈する。これは心室(通常左室)が正常よりも「硬い(コンプライアンスが低い)」ため，心室充填圧が上昇し，すなわち左房圧が上昇する。左房圧が上昇すると左房拡大を引き起こし，ひいては心不全の転帰をとることがある。

図 1 は拡張障害を呈する左室の圧 - 容量曲線(PV ループ)を示す。正常(黒線)と比較し，拡張機能の低下した左室(赤線)は，拡張期の PV ループ(点線)が正常よりも上方へ傾き，左室容積が上昇する割合に対する圧の上昇率は，拡張障害心のほうが高いことがわかる。これにより，心臓への前負荷が増大すると拡張末期圧が上昇しやすく，すなわち左房圧が上昇することからうっ血を生じやすい心臓であると理解できる。収縮力を示す end-systolic elastance (Ees)は，拡張障害であっても正常とあまり遜色がないことに注目する。

左室収縮機能(主に LVEF)は通常保たれているが，時間経過とともに低下していくこともある。左室収縮機能は保

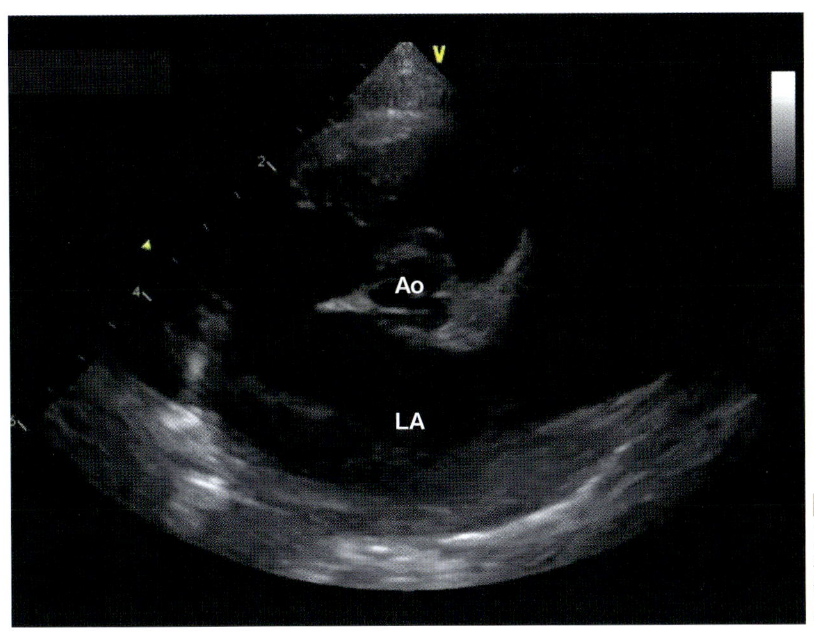

図2　心エコー図検査画像
[症例]雑種猫，8歳，避妊雌
右側傍胸骨短軸断面心基底部像。活動性低下，体重減少，心拡大を主訴に来院した。左房径大動脈径比(LA/Ao)は2.99と，明らかな左房拡大が認められた。

たれているものの，左室は血液を適切に充填できないことから一回拍出量は固定される。運動などで心拍出量の増大が必要となった場合は，心拍数を上昇させることでしか対応することができなくなる。さらに，心房のリモデリングと拡大が進み，心房細動 atrial fibrillation (AF)を呈することもあるが，そうなると心房の心室充填への寄与ができなくなるためさらに病態は悪化する。

ナチュラルヒストリーと臨床徴候

本疾患は臨床徴候をともなって来院し診断されることが多い。したがって，無徴候期の RCM については情報が少ない。

RCM に罹患した猫の性別については，約 5～6 割が雄であり，明らかな雌雄差があるかは不明である[1, 12, 14]。品種は雑種猫が最も多く，他にペルシャ，バーマンなどが挙げられている[1, 12]。初診時の年齢の平均は 7.3 歳(4 カ月～19 歳)であり，罹患猫の年齢層をみると若齢から高齢まで年齢の幅は広く，ほかの心筋症と類似している[1, 12, 14]。

前述のごとく，本疾患では来院時にすでに心不全による臨床徴候をともなっていることが多い。先の研究[1]では 97%の症例で来院時に臨床徴候をともなっており，心不全による呼吸困難(胸水貯留もしくは肺水腫，あるいはその両方)が最も多く(83%)，次いで動脈血栓塞栓症 arterial thromboembolism (ATE)による四肢麻痺(12%)が認められ，他に腹水，失神が挙げられている。ほかの臨床研究においても同様の傾向があり，8 割以上の症例で呼吸困難が認められている[12, 14]。

身体検査所見では，ほかの心筋症と同様の所見が認められる。聴診所見として心雑音をよく認められる所見とする報告とそうでない報告がある。Chetboul らの報告では収縮期雑音が 77%で認められ，その他にギャロップ，不整脈が聴取されている[12]。一方で，Locatelli らは心雑音を認めた症例は 3.0%としており[1]，これは研究に組み込まれた母集団の違いなどではないかと推察される。

診断

猫の場合，上記のような確定診断に必要な侵襲的な検査を行うことが困難であるため，獣医療では RCM で認められる病態を心エコー図検査で推測し，臨床診断しているのが現状である。心エコー図検査で認められる所見は以下のとおりである。

①房室弁の逆流などの明らかな理由がないにもかかわらず心房(左房あるいは左右両心房)が拡大している(**図2**)。

②左室および右室機能は正常あるいは軽度に低下している。

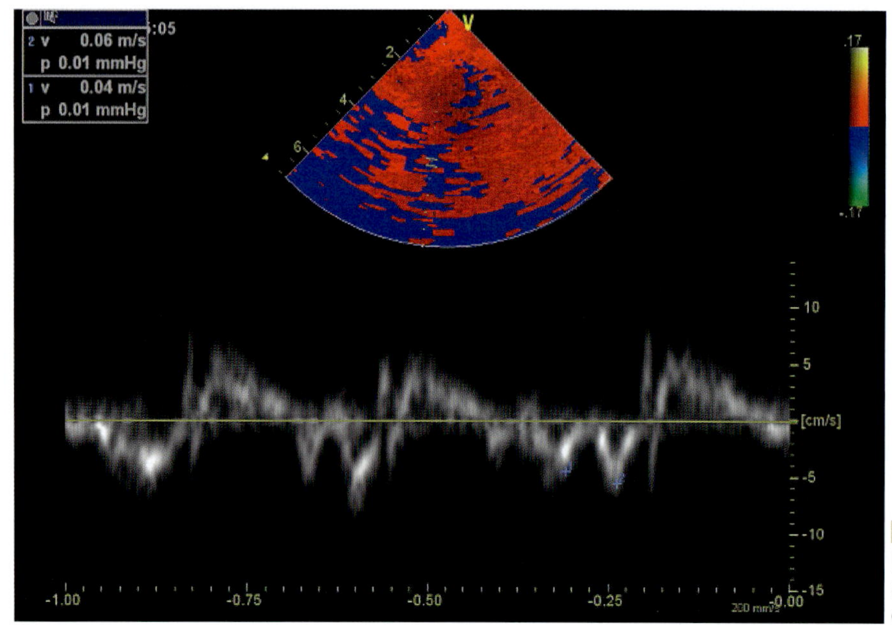

図3　僧帽弁輪部(後壁)組織ドプラ像
[症例]雑種猫，6歳，去勢雄
拡張早期僧帽弁輪移動速度(E')の低下(4.0 cm/秒)が認められる。

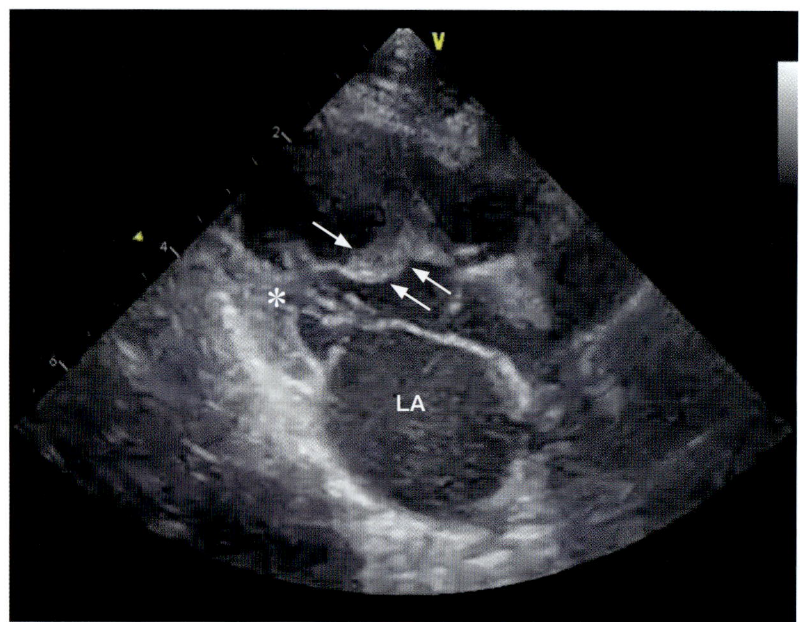

図4　図2の症例の右側傍胸骨長軸断面像
左室内に線維性の索状構造物(矢印)が存在し，心室中隔から乳頭筋(＊)へ結合したうえで架橋が形成されていることから，心内膜心筋型と診断された。左房(LA)拡大も認める。標準像では描出されないため，画像が斜めになっている。

③左室拡大はなく正常である。

上記に加え，拡張障害の病態をとらえる以下の所見をともなう場合，本疾患を強く疑う。

④僧帽弁流入波形において拘束パターン(E 波の上昇，A 波の低下)である。

⑤E 波の減速時間や等容性弛緩時間の低下がみられる。

⑥組織ドプラ法における拡張早期の僧帽弁輪部速度である E'(イープライム)の低下(**図3**)がみられる。

心内膜心筋型の場合，上記の所見に加え，高エコー源性を呈する線維性の索状構造物の架橋が左室内に認められる(**図4**)。さらに，心内膜心筋型および心内膜線維弾性症では心内膜が高エコー源性を呈する(**図5**)。重度に左房が拡大した症例では左房内(とくに左心耳内)血栓形成，もやもやエコーspontaneous echo contrast (SEC)をみることは珍しくない(**図6**)。心不全徴候として心膜液貯留や胸水を認めることがある(**図7**)。左房拡大と心不全を認める症例では，左房機能が低下していることが多い。

上記のような心エコー図検査の所見に合致した際，RCM を強く疑うが，これらの所見は RCM に特有なもの

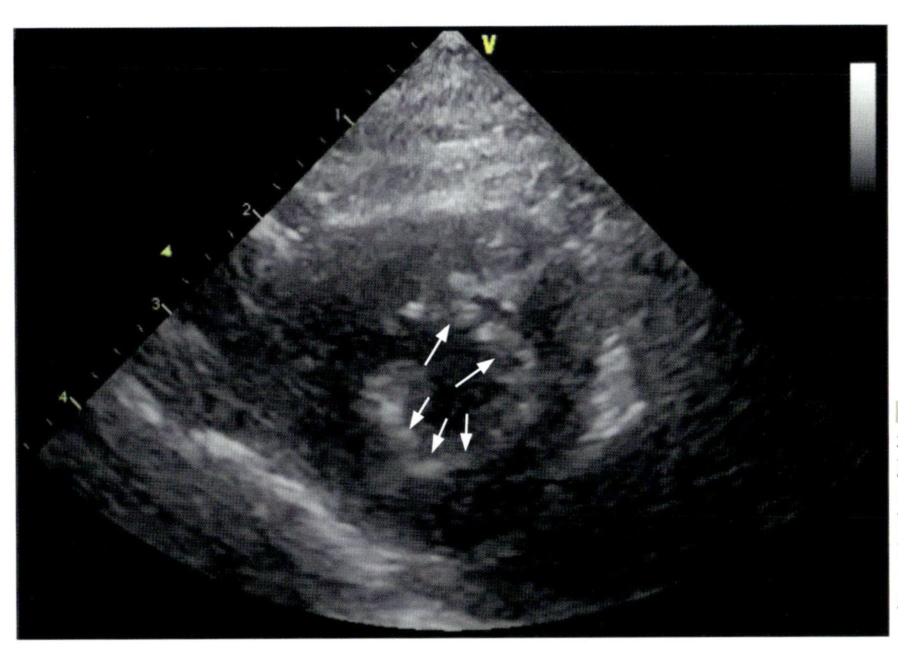

図5　図3の症例の心エコー図検査画像
右側傍胸骨短軸断面の左室乳頭筋レベルの所見。本症例は4年前より汎血球減少症のため免疫抑制療法を継続している。加療中に真菌症に罹患したが現在は改善。免疫抑制療法は継続中である。左室内膜が高エコー源性に描出され(矢印)，心エコー図検査の所見と既往歴から，心内膜炎/心内膜線維化のタイプと診断された。

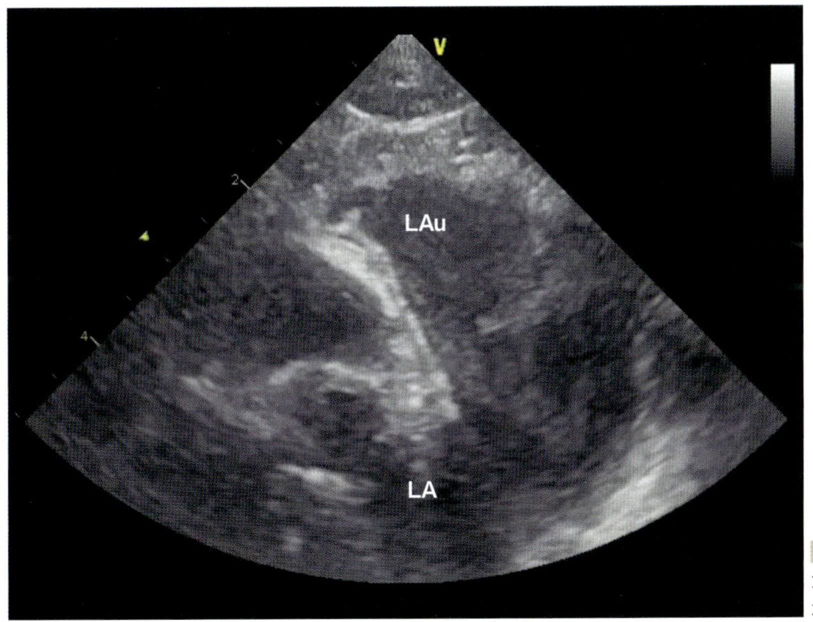

図6　図2の症例のSEC
左側傍胸骨からみた左房(LA)と左心耳(LAu)の先端を示す。左房内にSECを認める。

ではないことに注意する。ある症例ではHCMの進行により形態が変わり(拡張相)，結果RCMを模すこともある。心エコー図検査のみに頼った診断はきわめて挑戦的であることを忘れてはならない。さらに，左房拡大や心不全徴候の背景には，高血圧，甲状腺機能亢進症，慢性腎疾患といった心機能に影響を及ぼす全身性疾患が存在することも多い。これらの疾患は左室肥大の類症鑑別として挙げられているが，左室肥大を呈さない，あるいは呈しても重度ではない症例も多い。例えば甲状腺機能亢進症とHCMのマクロおよびミクロ所見を評価した研究では，甲状腺機能亢進症のマクロにおける肥大所見はあまり認めず，あってもHCMよりも軽度であった。しかし，組織所見をみると，心筋組織の線維化や明らかな血管病変などが確認されている[17)]。高血圧を呈する猫の画像診断に関する臨床研究報告では，高血圧猫の画像診断上の異常は左室肥大よりも血管病変(大動脈)が顕著であるとしている[18)]。したがって左室の形態に異常がなくても，心不全を呈する猫ではACVIMコンセンサスステートメントに述べられているような類症鑑別を行うことはHCMと同様である。さらにRCMにおいても，HCMのように何らかのイベントがト

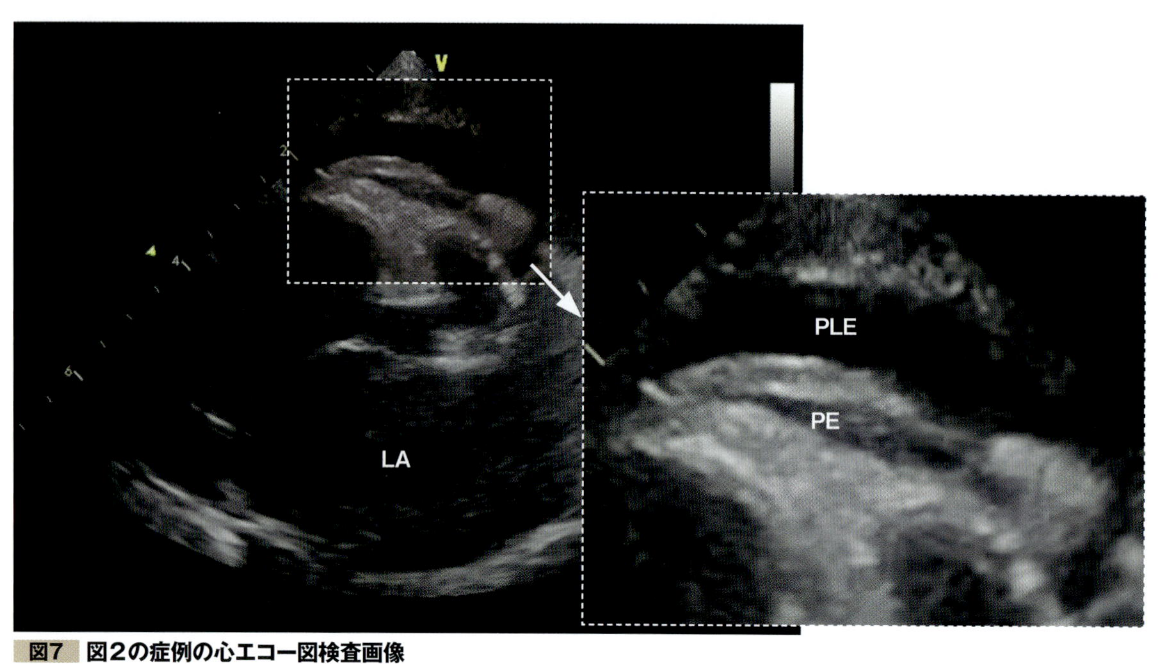

図7　図2の症例の心エコー図検査画像
胸水(PLE)とごく少量ではあるが心膜液(PE)が認められ，うっ血性心不全を呈していた。
LA:左房

リガーとなり心不全を発症することもある。イベントとしては静脈点滴，麻酔，手術，ステロイド投与といった医療行為，外傷・全身性疾患(貧血，甲状腺機能亢進症，慢性腎疾患，呼吸器疾患など)の発症，移動，病院受診といったストレスなどである[19]。

ヒトのRCMの原因として心アミロイドーシスが挙げられている。猫においては心臓以外の臓器や全身性の罹患が報告されているが，心アミロイドーシスは筆者の知る限りこれまで報告がない。ヒトにおける心アミロイドーシスの心エコー図検査の所見として，左室肥大，右室肥大，心房壁の肥大などを呈することが珍しくないためHCMの類症鑑別として重要とされる。ヒトの本疾患の左室のストレイン解析では，心室の基部から中部のセグメントのストレインが心尖部より低下するのが典型的で，予後と関連する[20]。

胸部X線検査(**図8**)は確定診断というよりも，臨床徴候に対する類症鑑別および心不全の有無を評価するために実施される。所見としては心原性肺水腫，胸水貯留あるいは両者が認められる。RCMに限らないが，猫の心原性肺水腫は，多焦点で対象的な間質パターンが最も多いとされるものの[21]，犬のそれと異なりさまざまである。うっ血を呈する猫では後葉の肺動・静脈の拡大，肺動脈の蛇行などの肺血管陰影の異常をともなうことも多い。RCMでは左室形態は正常，すなわち左室陰影は正常であることから，左房拡大あるいは両心房拡大を呈さず無徴候の場合は正常と解釈されてしまうこともある。一方で，心不全徴候を認めるRCMの猫11頭の椎骨心臓サイズ(VHS)の中央値は9.5 v (8.6〜10.1 v)と高値を示すことから，心不全徴候を呈する猫ではVHSの評価は有益である(VHS 7.9 v以上で左心系疾患と正常を区別)[22]。心不全を呈する猫のそのほかの胸部X線検査の所見として，気管支パターン，胸水，後大静脈の拡大，呑気が挙げられる。以上のX線所見は，HCMとRCMで差異はないとされている[21]。

胸部X線検査における左房拡大の評価は，猫においては犬よりも難しい。これは猫の左心耳が心陰影と重複してしまうことが一因である[23]。急性心不全症例のおよそ1/3で左房拡大が検出されず，客観的な左房拡大の指標(LA-VHS)においても検出率は低く，臨床的に有用ではなかった[24]。

心電図検査では，上室期外収縮supraventricular premature contraction (SVPC)，上室頻拍supraventricular tachycardia (SVT) (**図9**)，心室頻脈性不整脈といった不整脈がRCMでよく認められる[12, 25]。AFも珍しくはない(**図10**)。一方で，徐脈をともなう心房静止，房室ブロック(第1度，第3度)も少数で認められている[12, 14]。背景疾患はさまざまではあるもののAFを呈する猫の予後を評価した研究によると，生存期間中央値は58日(1〜780日)，さらに心不全をともなう場合は予後が悪い[26]。

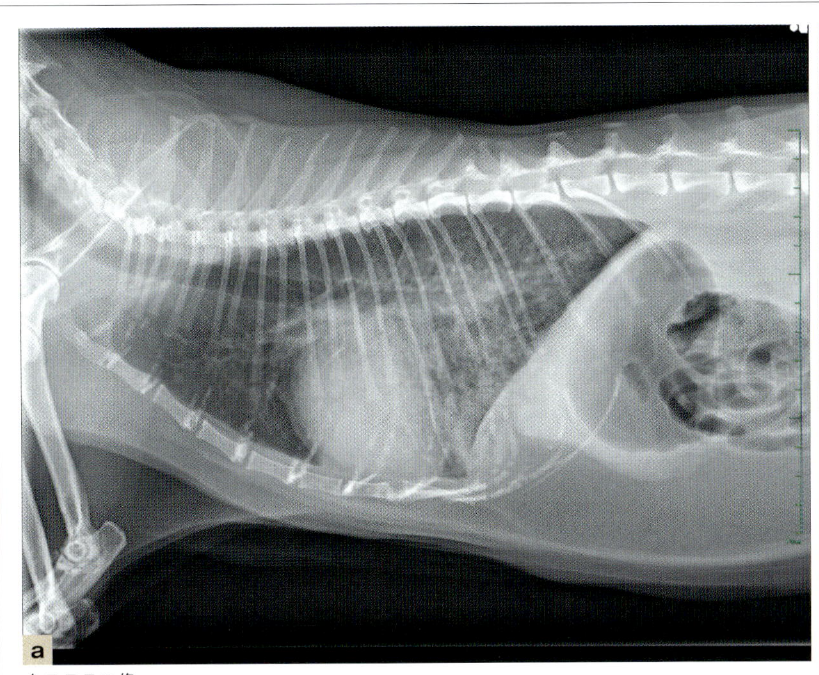

右ラテラル像

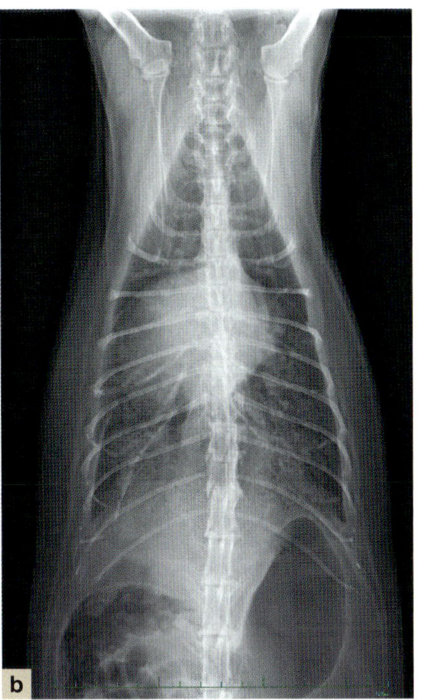

VD像

図8　胸部X線検査画像
[症例]ロシアンブルー，14歳，去勢雄
体重減少を主訴に来院したが，院内で呼吸困難となった。後葉領域を中心に肺胞・間質パターンを呈し，少量の胸水貯留も認められる。心陰影の拡大も認められた。この後，心内膜心筋型RCMと診断された。

予後

ある研究ではRCM猫の生存期間中央値について，来院から24時間以内に死亡した猫を除いた症例における全死亡では生存期間中央値436日(2～3,710日)，心臓関連死は667日であった[12)]。別の研究では心不全の生存への影響を評価している。多くのRCM猫の来院理由はうっ血性心不全congestive heart failure (CHF)である。呼吸困難を呈していた症例の生存期間中央値が64日であったのに対し，呼吸困難の既往がない症例の場合は466日と，呼吸困難の臨床徴候は予後に関連していた[1)]。

治療

RCMでは臨床徴候としてCHFおよび/あるいはATEを呈して来院することが多いため，多くの症例ではそれらに対する治療が必要となる。また，不整脈によると思われる臨床徴候を呈している場合は不整脈治療が必要となる。これまでの臨床研究においても，フロセミド，アンジオテンシン変換酵素(ACE)阻害薬，スピロノラクトン，ジルチアゼム，クロピドグレル，ヘパリンが挙げられている。さらに酸素室，鎮静・鎮痛薬，ATEについては急性腎障害，高カリウム血症(再還流障害)に対する治療が必要になるケースも多い。血栓に対する治療として組織プラスミノゲンアクチベーターの適応はまだ議論されており，2023年の口頭発表によると，以前の報告[27)]と同様，塞栓発症6時間以内の投与は生存に関して有益性はない一方で，不利益もなかったとしている(未発表データ)。すでにどこかで出血がある，もしくは手術直後，活性化部分トロンボプラスチン時間(APTT)延長，重度の肝障害などにより出血が懸念される場合や，再灌流障害がすでに疑われる場合など，予後不良因子が多くあてはまる症例では不適応としたほうがよい。

上記の治療のほか，現在はトラセミドやリバーロキサバンも治療薬としてよく使用されるようになってきており，

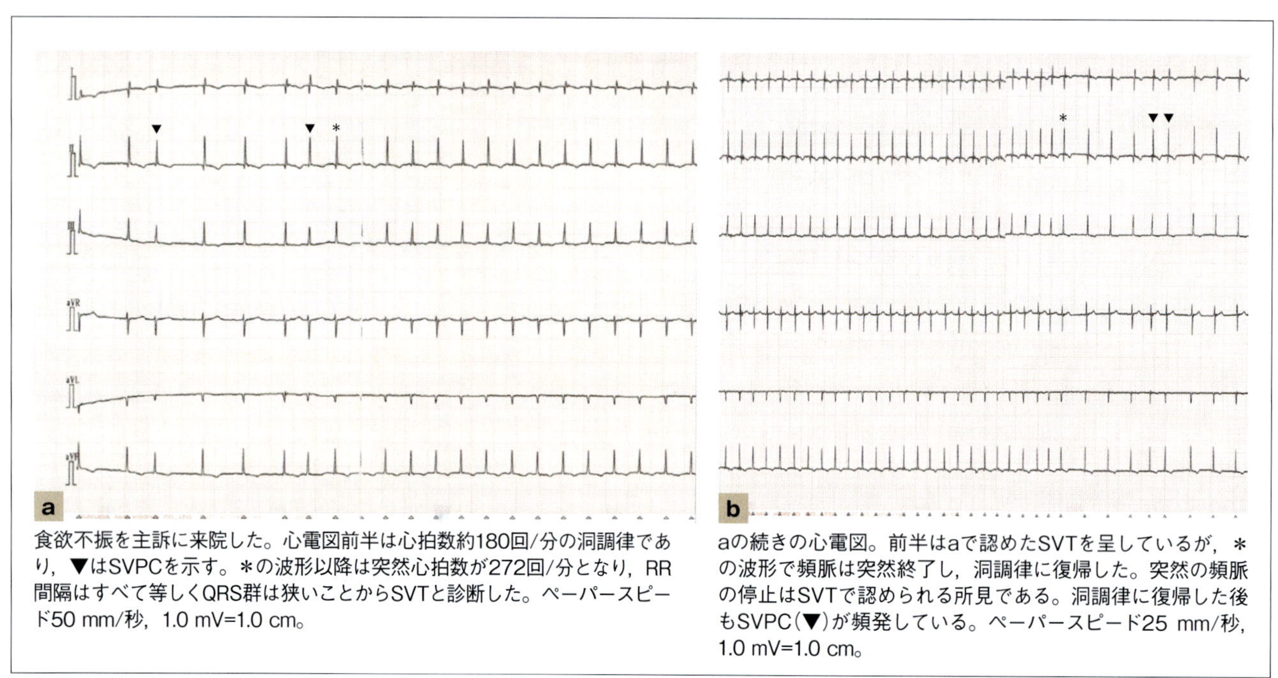

a 食欲不振を主訴に来院した。心電図前半は心拍数約180回/分の洞調律であり，▼はSVPCを示す。＊の波形以降は突然心拍数が272回/分となり，RR間隔はすべて等しくQRS群は狭いことからSVTと診断した。ペーパースピード50 mm/秒，1.0 mV=1.0 cm。

b aの続きの心電図。前半はaで認めたSVTを呈しているが，＊の波形で頻脈は突然終了し，洞調律に復帰した。突然の頻脈の停止はSVTで認められる所見である。洞調律に復帰した後もSVPC(▼)が頻発している。ペーパースピード25 mm/秒，1.0 mV=1.0 cm。

図9 図3の症例の心電図(6誘導)

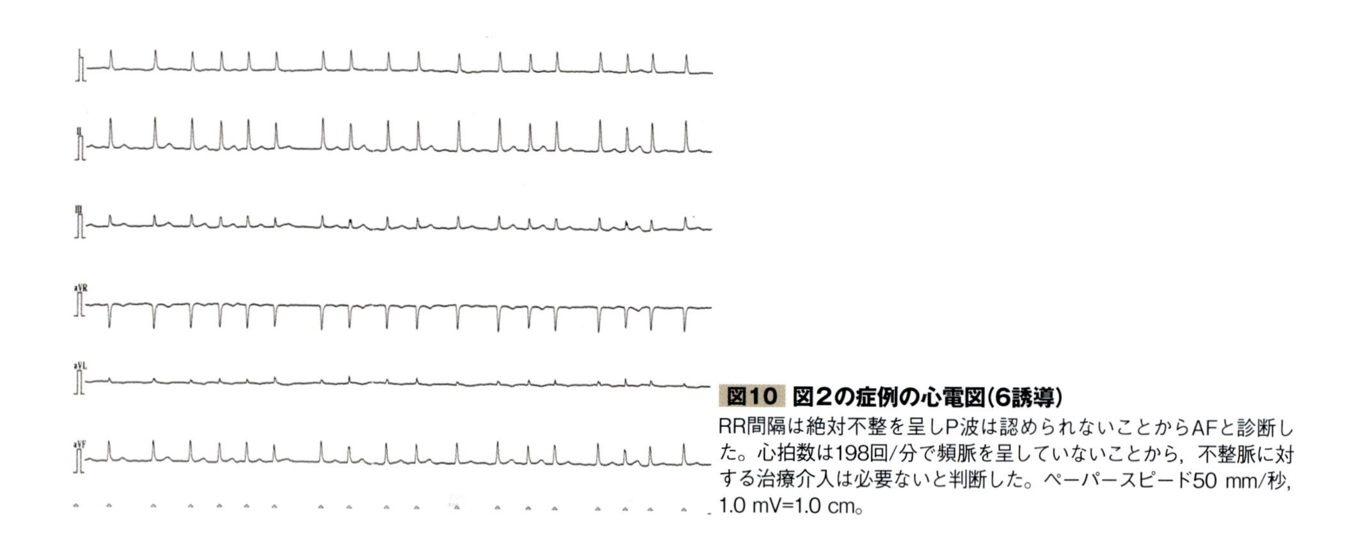

図10 図2の症例の心電図(6誘導)
RR間隔は絶対不整を呈しP波は認められないことからAFと診断した。心拍数は198回/分で頻脈を呈していないことから，不整脈に対する治療介入は必要ないと判断した。ペーパースピード50 mm/秒，1.0 mV=1.0 cm。

これらの治療はHCMに準じる。ピモベンダンの適応については，収縮機能の低下した心不全猫においてはその有益性があると思われるが[28]，一方でHCMを主とした臨床研究の結果をみると単純明快ではない[29～31]。HCMと同様にRCMも収縮機能の保たれた疾患であることから，個々の症例でその適応をよく検討すべきである。

おわりに

本疾患は病因が不明なところが多く，病態もさまざまで診断も単純ではない。今後の臨床例の蓄積と研究が必要な疾患である。

参考文献

1. Locatelli, C., Pradelli, D., Campo, G., *et al.* (2018) : Survival and prognostic factors in cats with restrictive cardiomyopathy: a review of 90 cases. *J. Feline. Med. Surg.*, 20 (12) : 1138-1143.
2. Rapezzi, C., Aimo, A., Barison, A., *et al.* (2022) : Restrictive cardiomyopathy: definition and diagnosis. *Eur. Heart. J.*, 43 (45) : 4679-4693.
3. Kittleson, M.D., Côté, E. (2021) : The Feline Cardiomyopathies: 3. Cardiomyopathies other than HCM. *J. Feline. Med. Surg.*, 23 (11) : 1053-1067.
4. Fox, P.R., Basso, C., Thiene, G., *et al.* (2014) : Spontaneously occurring restrictive nonhypertrophied cardiomyopathy in domestic cats: a new animal model of human disease. *Cardiovasc. Pathol.*, 23 (1) : 28-34.
5. Fox, P.R. (2004) : Endomyocardial fibrosis and restrictive cardiomyopathy: pathologic and clinical features. *J. Vet. Cardiol.*, 6 (1) : 25-31.
6. Stalis, I.H., Bossbaly, M.J., Van Winkle, T.J. (1995) : Feline endomyocarditis and left ventricular endocardial fibrosis. *Vet. Pathol.*, 32 (2) : 122-126.
7. Sana, M.K., Mahajan, K. (2023) : Endocardial Fibroelastosis. In: StatPearls, Treasure Island (FL).
8. Zook, B.C., Paasch, L.H., Chandra, R.S., *et al.* (1981) : The comparative pathology of primary endocardial fibroelastosis in Burmese cats. *Virchows. Arch. A. Pathol. Anat. Histol.*, 390 (2) : 211-227.
9. Rozengurt, N. (1994) : Endocardial fibroelastosis in common domestic cats in the UK. *J. Comp. Pathol.*, 110 (3) : 295-301.
10. Kushwaha, S.S., Fallon, J.T., Fuster, V. (1997) : Restrictive cardiomyopathy. *N. Engl. J. Med.*, 336 (4) : 267-276.
11. Grimaldi, A., Mocumbi, A.O., Freers, J., *et al.* (2016) : Tropical Endomyocardial Fibrosis: Natural History, Challenges, and Perspectives. *Circulation.*, 133 (24) : 2503-2515.
12. Chetboul, V., Passavin, P., Trehiou-Sechi, E., *et al.* (2019) : Clinical, epidemiological and echocardiographic features and prognostic factors in cats with restrictive cardiomyopathy: A retrospective study of 92 cases (2001-2015). *J. Vet. Intern. Med.*, 33 (3) : 1222-1231.
13. Luis Fuentes, V., Abbott, J., Chetboul, V., *et al.* (2020) : ACVIM consensus statement guidelines for the classification, diagnosis, and management of cardiomyopathies in cats. *J. Vet. Intern. Med.*, 34 (3) : 1062-1077.
14. Kimura, Y., Fukushima, R., Hirakawa, A., *et al.* (2016) : Epidemiological and clinical features of the endomyocardial form of restrictive cardiomyopathy in cats: a review of 41 cases. *J. Vet. Med. Sci.*, 78 (5) : 781-784.
15. Donovan, T.A., Balakrishnan, N., Carvalho Barbosa, I., *et al.* (2018) : Bartonella spp. as a Possible Cause or Cofactor of Feline Endomyocarditis-Left Ventricular Endocardial Fibrosis Complex. *J. Comp. Pathol.*, 162: 29-42.
16. Paasch, L.H., Zook, B.C. (1980) : The athogenesis of endocardial fibroelastosis in Burmese cats. *Lab. Invest.*, 42 (2) : 197-204.
17. Janus, I., Noszczyk-Nowak, A., Bubak, J., *et al.* (2023) : Comparative cardiac macroscopic and microscopic study in cats with hyperthyroidism vs. cats with hypertrophic cardiomyopathy. *Vet. Q.*, 43 (1) : 1-11.
18. Holland, M., Hofmeister, E.H., Kupiec, C., *et al.* (2023) : Echocardiographic and radiographic aortic remodeling in cats with confirmed systemic hypertension. *Vet. Radiol. Ultrasound.*, 64 (3) : 501-510.
19. Rush, J.E., Freeman, L.M., Fenollosa, N.K., *et al.* (2002) : Population and survival characteristics of cats with hypertrophic cardiomyopathy: 260 cases (1990-1999). *J. Am. Vet. Med. Assoc.*, 220 (2) : 202-207.
20. Muchtar, E., Blauwet, L.A., Gertz, M.A. (2017) : Restrictive Cardiomyopathy: Genetics, Pathogenesis, Clinical Manifestations, Diagnosis, and Therapy. *Circ. Res.*, 121 (7) : 819-837.
21. Diana, A., Perfetti, S., Valente, C., *et al.* (2022) : Radiographic features of cardiogenic pulmonary oedema in cats with left-sided cardiac disease: 71 cases. *J. Feline. Med. Surg.*, 24 (12) : e568-579.
22. Guglielmini, C., Baron Toaldo, M., Poser, H., *et al.* (2014) : Diagnostic accuracy of the vertebral heart score and other radiographic indices in the detection of cardiac enlargement in cats with different cardiac disorders. *J. Feline. Med. Surg.*, 16 (10) : 812-825.
23. Guglielmini, C., Diana, A. (2015) : Thoracic radiography in the cat: Identification of cardiomegaly and congestive heart failure. *J. Vet. Cardiol.*, 17 Suppl 1: S87-101.
24. Schober, K.E., Maerz, I., Ludewig, E., *et al.* (2007) : Diagnostic accuracy of electrocardiography and thoracic radiography in the assessment of left atrial size in cats: comparison with transthoracic 2-dimensional echocardiography. *J. Vet. Intern. Med.*, 21 (4) : 709-718.
25. Ferasin, L., Ferasin, H., Borgeat, K. (2020) : Twenty-four-hour ambulatory (Holter) electrocardiographic findings in 13 cats with non-hypertrophic cardiomyopathy. *Vet. J.*, 264: 105537.
26. Greet, V., Sargent, J., Brannick, M., *et al.* (2020) : Supraventricular tachycardia in 23 cats; comparison with 21 cats with atrial fibrillation (2004-2014). *J. Vet. Cardiol.*, 30: 7-16.
27. Guillaumin, J., Gibson, R.M., Goy-Thollot, I., *et al.* (2019) : Thrombolysis with tissue plasminogen activator (TPA) in feline acute aortic thromboembolism: a retrospective study of 16 cases. *J. Feline. Med. Surg.*, 21 (4) : 340-346.
28. Gordon, S.G., Saunders, A.B., Roland, R.M., *et al.* (2012) : Effect of oral administration of pimobendan in cats with heart failure. *J. Am. Vet. Med. Assoc.*, 241 (1) : 89-94.
29. Schober, K.E., Rush, J.E., Luis Fuentes, V., *et al.* (2021) : Effects of pimobendan in cats with hypertrophic cardiomyopathy and recent congestive heart failure: Results of a prospective, double-blind, randomized, nonpivotal, exploratory field study. *J. Vet. Intern. Med.*, 35 (2) : 789-800.
30. Reina-Doreste, Y., Stern, J.A., Keene, B.W., *et al.* (2014) : Case-control study of the effects of pimobendan on survival time in cats with hypertrophic cardiomyopathy and congestive heart failure. *J. Am. Vet. Med. Assoc.*, 245 (5) : 534-539.
31. Oldach, M.S., Ueda, Y., Ontiveros, E.S., *et al.* (2019) : Cardiac Effects of a Single Dose of Pimobendan in Cats With Hypertrophic Cardiomyopathy; A Randomized, Placebo-Controlled, Crossover Study. Front. *Vet. Sci.*, 6: 15.

文献

※　日本循環器学会：急性・慢性心不全診療ガイドライン(2017年改訂版). https://www.j-circ.or.jp/cms/wp-content/uploads/2017/06/JCS2017_tsutsui_d.pdf (accessed 2024-03-08)

Question

心室内に構造物があれば，拘束型心筋症（RCM）と診断できますか？

Answer

6.0 mm以上の心筋壁肥厚がなく，左室内に異常構造物がある場合はRCMを疑うことが多いです。

近年，心エコー図検査の技術向上やエコー検査機器の画質向上などから，RCMと診断されることが増えた印象はあります。RCMのひとつのパターンとして，左室内の異常構造物の確認はわかりやすいと思います。しかしながら，構造物がない場合でも，RCMを疑う症例は多いので，心筋や心内膜の状態の観測と，E/Aなどの波形の観測から診断します。HCMか，RCMかを鑑別することも大切ですが，それ以上にステージなどの病態を把握することが治療に結びつくため非常に重要だと思います。

2 心筋症の分類

④不整脈原性右室心筋症(ARVC)フェノタイプ

鈴木 周二
Suzuki, Shuji
日本獣医生命科学大学 獣医学部 獣医学科 獣医外科学研究室

point

- **不整脈原生右室心筋症(ARVC)は猫ではとても珍しい心筋症である。**
- **顕著な右室拡大と右室起源の不整脈を引き起こす心筋症である。**
- **ピモベンダンなどの強心薬が有効となる可能性がある。**
- **予後は悪く，1カ月以内に死亡する症例が多いが，病態に応じた心不全治療と不整脈治療により予後を延長することが可能かもしれない。**

はじめに

不整脈原性右室心筋症 arrhythmogenic right ventricular cardiomyopathy(ARVC)フェノタイプは右心不全と心室性不整脈を特徴とする心筋症である。右室の心筋層が脂肪組織や線維脂肪組織によって置換され，徐々に全域が障害されていく。まれに左心系にも及ぶことがある。組織学的な構造の変化が右室の電気的不安定性を招きリエントリー回路を形成した結果，致死的な不整脈を引き起こすと考えられる。犬ではボクサーに好発することがよく知られているが，猫では非常に珍しい心筋症であり，科学的な報告もまだまだ多くないのが現状である。本稿ではARVCフェノタイプについて筆者の知見を交え概説する。

病態

ARVCは右室拡大と機能低下を示し，右室起源の不整脈をともなうことを特徴とする心筋症のひとつである。米国獣医内科学会のガイドライン(以下，ACVIMコンセンサステートメント)では，ARVCフェノタイプは，心筋症の中でもとくに不整脈を引き起こす可能性が高い不整脈原性心筋症，ARVC，右室の心変性が原因で不整脈や右心不全を引き起こす不整脈原性右室異形成などが原因疾患となる。

ARVCフェノタイプでは，右室内腔の拡張，右室自由壁の菲薄化および右房の拡大がみられ，心機能が破綻すると右心不全となる[1]。三尖弁逆流がみられることが多く，まれに心膜液，胸水および腹水の貯留がみられる。

疫学

ARVCフェノタイプは非常にまれな心疾患であり，疫学的な報告も非常に少ない。発生率は不明であるが，ニューヨーク・アニマル・メディカル・センターで診断した猫の心疾患の2.0～4.0％はARVCであった[1]。また，臨床的に健康な猫における心疾患の発生率を調査した研究では，103頭中1頭でARVCが診断されており，ほかのフェノタイプと比較して非常に少ない[2]。その他，Riesenらの同様の調査では，287頭中2頭のみ発生が認められている[3]。ヒトでのARVCは通常，遺伝性疾患であり，最も一般的にはデスモソーム内のタンパク質をコードする遺伝子の突然変異によって引き起こされるといわれている。また，犬でのARVCはボクサー心筋症として知られており，家族性に発症し遺伝的な関与があると考えられるが，猫ではこのような報告はなく，遺伝的な解析の方向もないため，猫のARVCの原因は不明である。

診断

シグナルメント

発症年齢について，過去の報告によると診断時の年齢は1～20歳(平均年齢7.3 ± 5.2歳)といわれている[1]。ほかの心筋症とほぼ同様にどんな年齢でも発症する可能性があるが，比較的中年齢～高齢にかけて診断されると考えられる[1]。ほかの少数の報告でも同様である[4,5]。本邦においても報告は少なく，いずれも雑種猫(日本猫)にみられるようである[6]。筆者が経験した症例(2頭)のいずれも雑種猫であった。しかし，一般的には猫種の特異性は報告されていない。

身体検査

右心不全を主体とする疾患のため，頸静脈の怒張がみられることがある。また，場合によっては四肢や顔面に浮腫がみられることもある。聴診では，三尖弁逆流にともなう収縮期雑音や頻脈性不整脈など，脈拍の不整を聴取することがある。

鑑別診断

右心不全をともなうほかの心筋症フェノタイプや先天性心疾患などが鑑別として挙げられる。

先天性心疾患では三尖弁異形成，肺動脈狭窄症(とくに末梢)などが鑑別すべき疾患として重要だと考えられる。

心電図検査

ARVCフェノタイプの症例において，不整脈は一般的にみられると考えられる。心室頻拍ventricular tachycardia(VT)，心室期外収縮，上室頻拍supraventricular tachycardia(SVT)，心房細動atrial fibrillation(AF)，右脚ブロックなどが認められる[6,7]。右室壁に生じた障害領域が右室におけるインパルス伝導を抑制し，リエントリー回路を形成し，心室性不整脈を発生させる(**図1**)。また，右脚ブロックは右室の拡張，心室中隔の線維化にともなう右脚の障害により発生する。上室性不整脈は三尖弁逆流や右房の拡大による器質的障害によって発生すると考えられる。過去の報告では房室ブロックをともなう症例も認められている[8]。

胸部X線検査

右心系の拡大は最も頻繁に認められる。そのため，右心不全をともなう場合，胸水や腹水の貯留が認められることがある(**図2**)。

心エコー図検査

心エコー図検査は，心電図とともに本疾患で必須の検査である。右傍胸骨長軸四腔断面像では右心系の拡大が顕著に認められる(**図3**，**動画1**)。弁構造にはあまり問題はないが，右心系の拡大により三尖弁逆流が認められる場合が多い。右室は収縮性に乏しく，右室圧の上昇により心室中隔の奇異性運動が認められることがある。心エコー図検査においても胸水が認められることがある(**図4**，**動画2**)。また，心尖部に腫瘤の形成や，右房に血栓を認めることもある。

ステージング

ARVCフェノタイプの多くは診断時に心不全徴候が認められるため，ガイドラインではほとんどがステージC

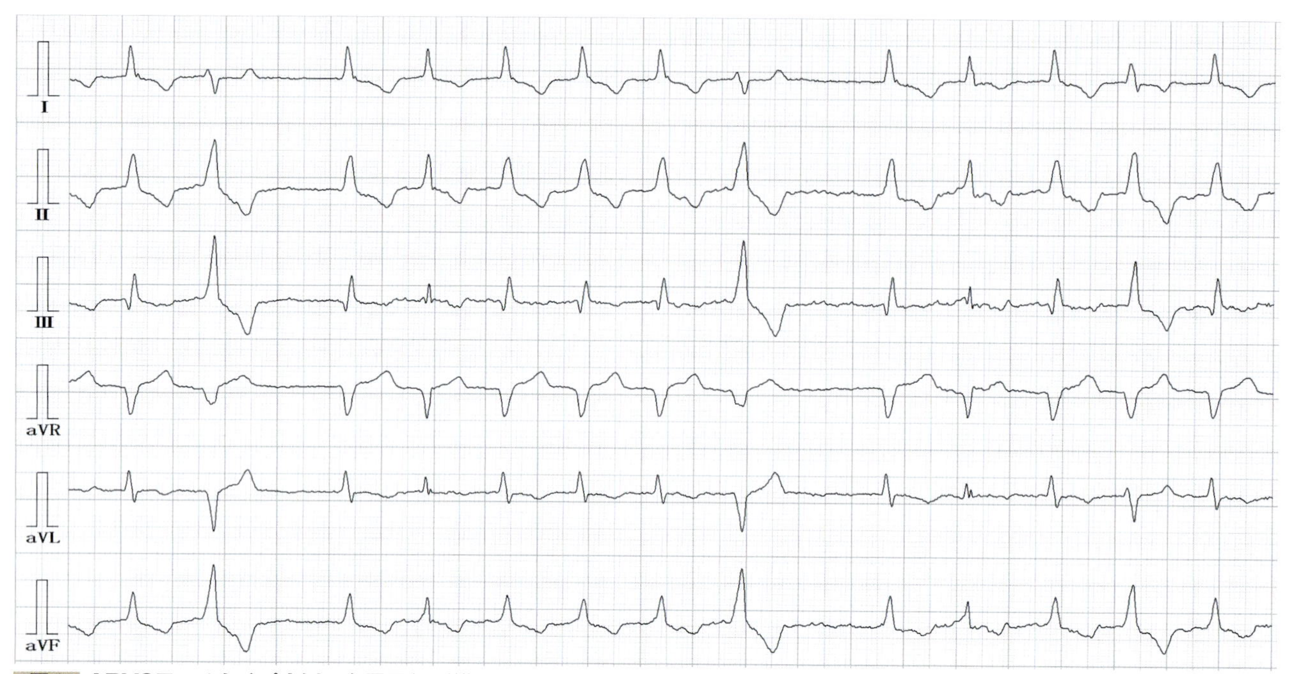

図1　ARVCフェノタイプ症例の心電図(6誘導，ペーパースピード50 mm/秒)
右室起源と思われるリズムの不整な期外収縮が多数認められる。

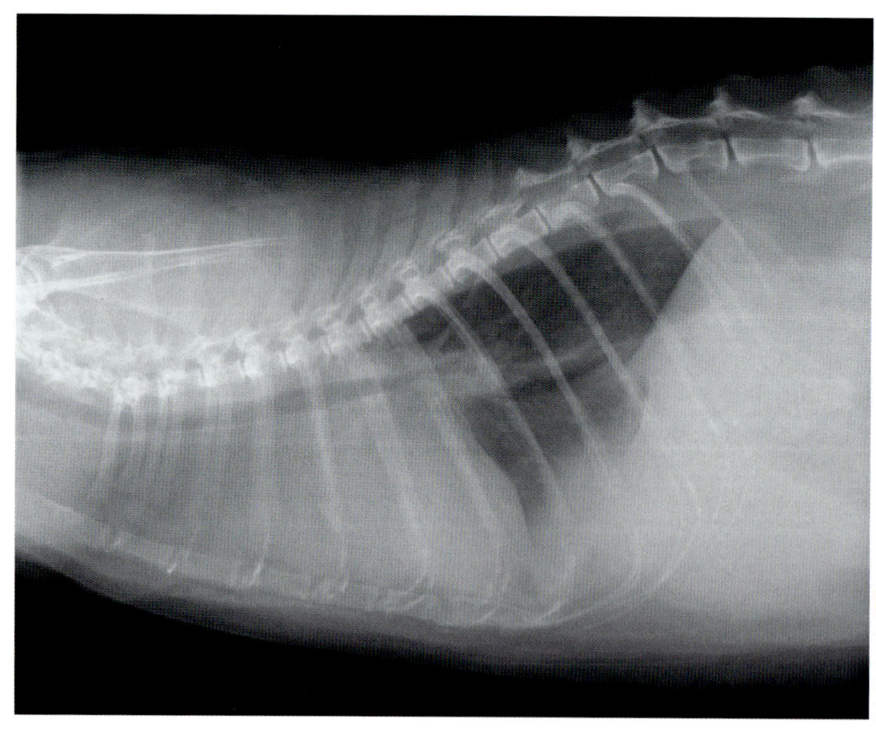

図2　ARVCフェノタイプ症例の胸部X線検査画像(ラテラル像)
多量の胸水貯留が認められる。胸水の陰影と重なり判別しづらいが，胸骨との接地面が増加しており，右心系の拡大も疑われる。

またはＤの症例であると考えられる。胸水・腹水をともなっており，治療反応に乏しい場合にはステージＤと診断されるが，ステージごとの予後については報告がない[9]。

治療

治療は基本的に心不全に対する対症療法が中心となる。ループ利尿薬であるフロセミド，アンジオテンシン変換酵素(ACE)阻害薬を使用する。心不全徴候の重症度，腎機

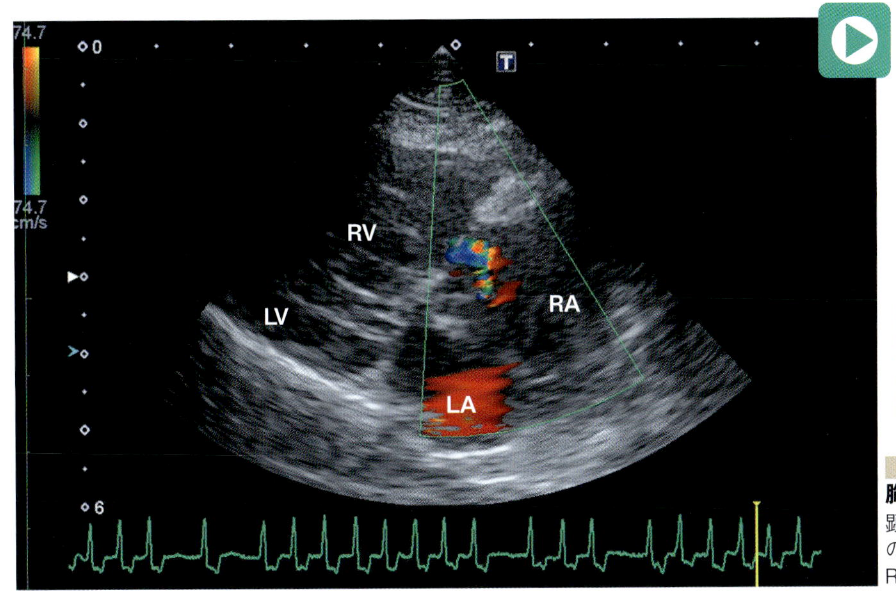

https://e-lephant.tv/ad/2003829/

図3　ARVCフェノタイプ症例の右傍胸骨長軸四腔断面像
顕著な右心系の拡大が認められる。また軽度の三尖弁逆流が認められる(**動画1**)。
RA: 右房，LA: 左房，RV: 右室，LV: 左室

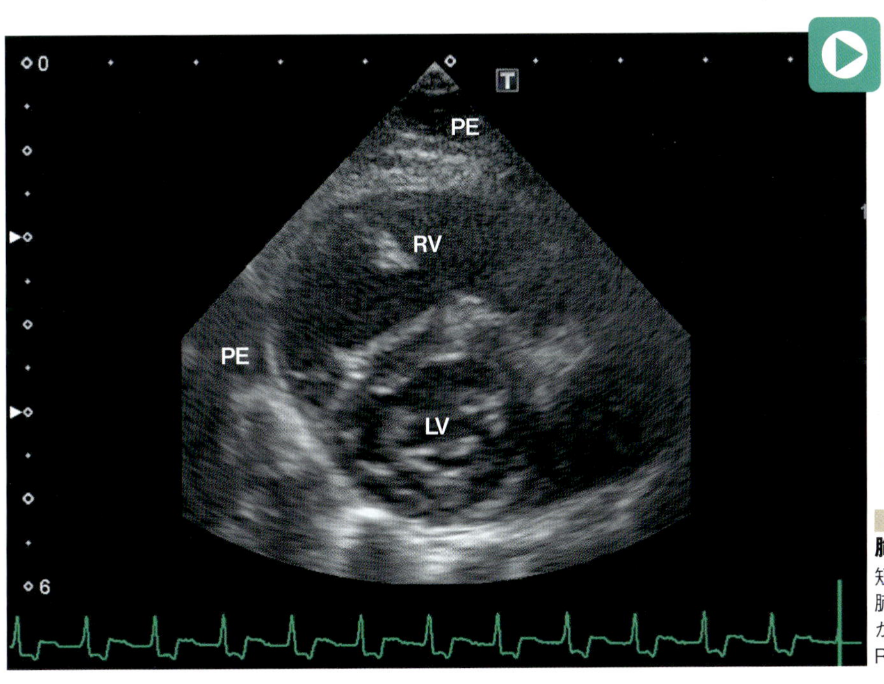

https://e-lephant.tv/ad/2003830/

図4　ARVCフェノタイプ症例の右傍胸骨短軸断面(僧帽弁レベル)
短軸断面においても顕著な右心系の拡大と心臓周囲に胸水と思われるエコーフリーな領域が認められる(**動画2**)。
RV: 右室，LV: 左室，PE: 胸水

能の程度に応じてフロセミド(0.5～2.0 mg/kg，1日2～3回)で投与する。ACE阻害薬は一般的な猫の心不全において，その使用が生存期間に影響を与えないというエビデンスも存在するため，投与が大変な症例では使用しないこともあるが，筆者は基本的に使用している。フロセミド2.0 mg/kg，1日2回以上の比較的高用量での治療でも心不全徴候の持続する症例では，トラセミド(開始用量0.1～0.2 mg/kg，1日1回，臨床徴候も確認しながら漸増していく)やスピロノラクトン(1.0～2.0 mg/kg，1日2回)をフロセミドに追加する。なお，スピロノラクトンを使用する場合は潰瘍性皮膚炎などの副作用に注意が必要である。

ピモベンダンによる治療は，猫の心不全治療において一般的ではなく，適応外使用となる。しかし，末期のARVCフェノタイプ4頭の猫を含む心不全の症例において，ピモベンダンの有効性が報告されており，その報告では呼吸困難や食欲不振などの臨床徴候の改善が認められている[10]。また，不整脈の悪化などの副作用も認められなかった。また，筆者も心不全徴候を示したARVCフェノタイプの症例において，ピモベンダンの投与を行ったところ，胸水の貯留が大幅に減少し，長期的な生存が可能であった経験がある。これらより，猫に対してもピモベンダンは有効であると考えられる。筆者は基本的に

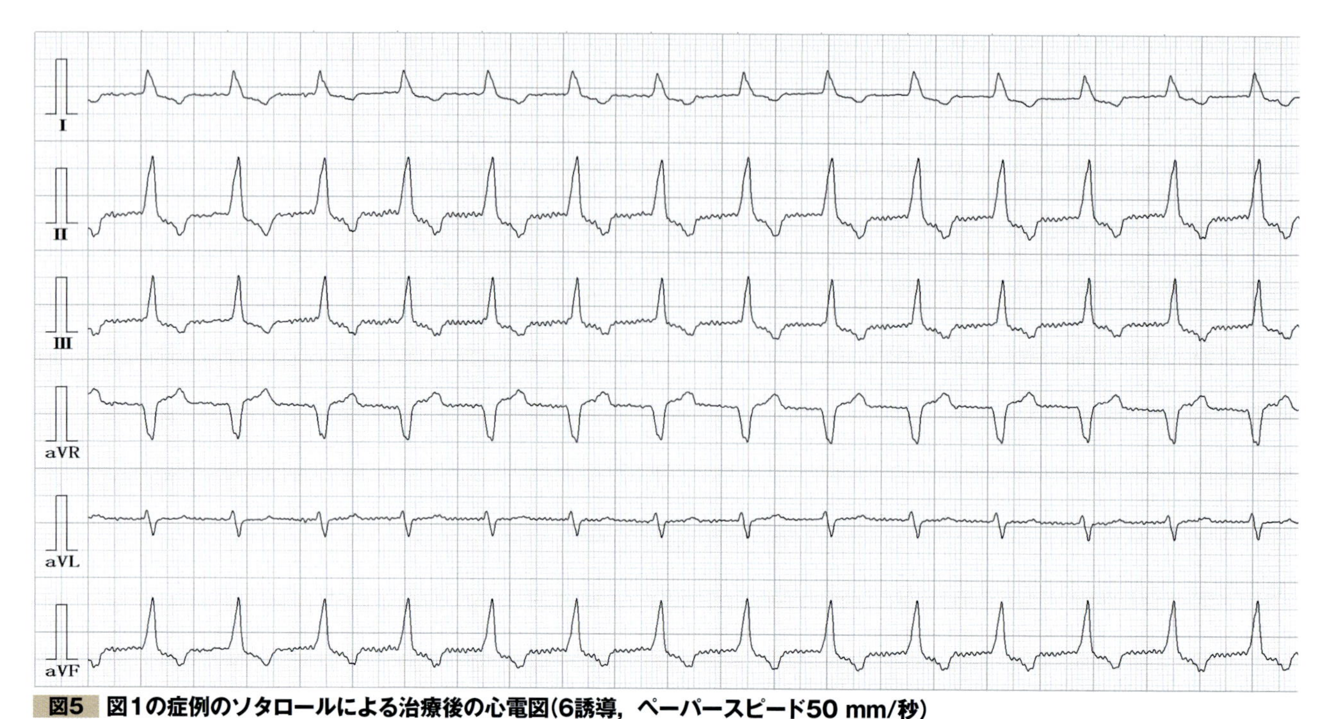

図5　図1の症例のソタロールによる治療後の心電図(6誘導，ペーパースピード50 mm/秒)
標準的な抗不整脈の投与では心電図に変化がなかったため，ソタロールを投与した。右室起源の不整脈は改善しなかったが，脈拍の不整が消失し，一定のリズムで心臓が動くようになった(身体の震えが入っており，基線がぶれている)。

0.625～1.25 mg/頭，1日2回で投与しているが，心不全徴候の改善が思わしくない場合には0.5 mg/kg，1日2回程度までを目安に増量している。

AFやSVTが認められる場合には，カルシウムチャネル遮断薬であるジルチアゼム(1.0～2.5 mg/kg，1日3回)やβ遮断薬により心拍数をコントロールする必要がある。筆者はβ遮断薬としてカルベジロール(0.05～0.1 mg/kg，1日1回)を用いることが多い。

心室性不整脈はARVCフェノタイプの症例ではよくみられるが，なかでもVTは突然死を引き起こす可能性があるため，治療を実施する。心室性不整脈に対してはβ遮断薬であるカルベジロールやアテノロール(6.25～12.5 mg/頭，1日1～2回)を用いるが，効果がない場合はカリウムイオン(K^+)チャネル遮断薬であるソタロールを投与する(**図5**)。ソタロールは2.0～4.0 mg/kg，1日2回程度の用量が推奨されているが，筆者は以前，ソタロールの副作用による徐脈と元気消失を経験したことがあるため，1.0 mg/kg程度から慎重に投与するようにしている。ソタロールは腎排泄であるため，利尿薬の使用により腎機能低下が疑われるような症例では慎重に投与したほうがよいかもしれない。

胸腔穿刺は，大量の胸水が貯留する症例において，初期治療として実施する。一般的に利尿薬の反応は乏しく，胸水の完全な消失が認められることは少ないため，長期にわたって定期的な胸腔穿刺が必要になることが多い。また，同様に重度の腹水がある症例には腹腔穿刺が必要となる。その際，胸水と異なり全量は抜去せず，呼吸や食欲の低下が起きない程度抜去する。筆者はおおよその貯留量の半量を目安としている。

ARVCフェノタイプでも血栓塞栓症が合併することがある。その場合は血栓に対する治療が必要となるが，詳細は第5章p.138をご参照いただきたい。

予後

一般的に猫のARVCの予後はきわめて悪い。ステージごとの予後は報告がなく，多くの症例は右心不全によって発症から4週間以内に死亡するといわれている[1]。筆者が経験した症例では，心不全の発症から1年ほど生存することが可能であった。これはピモベンダンや抗不整脈薬により，心不全の治療が以前よりも効果的に実施可能となったことが要因と考えている。非常にまれな疾患であるため，治療に対する報告も乏しいが，病態に対して有効である治療法を選択するべきであると考える。

おわりに

前述のように，ARVC は猫では非常に珍しく，ほとんど遭遇しないかもしれない。しかし，症例が少ないだけにまだまだ不明な点も多く，今後，強心薬による治療が有効とされる可能性がある。筆者も経験数は少数だが，死後の病理組織学的検査において ARVC と診断された症例を経験しており，それらの治療をとおして強心薬や抗不整脈についてさらなる理解を深めることができたと考えている。

そのような貴重な経験を与えてくれた同僚の獣医師，恩師の先生，死後の病理解剖に快く応じてくれた飼い主に心から感謝したい。

参考文献

1. Fox, P.R., Maron, B.J., Basso, C., *et al*. (2000) : Spontaneously occurring arrhythmogenic right ventricular cardiomyopathy in the domestic cat: A new animal model similar to the human disease. *Circulation*., 102 (15) : 1863-1870.
2. Paige, C.F., Abbott, J.A., Elvinger, F., *et al*. (2009) : Prevalence of cardiomyopathy in apparently healthy cats. *J. Am. Vet. Med. Assoc*., 234 (11) : 1398-1403.
3. Riesen, S.C., Kovacevic, A., Lombard, C.W., *et al*. (2007) : Prevalence of heart disease in symptomatic cats: an overview from 1998 to 2005. *Schweiz. Arch. Tierheilkd*., 149 (2) : 65-71.
4. Harvey, A.M., Battersby, I.A., Faena, M., *et al*. (2005) : Arrhythmogenic right ventricular cardiomyopathy in two cats. *J. Small. Anim. Pract*., 46 (3) : 151-156.
5. Ciaramella, P., Basso, C., Di Loria, A., *et al*. (2009) : Arrhythmogenic right ventricular cardiomyopathy associated with severe left ventricular involvement in a cat. *J. Vet. Cardiol*., 11 (1) : 41-45.
6. 町田 登 (2011) : 犬および猫の不整脈源性右室心筋症の疫学・病理・病態生理 . 動物臨床医学 20 (4) : 107-114.
7. Kittleson, M.D., Côté, E. (2021) : The Feline Cardiomyopathies: 3. Cardiomyopathies other than HCM. *J. Feline. Med. Surg*., 23 (11) : 1053-1067.
8. 佐々木崇文 , 中尾 周 , 木村勇介 , ほか (2020) : 猫の第 3 度房室ブロック症例にみられた房室伝導系病変 . 日獣会誌 73: 315-320.
9. Luis Fuentes, V., Abbott, J., Chetboul, V., *et al*. (2020) : ACVIM consensus statement guidelines for the classification, diagnosis, and management of cardiomyopathies in cats. *J. Vet. Intern. Med*., 34 (3) : 1062-1077.
10. Gordon, S.G., Saunders, A.B., Roland, R.M., *et al*. (2012) : Effect of oral administration of pimobendan in cats with heart failure. *J. Am. Vet. Med. Assoc*., 241 (1) : 89-94.

Question

どんな症例にβ遮断薬を使うのでしょうか?

Answer

僧帽弁収縮期前方運動(SAM), 流出路狭窄があるケースでは検討しますが, 心不全からの投薬は慎重に検討します。

ACVIM コンセンサスステートメントにもあるように, 肥大型心筋症に対するアテノロールによる予後改善などの報告はありません。投薬によってSAMが軽減することはありますが, 病院での検査では心拍数が増加することが多いため, 自宅での安静時心拍数はそれほど悪化していない可能性もあります。また, 犬と同様に, うっ血が重度である場合に気軽に投薬すると, うっ血を悪化させる可能性もあります。実際に投薬により悪化した話もよく聞きますので, うっ血性心不全をともなう症例では注意が必要です。

3 心筋症の病理

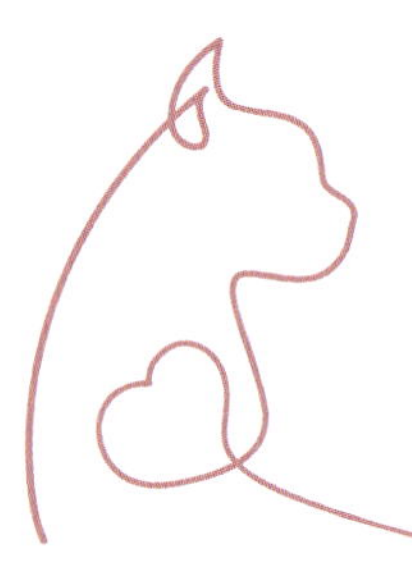

町田 登
Machida, Noboru
東京農工大学

point

- **欧米での肥大型心筋症（HCM）と拘束型心筋症（RCM）の発生比率はおおよそ3：1とされているが，本邦での病理学的検索結果に基づく比率は1：1であり，欧米と比べてRCMの割合がかなり高い。**
- **近年，とくに増加しているのが拡張相HCMであり，心筋細胞の広範な脱落・消失と置換性の線維化が拡張型心筋症（DCM）類似の病態を招来する。**
- **心内膜心筋型RCMの左室心内膜線維化病変は，既存の左室仮腱索を足場に形成され，初期の幼若型病変から末期の成熟型病変へと経年的に推移する。**
- **当初HCMに次いで2番目に発生率が高かったDCMは，1980年代後半に市販猫用フードにタウリンが添加されて以降急激に減少したが，その一方で不整脈原性右室心筋症（ARVC）は着実に増えてきている。**

はじめに

心筋症の病理を記すにあたって，まず前提となるのは猫で心筋症がどのように分類されているかである。獣医学領域では心筋症に関する独自の概念が確立されていないため，猫の心筋症についてもヒト医学領域での定義・分類がそのまま準用されてきた。そこで，はじめに医学領域における心筋症の定義・分類とその変遷について触れてみたい。

1980年，世界保健機関World Health Organization（WHO）/国際心臓連合International Society and Federation of Cardiology（ISFC）合同委員会は，ヒトの心筋症を「原因不明の心筋疾患」と定義したうえで，形態像に基づき拡張型心筋症 dilated cardiomyopathy（DCM），肥大型心筋症 hypertrophic cardiomyopathy（HCM），拘束型心筋症 restrictive cardiomyopathy（RCM）の3つに分類し，そのいずれにもあてはまらないものを分類不能型心筋症 unclassified cardiomyopathy（UCM）とした（特発性心筋症）[1]。その後，1990年にGeisterfer-Lowranceらのグループ[2]がヒトの家族性HCMに心筋βミオシン重鎖遺伝子のミスセンス変異を見いだしたのを皮切りに，心筋症に関連する遺伝子変異が次々と同定されるに至った。こうした状況を踏まえ，WHO/ISFC合同委員会は，1995年に心筋症の定義を「心臓機能障害をともなう心筋疾患」と改め，先の4つの分類に不整脈原性右室心筋症 arrhythmogenic right ventricular cardiomyopathy（ARVC）を追加した[3]。

2000年代に入ると，2006年に米国心臓協会[4]，2008年に欧州心臓病学会 European Society of Cardiology（ESC）[5]が，心筋症の定義・分類に関する独自の見解を示した。また，本邦でも日本循環器学会と日本心不全学会[6]の主導で

2018年に最新の「心筋症診療ガイドライン(2018年改訂版)」が策定されたが，日米欧間ですべての見解が一致しているわけではない。しかしながら，従来の特発性心筋症に相当する原発性心筋症(もしくは一次性心筋症)に，HCM，DCM，RCM，ARVCの4つが組み込まれ，現時点でこれらの基本病態に分類できないものをUCMに位置づけている点は揺るぎない。

猫の心筋症については，2020年に米国獣医内科学会American College of Veterinary Internal Medicine(ACVIM)が「ACVIM consensus statement guidelines for the classification, diagnosis, and management of cardiomyopathies in cats」[7](以下，ACVIMコンセンサステートメント)を取りまとめた。ACVIMコンセンサスステートメントでは，猫における心筋症の定義・分類は，ESCが提唱したヒトの心筋症の定義・分類になぞらえた形で提起されている。すなわち，心筋症を「a myocardial disorder in which the heart muscle is structurally and functionally abnormal in the absence of any other disease sufficient to cause the observed myocardial abnormality (心筋に生じた形態的・機能的異常の原因をほかの病的機転に求められない心筋疾患)」と定義し，心エコー図検査により検出される形態的・機能的特徴(フェノタイプ)からHCM，RCM，DCM，ARVC，非特異的nonspecificの5つに分類している。すなわち，ACVIMコンセンサスステートメントでは従来のUCMに代えて，非特異的フェノタイプnonspecific phenotypeという表現を用いている。しかしながら，nonspecific phenotypeはあくまでも臨床用語であるため，その本態を病理学的に論ずるのには無理がある。そこで本稿では，HCM，RCM，DCM，ARVCの4つにUCMを加えた5型について，おのおのの病理学的特徴を概説するとともに，それに関連した病態生理にも触れることとする。

肥大型心筋症(HCM)

特発性(原発性)のHCMは，欧米では猫の心筋症の中で最も一般的なものであり，約2/3を占めている[8]。本疾患の原因について十分に明らかにされているわけではないが，多くの例で心筋収縮蛋白または調節蛋白をコードする遺伝子の異常が関与している。メインクーンとラグドールでは，心筋ミオシン結合蛋白C遺伝子(*MYBPC3*)の変異が確認されている[9, 10]。そのほかの発生要因として，カテコラミンに対する心筋の感受性増大もしくはカテコラミンの過剰産生，虚血や線維化または栄養因子に対する心筋の異常な肥大反応，原発性のコラーゲン異常，心筋のカルシウムハンドリング異常などが挙げられている[11~14]。

病理

肉眼所見

HCMの心臓は種々の程度に拡大して丸みを増し，心臓重量・体重比が著しく増加する。ちなみに，猫のHCM自験例13頭の心臓重量(g)/体重(kg)は6.7 ± 0.7 g/kgであり，コントロール(非心疾患)猫10頭の4.5 ± 0.2 g/kgに比べて有意に大きかった[15]。心室の縦断面あるいは横断面では，多くの例で左室壁と心室中隔がともに肥厚して対称性肥大(**図1**)を示すが，左室壁か心室中隔のどちらか一方が肥厚する非対称性肥大(**図2**)や，特定の領域により顕著な肥厚がみられることもある(**図3**)。Foxら[16]は，猫のHCMにおける心筋肥大パターンを以下のように分類している。

①びまん性かつ重度の求心性肥大パターンで，心室中隔と左室壁を巻き込むもの(HCM症例の1/3)
②びまん性かつ重度の非対称性肥大パターンで，心室中隔か左室壁のどちらかに主座するもの(HCM症例の1/3)
③部分的な肥大パターンで，心室中隔または左室壁の一部に限局するもの
④部分的な肥大パターンで，心室中隔の一部と左室壁の一部を不連続に侵すもの

なお，心室壁の肥厚は軽度から重度までさまざまである。通常，左室の乳頭筋は肥大し，壁の肥厚と相まって内腔は著しく狭小化している(**図1～3**)。左房は拡張し(**図1～3**)，内腔にはしばしば血栓形成をともなう。左室壁に心筋梗塞や心室瘤(とくに心尖部)の形成がみられることもある。心室中隔の高位に顕著な肥厚をともなう例では，左室流出路が著しく狭小化し，閉塞性肥大型心筋症hypertrophic obstructive cardiomyopathy (HOCM)を呈する。なお，この左室流出路狭窄は，ヒトのHCMでは特発性肥大性大動脈弁下狭窄として古くから知られている。しかし，HCMの本態に直接かかわっているのは心筋の異常な肥大であり，流出路狭窄の有無が本質的な問題で

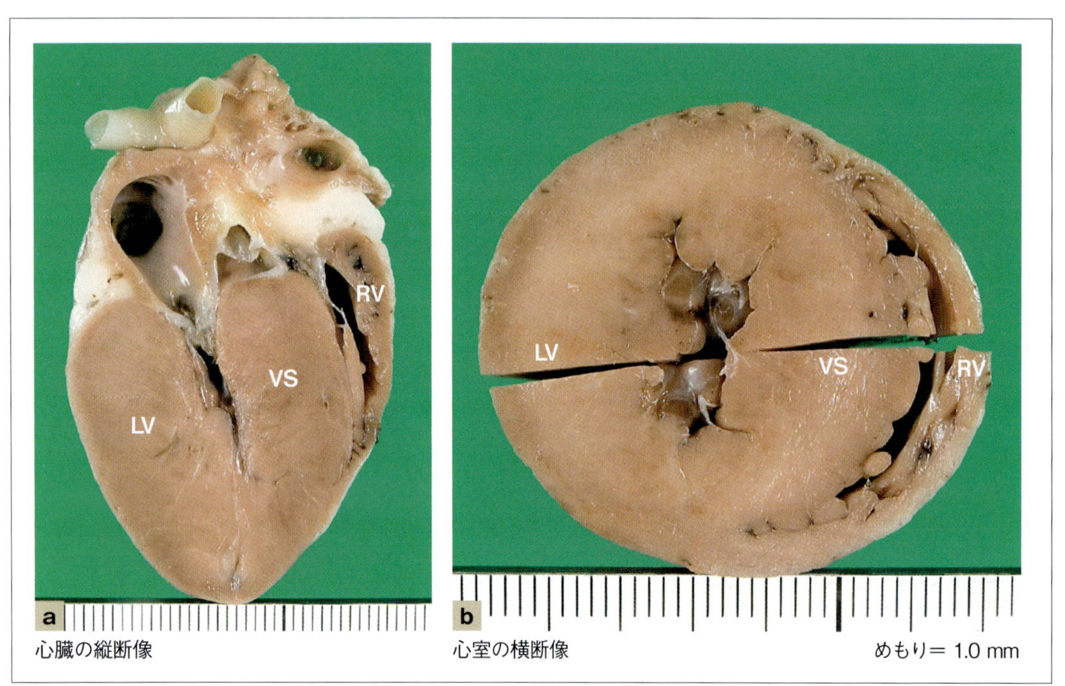

図1　対称性肥大パターンのHCM
［症例］スコティッシュ・フォールド，15カ月，去勢雄
左室壁と心室中隔はいずれも重度に肥厚し（対称性の肥大パターン），左室の内腔が狭小化している。
LV：左室壁，RV：右室壁，VS：心室中隔

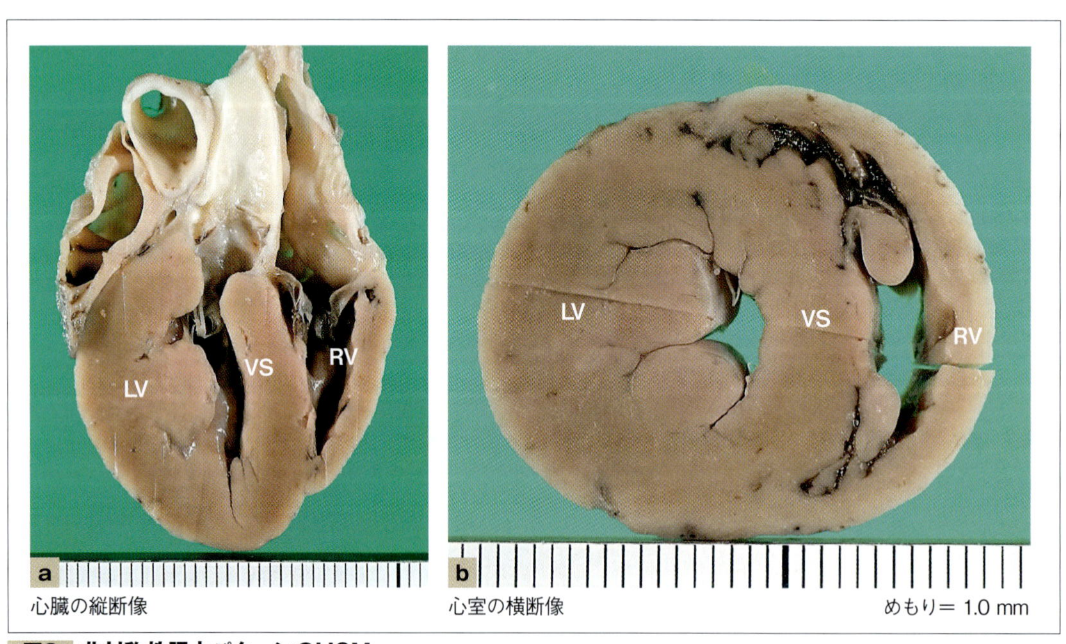

図2　非対称性肥大パターンのHCM
［症例］雑種猫，16歳，去勢雄
心室中隔に比べて左室壁の肥厚が顕著であり（非対称性の肥大パターン），前および後乳頭筋の肥大が目立つ。右室壁も軽度～中等度に肥厚している。
LV：左室壁，RV：右室壁，VS：心室中隔

はないことから，閉塞性 / 非閉塞性の区別は病理学的に意味がない[17]。僧帽弁収縮期前方運動 systolic anterior motion of the mitral valve（SAM）にともなう弁尖と心室中隔との接触により，心室中隔の心内膜が大動脈弁下において斑状に線維性肥厚することがある。一方，右室壁の肥厚や右房の拡張をともなうことも少なくない。

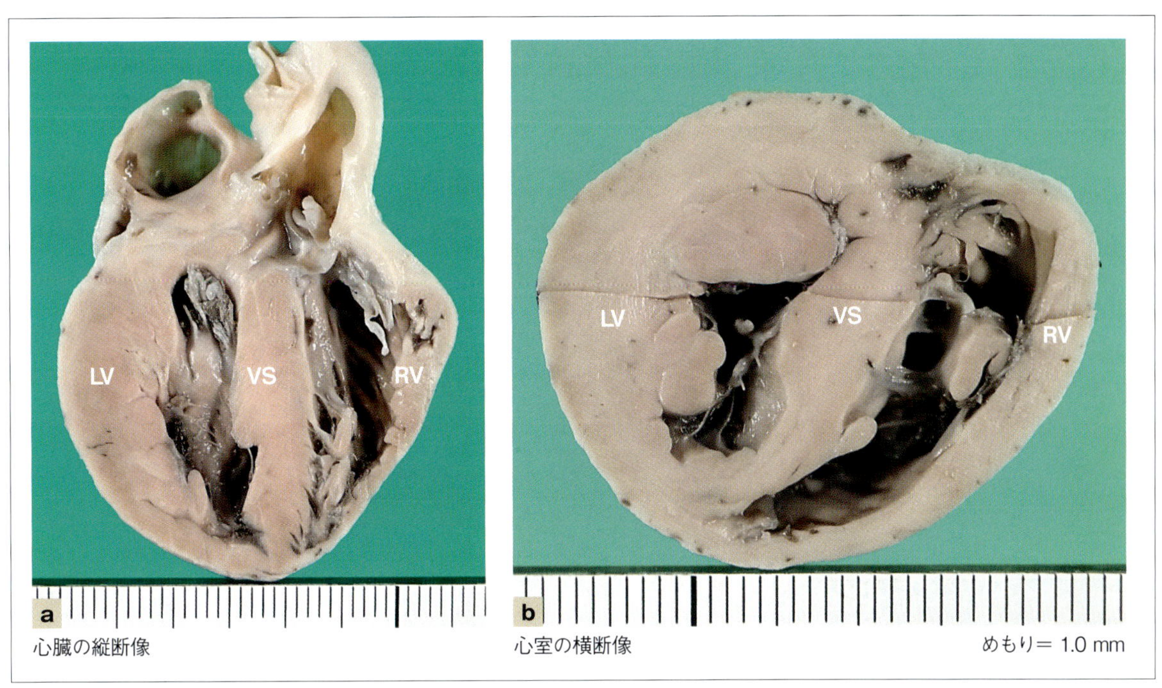

心臓の縦断像　心室の横断像

図3　特定の領域により顕著な肥厚がみられるHCM

[症例]雑種猫，16歳，去勢雄

左室壁，心室中隔および右室壁の肥厚は，いずれも一様ではない。縦断像では心室の上部側，横断像では前壁側により強く現れており，心室の下部側ならびに後壁側はいびつな形状を呈している。

LV:左室壁，RV:右室壁，VS:心室中隔

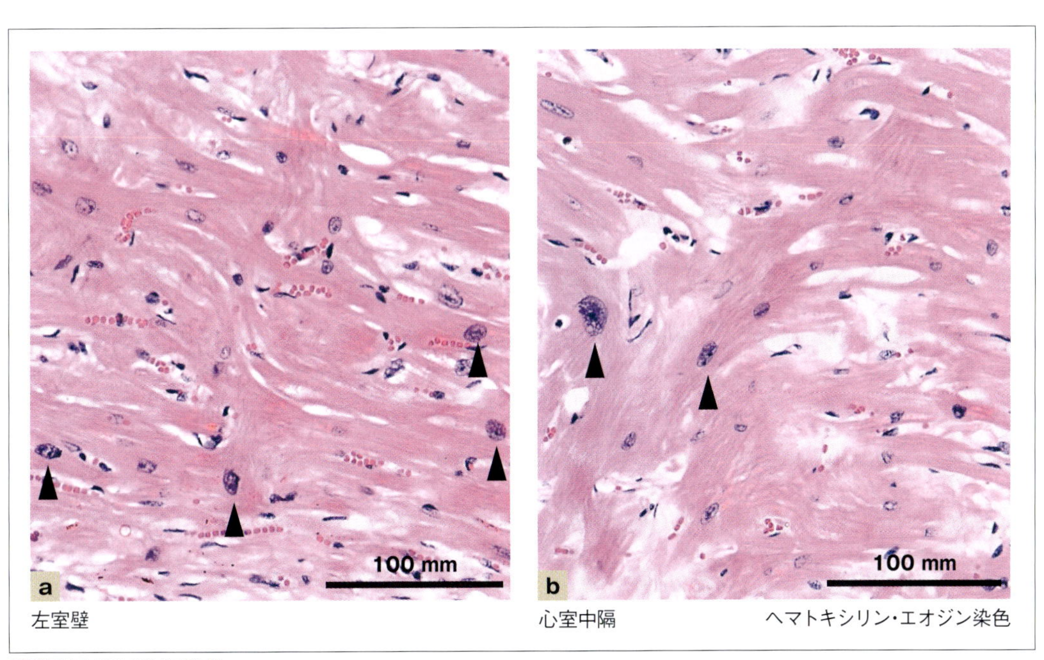

左室壁　心室中隔　ヘマトキシリン-エオジン染色

図4　HCMの組織像

[症例]雑種猫，20歳，去勢雄

心筋細胞は著しく肥大し，星芒状ないしはたこ足状の形態を呈する。核もしばしば大型化し，異常な形態をとったり，クロマチンの増量をともなったりする(矢頭)。

組織所見

HCMに特徴的な組織所見は，心筋細胞の肥大と配列の乱れ(錯綜配列)である。この型の心筋症では心筋細胞が著しく肥大し，核は大型化していびつな形状(多形化)を呈するとともに，クロマチンの増量をともなう(**図4**)。所々に孤立性あるいは巣状の壊死(もしくはアポトーシス)が観察される。また，肥大した心筋細胞は奇妙な形態(星芒状ないしはたこ足状)を呈し，4細胞結合もしくはそれ以上の

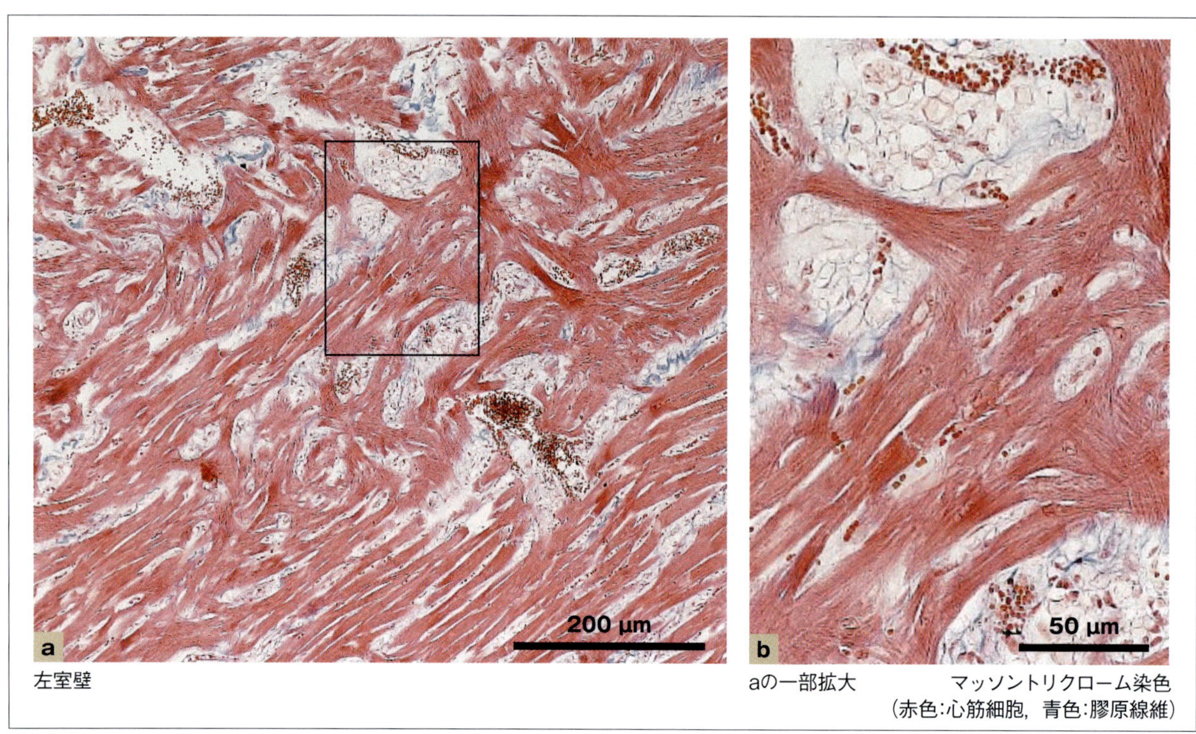

図5 HCMの組織像
[症例]ロシアンブルー，12歳，去勢雄
(a)肥大した心筋細胞が，通常の2細胞結合のみならず，4細胞またはそれ以上の結合パターンをとるため，重畳，交錯，異常分岐(樹枝状分岐)，渦巻き状配列などを示す(心筋錯綜配列)。(b)錯綜配列によって開大した心筋細胞間隙には，網目状の繊細な線維性結合組織からなる叢状線維化がみられる。

細胞結合パターンをとるため(**図4**)，重畳，交錯，異常分岐(樹枝状分岐)，渦巻き状配列などを示す(**図5a**)。また，錯綜配列によって開大した心筋細胞間隙には，繊細な線維性結合組織からなる網目状の間質性線維化(叢状線維化)をともなう(**図5b**)。これらの組織所見は左室壁や心室中隔のみならず，右室壁にもしばしば観察される。心筋錯綜配列の程度と広がりは，個体間あるいは同一個体でも検索部位によって大きく異なる。加えて心室壁内の小動脈の多くは，平滑筋細胞の増殖および/あるいは線維性結合組織の増生からなる細胞・線維性内膜肥厚あるいは線維性内膜肥厚を示し，内腔の著しい狭小化をともなう(**図6**)。このような壁内冠動脈の硬化性変化は，心室壁の肥厚にともなう過度な収縮によって血管壁に機械的・血行力学的負荷がかかった結果生じたものとみなされ，心筋層への酸素供給を大幅に制限することで巣状ないし斑状の心筋壊死，さらには置換性心筋線維化の発生につながる(**図6**)。

拡張相肥大型心筋症

HCMの経過中に，心内腔の拡大，心室壁厚の減少，収縮力の低下をきたし，うっ血性心不全 congestive heart failure (CHF)により死亡する例にしばしば遭遇する。こうした例は当初，心エコー図検査により典型的なHCMと診断されており，長期間(3〜4年もしくはそれ以上)経過観察を続けているうちに，DCMと同様の病態を呈するようになる。剖検心の肉眼的検索では，心臓全体が拡大して丸みを増し，一見DCMの心臓のようにみえる。心臓の縦断面(**図7a**)および心室の横断面(**図7b**)では，左右の心内腔が著しく拡張し，左室壁は局所性もしくは全周性に減厚ないし菲薄化している。心筋は褪色・混濁して固有の弾力性を欠き，灰白色・半透明で不整形の線維化病変を包含している(**図7**)。心筋の組織学的変化は，通常のHCMと同様，錯綜配列と叢状線維化を基盤としているが，心室壁の内層，中層，外層のいずれもかなり重度の線維化を随伴している(**図8**)。心筋細胞の脱落・消失がとくに顕著な部位もしくは領域には，斑状あるいは索状〜帯状に広範な置換性線維化が生じ，しばしば貫壁性の心筋線維化にまで進展する(**図9**)。なお，左室壁が紙のように菲薄化し，心室瘤の形成をともなうこともある(冠動脈の走行とは無関係に発生する)。このようなタイプのHCMは，ヒトの拡張相肥大型心筋症 dilated phase of HCM (D-HCM)に合致

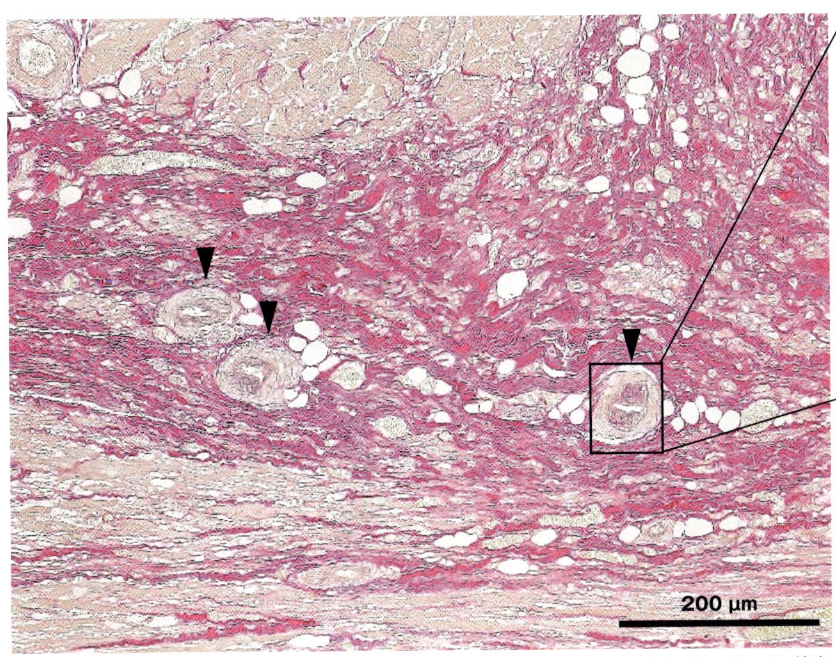

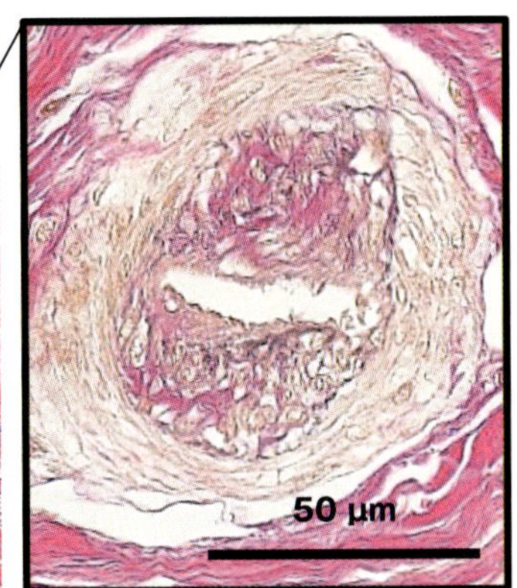

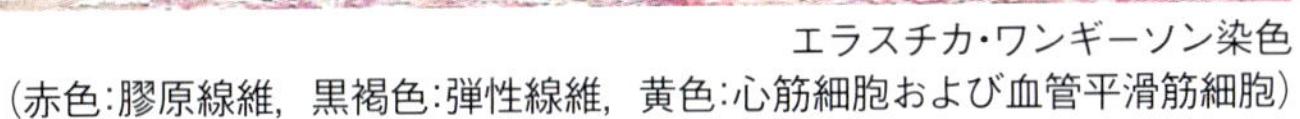

エラスチカ・ワンギーソン染色
（赤色：膠原線維，黒褐色：弾性線維，黄色：心筋細胞および血管平滑筋細胞）

図6　HCMの組織像（左室壁）
［症例］メインクーン，8歳，去勢雄
心筋細胞が広範にわたって萎縮・脱落し，多量の膠原線維と少量の弾性線維からなる線維性結合組織によって置換されている。線維化病巣内を走行する太めの小動脈（矢頭）では，平滑筋細胞の増殖と膠原線維の増生によって内膜が顕著に肥厚し，内腔は狭小化している。

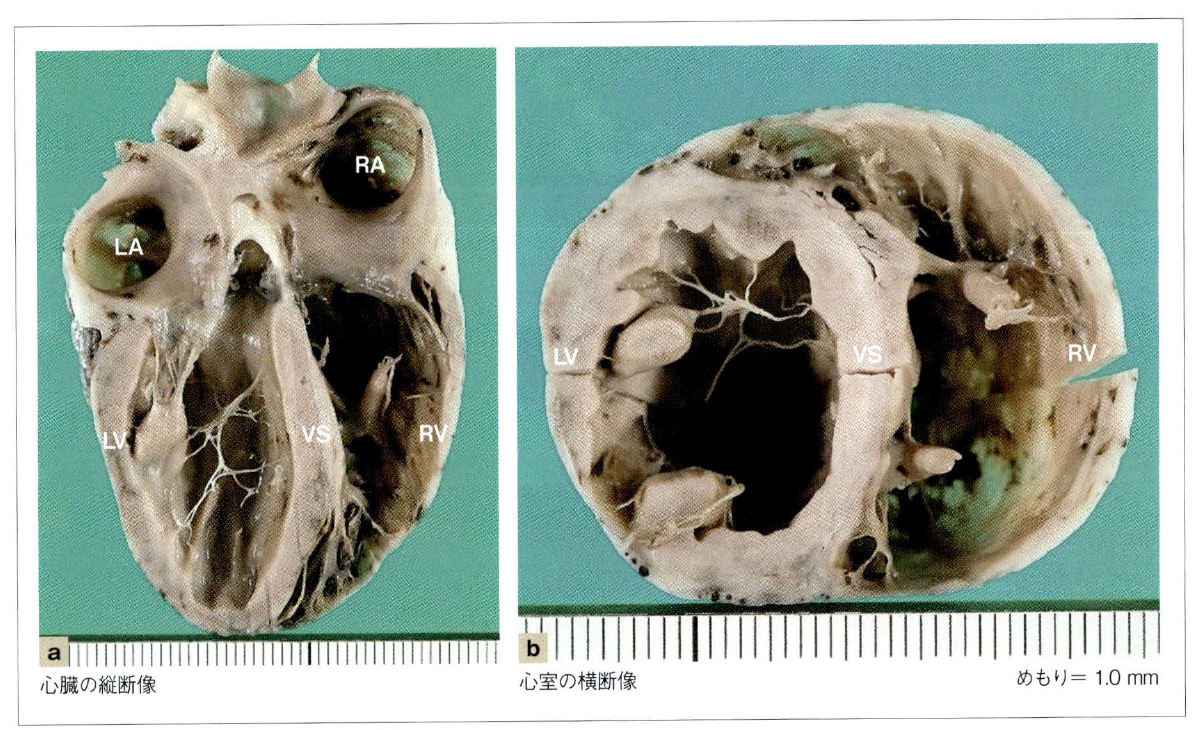

図7　拡張相肥大型心筋症（D-HCM）①
［症例］雑種猫，6歳，去勢雄
左右の心房と心室が重度に拡張し，左室壁，右室壁，心室中隔のいずれにも不均一な菲薄化と変形がみられる。左室および心室中隔の心筋層は褪色・混濁し，壁内にはさまざまな大きさで境界が明瞭～不明瞭な灰白色～茶褐色の不整形領域を包含している。
LV：左室壁，RV：右室壁，VS：心室中隔，LA：左房，RA：右房

するものである[18]。なお，前述のACVIMコンセンサスステートメントにおいて「end-stage HCM」として記されているHCMフェノタイプ[7]がD-HCMに相当する。

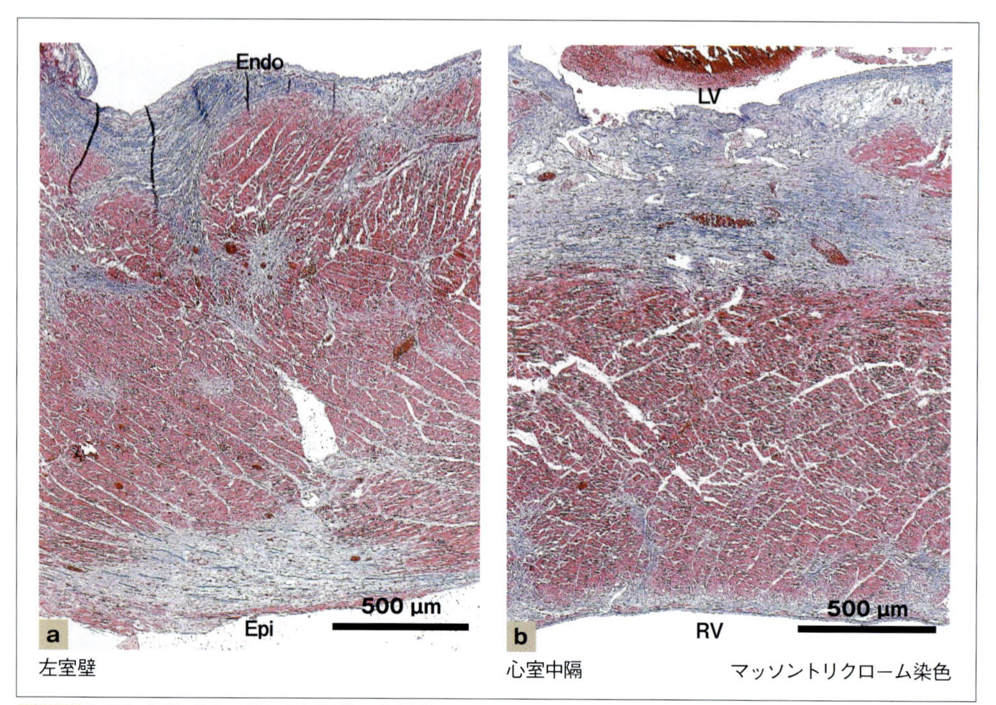

図8　図7に示したD-HCMの心臓の組織像
[症例]雑種猫，6歳，去勢雄
いずれの心筋層内にも種々の程度の心筋線維化が観察されるが，とくに左室壁の内層と外層(a)，心室中隔の左室側(b)において重度である(置換性心筋線維化)。
Endo:心内膜面，Epi:心外膜面，LV:左室面，RV:右室面

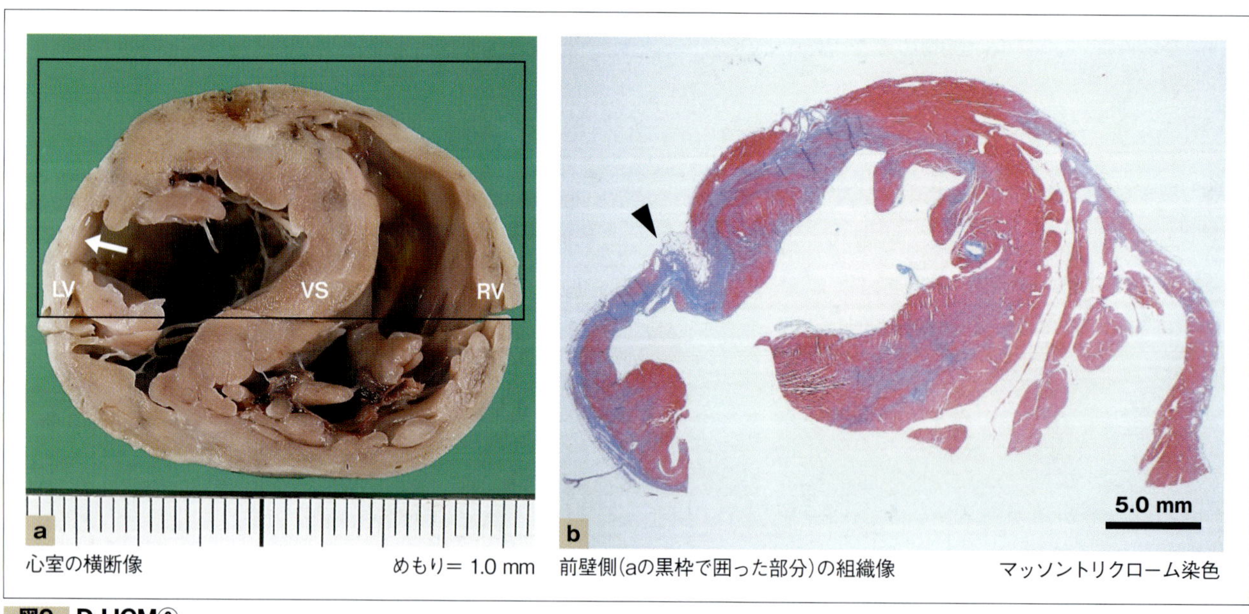

図9　D-HCM②
[症例]雑種猫，5歳，去勢雄
左室の側壁(矢印)は菲薄化し(a)，組織学的に貫壁性の心筋線維化(矢頭)を呈している(b)。
LV:左室壁，RV:右室壁，VS:心室中隔

病態生理[11, 14, 19～21]

拡張不全

HCMの形態的特徴は内腔の狭小化をともなう重度の左室肥大であり，その病態は心室充満に対する抵抗性の増大，すなわち拡張機能不全に総括される。こうした心室コンプライアンスの低下は，前述した心筋肥大，心筋錯綜配列，心筋線維化など，心筋組織の器質的変化に起因する。これらの器質的変化は左室心筋を硬化させるため(心室スティ

フネスの増大)，左室，ひいては左房の拡張期圧が進行性に上昇する。当初は左房の拡大がこれを緩衝するが，左室の拡張期圧が25 mmHgを超えるようになると左心不全を来し，肺水腫や胸水貯留が招来される。

僧帽弁収縮期前方運動（SAM）

SAMはHCM罹患猫の50%以上にみられる。SAMの発生メカニズムについては十分に解明されていないが，僧帽弁装置の形態異常(乳頭筋，腱索，弁尖などの変形や変位)と左室肥大に起因する血行力学的異常(駆出時に僧帽弁前尖が心室中隔方向に引き寄せられるベンチュリ効果)とが相まって引き起こす病態とみなされる。SAMによって僧帽弁前尖が収縮中期に心室中隔上部に接触することで，左室流出路が種々の程度に狭窄ないし閉塞する。SAMにともなう機能的な大動脈弁下狭窄により，左室内圧が収縮中期〜末期に上昇するとともに，大動脈弁下を通過する血流速度の増大によって乱流が生じる。また，僧帽弁前尖が心室中隔の方向に引っ張られることで僧帽弁口部の閉鎖が不完全になり，軽度〜中等度の僧帽弁逆流mitral regurgitation (MR)が発生する。これらの機転はHCM罹患猫で聴取される心雑音の原因となる。

心筋虚血

心筋組織の虚血はHCMを含めたすべての型の心筋症でみられ，能動的な心室弛緩を障害するだけでなく，長期的には心筋線維化をもたらす。虚血の原因についても十分に明らかにされているわけではないが，心筋の肥大にともなう酸素要求量の増加と毛細血管密度の相対的減少，壁内冠動脈の硬化性変化による内腔狭小化，左室充満圧の上昇に起因する冠動脈灌流圧の低下などが関与していると考えられる。

突然死

HCMの猫はときに突然死を来すが，これはおそらく心筋組織の虚血や器質的変化に起因する重症心室性不整脈，すなわち心室頻拍ventricular tachycardia (VT) / 心室細動ventricular fibrillation (VF)の発生による不整脈死である。前述した壁内冠動脈の内腔狭小化は心筋に虚血をもたらし，局所的な脱分極・再分極の不均一性が誘発活動triggered activityやリエントリーreentryによりVT/VFを惹起する。また，心筋の肥大，錯綜配列(異常な細胞間結合)，線維化などは，不応期の不均一性や伝導遅延を生じる基質となり，リエントリーを介してVT/VFを引き起こす。なお，突然死の発生頻度についてはわかっていない。突然死の発生と病態の重症度との間に相関は認められていない。

動脈血栓塞栓症

HCMの猫では，拡張した左房内や左心耳内，ときに左室内で血栓が形成され，その一部が剥離・脱落して大動脈の末梢枝に流れ着く。多くの場合，内・外腸骨動脈の分岐部に塞栓を来して後肢への血流を遮断することで，急性の不全麻痺または完全麻痺と疼痛を引き起こす。興味深いことに，動脈血栓塞栓症arterial thromboembolism (ATE)罹患猫のすべてに心筋症が見いだされるわけではなく，50%程度である。また，心エコー図検査により左房内に血栓が確認された猫のすべてがATEを発症するわけでもない。左房の重度拡張と二次的な血液のうっ滞がATEの危険因子とみなされる。

拘束型心筋症（RCM）

猫の心筋症の約20%を占めるRCMには，心内膜心筋型と心筋型の2つのタイプがあり，左室の心内膜，心内膜下および / あるいは心筋層内に種々の程度の線維化をともなう[8]。本症の病因に関して，感染性もしくは免疫介在性の機序による心内膜心筋炎の修復機転，あるいはHCM起因の心筋不全または梗塞の末期像との見解も示されているが[11, 22, 23]，その詳細は今なお明らかではない。実際のところ，病理形態像や病態生理像はかなり多岐にわたっているため，おそらく多因子性の疾患とみなされる[24]。ヒトでは好酸球増加症候群の心合併症であるLöffler心内膜心筋炎が，心内膜での血栓形成や心筋線維化を介して心内膜心筋型RCMの病態を引き起こす[25]。また，ヒトの心筋型RCMの多くは遺伝性もしくは後天性の浸潤性アミロイド症によるものである。そのほかの病因としてサルコイドーシス，遺伝性・代謝性疾患，ヘモクロマトーシス，糖原病，糖尿病なども挙げられているが，いずれも二次性心筋症に相当するものである[26]。これらの疾患のうちいくつかは猫にもみられるが，それらが果たして猫の心筋型RCMに合致する病態を引き起こすかどうかは不明である。なお，

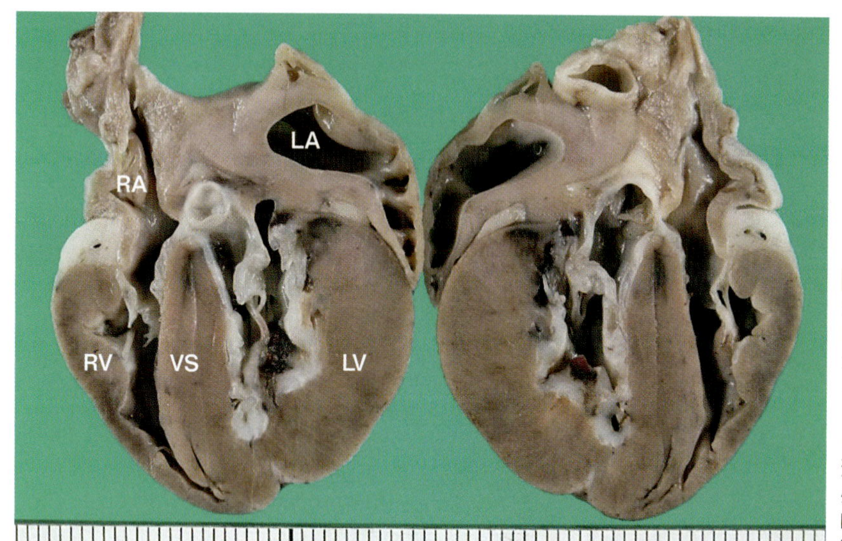

図10 びまん性肥厚パターンの心内膜心筋型RCM
［症例］雑種猫，6歳，雌
左室の内腔を被覆する心内膜は，ほぼ全域にわたって重度に肥厚している（びまん性の肥厚パターン）。こうした心内膜の線維性肥厚は，僧帽弁装置（乳頭筋，腱索，弁尖）をも巻き込み，左室腔に変形と歪みをもたらしている。左房の内腔は拡張し，壁の肥厚をともなっている。
LV：左室壁，RV：右室壁，VS：心室中隔，LA：左房，RA：右房

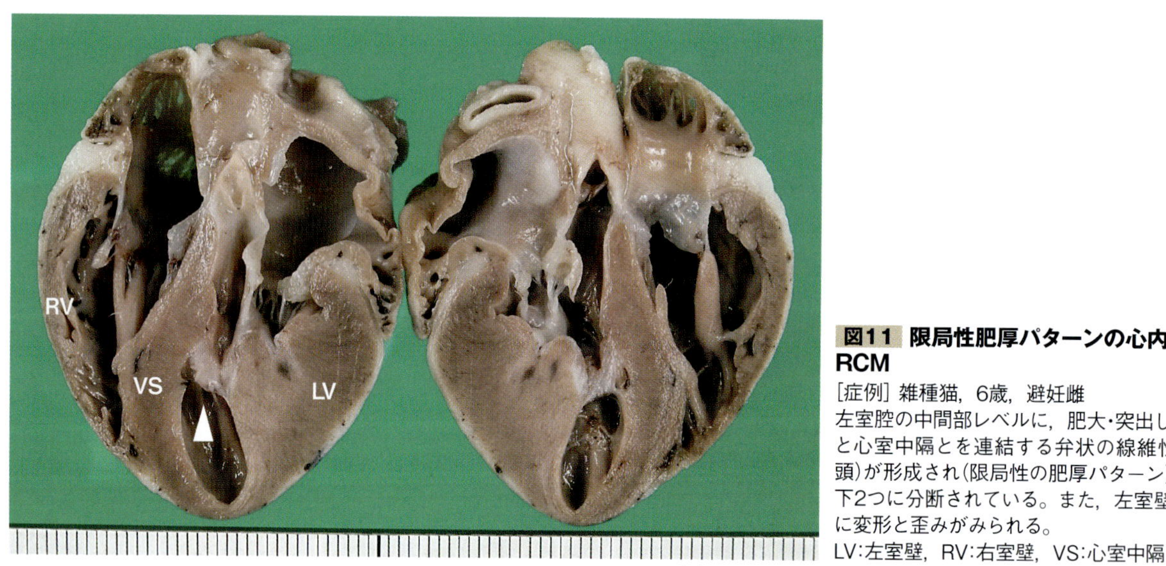

図11 限局性肥厚パターンの心内膜心筋型RCM
［症例］雑種猫，6歳，避妊雌
左室腔の中間部レベルに，肥大・突出した後乳頭筋と心室中隔とを連結する弁状の線維性構造物（矢頭）が形成され（限局性の肥厚パターン），内腔が上下2つに分断されている。また，左室壁と心室中隔に変形と歪みがみられる。
LV：左室壁，RV：右室壁，VS：心室中隔

ヒトの家族性RCMでは心筋トロポニンI cardiac troponin I（cTnI），心筋トロポニンT cardiac troponin T（cTnT），α-cardiac actinなどの遺伝子に変異がみられているが[27, 28]，猫のRCMでは遺伝的病因について明らかにされてはいない。

病理

心内膜心筋型RCM

RCMの心臓は種々の程度に拡大して丸みを増し，心臓重量・体重比の増加をともなう。ちなみに，猫RCM症例の心臓重量（g）/ 体重（kg）は，自験例13頭では6.6±1.4 g/kg[29]，これとは別の41頭では6.0 ± 1.1 g/kgであり[30]，いずれもコントロール（非心疾患）猫の4.5 ± 0.2 g/kgに比して有意に大きい値を示した。心臓の割面では，拡張した左房はしばしば壁の肥厚をともない，ときに左房内に血栓が形成されている。左室壁の肥厚部位やその程度はさまざまであり，左室腔の変形や歪み，狭小化をともなう（**図10**）。左室の心内膜は著しく肥厚して硬度を増し，灰白色で固有の透明感を欠いている。このような心内膜の肥厚は，乳頭筋ならびに僧帽弁の腱索や弁尖をも巻き込みつつ左室全域に及ぶ例（びまん性肥厚パターン，**図10**）から，ひとつの部位ないしは領域に局在している例（限局性肥厚パターン，**図11**）までさまざまである。乳頭筋を含めた僧帽弁装置の形状は種々の程度に歪められ，線維性に肥厚した心内膜を介して隣接する構造物と癒合している（**図10，11**）。

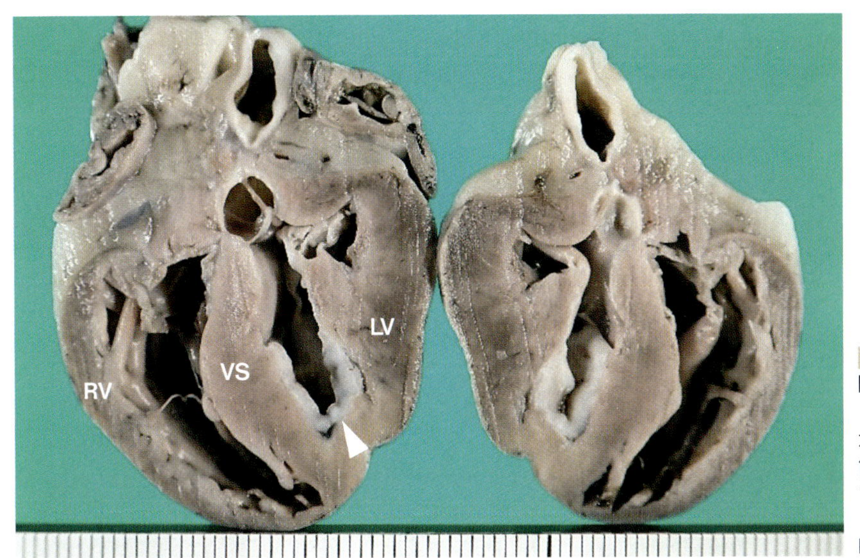

図12 限局性肥厚パターンの心内膜心筋型RCM
[症例] 雑種猫，8歳，去勢雄
左室の下部1/2では，顕著に肥厚した心内膜が円筒状ないしは漏斗状の線維性鋳型(矢頭)を形成している。このタイプの病変も「限局性肥厚パターン」の一型とみなされる。
LV:左室壁，RV:右室壁，VS:心室中隔

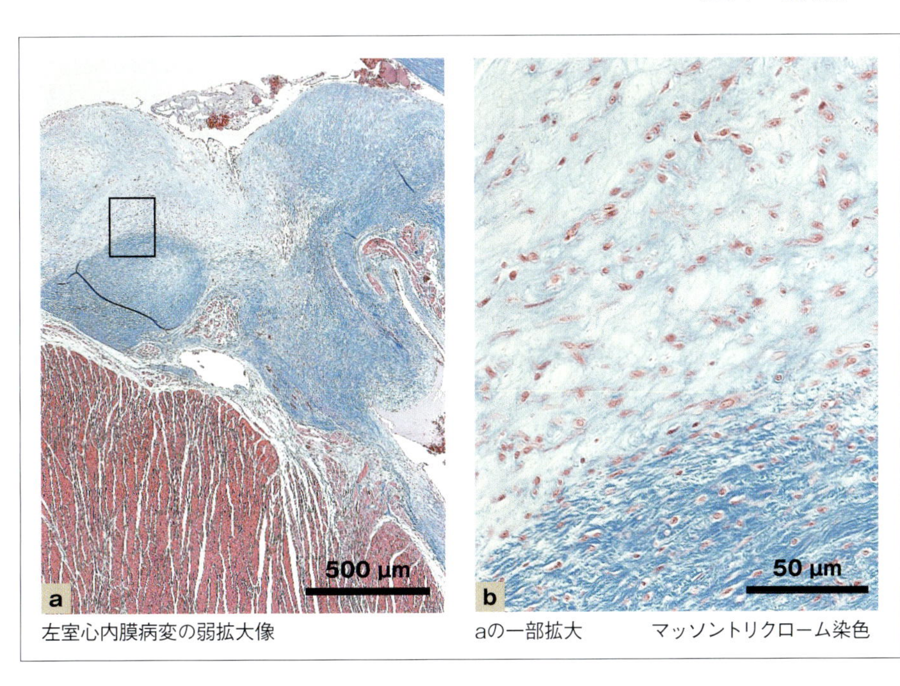

a 左室心内膜病変の弱拡大像　b aの一部拡大　マッソントリクローム染色

図13 図10に示した心内膜心筋型RCMの左室心内膜病変の組織像
[症例] 雑種猫，6歳，雌
心内膜の肥厚病変は，境界が明瞭ないしは不明瞭な2層構造(淡青染領域と濃青染領域)からなる(a)。浅層側(bの上側2/3[淡青染領域])では，豊富な粘液状基質を携えた幼若かつ繊細な線維性結合組織を足場に，多数の紡錘形，多稜形～星芒状あるいは不整形の間葉系細胞が活発に増殖している。深層側(bの下側1/3[濃青染領域])では，密実な線維組織が主体をなし，間葉系細胞はその中に埋まり込んでいる。

心内膜の表面に血栓の付着や石灰化をともなっている場合もある(**図10**)。なお，限局性肥厚パターンを示す例では，通常，幅の広い梁柱状あるいは分厚い弁状の線維組織塊によって左室壁と心室中隔とが連結されている(**図11**)。また，左室腔の中間部から心尖部にかけて，円筒状ないしは漏斗状の線維性鋳型が形成されている例もみられる(**図12**)。

組織学的に，肥厚した心内膜は紡錘形～星芒状の間葉系細胞を内包する幼若および/あるいは陳旧な(すなわちさまざまな成熟段階にある)線維性結合組織からなり(**図13**)，しばしば心内膜下心筋層内にまで波及して間質性の心筋線維化を引き起こす。個体あるいは検索部位によっては，陳旧な線維化巣内に軟骨化生もしくは骨化生をともなう例や，マクロファージを主体とした炎症細胞が浸潤している例もみられる。さらに，肥厚した心内膜に細菌性の血栓性心内膜炎を随伴している例も少なくない(**図14a，b**)。こうした例では，左室壁や心室中隔の心筋層内にさまざまな大きさの化膿性炎症病巣が形成されており(**図14c**)，しばしば明瞭な膿瘍の形態をとる。なおHCMと同様，心筋細胞の肥大に加えて，巣状の心筋変性と心筋壊死，間質性心筋線維化，壁内冠動脈の硬化性変化などが高率に観察される。

ここで，筆者らが本症罹患猫41頭(4カ月齢～19歳，平均±標準偏差7.4 ± 4.8歳)について実施した病理学的検

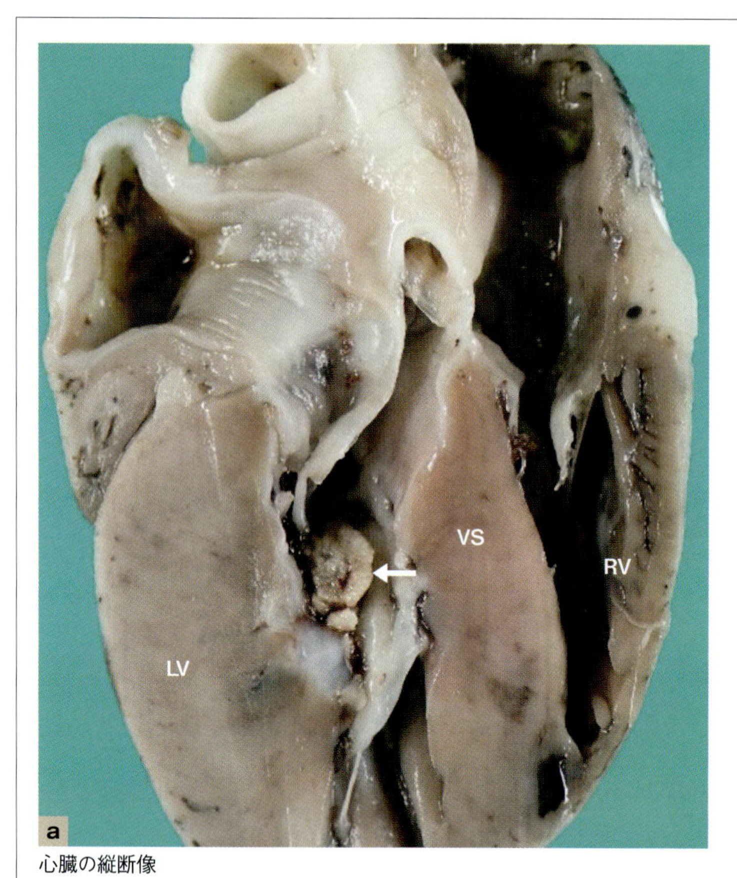

心臓の縦断像

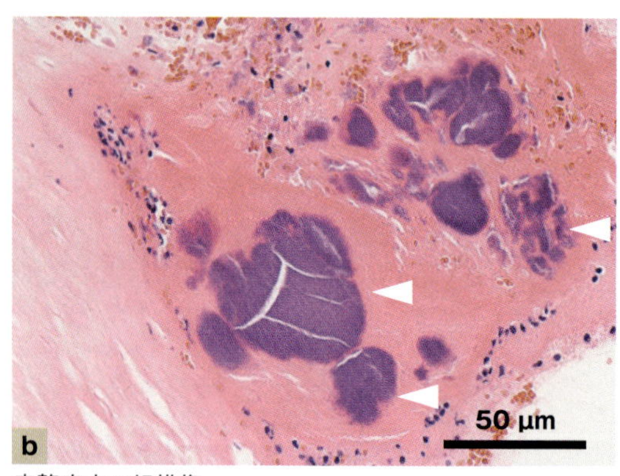

疣贅病変の組織像

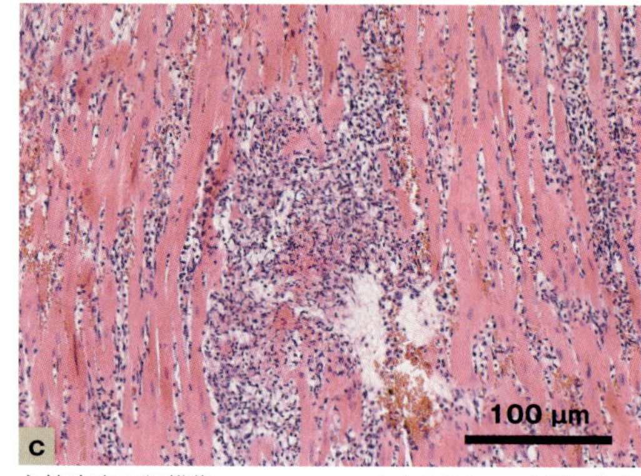

心筋病変の組織像　ヘマトキシリン･エオジン染色

図14 疣贅（ゆうぜい）病変を随伴した心内膜心筋型RCM

[症例]雑種猫，6歳，避妊雌
(a)著しく肥厚した左室心内膜の表面に灰黄色の疣贅(矢印)が付着している。左室壁と心室中隔の心筋層内には，境界が明瞭ないしは不明瞭でさまざまな大きさの灰褐色病巣が形成されている。
(b)血小板，フィブリン，赤血球および白血球からなる疣贅病変の内部には，細菌のコロニー(矢頭)が多数観察される。
(c)肉眼的に認められた心筋層内の灰褐色病巣は，多数の好中球と少数のマクロファージの浸潤･集簇ならびに心筋細胞の壊死･融解からなっていた(化膿性心筋炎)。
LV:左室壁，RV:右室壁，VS:心室中隔

索の結果を紹介する[30]。心内膜病変の分布様式は，肉眼的に左室壁と心室中隔とを連結する梁柱状あるいは弁状の線維性病変が形成される限局性肥厚パターンと，左室心内膜がほぼ全域にわたって線維性に肥厚するびまん性肥厚パターンとに大別され，前者がその主体をなしていた(41頭中34頭)。組織学的に，いずれの肥厚パターンにおいても心内膜病変は紡錘形～星芒状の形態を呈する間葉系細胞の過剰な増殖からなり，これらの増殖細胞は自ら産生したさまざまな量の粘液状基質と線維性基質を携えていた。こうした心内膜病変は，構成要素となる線維性結合組織の成熟度ならびに病変内部に存在する間葉系細胞の形態と数から3つのタイプに分類された。

① Type 1 (**図15a**)：心内膜病変はその全域が豊富な酸性粘液多糖類を携えた幼若かつ繊細な線維性結合組織と多数の間葉系細胞からなっていた(初期像＝幼若型)
② Type 2 (**図15b**)：心内膜病変の上層(浅層)側はType 1に類似した組織構築を示したのに対して，下層(深層)側は密実な線維性結合組織からなり，間葉系細胞は減少していた(中期像＝中間型)
③ Type 3 (**図15c**)：Type 1や2よりも細胞成分に乏しく，かつ十分に成熟した密実な線維性結合組織からなっていた(末期像＝成熟型)

各タイプの心内膜病変を有する猫の死亡時平均年齢は，Type 1では1.8 ± 1.4歳，Type 2では5.5 ± 2.6歳，Type 3では10.2 ± 5.2歳で，各タイプ間に有意差がみられた($P < 0.001$)。したがって，心内膜心筋型RCMの左室心内膜

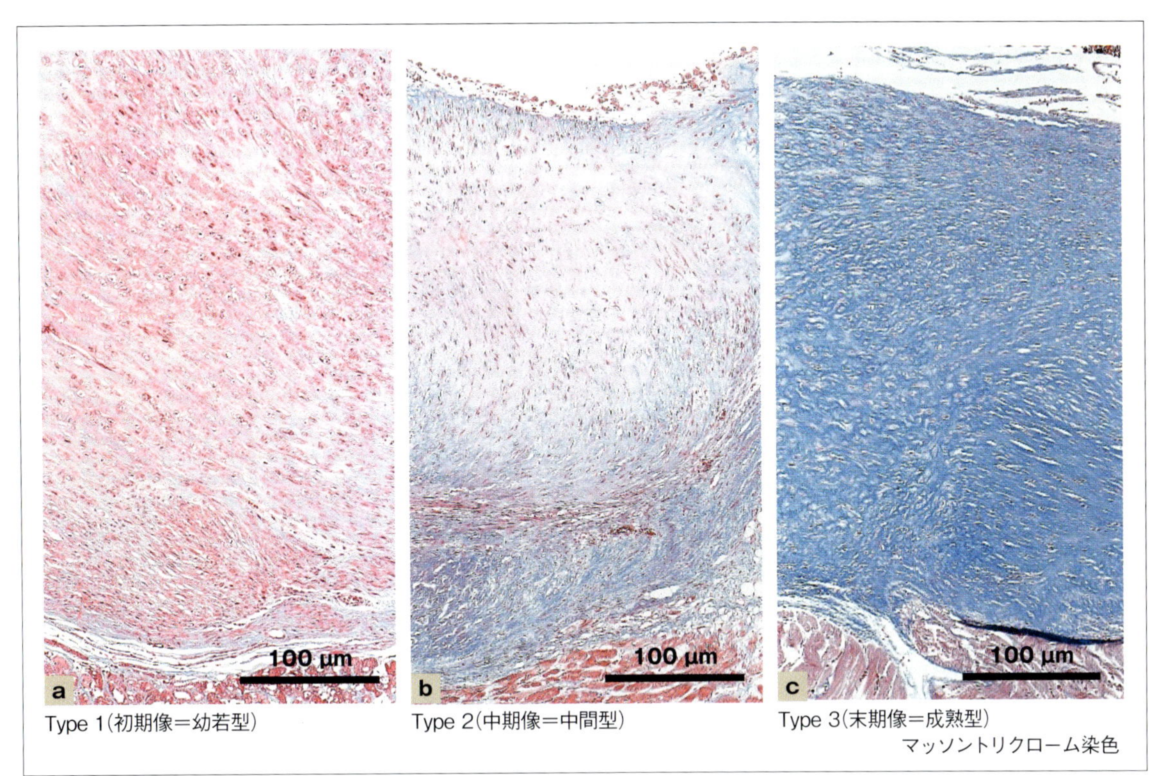

図15 心内膜心筋型RCMの左室心内膜病変の組織像

[症例] a:雑種猫，4カ月，雌
b:雑種猫，6歳，避妊雌
c:雑種猫，10歳，去勢雄

(a)豊富な粘液状基質をまじえた幼若かつ繊細な線維性結合組織を足場に，おびただしい数の紡錘形，多稜状～星芒状あるいは不整形の間葉系細胞が全層性に増殖している。
(b)浅層部(心内膜側)から中層部にかけて，豊富な粘液状基質を携えた幼若な線維性結合組織を足場に，中等数～多数の間葉系細胞が増殖している。一方，深層部(心筋側)は密実な線維性結合組織が主体をなしており，間葉系細胞は減少している。
(c)肥厚した心内膜の全層が密実かつ成熟した線維性結合組織からなり，すべての間葉系細胞はその中に埋没している。

病変は，Type 1 (幼若型)から Type 2 (中間型)，Type 2 (中間型)から Type 3 (成熟型)へと経時的(経年齢的)に推移している可能性が示唆された。一方，限局性肥厚パターンを示す病変(線維性架橋)は，その内部に左室仮腱索 left ventricular false tendons (LVFT)，すなわち猫の左室内腔を横断する正常な索状線維性構造物を多数包含していたことから(**図16**)，LVFT を足場に形成されることが明らかになった。

心筋型 RCM

このタイプの RCM について，Fox[11] は以下のように記している。

①心臓重量および心臓重量・体重比は軽度～中等度に増大する。
②左右の心房はともに拡大するが，左房でとくに顕著である。
③左室内腔のサイズは正常であることが多い。
④左室壁の厚さは正常かわずかに肥厚する程度である。
⑤しばしば斑状の心内膜線維化がみられる。
⑥左房腔内または左室腔内に球状血栓が形成されていることがある。
⑦組織学的にびまん性または斑状の間質性線維化と心筋壊死が認められることが多い。

しかしながら，これらの形態像の中に疾患特異的なものが含まれていないため，ヒトの心筋型 RCM に相当するものかどうか疑問が残るところである。さらに，Fox ら[31] は，心筋型 RCM 猫 35 頭中 10 頭に病理学的検索を実施した 2014 年の報告において，以下のような肉眼的所見を記している。

①心臓重量(24.3 ± 4.8 g)は正常猫(18.4 ± 3.6 g)に比べて有意に大きかった。
②全例の左房と右房に中等度～重度の拡張が認められた。
③壁在血栓が 2 頭の左房または左心耳に観察された。

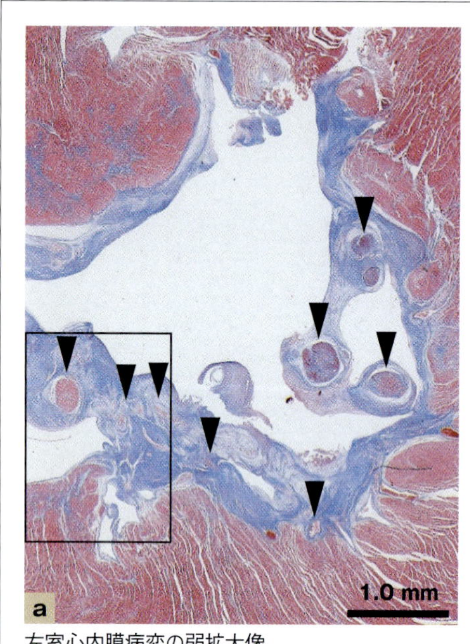

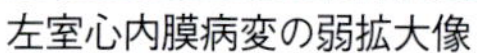
左室心内膜病変の弱拡大像

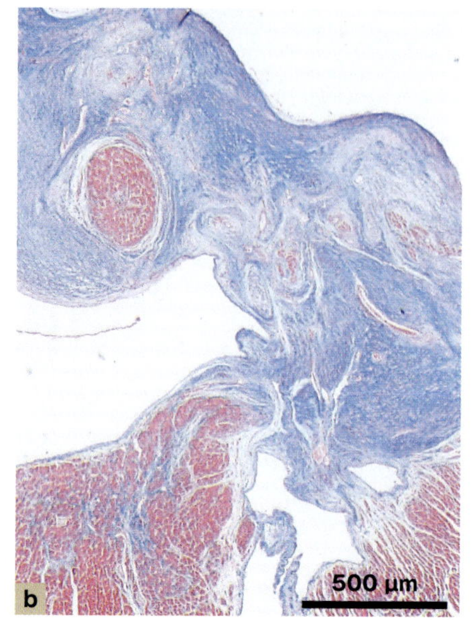

aの一部拡大　　マッソントリクローム染色

図16 心内膜心筋型RCMの左室心内膜病変の組織像
[症例]雑種猫，3歳，雌
(a)線維性に肥厚した心内膜の内部には，多数のLVFT(矢頭)が埋まり込んでいる。
(b)左室心内膜の線維性肥厚病変は，既存のLVFTを足場に増殖した間葉系細胞が，粘液状基質を携えた線維性基質を多量に産生することによって形成されている。

④左右心室腔のサイズはいずれの例でもおおむね正常であった
⑤心室中隔壁厚についてはRCM猫(5.7 ± 1.6 mm)とコントロール猫(6.5 ± 0.3 mm)との間に有意差はみられなかった

また組織学的検索では，左室壁および/あるいは心室中隔に以下の病変が観察されている。
①全例に間質性心筋線維化をともなった心筋錯綜配列(中等度9頭，軽度1頭)
② 10頭中9頭に置換性心筋線維化(中等度3頭，軽度6頭)
③ 10頭中9頭に壁内冠動脈の壁の肥厚と内腔の狭小化

前言の繰り返しになるが，やはりこれらの形態的所見の中にも疾患特異的なものが含まれていないため，病理学的にみた心筋型RCMの本態については依然として不明のままであると言わざるを得ない。ちなみに，心不全で死亡した猫の剖検心の中から，上記の肉眼的および組織学的所見に近いと思われるものを選んで**図17**に示した。

異常仮腱索形成

猫で心内膜心筋型RCMに類似した病態を示すものとして，左室の異常仮腱索形成が挙げられる。この疾患が注目されるようになったきっかけは，CHFにより死亡した猫21頭の左室腔内に網目状ないしはクモの巣状の異常なLVFTが見いだされたことにある[32]。本疾患はこれまで，過剰調節帯excessive moderator bands，調節帯心筋症moderator band cardiomyopathyともよばれ，ひとつの独立した疾患に位置づけられてきた[11, 20, 33]。しかし，最近ではむしろ心内膜心筋型RCMの一形態とみる向きが強い[7]。猫の左室はもともとその内腔に1～10数本の細いLVFTを有しているが(**図18a**)[34]，本症罹患猫の場合には太くて強固なLVFTにより形成された網目状の構造物が左室壁と心室中隔とを連結している(**図18b**)。CHFを発症する年齢はさまざまであるが，概して高齢猫に多い[29]。左室乳頭筋，左室壁あるいはその両者と心室中隔とを連結している線維索が，左室の拡張機能を障害することで左心不全を惹起するものと推察されるが，その詳細は明らかではない[11, 20, 33]。

RCMとHCMの病理形態をあわせもつ心筋症

臨床的にRCMと診断されていた猫，あるいはHCMとの診断のもと治療を受けていた猫の剖検心を詳細に検索すると，各型に特徴的な肉眼的および組織学的所見をあわせもつ症例に遭遇する機会は少なくない。もちろん，個体によってその程度に差はみられるが，共通して左房は重度に拡張し(**図19a**)，左室心内膜の限局性もしくはびまん性肥厚をともなっている(**図19b**)。すなわち，典型的な心

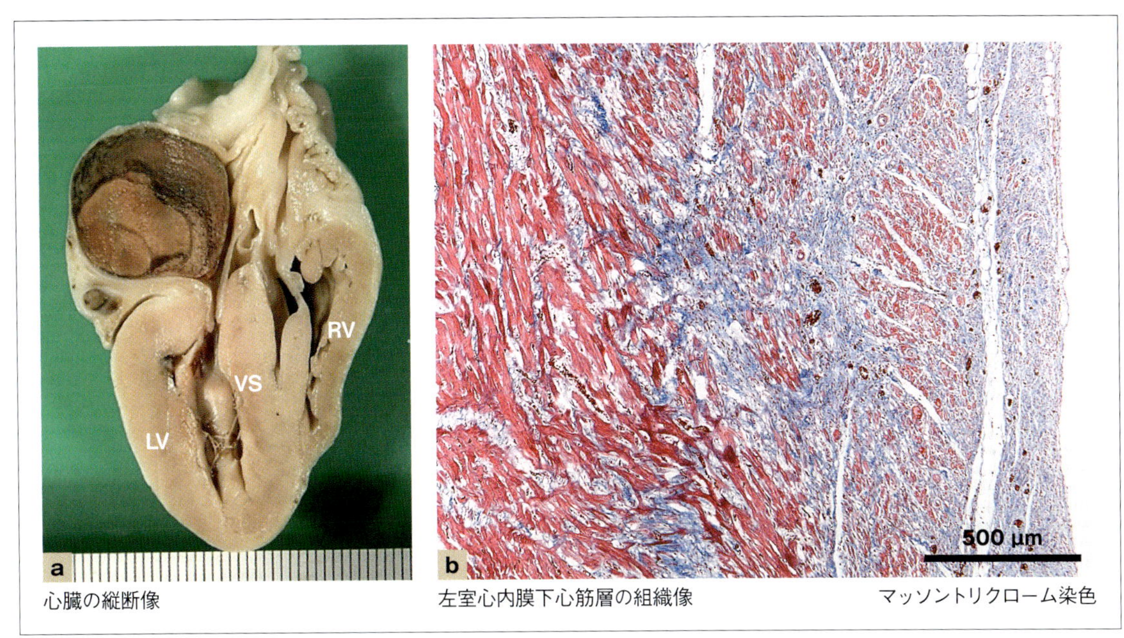

心臓の縦断像　左室心内膜下心筋層の組織像　マッソントリクローム染色

図17 心筋型RCM

[症例]雑種猫，4歳，去勢雄

(a)大型の血栓が左房の内腔を占拠している。また，左室壁および心室中隔の心筋は軽度に褪色・混濁しているが，それ以外に目立った形態的異常は認められない。

(b)心内膜下の心筋層は顕著な錯綜配列を呈し，中等度～重度の間質性線維化をともなっている。

LV:左室壁，RV:右室壁，VS:心室中隔

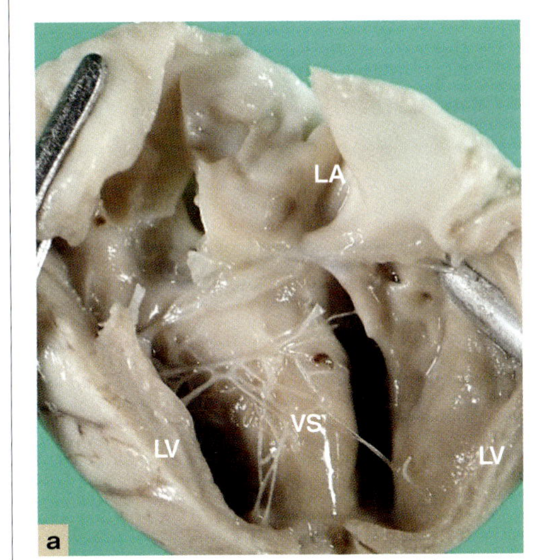

卵円孔開存症例の左室腔内にみられる仮腱索

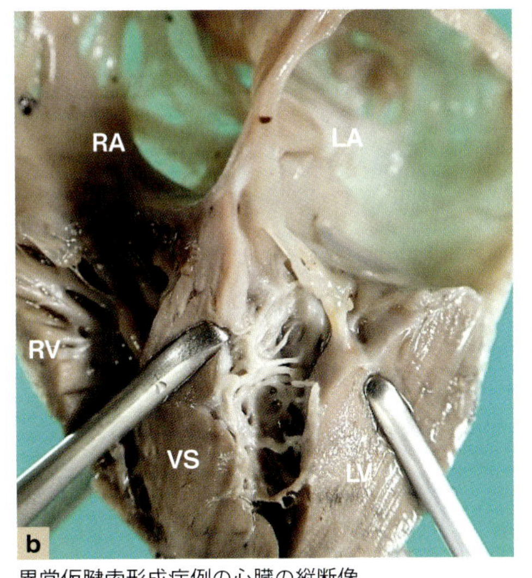

異常仮腱索形成症例の心臓の縦断像

図18 左室腔内の正常な仮腱索と異常な仮腱索

[症例] a:スコティッシュ・フォールド，4カ月，雄

b:雑種猫，8歳，去勢雄

(a)猫の左室腔内には通常1～10数本の仮腱索が存在するが，いずれも細くて左室の拡張を妨げるものではない。

(b)心内膜心筋型RCMと類似の病態を示した猫の左室腔内には，さまざまな太さの仮腱索が網目状/クモの巣状あるいは放射状に張り巡らされており，左室壁と心室中隔とを連結することで左室の拡張障害を引き起こしている。左房はきわめて重度に拡張している。

LV:左室壁，RV:右室壁，VS:心室中隔，LA:左房，RA:右房

内膜心筋型RCMの肉眼像を呈している。その一方で，左室には重度の対称性もしくは非対称性肥大がみられ，左室内腔の著しい狭小化をともなう(**図19b**)。組織学的に肥厚した心室壁にはHCMに特徴的な心筋錯綜配列と叢状線維化が広範に観察される。こうした症例は，病理学的にRCMかHCMのどちらか一方に分類することが困難なため，「RCMとHCMの病理形態をあわせもつ心筋症」と診断せざるを得ない。

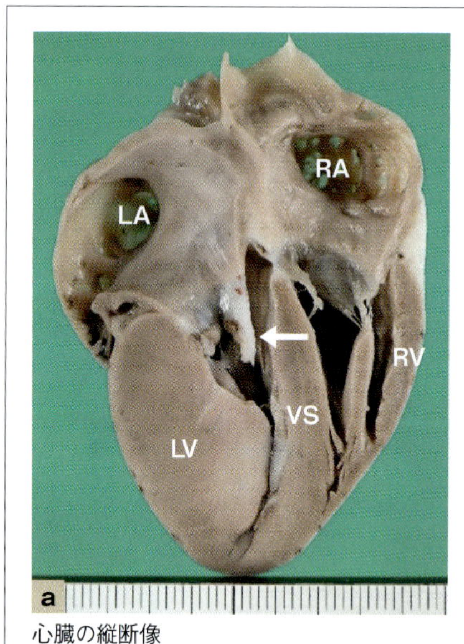

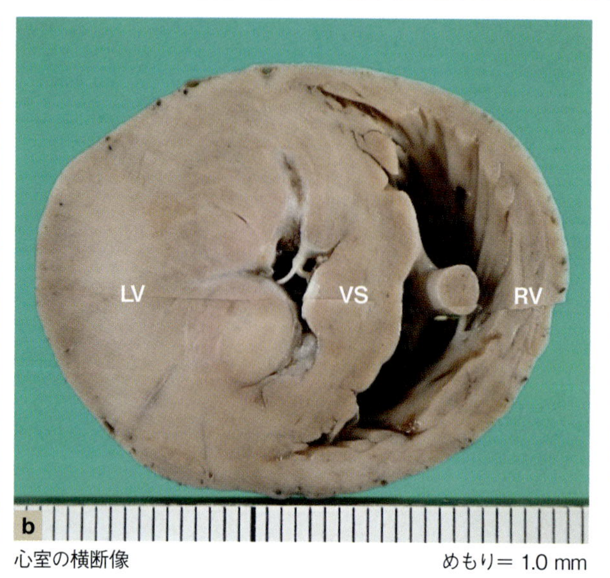

図19 RCMとHCMの病理形態をあわせもつ心筋症
[症例]スコティッシュ・フォールド，15カ月，去勢雄
(a)左室壁が重度に肥厚するとともに，左房の著しい拡張をともなっており，HCMの非対称性肥大パターンを呈している。また，僧帽弁前尖の腱索と弁尖(矢印)の肥厚も顕著である。
(b)左室の前および後乳頭筋ならびに心室中隔の左室面を被覆する心内膜は著しく肥厚しており，心内膜心筋型RCMに特徴的な形態的異常をあわせもっている。
LV:左室壁，RV:右室壁，VS:心室中隔，LA:左房，RA:右房

ヒトのRCMは，これまで特発性のパターンが主流であったが，現在は遺伝性の家族性疾患としても位置づけられている。ヒトRCM症例の約1/3は家族性で，cTnI，cTnT，cardiac actinなどの遺伝子変異によって引き起こされ，その構成メンバーには，HCMやDCMを含め，さまざまなフェノタイプの心筋疾患が見いだされている[27, 28]。すなわち，RCM，HCMおよびDCMは，臨床的にはそれぞれ独立した病型であるにもかかわらず，家族性の発生例ではしばしば同一のサルコメア構成タンパクの遺伝子変異に起因している。一方，特発性RCMの組織学的異常はHCMのそれに類似していることが多く，40%を超える症例に心筋肥大，心筋錯綜配列，間質性心筋線維化が観察されている[27]。ヒトのRCM症例の知見をそのまま猫に外挿することはできないが，ヒトと猫のRCM症例の間に多くの共通点が見いだされるのは興味深い。

病態生理[14, 20, 33]

拡張不全と収縮不全

心内膜心筋型RCMでは，通常左室の心筋収縮機能は比較的良好に保持されているが，心内膜および心内膜下心筋層に線維化(心筋の硬化)が生じることで，左室の拡張期伸展性とコンプライアンスが低下するため，拡張期の左室充満が障害される。また，心房細動atrial fibrillation (AF)，心室拡大，心筋の虚血や梗塞なども拡張機能不全に関与する。一方，心筋の虚血性変化や置換性線維化が顕著な場合には，機能性心筋の消失にともない左室の収縮性は低下する。

僧帽弁逆流と左心不全

心内膜心筋型RCMでは，僧帽弁装置(弁尖，腱索，乳頭筋)の一部もしくは全体が左室心内膜の限局性ないしびまん性線維性肥厚に巻き込まれる。その結果，左室内腔の形状が変化し，しばしばMRが惹起されるが，通常は比較的軽度にとどまる。したがって，心内膜心筋型RCMに特徴的な左房の異常拡大の原因をMRに求めることはできない。左室壁のスティフネスは漸次増大するので，左室充満のために要求される左房圧も進行性に増加する。その結果，左房は顕著に肥大・拡張する。なお，左心充満圧の慢性的な上昇は，代償性の神経体液性因子活性化と相まって，左室あるいは両心室にCHFをもたらす。とくに拡張した左房内での血液のうっ滞は，血栓形成ならびにATE

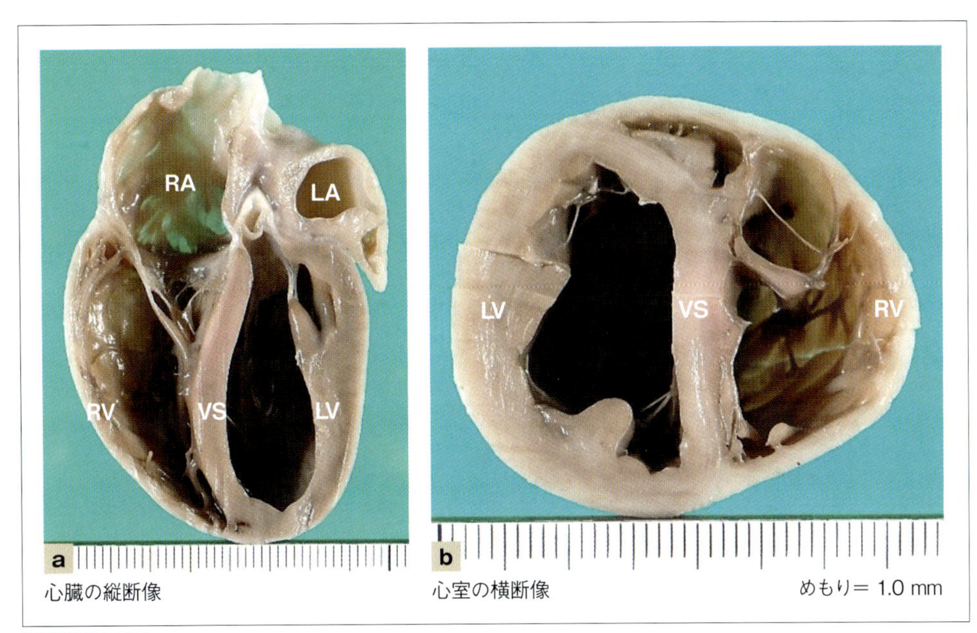

図20 DCM
[症例]雑種猫，11カ月，雄
左右の心房と心室はいずれも重度に拡張しており，(相対的に)心室壁は菲薄化しているようにみえる。心筋は褪色・混濁し，心筋固有の透徹感と張りを欠いている。
LV:左室壁，RV:右室壁，VS:心室中隔，LA:左房，RA:右房

発生の要因になる。

心筋虚血

心内膜心筋型 RCM の猫でも HCM と同様のメカニズムによって心筋虚血がもたらされる。

動脈血栓塞栓症

心内膜心筋型 RCM の猫でもかなり高率に観察される。

拡張型心筋症（DCM）

猫の心筋疾患に占める DCM の割合は，当初，HCM に次いで 2 番目に高かった。しかしながら，1980 年代後半になって猫の DCM とタウリン欠乏との密接な関連性が判明し[35]，市販の猫用フードにタウリンが添加されるようになってからは顕性 DCM の発生は激減した[11, 14]。すなわち，それまでに報告されていた DCM 症例の多くは二次性心筋症に分類されるものであったことになる。ちなみに，猫における特発性（原発性）DCM の発生は少なく，全心筋症例の 10％程度と推定されている[8, 20]。一方，タウリン含量の不十分な食事を与えられている猫のすべてが DCM を発症するわけではないので，本症の発生にはタウリンに加えて遺伝的因子やカリウム欠乏など複数の要因が関与しているものと考えられる[36, 37]。これまでのところ，猫の特発性 DCM の本態および病因（原因遺伝子）については，タウリン欠乏性 DCM との相同性も含めて，ほとんど明らかにされていない[14, 21]。

病理

肉眼所見

DCM の心臓は球状に拡大し，心臓重量の増加と全心腔の顕著な拡張をともなう（**図 20**）。すなわち，心肥大と心拡張とが共存する遠心性心肥大の形態をとる。心室壁の厚さは正常ないしは少々薄くなる程度であるが，心室腔の拡張がかなり目立つため，相対的に菲薄化しているようにみえる（**図 20**）。左室乳頭筋に萎縮と扁平化（平坦化）がみられるとともに，慢性的な心拡張に起因する心内膜のびまん性肥厚，心房腔内の血栓形成などをともなう場合もある。心内腔の拡張により，乳頭筋を含めた僧帽弁装置の形状と位置が変化し，僧帽弁輪も拡大することで，僧帽弁口の閉

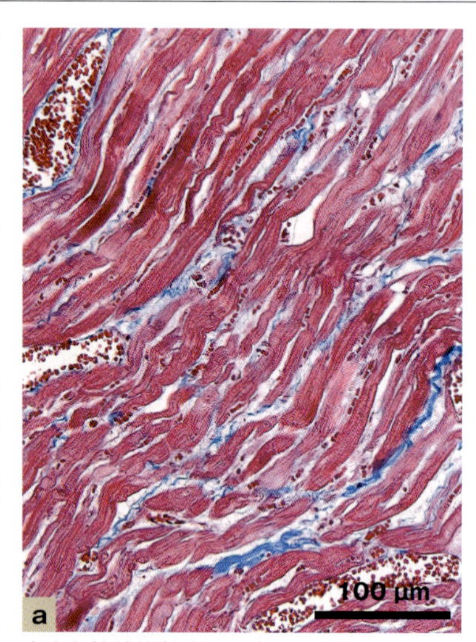

左室心筋線維(心筋細胞)の長軸像

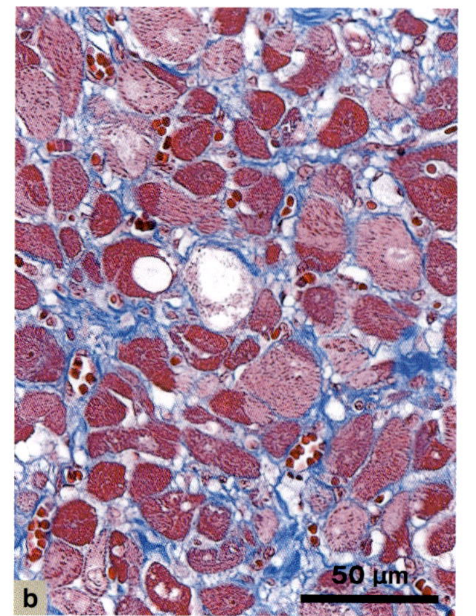

左室心筋線維(心筋細胞)の短軸像

マッソントリクローム染色

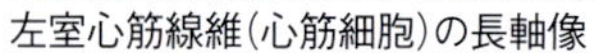

図21 **図20に示したDCMの心臓の組織像**
[症例]雑種猫，11カ月，雄
(a)長軸断面における特徴的な所見のひとつとして，伸長した心筋線維が波状にうねっている像が観察される。
(b)短軸断面では，肥大心筋と萎縮心筋とが混在しているため心筋細胞の大小不同が顕著であり，心筋細胞間には繊細な線維性結合組織の増生をともなっている。

鎖が不完全になることが多い(MR の発生)。心筋は褪色・混濁して固有の弾力性を欠いており(**図 20**)，心室壁の割面にしばしば明瞭な線維化病巣が観察される。

組織所見

DCM の心筋に特異的な組織学的変化が存在するわけではないが，多くの例で高率に見いだされるのは，波状にうねった形態を呈する引き伸ばされた心筋線維 attenuated wavy fibers である(**図 21a**)。また，肥大して太くなった心筋細胞と種々の程度に変性・萎縮した心筋細胞とが混在するため，この像は横断心筋組織において心筋細胞の大小不同として認識される(**図 21b**)。心筋間質には種々の程度の水腫性疎鬆(そしょう)化と繊細な線維性結合組織の増生がみられる(軽度～中等度の間質性心筋線維化，**図 21b**)。変性・壊死(あるいはアポトーシス)した心筋細胞が巣状ないし斑状に脱落し，線維組織によって置換されている部位もしくは領域(置換性心筋線維化)がしばしば観察される。また，非特異的な所見として壁内冠状動脈に内膜の肥厚と内腔の狭小化(硬化性変化)が認められる。これらの病変はいずれも左室に好発する。

病態生理[7, 11, 14, 18, 20, 38～40]

収縮不全と拡張不全

心筋収縮機能の低下を特徴とするこの型の心筋症では，心室の収縮不全により 1 回拍出量ならびに駆出率が低下する。そこで，もともと増大していた左室の拡張末期径と拡張末期容積をさらに増やす，つまり心室腔を拡張させることで，1 回拍出量を維持しようとする代償機転が作動する。しかしながら，収縮末期径はその後も増大し続けるため，心室充満圧が徐々に上昇し，最終的には代償機能が破綻して CHF に陥る。一方，心筋肥大，心筋線維化，壁内冠動脈の硬化性変化などの器質的変化により心室の拡張期伸展性とコンプライアンスが低下するため，心室は収縮不全と同時に拡張不全をも来すことになる。

交感神経活動の亢進

CHF の際には，循環カテコールアミン，とくにノルエピネフリン濃度が上昇する。この血漿ノルエピネフリン濃度の上昇レベルは，左室機能不全の重症度ならびに死亡率と強く相関する。血漿カテコールアミン濃度の上昇は，交感神経終末からのノルエピネフリン放出の増加と血漿中への過剰流出，交感神経終末による取り込みの減少などに起因する。こうした交感神経活動の亢進は，心臓の構造と機能にさまざまな悪影響を及ぼす。その例として，心筋 β_1 アドレナリン受容体密度のダウンレギュレーション，内因性または外因性の作用物質に対する β アドレナリン反応性の低下，心筋細胞に対する刺激効果と毒性効果，不整脈の増悪，心室の拡張および収縮機能の障害などが挙げられる。

レニン・アンジオテンシン・アルドステロン系の活性増大

ヒトや犬のCHFでは，レニン・アンジオテンシン・アルドステロン（RAA）系の活性が増大する。その結果，全身観的には小動脈の収縮ならびに口渇が惹起され，ナトリウムと水分が体内に保持される。もちろんレニン・アンジオテンシン（RA）系は心筋組織内にも存在し，アンジオテンシンⅡ（Ang Ⅱ）の局所産生に与っている。この局所性RA系が心筋内Ang Ⅱ産生の最も重要な経路であるが，キマーゼによる経路も関与している。心臓局所でみると，RAA系活性の増大は心筋細胞の肥大や壊死ならびに線維化（心筋リモデリング）を介して，心筋組織の構築改変をもたらす。ちなみに，心筋組織の伸展はAng Ⅱ合成およびほかのRA系構成要素を活性化する。また，ヒトのDCMでは心筋細胞の肥大と線維化に関連してAng Ⅱ受容体遺伝子のアップレギュレーションがみられる。

不整脈原性右室心筋症（ARVC）

ARVCに関する報告は，ヒトとボクサー犬では比較的多くみられるが猫では少なく，ニューヨーク・アニマル・メディカル・センターの調査によれば，猫での発生頻度は心筋疾患例の2.0～4.0％とされている[11]。Riesenら[41]の1998～2005年の調査では，猫の心筋症287頭のうちARVCは2頭のみで，その割合は全体の1.0％にも満たない。一方，Ferasinら[8]による1994～2001年の回顧的調査では，猫の心筋症106頭の中にARVCは1頭も含まれていない。いずれにしても猫ではかなりまれな疾患といえる。ARVCの病因について，ヒトではplakophilin-2（プラコフィリン）（PKP2），plakoglobin（プラコグロビン），desmoplakin（デスモプラキン），desmoglein-2（デスモグレイン）（DSG2）などのdesmosome（デスモソーム）構成蛋白をコードしている遺伝子の異常により常染色体優性遺伝形式によって発生するとされている[42～44]。Transforming growth factor β（TGF-β）やリアノジン受容体ryanodine receptor（RyR）遺伝子の変異がARVCの発生に関与している可能性もある[44]。ボクサー犬のARVCは常染色体顕性（優性）遺伝形式をとる家族性疾患であるが，遺伝パターンについては明らかにされていない[45～50]。また，ARVC罹患ボクサー犬の心臓では，RyRおよびcalstabin2の発現が低いことが示されているが，これまでのところ特定の遺伝子変異は見いだされていない[51, 52]。一方，猫のARVCについては何も明らかにされていない。

病理

肉眼所見

通常，ARVCの心臓では右室と右房が顕著に拡張し，それぞれの壁は光を透過するまでに菲薄化した部位や領域を有する（**図22**）。右室壁の菲薄化は，とくに流入路（三尖弁下部），流出路（漏斗部）および心尖部からなる「異型性の三角形」に強く現れる（**図22**）。この右室の菲薄化領域に心室瘤の形成をともなうこともある。一方，これとは対照的に右室が顕著な拡張や菲薄化を呈していないにもかかわらず，心室の横断面では右室の心筋層が心外膜側で斑状ないし帯状に，あるいは全層性に褪色・混濁している例もみられる（**図23**）。2004～2022年のARVC自験例19頭では，前者のパターンは16頭に，後者のパターンは3頭に見いだされている。

組織所見

本症は，線維組織ないしは線維脂肪組織（あるいは脂肪組織）による右室心筋の進行性置換を特徴とする（**図24**）。こうした心筋組織置換は，肉眼所見に呼応して右室の三尖弁下部，漏斗部および心尖部に主座している。本病変の形成に密接にかかわっているのがリンパ球の浸潤・集簇（リンパ球性の炎症性機転，**図25**）および／あるいは遺伝子により規定された心筋細胞の自発的細胞死（アポトーシス）であるが，それらの役割の詳細については明らかでない。おそらく，これらの病的プロセスが心筋置換病変の形成ならびに進行を調整しているものと考えられる。前出の自験例19頭では，程度の差こそあれ全例に線維組織または線維脂肪組織（あるいは脂肪組織）による心筋組織置換が観察された。本病変はいずれの例でも右室壁の「異型性の三角形」に主座していた。なお，8頭では左室壁にも心筋置換病変がみられたが，その程度は右室壁に比べて軽度であった。一方，房室伝導系の検索では，高度および／あるいは完全房室ブロックを示した6頭に，ヒス束特殊心筋細胞の脱落・減数が観察された[53, 54]。

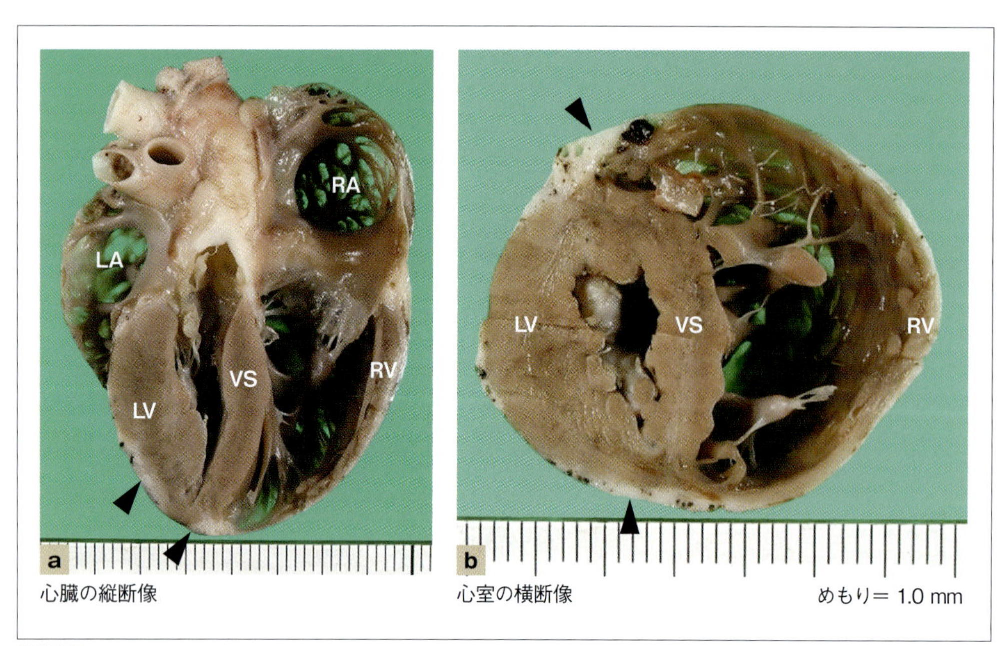

図22 ARVC①
[症例]雑種猫，10歳，避妊雌
右房と右室は重度に拡張しており，とくに右室の流入路(三尖弁下部)，流出路(漏斗部)および心尖部領域では壁の菲薄化がきわめて顕著である。なお本症例の場合，縦断像(a)では左室壁の下部と心尖部(矢頭)，横断像(b)では左室後壁と右室前壁(矢頭)の心外膜下心筋層に，明瞭な脂肪組織性置換が観察される。
LV:左室壁，RV:右室壁，VS:心室中隔，LA:左房，RA:右房

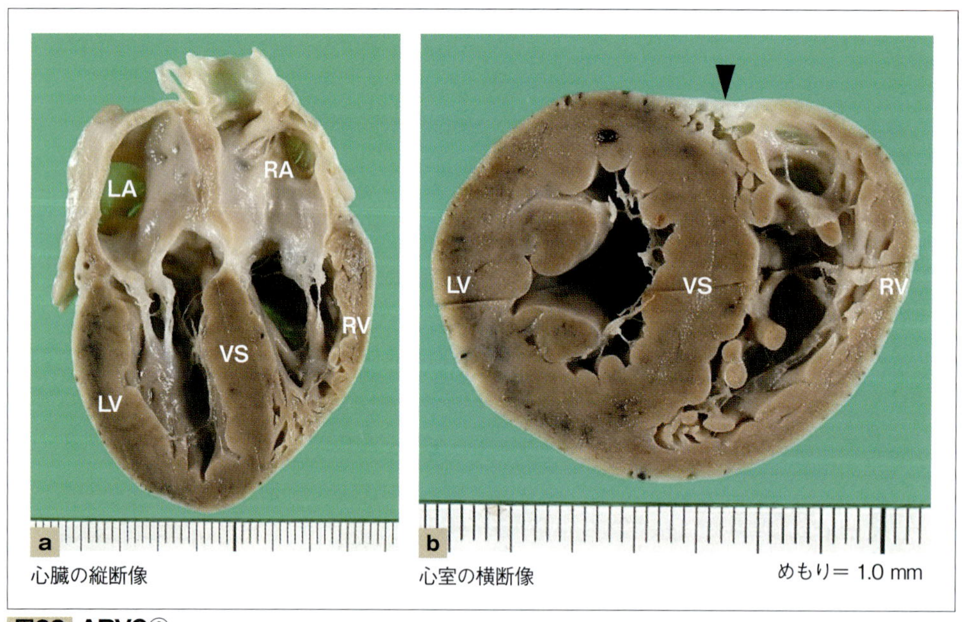

図23 ARVC②
[症例]雑種猫，14歳，去勢雄
左右の心房と心室は軽度～中等度に拡張している程度であり，ARVCの典型例にみられるような右房と右室の顕著な拡張は認められない。また，右室の3領域(異型性の三角形)に明らかな菲薄化はみられない。その一方で，右室壁は全域にわたって種々の程度に褪色しており，とくに右室流出路(矢頭)では心筋固有の色調を欠いている(b)。
LV:左室壁，RV:右室壁，VS:心室中隔，LA:左房，RA:右房

病態生理

収縮不全

DCM と同様，心筋収縮性の低下が ARVC の主要な病態生理学的メカニズムであるが，DCM では主に左室が障害されるのに対して，ARVC の場合には右室である。猫の ARVC では，重度に菲薄化した右室壁の運動性は著しく低下し，種々の程度に三尖弁逆流をともなう。最終的に全例が CHF により死亡する。

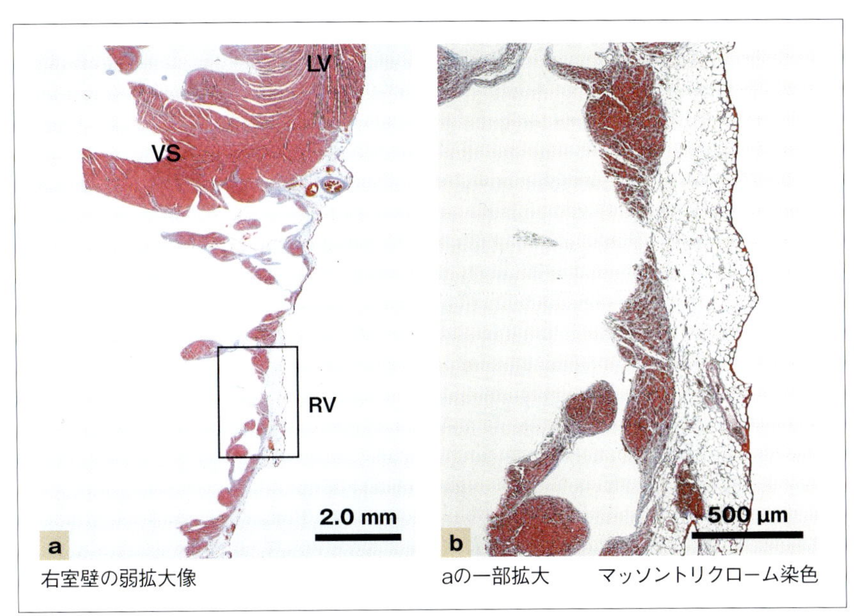

右室壁の弱拡大像　aの一部拡大　マッソントリクローム染色

図24　図22に示したARVCの心臓の組織像
[症例]雑種猫，10歳，避妊雌
顕著に菲薄化した右室の前壁(流出路)では，外層(心外膜下)から中層にかけて心筋細胞が脱落・消失し，脂肪組織ないしは線維脂肪組織によって置換されている。内層(心内膜下)には，細胞間に少量〜中等量の線維性結合組織を携えた心筋細胞束が島嶼(とうしょ)状に残存している。
LV:左室壁，RV:右室壁，VS:心室中隔

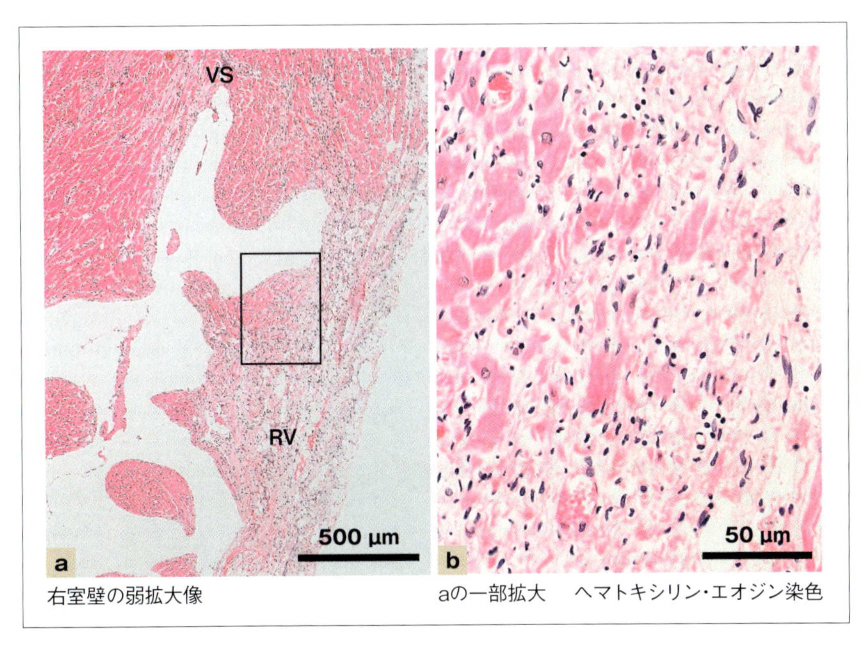

右室壁の弱拡大像　aの一部拡大　ヘマトキシリン・エオジン染色

図25　図23に示したARVCの心臓の組織像
[症例]雑種猫，14歳，去勢雄
肉眼的に顕著な褪色がみられた右室の前壁(流出路)では，心筋細胞が広範に脱落・消失し，心内膜下の一部に島嶼状に残存しているのみである(a)。残存する心筋細胞の近傍にはリンパ球を主体とした炎症細胞が浸潤し，線維性結合組織の増生をともなっている(b)。
RV:右室壁，VS:心室中隔

不整脈

ARVC罹患猫12頭を扱ったFoxら[55]の報告によると，死亡前48時間以内に心電図を記録した8頭のうち3頭にVT，4頭にAF，1頭に上室頻拍supraventricular tachycardia (SVT)，6頭に心室期外収縮ventricular premature contraction (VPC)，5頭に右脚ブロックright bundle branch block (RBBB)，2頭に第1度房室ブロックを認めている。Harveyら[56]の2頭にはいずれも完全房室ブロックと多形性VPCがみられている。また，Ciaramellaら[57]の1頭には多形性VPCが観察されている。自験例19頭の心電図検査では18頭に7種類の不整脈が記録された。その内訳はRBBB 9頭，VPC 7頭，完全房室ブロック5頭，高度房室ブロック3頭，VT 2頭，心房静止2頭，AF 1頭であった。これらの不整脈のうち，VPC，VTなどの心室性不整脈では，右室壁および/あるいは左室壁の傷害領域が心室性不整脈発生のための素地を形成していたものとみなされる。SVT，AF，心房静止などは，三尖弁逆流にともなう右房の拡張ならびに右房心筋の脱落・減数と線維化により発生する。また，RBBBは右室の重度拡張，高度および/あるいは完全房室ブロックはヒス束特殊心筋細胞の脱落・減数ないしは消失によるものとみなされる。

分類不能型心筋症(UCM)

ヒトでは心内膜線維弾性症，左室心筋緻密化障害，心アミロイドーシス，ミトコンドリア心筋症など，特発性(原発性)心筋症4型のいずれにもあてはまらない心筋疾患がUCMに組み込まれている[17]。一方，猫でもHCMやDCM，あるいはそのほかの既知の心筋症に符合しない心筋疾患の発生は認められている。現在のところ，こうした症例はUCMに分類されているが，その病因論や疾患概念について統一された見解は示されていない。したがって，UCMが先天性疾患なのか後天性疾患なのか，さらには原発性疾患なのか続発性疾患なのか，実際にはまったくわかっていない。ちなみに，UCMは他型の心筋症の初期像あるいは末期像に相当するものであるとの説もある。また，心筋の虚血・梗塞により生じた心室機能不全をともなう局所的な心筋障害や，検出困難な弁膜や心膜の異常に起因する心筋のリモデリングなどが密接に関連しているとも考えられている。すなわち，UCMの実体については厳密に規定されているわけではない[14, 20, 21]。

一方，重度の房室弁口拡張をともなわない猫の症例で，左室の壁厚ならびに収縮機能が正常ないしおおむね正常であるにもかかわらず，左房もしくは両心房が顕著に拡張しているものが，UCMのカテゴリーに分類されるとの記述もみられる[21]。換言すれば，左房または両心房は拡張しているが，左室のサイズと機能が正常な猫に対して，UCMなる診断名が付されることになる。しかしながら，この記述内容にはRCMとの共通点がかなり多くみられ，明らかな心内膜心筋線維化が認められない場合には，RCMとUCMとを区別することは困難である[21]。

病理

残念ながら，病理学的な本態については明らかにされていない。

病態生理

病態生理についても明らかにされていないが，臨床的観点からはRCMと同様，左室の拡張不全が主要な機能異常であるとされている[20]。

おわりに

猫の心筋症をHCM，RCM，DCM，ARVC，UCMの5つに分け，各型の病理学的特徴とそれに関連する病態生理について概説した。冒頭でも触れたように，獣医学領域における心筋症の分類はヒトのそれになぞらえたものであるため，ヒトで記されている内容と符合しない点も少なくない。病理学的に，HCM，DCM，ARVCはヒトと猫との間に多くの共通点を有しているが，RCMとUCMに関してはヒトと猫とで全く別物のようである。獣医学領域でも心エコー図検査のほかにCT検査やMRI検査などが導入され，心臓の形態的・機能的異常に関する精緻な臨床情報が入手可能になってきている。猫の心筋疾患の本質にかなった獣医学独自の定義・分類を見直す時期が来ているのかもしれない。

参考文献

1. Report of the WHO/ISFC task force. (1980) : The definition and classification of cardiomyopathies. *Br. Heart J.*, 44 (6) : 672-673.
2. Geisterfer-Lowrance, A.A., Kass, S., Tanigawa, G., *et al.* (1990) : A molecular basis for familial hypertrophic cardiomyopathy: a beta cardiac myosin heavy chain gene missense mutation. *Cell.*, 62 (5) : 999-1006.
3. Richardson, P., McKenna, W., Bristow, M., *et al.* (1996) : Report of the 1995 World Health Organization/International Society and Federation of Cardiology Task Force on the definition and classification of cardiomyopathies. *Circulation*, 93 (5) : 841-842.
4. Maron, B.J., Towbin, J.A., Thiene, G., *et al.* (2006) : Contemporary definitions and classification of the cardiomyopathies: an American Heart Association Scientific Statement from the Council on Clinical Cardiology, Heart Failure and Transplantation Committee; Quality of Care and Outcomes Research and Functional Genomics and Translational Biology Interdisciplinary Working Groups; and Council on Epidemiology and Prevention. *Circulation*, 113 (14) : 1807-1816.

5. Dickstein, K., Cohen-Solal, A., Filippatos, G., *et al.* (2008) : ESC Guidelines for the diagnosis and treatment of acute and chronic heart failure 2008: the Task Force for the Diagnosis and Treatment of Acute and Chronic Heart Failure 2008 of the European Society of Cardiology. Developed in collaboration with the Heart Failure Association of the ESC (HFA) and endorsed by the European Society of Intensive Care Medicine (ESICM) . *Eur. Heart J.*, 29 (19) : 2388-2442.

6. Kitaoka, H., Tsutsui, H., Kubo, T., *et al.* (2021) : JCS/JHFS 2018 Guideline on the Diagnosis and Treatment of Cardiomyopathies. *Circ. J.*, 85 (9) : 1590-1689.

7. Fuentes, V.L., Abbott, J., Chetboul, V., *et al.* (2020) : ACVIM consensus statement guidelines for the classification, diagnosis, and management of cardiomyopathies in cats. *J. Vet. Intern. Med.*, 34 (3) : 1062-1077.

8. Ferasin, L., Sturgess. C.P., Cannon, M.J., *et al.* (2003) : Feline idiopathic cardiomyopathy: a retrospective study of 106 cats (1994-2001) . *J. Feline Med. Surg.*, 5 (3) : 151-159.

9. Meurs, K.M., Sanchez, X., David R.M., *et al.* (2005) : A cardiac myosin binding protein C mutation in the Maine Coon cat with familial hypertrophic cardiomyopathy. *Hum. Mol. Genet.*, 14 (23) : 3587-3593.

10. 1Meurs, K.M., Norgard, M.M., Ederer, M.M., *et al.* (2007) : A substitution mutation in the myosin binding protein C gene in ragdoll hypertrophic cardiomyopathy. *Genomics*, 90 (2) : 261-264.

11. Fox, P.R. (1999) . Feline cardiomyopathies. In: Textbook of canine and feline cardiology (Fox. P.R., Sisson, D., Moïse, N.S. eds.) , 2nd ed., pp. 621-678. Saunders.

12. Fox, P.R. (2003) : Hypertrophic cardiomyopathy. Clinical and pathologic correlates. *J. Vet. Cardiol.*, 5 (2) : 39-45.

13. Yang, V.K., Freeman, L.M., Rush, J.E. (2008) : Comparisons of morphometric measurements and serum insulin-like growth factor concentration in healthy cats and cats with hypertrophic cardiomyopathy. *Am. J. Vet. Res.*, 69 (8) : 1061-1066.

14. Ferasin, L. (2009) : Feline myocardial disease. 1: Classification, pathophysiology and clinical presentation. *J. Feline Med. Surg.*, 11(1) : 3-13.

15. Kaneshige, T., Machida, N., Itoh, H., *et al.* (2006) : The anatomical basis of complete atrioventricular block in cats with hypertrophic cardiomyopathy. *J. Comp. Path.*, 135 (1) : 25-31.

16. Fox, P.R., Liu, S.K., Maron, B.J. (1995) : Echocardiographic assessment of spontaneously occurring feline hypertrophic cardiomyopathy. An animal model of human disease. *Circulation*, 92 (9) : 2645-2651.

17. 由谷親夫 (2006) : 心・血管 . In: 外科病理学 (向井 清 , 真鍋俊明 , 深山正久 eds) , 4th ed., pp. 1609-1697, 文光堂 .

18. 由谷親夫 (2002) : 心筋症 . In: 心臓血管病理アトラス , pp. 88-115. 文光堂 .

19. Kittleson, M.D. (1998) : Hypertrophic cardiomyopathy. In: Small animal cardiovascular medicine, Kittleson, M.D., Kienle, R.D. eds, pp.347-362, Mosby, St. Louis.

20. Kienle, R.D. (2008) : Feline cardiomyopathy. In: Manual of Canine and Feline Cardiology (Tilley, L.P., Smith Jr., F.W.K., Oyama, M.A., *et al.* eds.) , 4th ed., pp. 151-175, Saunders.

21. MacDonald, K. (2010) : Myocardial disease: Feline. In: Textbook of Veterinary Internal Medicine (Ettinger, S.J., Feldman, E.C. eds.) , 7th ed., Vol.2, pp. 1328-1341, Saunders Elsevier.

22. Baty, C.J., Malarkey, D.E., Atkins, C.E., *et al.* (2001) : Natural history of hypertrophic cardiomyopathy and aortic thromboembolism in a family of domestic shorthair cats. *J. Vet. Intern. Med.*, 15 (6) : 595-599.

23. Fox, P.R. (2004) : Endomyocardial fibrosis and restrictive cardiomyopathy: pathologic and clinical features. *J. Vet. Cardiol.*, 6 (1) : 25-31.

24. Ware, W.A. (2011) : Myocardial disease of the cat. In: Cardiovascular disease in small animal medicine, pp. 300-319, Manson Publishing.

25. Kushwaha, S.S., Fallon, J.T., Fuster, V. (1997) : Restrictive cardiomyopathy. *New Engl. J. Med.*, 336 (4) : 267-276.

26. Maron, B.J., Towbin, J.A., Thiene, G., *et al.* (2006) : Contemporary definitions and classification of the cardiomyopathies: an American Heart Association Scientific Statement from the Council on Clinical Cardiology, Heart Failure and Transplantation Committee; Quality of Care and Outcomes Research and Functional Genomics and Translational Biology Interdisciplinary Working Groups; and Council on Epidemiology and Prevention. *Circulation*, 113 (14) : 1807-1816.

27. Kaski, J.P., Syrris, P, Burch, M., *et al.* (2008) : Idiopathic restrictive cardiomyopathy in children is caused by mutations in cardiac sarcomere protein genes. *Heart*, 94 (11) : 1478-1484.

28. Sen-Chowdhry, S., Syrris, P., McKenna, W.J. (2010) : Genetics of restrictive cardiomyopathy. *Heart Fail. Clin.*, 6 (2) : 179-186.

29. 倉石 瞳, 町田 登 (2004) : 左室心内膜のび漫性ないし限局性肥厚を特徴とする猫の心疾患に関する病理学的検索 . 動物の循環器 , 37 (2) : 57-67.

30. Kimura, Y., Karakama, S., Hirakawa, A., *et al.* (2016) : Pathological features and pathogenesis of the endomyocardial form of restrictive cardiomyopathy in cats. *J. Comp. Path.*, 155 (2-3) : 190-198.

31. Fox, P.R., Basso, C., Thiene, G. *et al.* (2014) : Spontaneously occurring restrictive nonhypertrophied cardiomyopathy in domestic cats: a new animal model of human disease. *Cardiovasc. Pathol.*, 23 (1) : 28-34.

32. Liu, S., Fox, P.R., Tilley, L.P. (1982) : Excessive moderator bands in the left ventricle of 21 cats. *J. Am. Vet. Med. Assoc.*, 180 (10) : 1215-1219.

33. Kienle, R. D. (1998) : Feline unclassified and restrictive cardiomyopathy. In: Small animal cardiovascular medicine (Kittleson, M.D., Kienle, R.D. eds.) , pp. 363-369, Mosby.

34. Kimura, Y., Karakama, S., Kobayashi, M. *et al.* (2016) : Incidence, distribution and morphology of left ventricular false tendons in cat hearts. *Anat. Histol. Embryol.*, 45 (6) : 490-493.

35. Pion, P.D., Kittleson, M.D., Rogers, Q.R. *et al.* (1987) : Myocardial failure in cats associated with low plasma taurine: a reversible cardiomyopathy. *Science*, 237 (4816) : 764-768.

36. Lawler, D.F., Templeton, A.J., Monti, K.L. (1993) : Evidence for genetic involvement in feline dilated cardiomyopathy. *J. Vet. Intern. Med.*, 7 (6) : 383-387.

37. Dow, S.W., Fettman, M.J., Smith, K.R. *et al.* (1992) : Taurine depletion and cardiovascular disease in adult cats fed a potassium-depleted acidified diet. *Am. J. Vet. Res.*, 53 (3) : 402-405.

38. Borgarelli, M., Tarducci, A., Tidholm, A. *et al.* (2001) : Canine idiopathic dilated cardiomyopathy. Part II: Pathophysiology and therapy. *Vet. J.*, 162 (3) : 182-195.

39. Kittleson, M.D. (1998) : Primary myocardial disease leading to chronic myocardial failure (Dilated cardiomyopathy and related disease) . In: Small animal cardiovascular medicine (Kittleson, M.D. and Kienle, R.D. eds.) , pp. 319-346, Mosby.

40. Sisson, D., O'Grandy, M.R., Calvert, C.A. (1999) : Myocardial diseases of dogs. In: Textbook of canine and feline cardiology (Fox. P.R., Sisson, D., Moïse, N.S. eds.) , 2nd ed., pp. 581-619, W.B. Saunders.

41. Riesen, S.C., Kovacevic, A., Lombard, C.W. *et al.* (2007) : Prevalence of heart disease in symptomatic cats: an overview from 1998 to 2005. *Schweiz Arch. Tierheilkd.*, 149 (2) : 65-71.

42. Tiso, N., Stephan, D.A., Nava, A. *et al.* (2001) : Identification of mutations in the cardiac ryanodine receptor gene in families affected with arrhythmogenic right ventricular cardiomyopathy type 2 (ARVD2) . *Hum. Mol. Genet.*, 10 (3) : 189-194.

43. Rampazzo, A., Nava, A., Malacrida, S. *et al.* (2002) : Mutation in human desmoplakin domain binding to plakoglobin causes a dominant form of arrhythmogenic right ventricular cardiomyopathy. *Am. J. Hum. Genet.*, 71 (5) : 1200-1206.

44. Elliott, P., Andersson, B., Arbustini, E. *et al.* (2008) : Classification of the cardiomyopathies: a position statement from the European society of cardiology working group on myocardial and pericardial diseases. *Eur. Heart J.*, 29 (2) : 270-276.

45. Meurs, K.M., Spier, A.W., Miller, M.W. *et al.* (1999) : Familial ventricular arrhythmias in boxers. *J. Vet. Intern. Med.*, 13 (5) : 437-439.

46. Boujon, C.E., Amberger, C.N. (2003) : Arrhythmogenic right ventricular cardiomyopathy (ARVC) in a boxer. *J. Vet. Cardiol.*, 5 (1) : 35-41.

47. Basso, C., Fox, P.R., Meurs, K.M. *et al.* (2004) : Arrhythmogenic right ventricular cardiomyopathy causing sudden cardiac death in boxer dogs: a new animal model of human disease. *Circulation*, 109 (9) : 1180-1185.

48. Meurs, K.M. (2004) : Boxer dog cardiomyopathy: an update. *Vet. Clin. North. Am. Small Anim. Pract.*, 34 (5) : 1235-1244.

49. Oxford, E.M., Everitt, M., Coombs, W. *et al.* (2007) : Molecular composition of the intercalated disk in a spontaneous canine animal model of arrhythmogenic right ventricular dysplasia/ cardiomyopathy. *Heart Rhythm*, 4 (9) : 1196-1205.

50. Meurs, K.M., Ederer, M.M., Stern, J.A. (2007) : Desmosomal gene evaluation in Boxers with arrhythmogenic right ventricular cardiomyopathy. *Am. J. Vet. Res.*, 68 (12) : 1338-1341.

51. Meurs, K.M., Lacombe, V.A., Dryburgh, K. *et al.* (2006) : Differential expression of the cardiac ryanodine receptor in normal and arrhythmogenic right ventricular cardiomyopathy canine hearts. *Hum. Genet.*, 120: 111-118.

52. Oyama, M.A., Reiken, S., Lehnart, S.E. *et al.* (2008) : Arrhythmogenic right ventricular cardiomyopathy in Boxer dogs is associated with calstabin2 deficiency. *J. Vet. Cardiol.*, 10 (1) : 1-10.

53. 佐々木崇文，中尾 周，木村勇介，ほか (2020) : 猫の第3度房室ブロック症例にみられた房室伝導系病変. 日獣会誌, 73: 315-320.

54. Machida, N., Sasaki, T., Kimura, Y. (2022) : Histological features of the atrioventricular conduction system in cats with high-grade atrioventricular block. *J. Comp. Patho*l., 190: 36-44.

55. Fox, P.R., Maron, B.J., Basso, C. *et al.* (2000) : Spontaneously occurring arrhythmogenic right ventricular cardiomyopathy in the domestic cat: A new animal model similar to the human disease. *Circulation*, 102 (15) , 1863-1870.

56. Harvey, A.M., Battersby, I.A., Faena, M. *et al.* (2005) : Arrhythmogenic right ventricular cardiomyopathy in two cats. *J. Small Anim. Pract.*, 46 (3) , 151-156.

57. Ciaramella, P., Basso, C., Di Loria, A. *et al.* (2009) : Arrhythmogenic right ventricular cardiomyopathy associated with severe left ventricular involvement in a cat. *J. Vet. Cardiol.*, 11 (1) , 41-45.

4 心筋症の診断

大菅 辰幸
Osuga, Tatsuyuki
宮崎大学 農学部 獣医学科 獣医内科学研究室

point

- **病歴，身体検査所見，この後に予定されている処置，を踏まえて猫に対して心臓の検査を行うべきかどうかを検討する。**
- **心臓の聴診において異常が認められなかったとしても，その猫に心筋症が存在する可能性がある。**
- **猫の臨床状態に応じてどの心臓の検査を行うべきかを検討する。**
- **猫の臨床状態に応じて心エコー図検査の評価項目を選択する。**

はじめに

本稿では，猫の心筋症の診断法について紹介する。なお，2020年に米国獣医内科学会American College of Veterinary Internal Medicine (ACVIM)から発表された「猫の心筋症の分類・診断・治療に関するコンセンサスステートメント(以下，ACVIMコンセンサスステートメント)」[1]において猫の心筋症の診断法に関するステートメントが記載されているため，その内容についても適宜紹介していく。

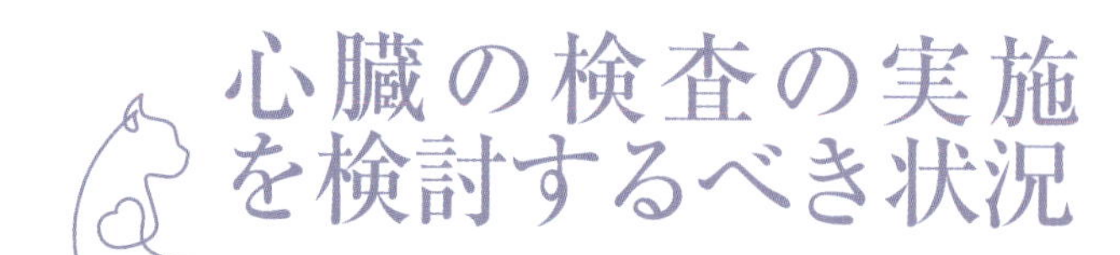

心臓の検査の実施を検討するべき状況

まず，猫が心筋症に罹患している可能性を考えて胸部X線検査，心エコー図検査，心電図検査，心臓のバイオマーカー検査といった心臓の検査を行うべきかどうかを病歴と身体検査から判断する必要がある。なお，ACVIMコンセンサスステートメントにおいても，猫に対して心臓の検査を行うべき状況が紹介されている(**表1**)。

病歴

猫が心筋症，とくに肥大型心筋症hypertrophic cardiomyopathy (HCM)に罹患していたり，心筋症の病態が進行していたりする場合でも，心筋症の存在を示唆するような病歴が全く何もないことがある[1~3]。そのため，病歴からは心筋症の存在が疑われなかったとしても，身体検査から心筋症の存在が示唆される場合(後述と**表1**)には心臓の検査の実施を検討するべきである。また，病歴や身体検査から心筋症の存在が疑われようとなかろうと，うっ血性心不全congestive heart failure (CHF)を起こし得る処置(**表1**)を猫に対して行う場合には，心臓の検査の実施を検討するべきである。とくに，高齢(ACVIMコンセン

表1 心臓の検査を行うべき状況

病歴	・失神 ・発作(他の神経学的異常がない) ・近親の猫において心筋症が診断された ・虚弱 ・運動不耐性や労作時の開口呼吸 ・輸液療法により体調を崩す ・繁殖に供する予定のある純血種 ・心筋ミオシン結合蛋白C (*MYBPC3*) 遺伝子に変異を認めるメインクーンやラグドール ・あらゆる内分泌疾患 ・犬糸状虫症の検査が陽性 ・不明熱
身体検査	・心雑音 ・ギャロップあるいは収縮期クリック ・心音あるいは肺音が聞こえづらい ・不整脈 ・頻呼吸 ・肺の聴診におけるクラックル ・頸静脈の怒張あるいは拍動 ・腹水 ・大腿動脈の拍動が弱い, 強い, あるいは触知されない ・急性の麻痺あるいは不全麻痺
CHFを起こし得る処置を受ける9歳以上の猫	・全身麻酔 ・輸液療法 ・徐放性グルココルチコイドの投与

(文献1より引用, 改変)

サスステートメントでは9歳以上)の猫においては検査の実施を考慮するべきであるが, 高齢でなかったとしても獣医師・飼い主の心配の程度に応じて実施を検討したほうがよい。

心筋症(不整脈原性右室心筋症 arrhythmogenic right ventricular cardiomyopathy[ARVC]以外)の猫が臨床徴候を呈して来院する場合には, 左心系のCHFと関連した胸水, 肺水腫のいずれかあるいは両方による頻呼吸[A]あるいは呼吸困難[B]を来院理由とすることが最も多い[1~3]。左心系のCHFと関連した胸水や肺水腫により猫が発咳を呈することは少ない[2]。なお, HCM(とくに動的左室流出路閉塞 dynamic left ventricular outflow tract obstruction[DLVOTO]をともなうもの)の猫は, CHFを発症していなかったとしても開口呼吸のような呼吸困難を示唆する徴候を呈することがある[3]。このような場合には, 猫がヒトの狭心症のような胸痛を感じているのではないかと想像されている[3]。

心筋症(ARVC以外)の猫は, 動脈血栓塞栓症 arterial thromboembolism (ATE)と関連した臨床徴候を理由に来院することもある[1, 2]。この点については第5章p.138をご参照いただきたい。また, 左心系のCHFとATEの両方の臨床徴候を呈して来院することもある[3]。

心筋症の猫が, 右心系のCHFの臨床徴候(腹水と関連した腹囲膨満のみ, あるいは胸水と関連した頻呼吸, 呼吸困難との組み合わせ)を理由に来院することは, ARVCではない限りまれである[2]。左心系や右心系のCHFを発症していたとしても, 猫が食欲不振, 活力の低下, 身を隠すなどの非特異的な臨床徴候のみを呈する場合もあるので注意する[1]。また, 心筋症のフェノタイプを問わず, 少数ではあるが, 不整脈と関連した臨床徴候(失神, 発作様の徴候)を理由に来院する場合もある。最悪の場合, 最初の臨床徴候が突然死であることもある[1~3]。

猫が前述のようなCHFを疑う臨床徴候を呈している場合, CHFを引き起こし得るイベント(輸液, 全身麻酔, ステロイド投与, 外科手術, 外傷, 過度のストレスなど)が1~2週間以内になかったかどうかを問診で聴取する[3]。また, 心筋症の各フェノタイプに合致する心エコー図検査所見を引き起こし得る心筋症以外の疾患・病態を示唆する臨床徴候や既往歴についても聴取する(**表3**)。

A 診察室内では呼吸数>36 回/分で頻呼吸であると判断できる[2]。自宅では安静時あるいは睡眠時の呼吸数>30 回/分で頻呼吸であるとおおむね判断できる。ただし, 一部の健康な猫において>30 回/分となることもある[2]。

B 厳密にいえば呼吸困難dyspneaとは「呼吸をするのが苦しい」という自覚症状である[4]。獣医療では呼吸困難であることを示唆する情報から猫が呼吸困難を呈しているかを判断する(**表2**)。

表2　呼吸困難であることを示唆する情報

- 頻呼吸
- 努力呼吸
- チアノーゼ
- 開口呼吸
- 犬坐呼吸
- 起立困難
- 頸部の伸展
- 肘の外転
- 鼻孔を広げる
- 視点を固定して呼吸することに集中

（文献4より引用，改変）

表3　心筋症の各フェノタイプに合致する心エコー図検査所見を引き起こし得る主な心筋症以外の疾患・病態の例とそれらを診断するための検査法

疾患・病態	心筋症のフェノタイプ	検査法
甲状腺機能亢進症	HCMフェノタイプ RCMフェノタイプ DCMフェノタイプ	・血清総サイロキシン(T_4)濃度
全身性高血圧症	HCMフェノタイプ	・血圧測定 ・全身性高血圧症の基礎疾患を調べるための血液検査（例：BUN，Cre，電解質）
高ソマトトロピン症（末端肥大症）	HCMフェノタイプ	・血糖値 ・血清インスリン様成長因子1（IGF-1）濃度
タウリン欠乏	DCMフェノタイプ	・血漿タウリン濃度
慢性貧血	心腔の拡大	・PCV

（文献1，5〜8より引用，改変）

表4　頻呼吸の主な原因

- 呼吸困難
- 気温の上昇
- 発熱，高体温
- 運動，興奮，不安
- 疼痛（ATEを含む）
- 内分泌疾患，代謝性疾患（甲状腺機能亢進症など）
- 頭蓋内疾患

身体検査

猫が心筋症（とくにHCM）に罹患していたとしても，心筋症の存在を示唆するような身体検査所見が何もないこともある（心筋症の病態が進行していたとしても）[1〜3]。そのため，身体検査からは心筋症の存在が疑われなかったとしても，病歴から心筋症の存在が示唆される場合やCHFを起こし得る処置（**表1**）を猫に対して行う場合には心臓の検査の実施を検討すべきである。

心臓の聴診を行う前に

心臓の聴診を行う前に猫が心筋症に罹患していそうかを視診などにより推測したい。

「猫の呼吸が苦しそう」と来院した場合には，まずはその徴候が呼吸困難であるかを判断したい[B]。なお，頻呼吸については，呼吸困難でなくても認められることがあるので注意する[4]（**表4**）。猫が呼吸困難を呈していると判断した後には，猫の呼吸パターンやほかの呼吸器徴候から呼吸困難の原因が心筋症を含む心疾患であるのか心臓以外の疾患であるのかの推定を試みたい。以下にその推定方法を紹介する[4]。

・吸気努力

吸気努力とは，吸気に時間がかかり，吸気筋の活動が増している呼吸パターンである。吸気努力を呈している場合には，上気道や頸部気管の病変が呼吸困難の原因であることが示唆される。心疾患が呼吸困難の原因であるとは疑いづらい。

・呼気努力，浅速呼吸

呼気努力とは，呼気に時間がかかり，呼気筋の活動が増している呼吸パターンである。呼気努力，吸気・呼気の混合性の努力呼吸，浅速呼吸といった呼吸パターンを呈している場合には，下気道や胸膜腔の病変が呼吸困難の原因であることが示唆されるため，CHFと関連した胸水，肺水腫が呼吸困難の原因である可能性がある。ただし，心臓以外の疾患が呼吸困難の原因であることもよくある。

・スターターstertorとストライダーstridor

スターターとはいびき様の異常呼吸音で，開口呼吸時にはたいてい認められない。スターターが認められた場合には，鼻や鼻咽頭の病変が呼吸困難の原因であることが示唆される。心疾患が呼吸困難の原因であるとは疑いづらい。

ストライダーとは，気道が著しく閉塞している場合にみられる荒い異常呼吸音である。ストライダーが認められた場合には，喉頭や気管の病変が呼吸困難の原因であることが示唆される。心疾患が呼吸困難の原因であるとは疑いづらい。

ただし，猫の興奮・不安の程度や呼吸筋の疲弊の具合が呼吸パターンを修飾して呼吸困難の原因の推定を困難にすることがある点には注意する。加えて，呼吸パターンから心筋症とほかの心疾患を鑑別することや心筋症のフェノタイプを推定することは困難である。

ちなみに，過去のある報告[9]では，猫が呼吸困難を呈している場合，呼吸数＞80回/分，ギャロップ(後述)，直腸温＜37.5℃，あるいは心拍数＞200回/分，のいずれかに合致すれば，呼吸困難の原因はCHFである可能性がより高かった。そのため，呼吸困難を呈している猫においてはこれらの所見が認められるかを気にすることも有用である[1]。

猫がATEを疑う臨床徴候を呈している場合には，ATEを示唆するような身体検査所見がないかを調べるようにする。この点については第5章p.138をご参照いただきたい。

猫が前述のような右心系のCHFを疑う臨床徴候を呈している場合には，頸静脈の怒張や拍動の有無を忘れず確認する。

また，心筋症の各フェノタイプに合致する心エコー図検査所見を引き起こし得る心筋症以外の疾患・病態を示唆する身体検査所見がないかについても確認する(**表2**)。詳細は多岐にわたるため本稿では割愛する。

心臓の聴診

猫が心筋症に罹患している可能性を疑うよくあるきっかけは心臓の聴診において心雑音，ギャロップ，不整脈などの異常が検出されることである[2]。とくに猫が何も臨床徴候を呈していない場合はこれらが重要な手がかりとなる。ただし，心筋症の猫でも心臓の聴診で何も異常が認められないこともよくあるため注意する[1, 2]。また，心臓の聴診の異常から心筋症とほかの心疾患の鑑別や心筋症のフェノタイプの鑑別を行うことは困難であることが少なくない。鑑別できる場合については後述する。

心臓の聴診については，緊急的な状況を除いて，異常の見落としを防ぐためにいつも同じ手順で行ったほうがよい[10]。

・聴診の手順

- 猫の体勢は立位が望ましい。
- まずは，心臓の聴診を行う前に左右の胸壁の触診を行い，心臓の拍動を触知する場所やスリルの有無を確認する。また，左右の大腿動脈の触診を行い，脈拍数，不整脈の有無，拍動の強さを確認する。
- 心臓の拍動が最も強く触知される左胸壁の心尖部の領域に聴診器の膜型のチェストピースをあてて聴診を開始する。チェストピースを心基底部の領域までゆっくり移動させながら聴診を行う。この際，胸骨の周囲や脇の下にもチェストピースを移動させる。同じことを右胸壁においても繰り返す。
- ベル型のチェストピースを用いて左右の胸壁の心臓の聴診を前述したように繰り返す。

・心雑音

猫において聴取される心雑音については，心臓においてその原因が特定される場合(動的右室流出路閉塞などの心疾患ではないものも含む)も，心臓外の疾患・病態がその原因として特定される場合(甲状腺機能亢進症，貧血などの生理的心雑音)も，心臓にも心臓外にもその原因が特定されない場合(無害性心雑音)もある[11, 12]。心雑音が聴取された場合には，主に以下のような点から心雑音を特徴づけして心雑音の原因の推測を試みる[11, 12]。

- 心周期の中で心雑音が聴取されるタイミング(収縮期性，拡張期性，連続性)
- 最強点(**図1**)

  猫の心臓は小さいため，心尖部と心基底部の区別は難しいかもしれない。胸骨上や胸骨より少し左側あるいは右側の傍胸骨が最強点であることもよくあることに注意。

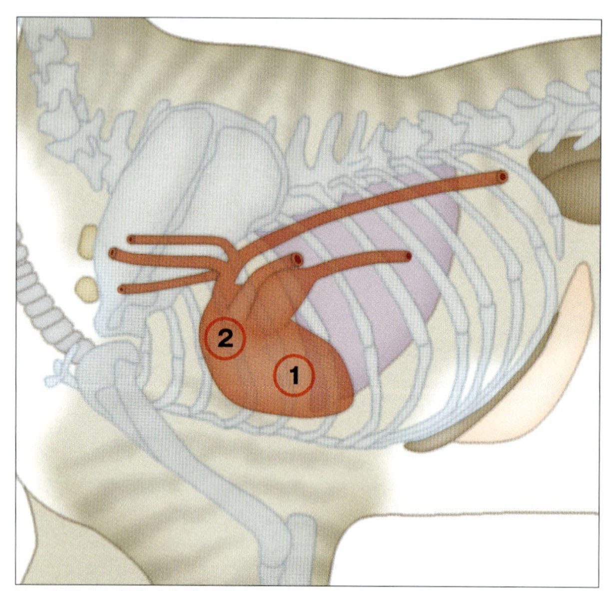

図1 最強点(左胸壁)
猫では肺動脈弁領域と大動脈弁領域が重なり合っているため，両者の区別は困難であり"左側心基底部"とまとめるのが実用的である。ただし，左側心尖部と左側心基底部を区別するのさえ困難であるかもしれない。
①:左側心尖部(僧帽弁領域)，②:左側心基底部

表5 心雑音の強度

レベル	特徴
1	静かな部屋で注意深く聴診した際にのみ聴取できる心雑音
2	聴診器をあてることでわずかに聴取できる心雑音
3	聴診器をあてることで明瞭に聴取できる中程度の心雑音
4	スリル(胸壁振動)をともなう，聴診器をあてることで，明確に聴取できる中程度の心雑音
5	スリルをともなう大きな心雑音(聴診器を胸壁から離すと聴取できない)
6	スリルをともなう，聴診器を胸壁から離しても聴取可能な大きな心雑音

・心雑音の強度(**表5**)(グレード1～6/6)
・音質(駆出性 ejection，逆流性 regurgitant，機械性 machinery，吹鳴性 blowing)
　猫においては高心拍数の影響で駆出性と逆流性の区別は困難かもしれない。

猫における心雑音の特徴と原因の関係について現状分かっている知見を以下に示す。

・猫において最もよく聴取されるのは左側心尖部，あるいはその腹側の胸骨上あるいは胸骨より少し左側の左側傍胸骨を最強点とする収縮期性の心雑音である[2]。
　①心雑音の強度がグレード1～2/6である場合には，心雑音の原因が心臓において特定されることも特定されない(生理的あるいは無害性心雑音)こともある[2, 12]。
　②心雑音の強度がグレード3/6である場合には，心雑音の原因が心臓において特定されることのほうが多い[1]。
　③心雑音から心筋症とそれ以外の心疾患を鑑別することや心筋症のフェノタイプの鑑別を行うことは困難である[2]。ただし，少なくともARVCである可能性は低い。
　④心雑音の強度が猫の興奮状態や心拍数，あるいは心臓の聴診のタイミングにより変化することは心雑音の原因の推測にとくに情報を与えない[1, 2, 12]。
・心雑音の強度がグレード4～6/6である場合には，心雑音の原因は先天性心疾患である可能性が高く，心筋症であることはめったにない[1, 12]。
・拡張期性(吹鳴性)あるいは連続性(機械性)の心雑音が聴取された場合には，心雑音の原因は心筋症ではない心疾患である可能性が高い[11, 12]。
・ARVCの猫においては右側心尖部を最強点とする心雑音が聴取される可能性があるが，心雑音からARVCと，三尖弁異形成などほかの心疾患との鑑別を行うことは困難である[3]。
・心雑音に加えてギャロップや不整脈が聴取された場合には，無害性心雑音である可能性は低い[1, 10～12]。

・ギャロップ

ARVCを除く心筋症の猫において，第3音(S3)[C]あるいは第4音(S4)によるギャロップは左側心尖部の領域(僧帽弁領域)で最も聴取しやすいことが多い[10]。ARVCの猫で聴取されるとすれば右側心尖部の領域(三尖弁領域)で聴取しやすいだろう。ギャロップは，犬ではベル型のチェス

C　第1音(S1)：心室収縮期が開始するタイミングにおいて僧帽弁と三尖弁の閉鎖・緊張と関連して発生する心音。
第2音(S2)：心室収縮期が終了するタイミングにおいて大動脈弁と肺動脈弁の閉鎖と関連して発生する心音。
第3音(S3)：心室拡張早期において心房から心室に急速な血流流入が起こることと関連して発生する心音。
第4音(S4)：心室拡張後期(心房収縮期)において心房から心室に血液流入が起こることと関連して発生する心音。

トピースを用いると聴取しやすいが，猫では膜型，ベル型のどちらでも聴取しやすいようである[2]。猫においては高心拍数のためにギャロップがS3によるのかS4によるのかを区別することが困難であることがよくある。

ギャロップは健常な猫ではめったに聴取されないため，猫においてギャロップが聴取された場合には心疾患の存在を疑いやすい[1]。ただし，その心疾患が心筋症か否かの鑑別は困難である[10]。

・不整脈

猫において不整脈が聴取された場合には心疾患，とくに心筋症の存在を疑いやすい[1]。ただし，その心疾患が心筋症か否かの鑑別は困難である。どのような不整脈が存在しているのかを調べるためには心電図検査が必要である。各不整脈の詳細については第6章p.154をご参照いただきたい。

・その他

胸水や心膜液が貯留している場合には，心音がそもそも聞こえづらい可能性がある[3]。

⊙肺の聴診

猫が頻呼吸や呼吸困難を呈している場合には肺の聴診を詳細に行うとCHFと関連した胸水や肺水腫の存在を疑うことができるかもしれない。ただし，猫においては胸水や肺水腫が存在していたとしても肺の聴診で何も異常を検出できないこともよくあるため，肺の聴診の有用性は限られている[2]。

肺の聴診を詳細に行いたい場合には，左右の胸壁のそれぞれを何区画か(例：頭側／尾側 × 背側／腹側の4区画)に分けて，数回分の呼吸音を聴診器で聴取すればよい[10]。肺の聴診は膜型のチェストピースで行う[13]。以下のような所見が認められた場合にはCHFと関連した胸水や肺水腫の可能性を考える[1, 4, 13]。

- 腹側の胸壁において呼吸音の消失や減弱が認められた場合には，胸水(CHFを含む)が存在する可能性がある。
- 呼吸音の減弱あるいは増大が認められた場合には，その領域において肺水腫が存在する可能性がある。
- ファイン・クラックル fine crackles，コース・クラックル coarse crackles，ウィーズ wheezes といった異常肺音が聴取された場合には，その領域において肺水腫が存在する可能性がある。

ただし，猫(とくに過肥の猫)においては，たとえ健康であったとしても呼吸音をうまく聴取できないことがよくあるため，呼吸音の音量については評価することが難しいことが少なくない[13]。そのため，左右の胸壁で音量の比較を行えば音量の評価をしやすくなるかもしれない。また，CHFと関連した胸水や肺水腫以外の疾患・病態によっても前述の肺の聴診の異常は認められるため，肺の聴診のみから猫が頻呼吸や呼吸困難を呈している原因がCHFか否かを鑑別することは困難である[13]。

心臓の検査

病歴や身体検査を根拠に心臓の検査を行う必要があると判断した後は，ACVIMコンセンサスステートメントに記載されているように「猫の臨床状態が安定している場合」と「猫の臨床状態が不安定である場合」に分けてどの検査を行うかを考えればよい。

猫において診断された心筋症のフェノタイプに応じて，そのフェノタイプに合致する心エコー図検査所見を引き起こし得る心筋症以外の疾患・病態の有無も調べたほうがよい(**表3**)。

猫の臨床状態が安定している場合

猫が臨床徴候を何も呈していない場合や，後述の「猫の臨床状態が不安定である場合」の心臓の検査と治療を行った後に猫の臨床状態が安定した場合のことである。最も理想的な心臓の検査は，ACVIMコンセンサスステートメントでいうstandard of careあるいはbest practiceのレベルの心エコー図検査である(**表6**)。もし，standard of careあるいはbest practiceのレベルの心エコー図検査を実施することができない場合には，focused point-of-careのレベルの心エコー図検査(**表6**)あるいは心臓のバイオマーカー検査の評価を行えば，病態が進行した心疾患(心筋症とは限らない)を検出することはできる[1]。Focused point-of-careのレベルの心エコー図検査あるいは心臓のバイオマーカー検査の評価から病態の進行した心疾患の存在が示唆された場合には，standard of careあるいはbest practiceのレベルの心エコー図検査を実施することができる病院に紹介することを検討したほうがよい[1]。

表6 ACVIMコンセンサスステートメントにおいて推奨されている3つのレベルの心エコー図検査

レベル	計測	定性的な評価
Focused point-of-care (猫の状態が不安定である, 検査者が十分な訓練を受けていない, あるいはその両方の場合のポイントを絞ったレベル)		・胸水と心膜液 ・左房のサイズと動き ・肺のBライン ・左室の収縮機能
Standard of care (訓練を受けた検査者向けの標準的なレベル)	Mモード ・心室中隔と左室自由壁の拡張末期壁厚 ・左室の拡張末期径, 収縮末期径, 内径短縮率 ・左房の内径短縮率 Bモード ・心室中隔と左室自由壁の拡張末期壁厚 ・左室の拡張末期径, 収縮末期径 ・左房径大動脈径比(LA/Ao) ・左房径(右傍胸骨長軸断面)	・乳頭筋の肥大 ・収縮末期における左室内腔の閉塞 ・乳頭筋や僧帽弁の異常 ・僧帽弁収縮期前方運動(SAM)と左室中部の閉塞 ・動的右室流出路閉塞 ・各心腔の形態の異常 ・もやもやエコー(SEC)や血栓 ・限局性の心臓壁の動きの異常
Best practice (心疾患専門医向けのレベル)	standard of careの項目に加えて パルスドプラ法あるいは連続波ドプラ法 ・左室流入血流速度 ・等容性弛緩時間 ・左室流出路の血流速度 ・右室流出路の血流速度 ・肺静脈血流速度 ・左心耳血流速度 組織ドプラ法 ・側壁側および中隔側の僧帽弁輪速度	standard of careの項目

ACVIMコンセンサスステートメントにおいては, 猫の臨床状態や検査者の習熟度に応じてFocused point-of-care, Standard of care, Best practiceの3つのレベルの検査を使い分けることが推奨されている。
SAM:systolic anterior motion of the mitral valve, SEC:spontaneous echo constrast

(文献1より引用, 改変)

胸部X線検査については, 心筋症を含む心疾患を検出する目的で実施する優先度は高くない。心拡大が検出されれば心疾患の存在が示唆されるものの, 軽度〜中等度の心疾患を検出する感度は高くなく, CHFを引き起こすほどの重度の心疾患が存在していても心陰影が正常にみえることもある[1]。

心電図検査についても, 心筋症を含む心疾患を検出する目的で実施する優先度は高くない。猫においては, 心筋症の存在を示唆する不整脈が必ずしも認められるわけでないうえ, 心電図検査での心拡大の評価により心筋症を検出できる感度は低い[1]。ただし, 猫において心筋症と診断された後に不整脈を検出するために心電図検査を行うのは有意義である[1]。また, 間欠的な虚弱や虚脱, 失神, 発作様の徴候など不整脈と関連し得る臨床徴候が認められた場合には心電図検査を行いたい[1]。

心臓のバイオマーカー検査の詳細については, 第7章p.170をご参照いただきたい。

胸部X線検査

胸部X線検査においては, 少なくともラテラル像と背腹(DV)あるいは腹背(VD)像の2方向で撮影する。よくある組み合わせは右ラテラル像とVD像である。前述のとおり, 胸部X線検査において心拡大が検出されれば心疾患の存在が示唆される。ただし, 心疾患が存在していても胸部X線検査において心拡大が検出されないことはよくある。とくに軽度〜中等度の心疾患の場合検出されにくく, 重度の心疾患が存在しても検出されないこともある[1, 2]。また, 腹膜心膜横隔膜ヘルニアのような診断しやすいものでない限り, 胸部X線検査から心筋症とほかの心疾患を鑑別することも困難である[1, 2]。

心拡大の有無を評価する指標としてよく用いられるのはラテラル像において計測する椎骨心臓サイズ(VHS)である(**図2**)。成書[3]においては, 猫のVHSの基準範囲としてVHS≦8.1vが紹介されている。また, 別の過去の報告[14]においては, 心疾患の猫と健常な猫をVHSにより鑑別するカットオフ値と精度として以下が示されている。

・左房の拡大がない／軽度の左心疾患の猫 vs 健常猫
VHSのカットオフ値7.9vで感度78%, 特異度82%(AUC 0.82)

・左房の拡大が中等度/重度の左心疾患の猫 vs 健常猫

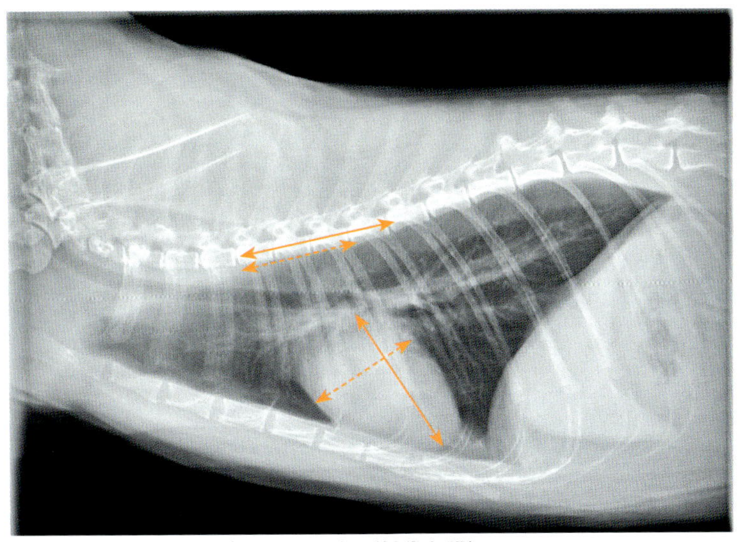

図2 椎骨心臓サイズ(VHS)の計測(健常な猫)
右ラテラル像。VHSを計測するためには，まず，心臓の長径(L:実線)と短径(S:点線)を計測する。Lは，気管分岐部の直下から心尖部までの心臓の径である。Sは，Lに直行する方向の心臓の最大径であり，一般的には後大静脈の腹側縁が心臓とつながる部分の心臓の径を計測する。続いて，LとSのそれぞれが第4胸椎から尾側方向の椎体の何個分になるかを計測し，LとSで合計椎体何個分になるかを計算する。この猫においてはVHS=L+S=4.1+3.1=7.2 vであった。

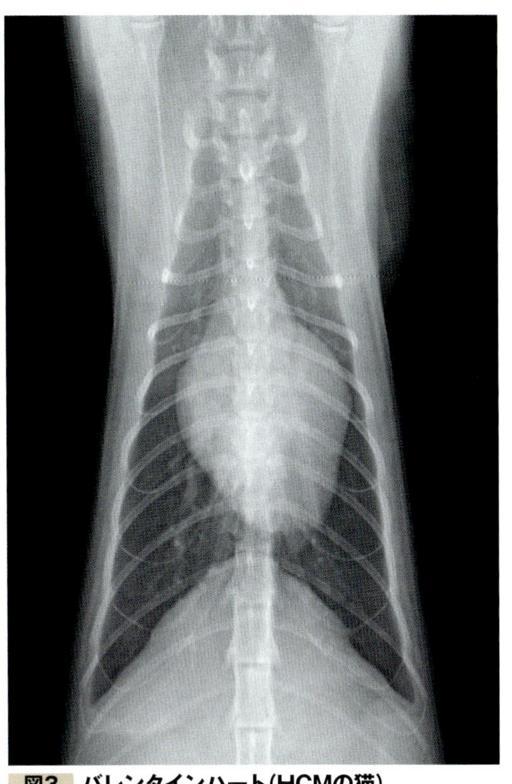

図3 バレンタインハート(HCMの猫)
DV像。心陰影の頭側の部分が幅広くなっており，心陰影が三角形のようにみえる。

VHSのカットオフ値7.9 vで感度91%，特異度82%(AUC 0.82)

また，DV/VD像においていわゆるバレンタインハートとよばれる左心耳領域の拡大が認められた場合には，左房あるいは両心房の拡大をともなう心疾患の存在が示唆される[1~3](**図3**)。ただし，バレンタインハートが認められたからといって，心筋症とほかの心疾患の鑑別や心筋症のフェノタイプの鑑別ができるわけではない[1~3]。なお，左房の拡大がある犬のラテラル画像においてよく認められる心臓のシルエットの尾背側部分の拡大については，左房の拡大のある猫においてはあまり認められない[15]。

ARVCの猫においては通常，右房と右室の拡大が示唆されるが，胸部X線検査からARVCと三尖弁異形成などのほかの心疾患との鑑別を行うことは困難である[3]。

心電図検査

心電図検査は通常はまず院内で行う。院内で行う心電図検査は，複数の誘導，とくに6誘導(I，II，III，aVR，aVL，aVF)を用いて行うのが理想である[16]。猫の各心電図指標の既報の基準範囲のほとんどが猫を右側臥位に保定して作成されたものであることから，検査の際には可能であれば右仰臥位に猫を保定して心電図を記録したい[16]。ただし，心拍数や調律だけを評価したいのであれば，猫を伏臥位，起立位に保定して心電図を記録すれば十分かもしれない[16]。院内で行う心電図検査により不整脈を検出できなかった場合や，院内で検出された不整脈の発生頻度や重症度を把握したい場合には，長時間心電図(ホルター心電図など)の実施を検討する[16]。

心電図の評価はいつも系統立てて行うようにしたほうがよい。以下に，成書[17]をもとにした不整脈の診断を主目的とした心電図の評価方法を紹介する。

心電図のペーパースピードと感度を確認したうえで，
①心電図全体を観察して調律の大まかな評価を行う
・調律は1種類の調律であるのか，複数の種類の調律が組み合わさったものであるのか？
・心拍数はいくつか？
・RR間隔は規則的であるのか，不規則的であるのか？
続いて，心電図の中の代表的な部分を選択して，
② RR間隔の評価を行う

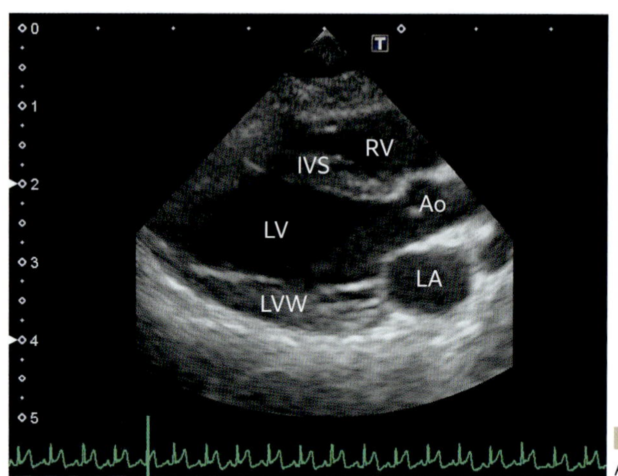

図4　右傍胸骨長軸左室流出路断面
Ao:大動脈，IVS:心室中隔，LA:左房，LV:左室，LVW:左室自由壁，RV:右室

・RR 間隔は規則的であるのか，不規則的であるのか？
・不規則的である場合，その不規則さには周期性があるのか，周期性がないのか(絶対不整）？
③ QRS 群の評価を行う
・QRS 群は narrow であるのか，wide であるのか？
④ P 波の評価を行う
・P 波は存在するのか，存在しないのか？
・P 波は陽性であるのか，陰性であるのか？
・P 波はすべての QRS 群に先行して発生するのか？
・QRS 群はすべての P 波に続いて発生するのか？
・PR 間隔はいくつか？ PR 間隔は一定であるのか？
最後に，
⑤その他の所見の評価を行う
・②～④により特定した調律の異常に加えて，他にも異常な調律はあるのか？
・心室や心房の拡大は示唆されるのか？

このような一連の評価を通して心電図の所見を列挙し，種々の不整脈(第 6 章 p.154 を参照)のいずれと合致するかを検討すれば，複雑な心電図であったとしても不整脈の診断にたどりつけるであろう。

⊙心エコー図検査

猫の臨床状態が安定している場合には，心エコー図検査により心筋症の診断・フェノタイプの分類と重症度評価を行いたい。

・猫において通常用いられる心エコー断面

可能であれば，右胸壁アプローチの場合には猫を右側臥位に保定して，左胸壁アプローチの場合には左側臥位に保定して胸壁にプローブをあてる。猫を立位あるいは伏臥位に保定して検査を行うことも可能ではあるが，心エコー画像の画質は不良になるかもしれない。猫をどのような体位で保定する場合でも，切り込み部分のある超音波検査マットを用いると心エコー画像を描出しやすくなることが多い。無鎮静下の猫に対して心エコー図検査を行うのが理想的ではあるが，必要に応じて鎮静下(例：ブトルファノール)で検査を行うことを検討する[1)]。

猫の心臓は犬の心臓よりも胸骨の近くに位置している(“心臓が寝ている”)ことが多いため，プローブを走査する位置が犬よりも胸骨よりになりやすいことに注意するとよい[18)]。

・右胸壁アプローチ

右傍胸骨長軸左室流出路断面(**図4**)

リファレンスマークが頸部の方向，プローブの接触面が腰椎の方向を向くようにプローブを持ち，右前肢の付近かつ胸骨近くの右胸壁にプローブをあてる。このとき心臓は描出されないが，ここからプローブを尾側方向へ移動させると心臓がエコー画面の真ん中に出現してくる。続いて，同じ肋間内でプローブを背側あるいは腹側方向へ移動させると画像が描出される。このときプローブとテーブルがなす角度は約 30°になる。

評価項目
・心室中隔と左室自由壁の拡張末期壁厚
・右室の壁の肥厚と内腔の拡大の有無
・左房内の SEC，血栓
・異常血流(特に動的左室流出路閉塞）(**表7**)

表7　心エコー図検査にて認められる異常血流とその原因疾患，確認方法

異常血流	原因疾患	確認しやすい断面
動的左室流出路閉塞（DLVOTO）	・HCM （偽性肥厚などのHCMフェノタイプを含む） ・僧帽弁異形成 ・正常なバリエーション？	・右傍胸骨長軸左室流出路断面 ・左傍胸骨心尖部五腔断面 ・左傍胸骨頭側長軸断面（左室流出路レベル）
僧帽弁逆流	・僧帽弁異形成 ・左室内腔の拡大をともなう先天性および後天性心疾患 ・種々の心筋症（例：DLVOTOをともなうHCM）	・右傍胸骨長軸左室流出路断面・長軸四腔断面 ・左傍胸骨心尖部四腔断面・心尖部五腔断面 ・左傍胸骨頭側長軸断面（左室流出路レベル）
三尖弁逆流	・三尖弁異形成 ・右室内腔の拡大をともなう先天性および後天性心疾患 ・種々の心筋症（例：DCM，ARVC） ・肺高血圧症 ・犬糸状虫症 ・生理的な三尖弁逆流に注意	・症例により異なる
右室流出路の閉塞	・右室二腔症 ・漏斗部肺動脈狭窄症 ・動的右室流出路閉塞（DRVOTO）	・右傍胸骨短軸断面（肺動脈レベル） ・左傍胸骨頭側短軸断面（心基部レベル）
左室中部の閉塞	・心内膜心筋型のRCM ・左室中部の左室壁の肥厚や内腔の狭小化（例：HCM）	・右傍胸骨長軸左室流出路断面・長軸四腔断面 ・左傍胸骨心尖部四腔断面・心尖部五腔断面

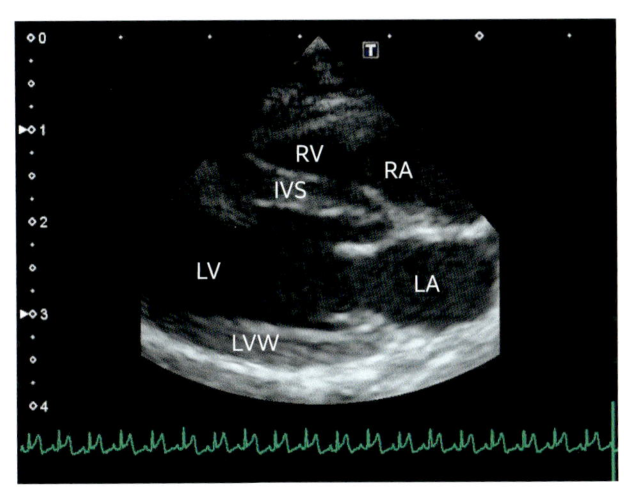

図5　右傍胸骨長軸四腔断面
IVS:心室中隔，LA:左房，LV:左室，LVW:左室自由壁，RA:右房，RV:右室

右傍胸骨長軸四腔断面（**図5**）

右傍胸骨長軸左室流出路断面を描出した後，プローブを時計回り（右側臥位の場合はリファレンスマークが検査者から遠ざかる方向，立位・伏臥位の場合はリファレンスマークが背側に向かう方向）に少し回転させると画像が描出される。左房をキレイに描出したい場合には，プローブをあてている位置を胸骨側から背側の方向へ移動させるとよいかもしれない。

評価項目

・心室中隔と左室自由壁の拡張末期壁厚
・左房のサイズ（左房径）
・左房内のSEC，血栓
・右室の壁の肥厚と内腔の拡大の有無
・右房のサイズ
・異常血流

右傍胸骨短軸断面（乳頭筋レベル）（**図6**）

右傍胸骨長軸左室流出路断面を描出した後，プローブを反時計回り（右側臥位の場合はリファレンスマークが検査者に近づく方向，立位・伏臥位の場合はリファレンスマークが腹側に向かう方向）に約90°回転させると画像が描出される。プローブを回転させた後，乳頭筋がキレイに観察されない場合にはプローブのリフティング[D]あるいはドロッピング[E]を少し行う必要があるかもしれない。なお，

D プローブの位置を維持したまま，プローブの根元側が上昇する方向へプローブを傾けること（プローブを寝かせる）。
E プローブの位置を維持したまま，プローブの根元側が下降する方向へプローブを傾けること（プローブを立てる）。

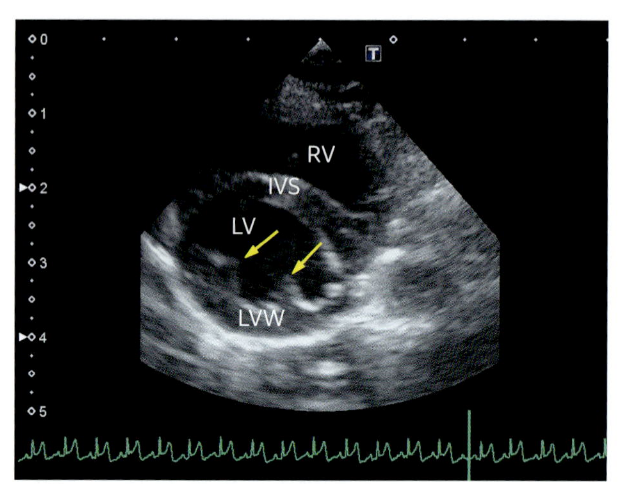

図6　右傍胸骨短軸断面(乳頭筋レベル)
IVS:心室中隔，LV:左室，LVW:左室自由壁，矢印:乳頭筋，RV:右室

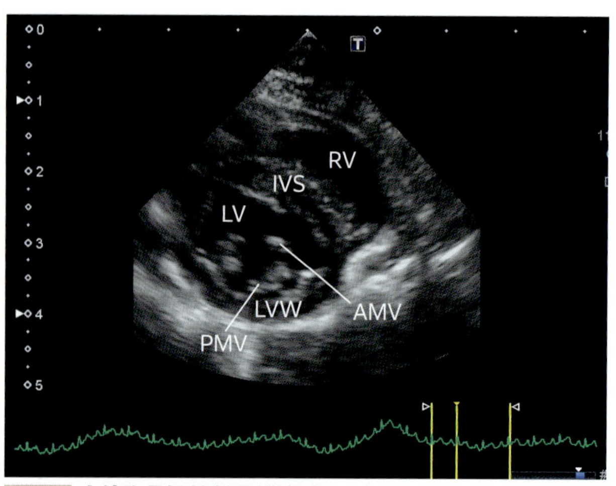

図7　右傍胸骨短軸断面(僧帽弁レベル)
AMV:僧帽弁前尖，IVS:心室中隔，LV:左室，LVW:左室自由壁，PMV:僧帽弁後尖，RV:右室

キレイな画像を描出するためには，右傍胸骨長軸左室流出路断面の描出時に左室が水平に表示されるようにしておく必要がある。

評価項目

- 心室中隔と左室自由壁の拡張末期壁厚
- 左室の乳頭筋の肥大の有無
- 左室の拡張末期径，収縮末期径，内径短縮率
- 限局性の左室壁の運動性の異常の有無
- 心室中隔の平坦化
- 右室の壁の肥厚と内腔の拡大の有無
- 異常血流

右傍胸骨短軸断面(僧帽弁レベル)(**図7**)

右傍胸骨短軸断面(乳頭筋レベル)を描出した後，右側臥位の場合はプローブのリフティング，立位・伏臥位の場合はプローブのドロッピングを行うと画像が描出される。

評価項目

- 心室中隔と左室自由壁の拡張末期壁厚
- 異常血流

右傍胸骨短軸断面(大動脈－左房レベル)(**図8**)

右傍胸骨短軸断面(僧帽弁レベル)を描出した後，右側臥位の場合はプローブのリフティング，立位・伏臥位の場合はプローブのドロッピングを行うと画像が描出される。

評価項目

- 左房のサイズ(左房径大動脈径比[LA/Ao])
- 左房機能(左房の内径短縮率)
- 左房・左心耳内のSEC，血栓
- 異常血流

右傍胸骨短軸断面(肺動脈レベル)(**図9**)

右傍胸骨短軸断面(大動脈－左房レベル)を描出した後，右側臥位の場合はプローブのリフティング，立位・伏臥位の場合はプローブのドロッピングを行うと画像が描出される。主肺動脈がキレイに観察されない場合には，プローブをあてている位置を胸骨よりに移動させてリフティングあるいはドロッピングを行うとよいかもしれない。

評価項目

- 異常血流

・左胸壁アプローチ

左傍胸骨心尖部四腔断面(**図10**)

リファレンスマークが左側臥位の場合は真下，立位・伏臥位の場合は真上の方向，プローブの接触面が腰椎の方向を向くようにプローブを持ち，左胸壁の胸骨近くの最後肋間にプローブをあてる。このとき心臓は描出されずに肝臓が描出されるが，ここからプローブを頭側方向へ移動させると心臓の一部がエコー画面の真ん中に出現する。このとき，心臓全体が出現する場合は頭側方向へ移動させすぎているため，プローブを少し尾側へ戻すとよい。続いて，プローブの接触面が頭部の方向を向くようにプローブのポインティング[F]を行う。その後，リファレンスマークが尾

F プローブ面を上下に動かさずに接触面を向けること。

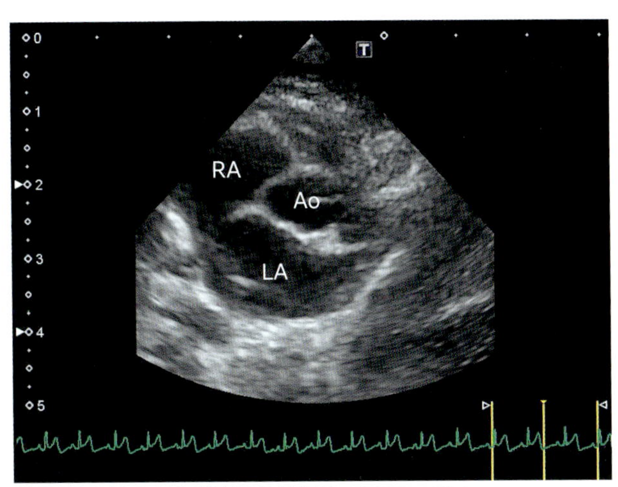

図8 右傍胸骨短軸断面(大動脈－左房レベル)
Ao:大動脈, LA:左房, RA:右房

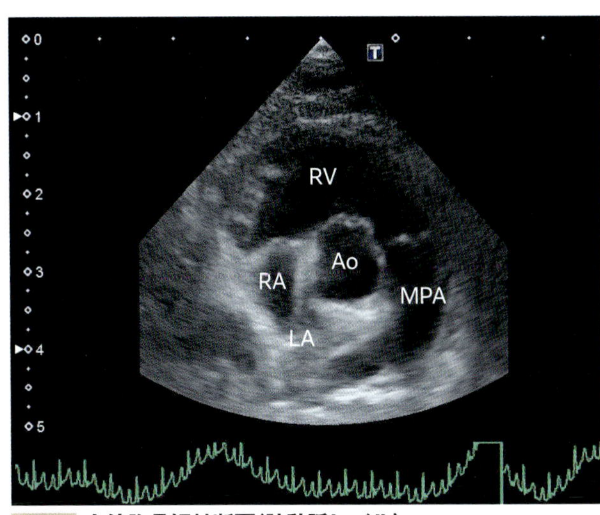

図9 右傍胸骨短軸断面(肺動脈レベル)
Ao:大動脈, LA:左房, MPA:主肺動脈, RA:右房, RV:右室

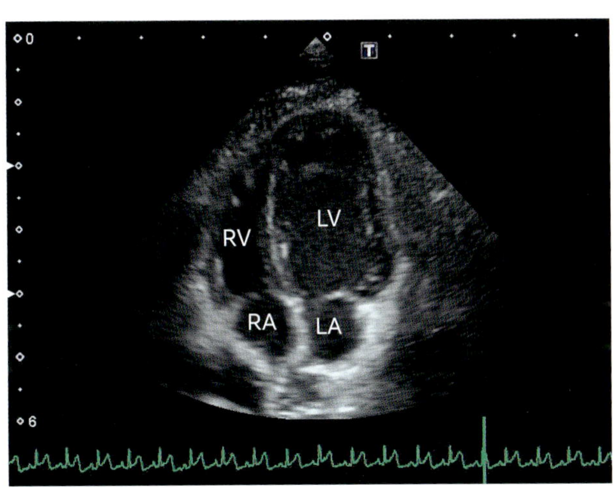

図10 左傍胸骨心尖部四腔断面
LA:左房, LV:左室, RA:右房, RV:右室

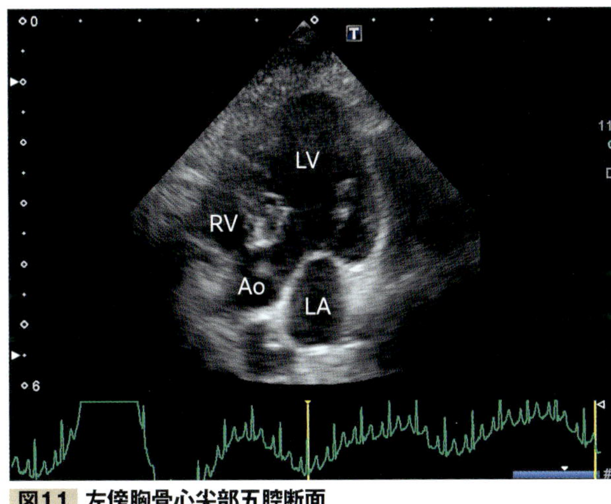

図11 左傍胸骨心尖部五腔断面
Ao:大動脈, LA:左房, LV:左室, RV:右室

側の方向へ向くようにプローブの回転を行うと画像が描出される。キレイな心尖部四腔断面が描出されない場合にはプローブを回転させた後には，プローブのリフティングあるいはドロッピングを少し行う必要があるかもしれない。

評価項目

・左室流入血流
・左房内のSEC，血栓
・異常血流

左傍胸骨心尖部五腔断面(**図11**)

左傍胸骨心尖部四腔断面を描出した後，左側臥位の場合はプローブのリフティングと，リファレンスマークが尾側の方向へ向くようなプローブの回転，のいずれかあるいは両方を行うと画像が描出される。立位・伏臥位の場合にはプローブのドロッピングと，リファレンスマークが尾側の方向へ向くようなプローブの回転のいずれかあるいは両方を行う。

評価項目

・左室流入血流
・左房内のSEC，血栓
・異常血流

左傍胸骨頭側長軸断面(左室流出路レベル)(**図12**)

リファレンスマークが頭部の方向，プローブの接触面が腰

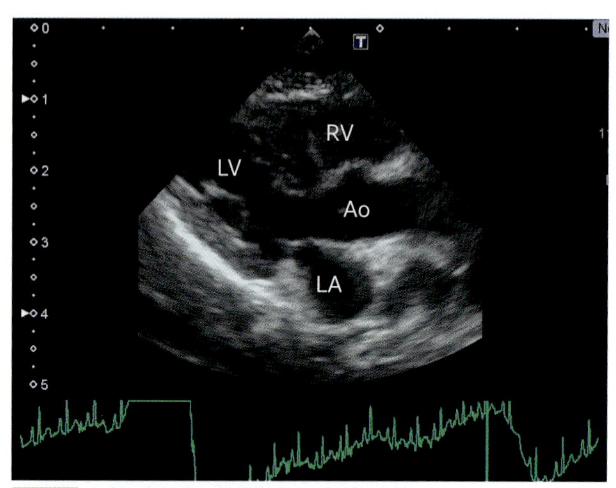

図12 左傍胸骨頭側長軸断面(左室流出路レベル)
Ao:大動脈，LA:左房，LV:左室，RV:右室

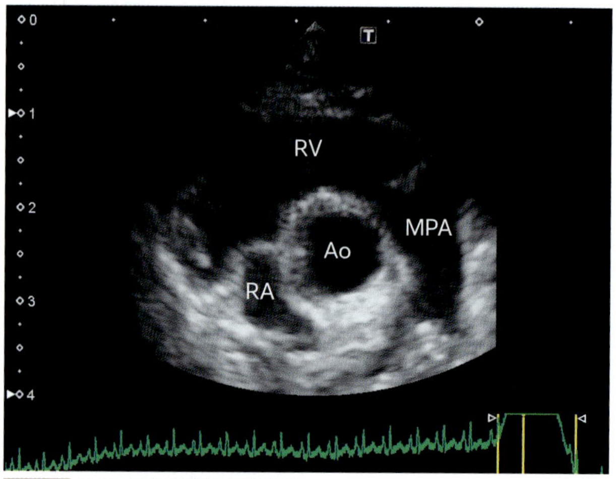

図13 左傍胸骨頭側短軸断面
Ao:大動脈，MPA:主肺動脈，RA:右房，RV:右室

椎の方向を向くようにプローブを持ち，左胸壁の第3あるいは第4肋間にプローブをあてると心臓が画面に出現する。ここから心臓が画面に描出されている範囲でプローブを可能な限り頭背側へ移動させる。続いて，プローブのリフティングあるいはドロッピングを少し行うと画像が描出される。

評価項目

・異常血流(とくに動的左室流出路閉塞)

・左房内のSEC，血栓

左傍胸骨頭側短軸断面(心基部レベル)(**図13**)

左傍胸骨頭側長軸断面(左室流出路レベル)を描出した後，左側臥位の場合はリファレンスマークが下に向かう方向，立位・伏臥位の場合はリファレンスマークが上に向かう方向にプローブを約90°回転させると画像が描出される。主肺動脈がキレイに観察されない場合には，プローブをあてている位置を胸骨よりに移動させてリフティングあるいはドロッピングを行うとよいかもしれない。なお，主肺動脈や左右主肺動脈への分岐部を主に観察したい場合には，左側臥位の場合はプローブのドロッピング，立位・伏臥位の場合はプローブのリフティングを少し行う。右房や三尖弁を主に観察したい場合には，左側臥位の場合はプローブのリフティング，立位・伏臥位の場合はプローブのドロッピングを少し行う。

評価項目

・異常血流

・心エコー図検査の評価項目

心筋症の診断・フェノタイプの分類と重症度評価を行うためには，ACVIMコンセンサスステートメントでいうstandard of careあるいはbest practiceのレベルの心エコー図検査の評価項目(p.110，**表6**)を評価できれば最も理想的である。本稿では，そのなかでもとくに重要な評価項目を以下に解説する。

左室の壁厚

HCM(HCMフェノタイプを含む)の診断に用いることができる。左室の壁厚の評価については，心室中隔と左室自由壁の拡張末期壁厚をBモード画像(**図14**，**動画1**，**2**)あるいはMモード画像(**図15**)から計測することにより行う。Bモード画像とMモード画像の計測値には互換性があるとはいえず，ACVIMコンセンサスステートメントにおいてもどちらの画像からの壁厚の計測をより推奨するかについては明記されていない。ただ，左室壁の限局性の肥厚を見逃したくないといった理由からBモード画像での計測が一般的により好まれる[5]。

心室中隔と左室自由壁の拡張末期壁厚について，「左室壁の肥厚がある」と判断するために普遍的に用いることができるカットオフ値はない[1, 5]。ただし，猫の体格が小さすぎたり(＜3.0 kg)，大きすぎたり(＞6.0～8.0 kg)しない限りは以下のとおりに判断できる[1]。

・拡張末期壁厚≧6.0 mm　左室壁の肥厚あり

・拡張末期壁厚＜5.0 mm　左室壁の肥厚なし

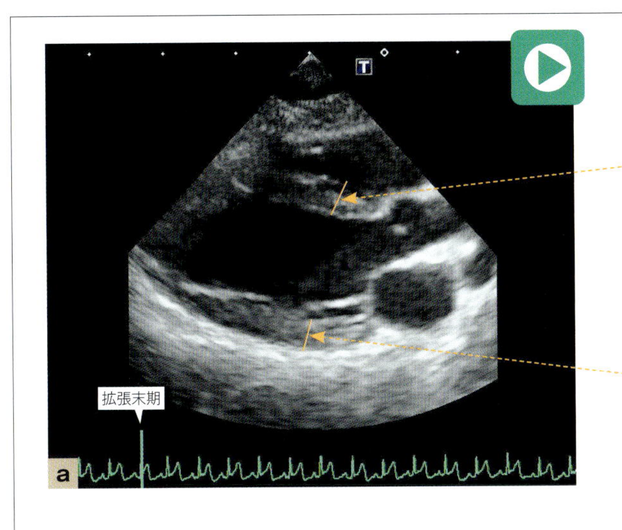

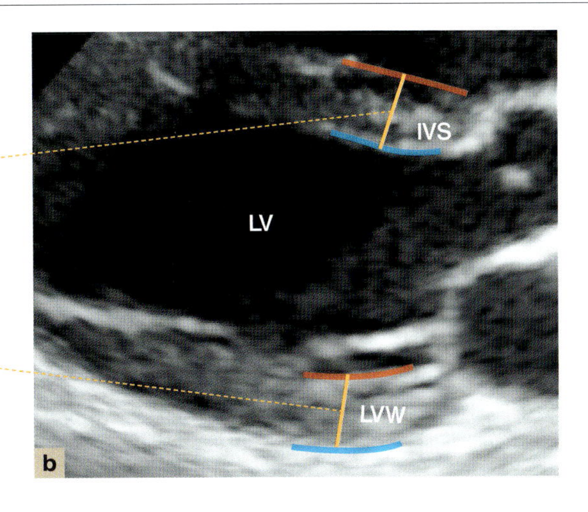

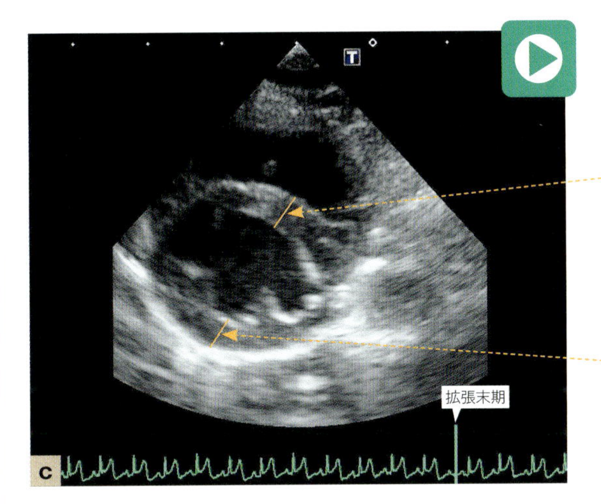

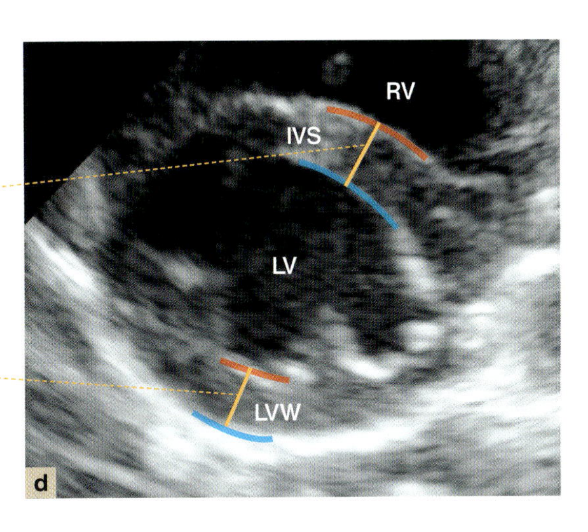

図14 Bモード画像を用いた心室中隔と左室自由壁の拡張末期壁厚の計測

右傍胸骨長軸断面(長軸左室流出路断面，長軸四腔断面のいずれかあるいは両方，a・b，**動画1**)と右傍胸骨短軸断面(乳頭筋レベル，腱索レベルのいずれかあるいは両方，c・d，**動画2**)の両方で計測を行う[1]。とくに，心室中隔の基部(大動脈付近の心室中隔)のみが限局性に肥厚していることがあるので，右傍胸骨長軸左室流出路断面における心室中隔の壁厚の評価を忘れずに行ったほうがよい[5]。

“拡張末期”のタイミングは，左室の内腔が主観的にみて最大となるフレームを選択するのが一般的である[19]。それぞれの断面において最も厚くみえる部分の左室自由壁と心室中隔の壁厚を計測し(黄線)，そのなかの最高値を左室自由壁と心室中隔の拡張末期壁厚とする[1]。心室中隔の壁厚についてはleading edge-to-trailing edge法(右室側の心内膜面[赤線]も左室側の心内膜面[青線]も計測に含める)，左室自由壁の壁厚についてはleading edge-to-leading edge法(内腔側の心内膜面[赤線]を計測に含み，心膜[青線]を計測に含めない)により計測する[1]。ただし，壁厚を計測する部分において心内膜の著しい肥厚が認められる場合は，その心内膜を含まずに壁厚を計測する[1]。

IVS:心室中隔，LV:左室，LVW:左室自由壁，RV:右室

動画1

https://e-lephant.tv/ad/2003745

動画2

https://e-lephant.tv/ad/2003746

・拡張末期壁厚 5.0～6.0 mm　体格，家族歴，左室壁の主観的な肥厚の印象，左房の拡大がないかなどのほかの異常をもとに判断する。判断困難な場合は，「グレーゾーン」として定期的に再評価する。

もし猫の体格が小さすぎたり大きすぎたりする場合には，拡張末期壁厚の計測値だけでなく「左室壁が主観的に肥厚しているか」も加味して左室壁の肥厚があるかを判断する[5]。また，仮性腱索の付着部の左室壁のみが肥厚している場合や，心室中部の基部のみが限局性に肥厚している場合 discrete upper septal thickening (DUST)には，その左室壁の肥厚が正常な猫のバリエーションである可能性もあるため「グレーゾーン」と判断したほうが無難である[5]。

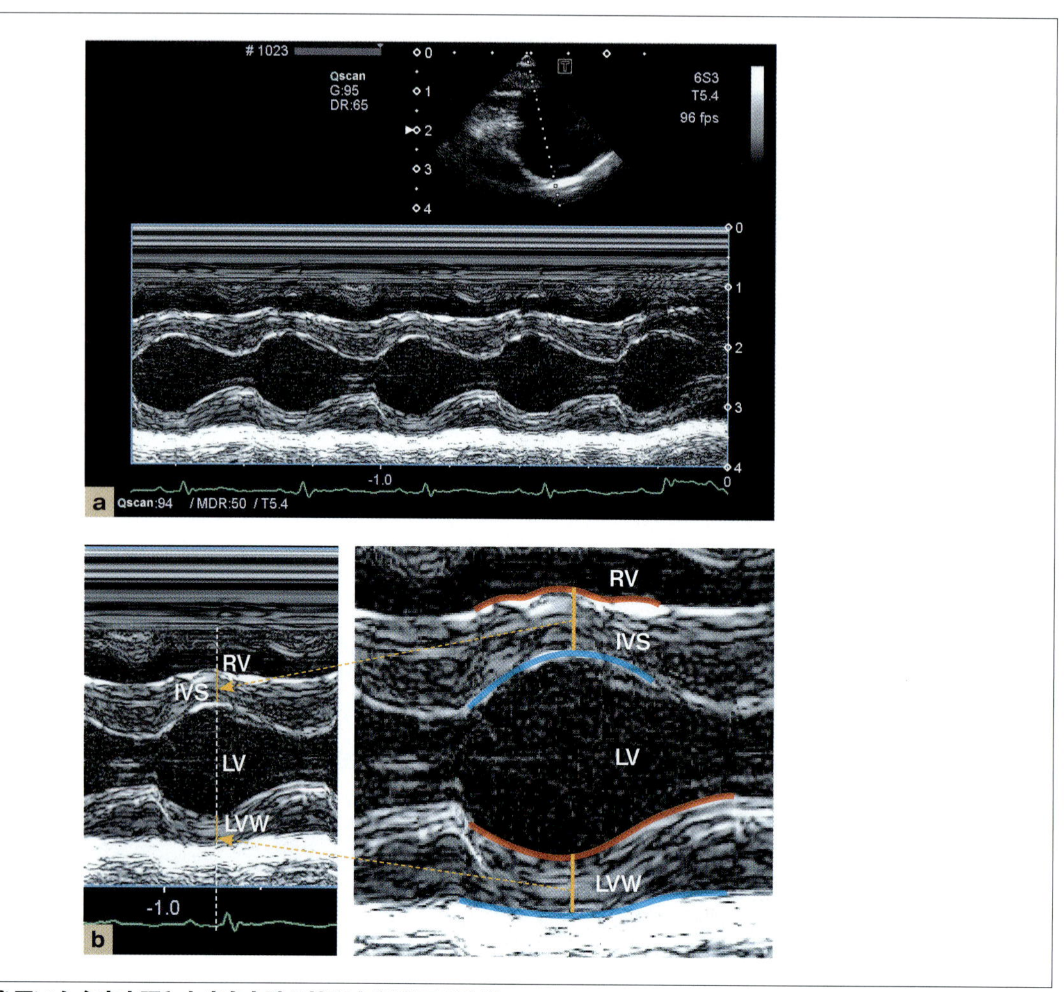

図15 Mモード画像を用いた心室中隔と左室自由壁の拡張末期壁厚の計測
右傍胸骨短軸断面(乳頭筋レベルあるいは腱索レベル)を用いてMモード画像を記録する[1]。"拡張末期"のタイミングは，QRS群の始まりのタイミング(B:白破線)とすることが一般的である[19]。心室中隔と左室自由壁の壁厚をleading edge-to-leading edge法により計測する(黄線)[1]。心室中隔については，右室側の心内膜面(赤線)を計測に含み，左室側の心内膜面(青線)を計測に含めない。左室自由壁については，内腔側の心内膜面(赤線)を計測に含み，心膜(青線)を計測に含めない。
IVS:心室中隔，LV:左室，LVW:左室自由壁，RV:右室

加えて，左室の乳頭筋の肥大の有無についても主観的に評価する[1]。左室の乳頭筋の評価は右傍胸骨短軸断面(乳頭筋レベル)において評価しやすい。

左室の拡張末期径，収縮末期径，内径短縮率

主にDCM(DCMフェノタイプを含む)の診断に用いることができる。左室の拡張末期径と収縮末期径の計測については，Mモード画像(**図16**)あるいはBモード画像(**図17**)から行う。Bモード画像とMモード画像のどちらの画像からの計測をより推奨するかについてはACVIMコンセンサスステートメントに明記されていない。サンプリングレートの高さを踏まえるとMモード画像での計測が，拡張末期や収縮末期のタイミングを正確にとらえやすいため，より望ましい。ただし，キレイなMモード画像を取得できない場合，例えばカーソルが左室をキレイに二等分できないときやカーソルが左室の乳頭筋を通るときには，Bモード画像での計測がより正確である。

左室の内径短縮率については，以下の式により計算する。

> 左室の内径短縮率 ＝ 100 ×(拡張末期径 − 収縮末期径)／拡張末期径

DCM(DCMフェノタイプを含む)と診断するためには「左室の内腔の拡大をともなう左室の収縮機能の低下」を示す必要がある[1]が，左室の拡張末期径，収縮末期径，内径短縮率に関するそのような基準については現状はACVIM

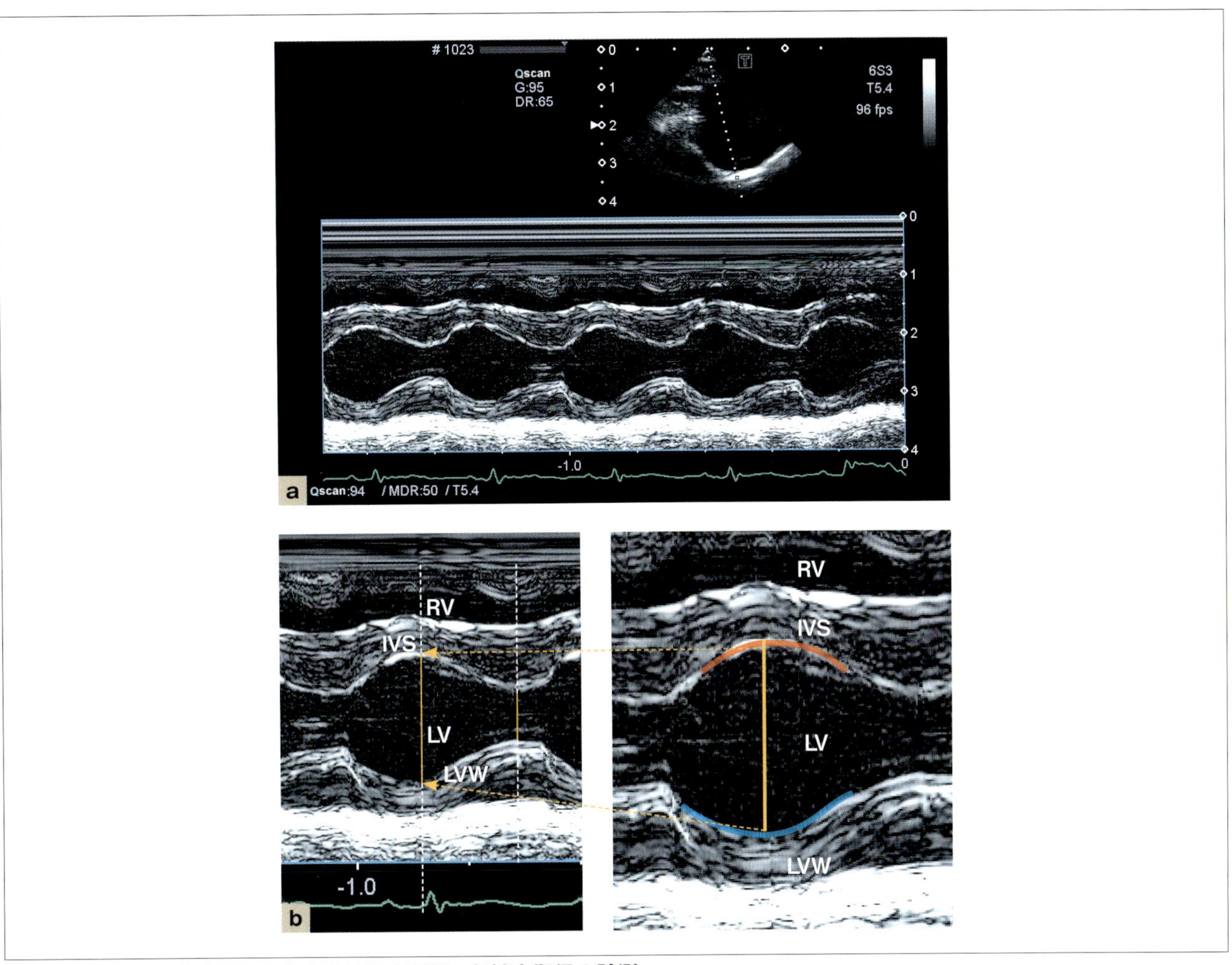

図16　Mモード画像を用いた左室の拡張末期径，収縮末期径の計測
右傍胸骨短軸断面(乳頭筋レベルあるいは腱索レベル)を用いて画像を記録する[1]。QRS群の始まりのタイミングを“拡張末期”，左室の内径が主観的にみて最小となるタイミングを“収縮末期”とするのが一般的である[19]。拡張末期と収縮末期の左室の内径を，leading edge-to-leading edge法(心室中隔側の心内膜面[赤線]を計測に含み，左室自由壁側の心内膜面[青線]を計測に含めない)により計測する(黄線)[1]。
IVS:心室中隔，LV:左室，LVW:左室自由壁，RV:右室

コンセンサスステートメントに明記されていない。そのため，現状は成書[3, 20]において紹介されている以下に示すような左室の拡張末期径，収縮末期径，内径短縮率に関するDCMの診断基準を利用すればよいであろう。

・左室の内径短縮率＜30%，収縮末期径＞12 mmで左室の収縮機能の低下あり

・左室の拡張末期径＞20 mmで左室の内径の拡大あり

ちなみに，CHFを引き起こすほどの重症度のDCMであれば左室の内径短縮率＜15%になるはずであるというKittlesonの見解[6]も有用であろう。

加えて，限局性の左室壁の運動性の異常の有無についても主観的に評価する[1]。

左房のサイズ

RCMフェノタイプを含むRCMの診断やARVC以外の心筋症の重症度評価に用いることができる。左房のサイズについては，右傍胸骨短軸断面(大動脈－左房レベル)のBモード画像から計測する左房径大動脈径比(LA/Ao：**図18，動画3**)あるいは右傍胸骨長軸四腔断面のBモード画像から計測する左房径(LAD：**図19，動画4**)により評価する[1]。LA/AoとLADのいずれのほうが左房のサイズの指標としてより好ましいかについては現状不明であるため，可能であればLA/AoとLADの両方を総合して左房のサイズを評価するのがより理想的である。

LA/AoとLADについて，「左房の拡大がある」と判断される一般的なカットオフ値はLA/Ao≧1.5とLAD≧16

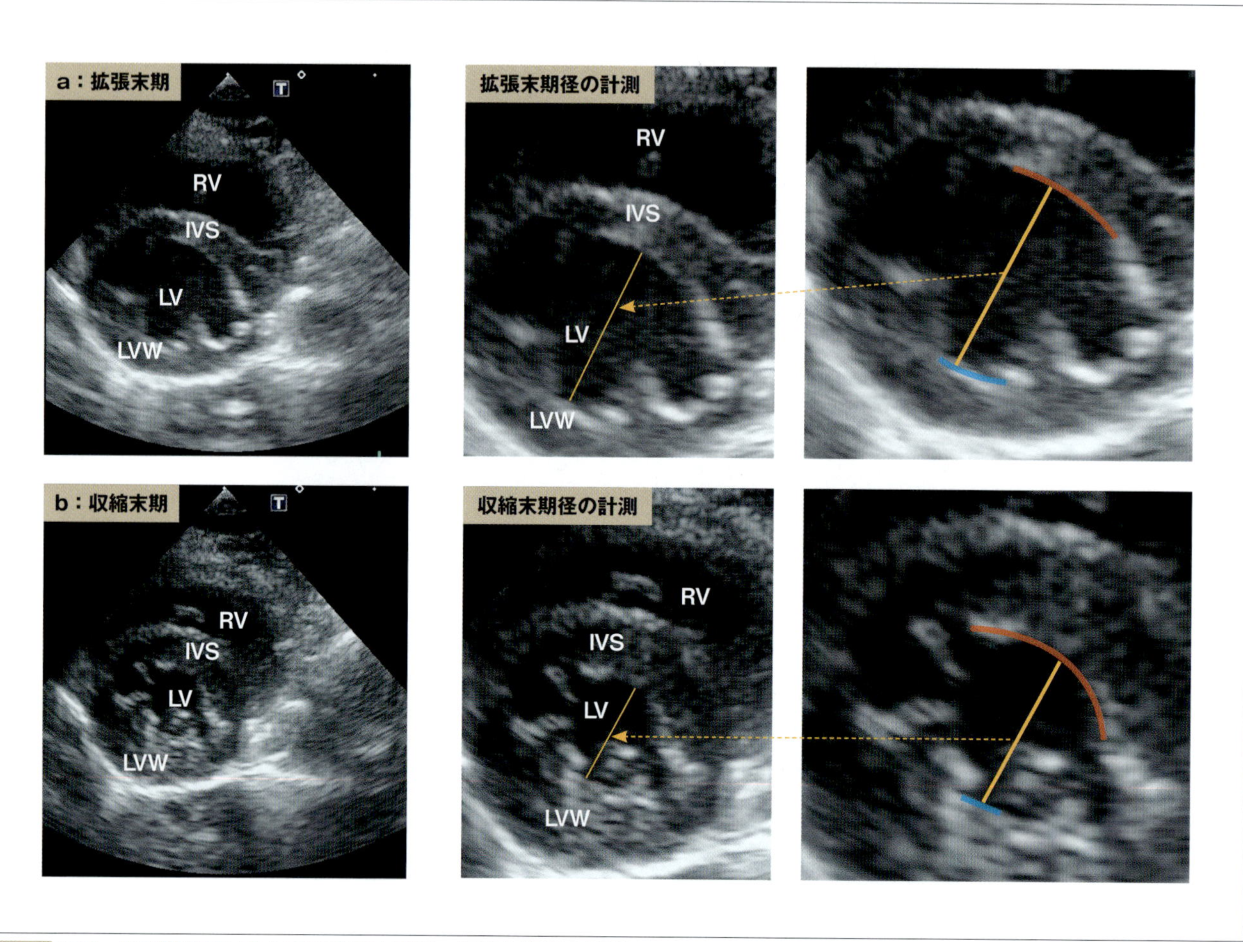

図17 Bモード画像を用いた左室の拡張末期径，収縮末期径の計測

右傍胸骨短軸断面（乳頭筋レベルあるいは腱索レベル）からBモード画像を記録する[1)]。左室の内径が主観的にみて最大となるフレームを"拡張末期"，左室の内径が主観的にみて最小となるフレームを"収縮末期"とするのが一般的である[19)]。それぞれのフレームにおいて，左室の内腔を対称に二等分するようにキャリパーを設定して，拡張末期径および収縮末期径を計測する（黄線）。拡張末期径および収縮末期径の計測については，trailing edge-to-leading edge法（心室中隔側の心内膜面[赤線]も左室自由壁側の心内膜面[青線]も計測に含めない）により行う[1)]。
IVS:心室中隔，LV:左室，LVW:左室自由壁，RV:右室

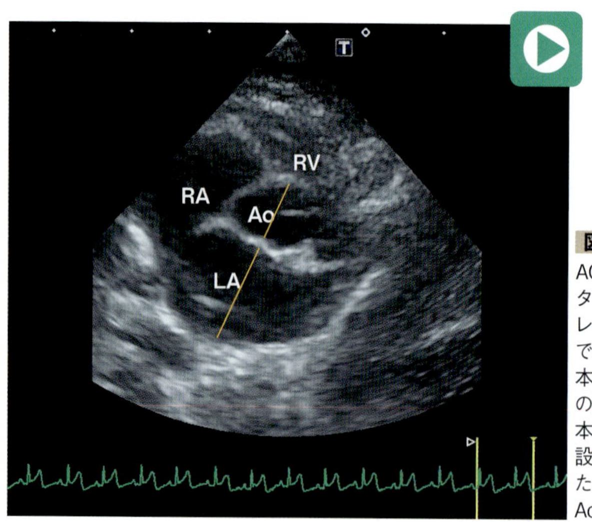

https://e-lephant.tv/ad/2003747

図18 右傍胸骨短軸断面（大動脈ー左房レベル）におけるLA/Aoの計測

ACVIMコンセンサスステートメントにおいては，収縮末期（左房のサイズが最大のタイミング）のフレームあるいは拡張末期（左房のサイズが最小のタイミング）のフレームにおいてLA/Aoを計測することが紹介されているが，収縮末期のフレームで計測するほうがより一般的である[5)]。
本図においても収縮末期のフレームを設定している。大動脈径（Ao）と左房径（LA）の計測方法については，ACVIMコンセンサスステートメントに明記されていない。本図においては，大動脈弁の無冠尖と左冠尖の境界線を通るようにキャリパーを設定して，Aoを計測している。LAについては，大動脈径を計測するために設定したキャリパーを左房まで延長させて計測している（**動画3**）。
Ao:大動脈，LA:左房，RA:右房，RV:右室

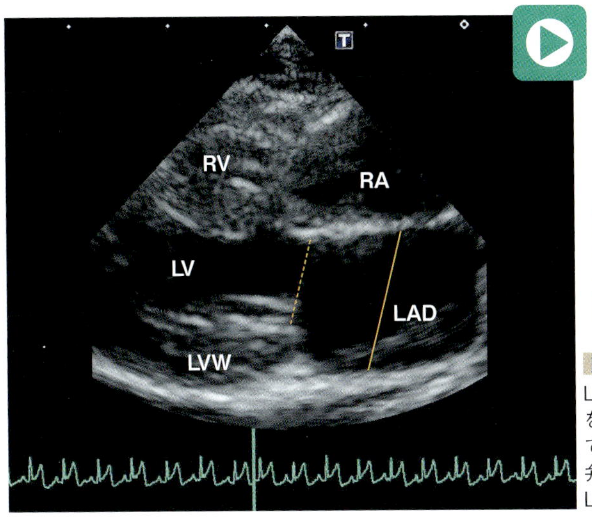

https://e-lephant.tv/ad/2003748

図19　右傍胸骨長軸四腔断面におけるLADの計測
LADを計測する際には，収縮末期(左房のサイズが最大のタイミング)のフレームを選択する[1]。LADを計測する際は，キャリパーを心房中隔の真ん中から左房壁までにくらい置するように設定する。このとき，キャリパーは僧帽弁の付着部(僧帽弁輪部)をつなぐ直線(破線)と平行になるようにする(**動画4**)。
LAD:左房径，LV:左室，LVW:左室自由壁，RA:右房，RV:右室

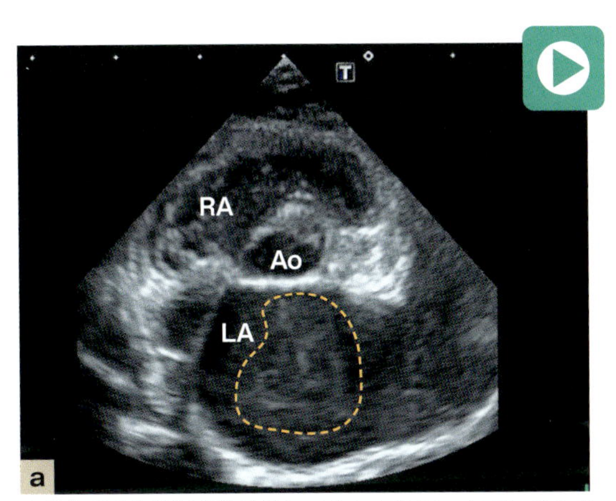

右傍胸骨短軸断面(僧帽弁レベルと大動脈－左房レベルの間)。左房内に煙状のエコー(点線内)が渦巻いているのが観察される(SEC)(**動画5**)。

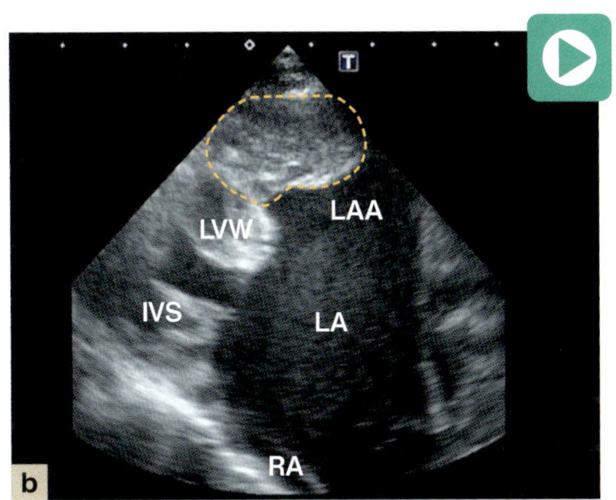

左傍胸骨心尖部四腔断面(左心耳が観察されるようにプローブの当て方を調整している)。左心耳内に血栓を示唆するエコー源性を有した構造物(点線)が認められる(**動画6**)。

図20　左房内のSECと血栓
Ao:大動脈，IVS:心室中隔，LA:左房，LAA:左心耳，LVW:左室自由壁，RA:右房

動画5

https://e-lephant.tv/ad/2003749

動画6

https://e-lephant.tv/ad/2003750

mmである[21, 22]。もし左房の拡大があると判断される場合には，左房内(左心耳内も)にSECや血栓を疑う構造物がないかについても評価する(**図20**，**動画5**，**動画6**)[1]。

左房機能

ARVC以外の心筋症の重症度評価に用いることができる。左房機能は，現状は右傍胸骨短軸断面(大動脈－左房レベル)のMモード画像から左房の内径短縮率を計測して評価するのが一般的である(**図21**)[1]。左房の内径短縮率が12～15%を下回っている場合に「左房機能の低下が明らかにある」と現状は判断される[22, 23]。

異常血流の評価

心筋症はさまざまな異常血流をともなう可能性があるため，その有無を評価したほうがよい(p.113，**表7**)。以下にとくに解説を要すると思われる異常血流について解説する。

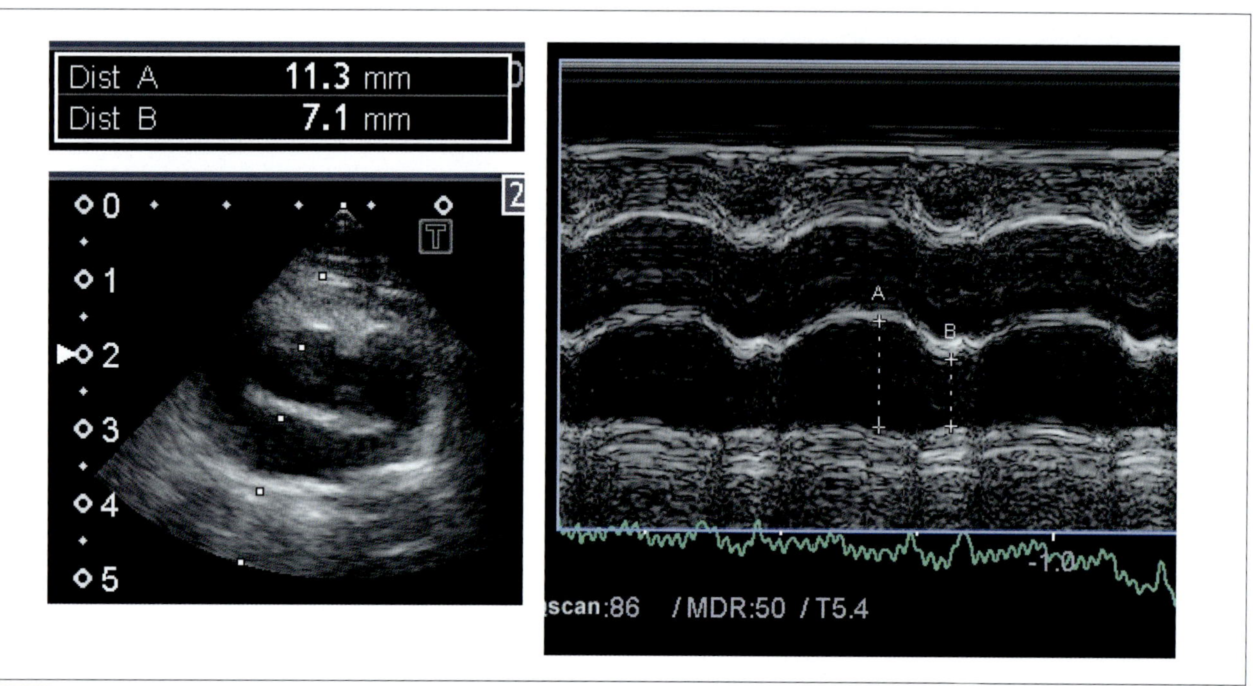

図21 左房の内径短縮率の計測
右傍胸骨短軸断面(大動脈ー左房レベル)において大動脈が二等分されるようにMモードのカーソルを設定してMモード画像を記録する。左房の最大径(心室収縮末期:A)および最小径(心室拡張末期:B)を計測し，左室の内径短縮率と同様に以下の式により左房の内径短縮率を計算する。
左房の内径短縮率 ＝ 100 ×(最大径 - 最小径) ／最大径
本図における左房の内径短縮率は100 ×(11.3 － 7.1) /11.3 ＝ 37.2%である。

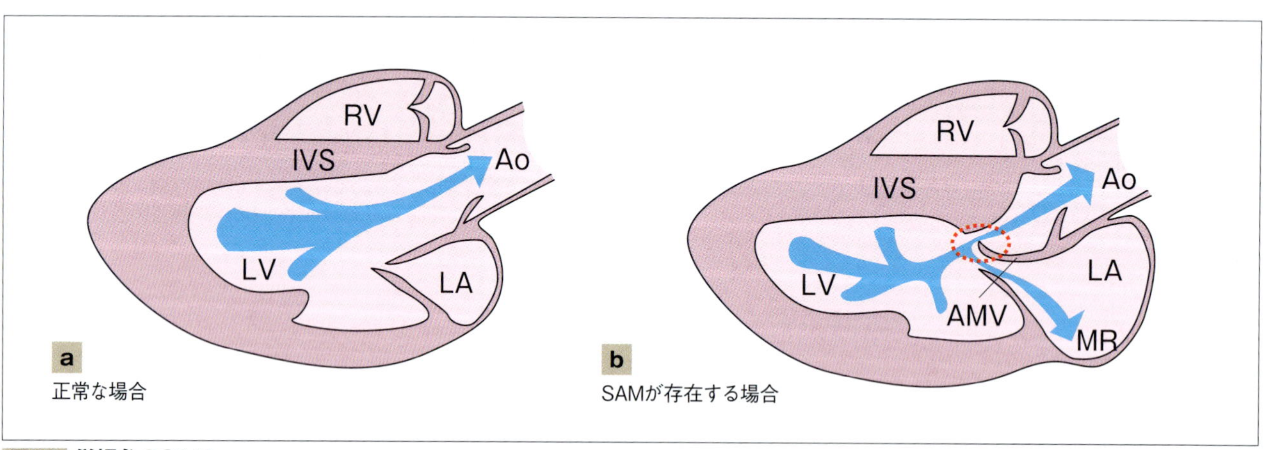

図22 僧帽弁のSAM
収縮期に僧帽弁の前尖(AMV)が左室内の大動脈直下の領域(左室流出路)に変位することで，同部位に閉塞(赤丸)が生じている。また，AMVが変位することで僧帽弁逆流(MR)が生じている。
Ao:大動脈，IVS:心室中隔，LA:左房，LV:左室，RV:右室

・**動的左室流出路閉塞**

動的な左室流出路閉塞 dynamic left ventricular outflow tract obstruction (DLVOTO)は，僧帽弁の収縮期前方運動(SAM，**図22**)と左室流出路付近の心室中隔の肥厚のいずれかあるいは両方により引き起こされる[3)]。DLVOTOは，HCM (偽性肥厚などのHCMフェノタイプを含む)と僧帽弁異形成において認められることがある。また，左室壁の肥厚がない猫においてSAMによりDLVOTOが発生している場合，猫の正常なバリエーションであるかもしれないと提唱する専門家もいる[24)]。

DLVOTOは，右傍胸骨長軸左室流出路断面，左傍胸骨心尖部五腔断面，そして左傍胸骨頭側長軸断面(左室流出路レベル)においてカラードプラ法を用いると検出しやすい。もし，SAMが生じている場合にはDLVOTOと左房の側壁の方向へ向かう僧帽弁逆流 mitral regurgitation (MR)が同時に起こっている特徴的なシグナルが観察され

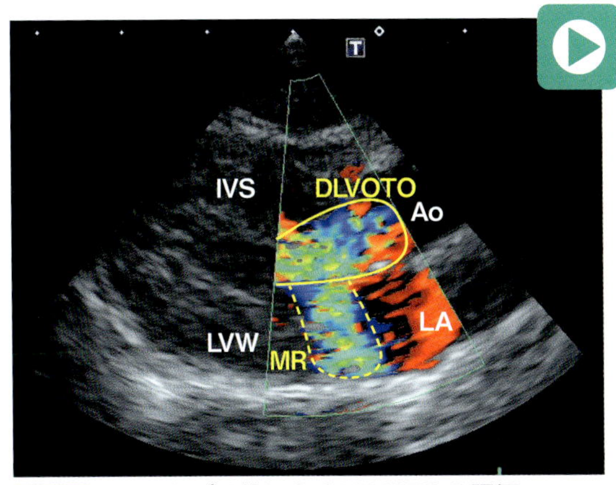

図23 カラードプラ法によるDLVOTOの評価
HCMの猫（図25bと同一症例）の右傍胸骨長軸左室流出路断面のカラードプラ画像（**動画7**）。動的左室流出路閉塞を表すモザイク状のシグナル（DLVOTO）が認められる。また，左房の側壁の方向へ向かう僧帽弁逆流を表すモザイク状のシグナル（MR）も認められる。これらの2つのシグナルが同時に認められるのは，僧帽弁のSAMに特徴的である。
Ao：大動脈，DLVOTO：動的左室流出路閉塞，IVS：心室中隔，LA：左房，LV：左室，LVW：左室自由壁，MR：僧帽弁逆流

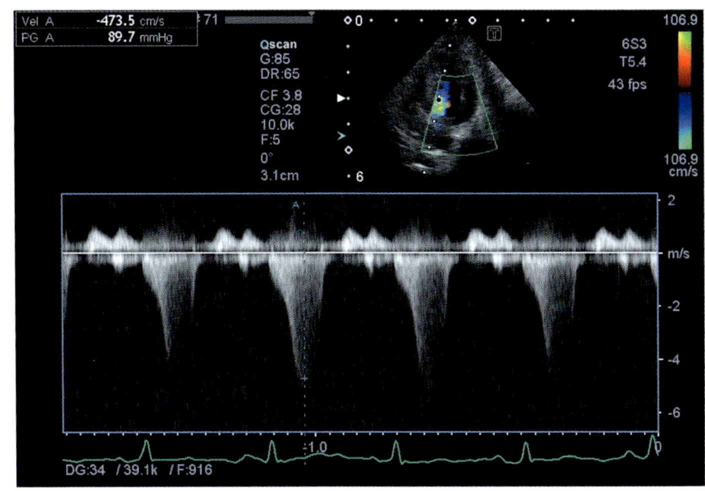

図24 連続波ドプラ法によるDLVOTOの評価
HCMの猫（図25bと同一症例）。左傍胸骨心尖部五腔断面において，連続波ドプラ法のカーソルをDLVOTOに設定して記録した。DLVOTOにおいては，血流速度のピークが収縮期の後半にくる“ダガー状”の高速血流が記録される。最高速度（4.74 m/秒），あるいは最高速度から簡易ベルヌーイ式を用いて推定される最大圧較差（本症例では 90 mmHg）を記録する。

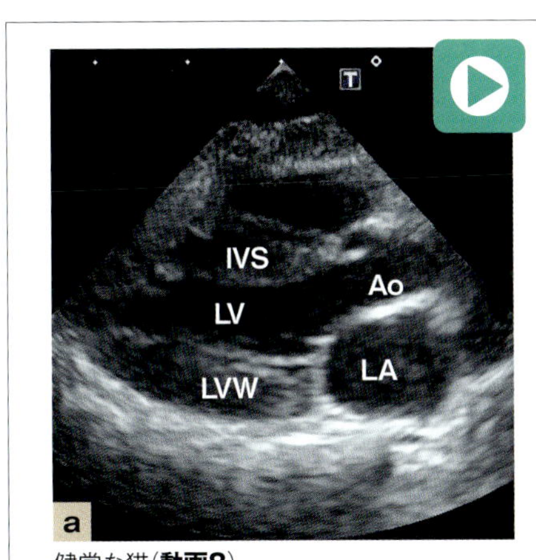

健常な猫（**動画8**）

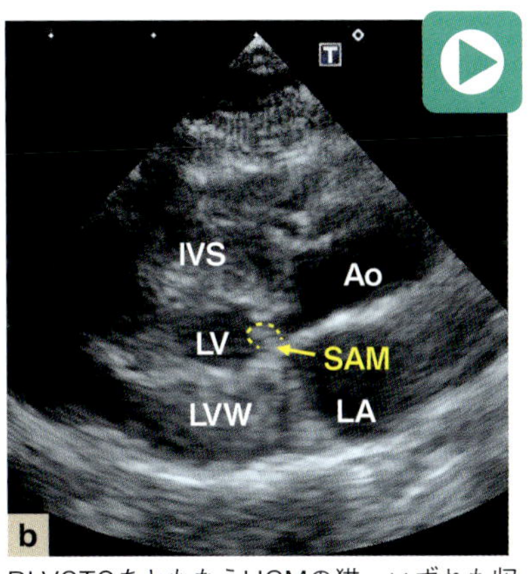

DLVOTOをともなうHCMの猫。いずれも収縮期のフレームである。HCMの猫（b）においては，僧帽弁の前尖が左室流出路へ変位（SAM）している（**動画9**）。

図25 2D画像によるDLVOTOの評価（右傍胸骨長軸左室流出路断面）
Ao：大動脈，IVS：心室中隔，LA：左房，LV：左室，LVW：左室自由壁，SAM：僧帽弁の収縮期前方運動

動画7
https://e-lephant.tv/ad/2003751

動画8
https://e-lephant.tv/ad/2003752

動画9
https://e-lephant.tv/ad/2003753

る（**図 23**，**動画 7**）。左傍胸骨心尖部五腔断面においてパルスドプラ法あるいは連続波ドプラ法を用いると，血流速度のピークが収縮期の後半にくるいわゆる“ダガー状”の高速血流のシグナルが記録される。なお，「左室流出路に閉塞がある」とする血流速度のカットオフ値については≧1.9 m/秒や≧2.5 m/秒が提唱されている[25, 26]（**図 24**）。また，Bモード画像やMモード画像を用いるとSAMを検出することができる（**図 25**，**26**，**動画 8**，**9**）。

・左室中部の閉塞（**図 27**）

左室中部の閉塞は，心内膜心筋型のRCMにおいて認められる可能性がある[1, 3]。また，左室中部の左室壁が何らかの原因（例：HCMフェノタイプを含むHCM）により肥厚したり，左室中部の内腔が狭小化したりしている場合にも左室中部の閉塞は認められる可能性がある[27]。

左室中部の閉塞は，右傍胸骨長軸左室流出路断面，長軸四腔断面や左傍胸骨心尖部四腔断面，心尖部五腔断面にお

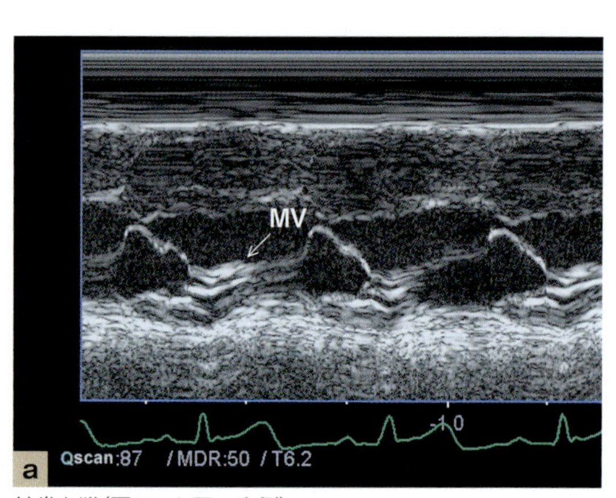

健常な猫（図25aと同一症例）

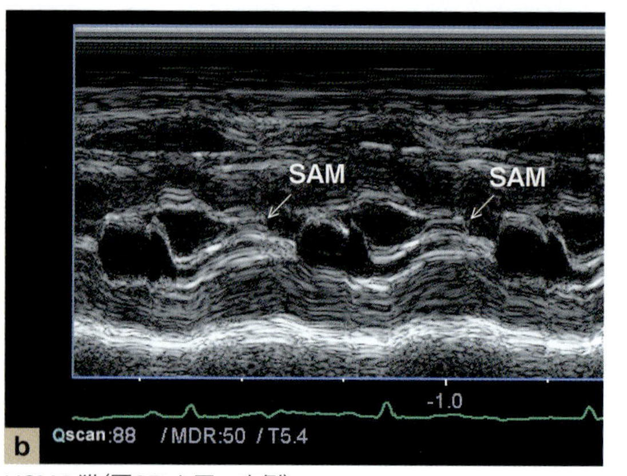

HCMの猫（図25bと同一症例）

図26 Mモード法によるDLVOTOの評価（Mモード画像）

右傍胸骨長軸左室流出路断面。
健常な猫（a）においては，閉鎖した僧帽弁によるやや上向きの平行な複数の線が収縮期に認められる。
HCMの猫（b）においては，aにおいて認められるやや上向きの平行な複数の線に加えて，僧帽弁のSAMによる上向きの山が認められる。
MV：収縮期の閉鎖した僧帽弁，SAM：僧帽弁の収縮期前方運動

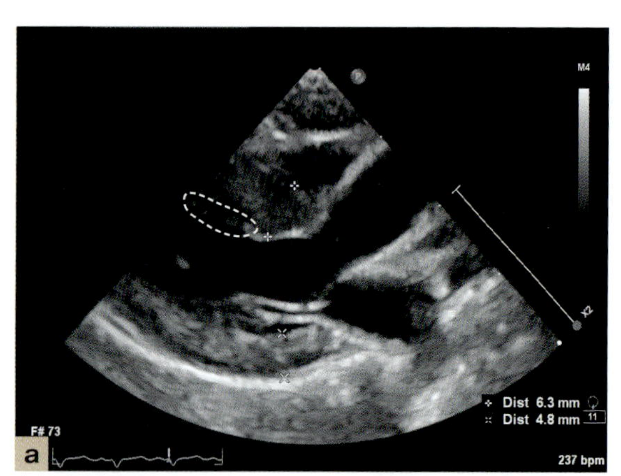

右傍胸骨長軸左室流出路断面のBモード画像

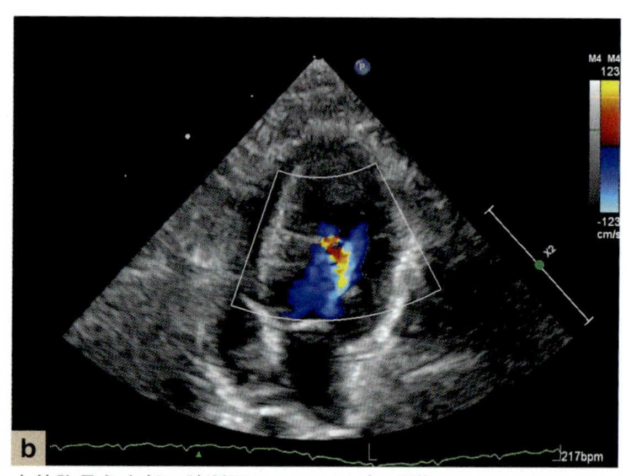

左傍胸骨心尖部四腔断面のカラードプラ画像

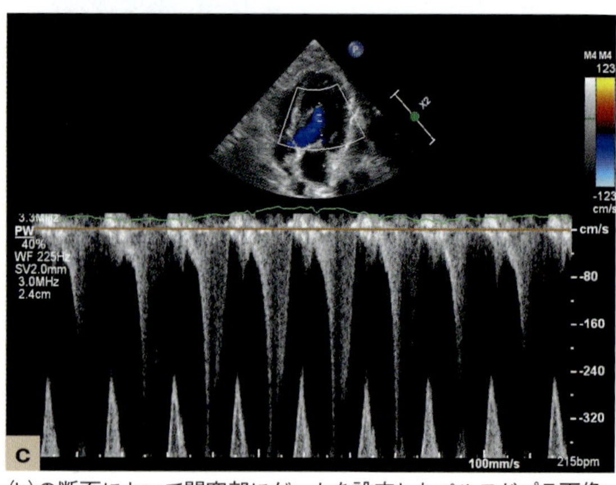

（b）の断面において閉塞部にゲートを設定したパルスドプラ画像

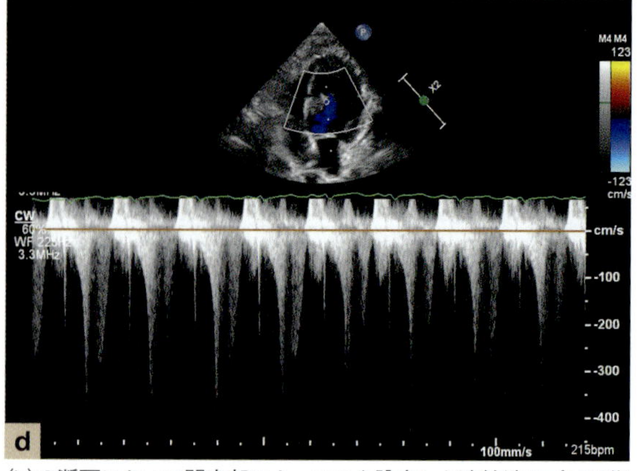

（b）の断面において閉塞部にカーソルを設定した連続波ドプラ画像

図27 左室中部の閉塞

肥大型心筋症のグレーゾーンと診断した猫の心エコー図検査画像。心室中隔に限局性の肥厚（拡張末期壁厚は最高6.3 mm）が認められ，同部位には仮性腱索（破線）が付着している（a）。左室壁の他の部位において肥厚は認められない。カラードプラ法を用いると，左室中部の心室中隔の肥厚部がある領域において収縮期にモザイク状のシグナルが観察される（b）。モザイク状のシグナルがある領域にパルスドプラ法のゲートを設定すると，速度のピークが収縮期の後半にくる高速血流が記録され，左室中部の閉塞が動的なものであることがわかる（c）。同部位に連続波ドプラ法のカーソルを設定すると，高速血流の最高速度は3.6 m/秒であった（d）。

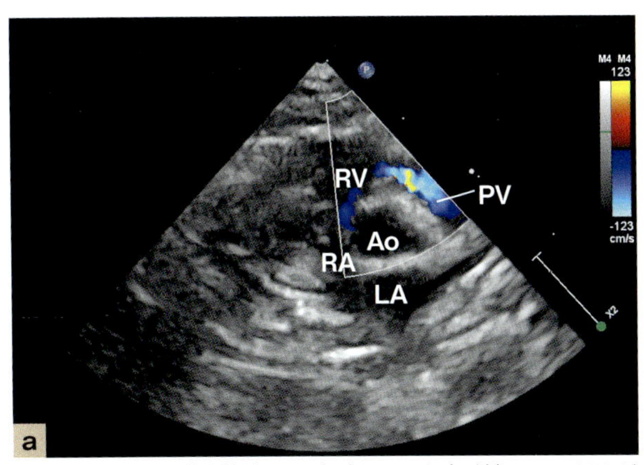

右傍胸骨短軸断面(肺動脈レベル)(カラードプラ法)。DRVOTOがみやすいようにプローブのあて方を調整した。肺動脈弁下(右室流出路)から発生し肺動脈弁の方向へ向かう異常血流が認められる。

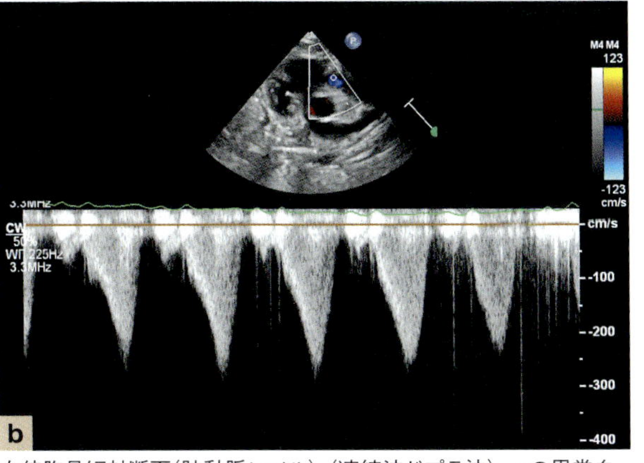

右傍胸骨短軸断面(肺動脈レベル)(連続波ドプラ法)。aの異常血流に連続波ドプラ法のカーソルを設定すると,プローブから遠ざかる方向へ向かう高速血流(最高速度 約 2.6 m/秒)が記録された。血流速度のピークが収縮期の後半にきていることに注目してほしい。

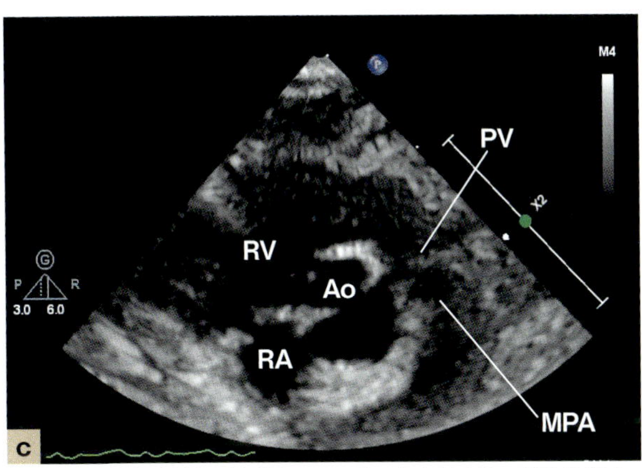

左傍胸骨頭側短軸断面(心基部レベル)。右室流出路に狭窄を引き起こす病変がないかを探索したが,何も検出されなかった。

図28 健常な猫における右室流出路の動的閉塞(DRVOTO)
Ao:大動脈,LA:左房,MPA:主肺動脈,PV:肺動脈弁,RA:右房,RV:右室

いてカラードプラ法,パルスドプラ法,あるいは連続波ドプラ法を用いると検出することができる。なお,「左室中部に閉塞がある」とする血流速度のカットオフ値については> 1.6 m/ 秒が提唱されている[25, 27]。また,左室中部の閉塞が認められた場合には,B モード画像において心内膜瘢痕や左室壁の肥厚といった原因病変が認められるかについても評価する。

・動的右室流出路閉塞(**図 28**)

動的な右室流出路閉塞 dynamic right ventricular outflow tract obstruction (DRVOTO)は,肺動脈弁下の右室(右室流出路)の内腔が収縮期に狭くなることで高速血流が発生する現象である。DRVOTO は,心疾患に起因した右室壁の肥厚にともなって発生することもあるが,病的意義がないものと判断されることのほうが多い[11, 12]。病的意義のない DRVOTO が発生する機序としては,循環血液量の減少,プローブを胸壁にあてる際の胸部圧迫,興奮などによる右室の収縮能の亢進などが提唱されている[28, 29]。なお,病的意義のない DRVOTO は,健常な猫において聴取される心雑音の原因のひとつであると考えられている[28, 29]。

DRVOTO は,右傍胸骨短軸断面(肺動脈レベル)や左傍胸骨頭側短軸断面(心基部レベル)においてカラードプラ法,パルスドプラ法,あるいは連続波ドプラ法を用いると検出することができる。DRVOTO では,B モード画像において右室流出路に狭窄を引き起こすような病変は観察されず,パルスドプラ法や連続波ドプラ法により右室流出路の高速血流を観察すると,血流速度のピークが収縮期の後半にくる[28, 29]。なお,「DRVOTO がある」とする血流速度のカットオフ値については> 1.7 m/ 秒が提唱されている[28]。

右室と右房の評価

右室の壁の肥厚,右室の内腔の拡大,右房の拡大の有無

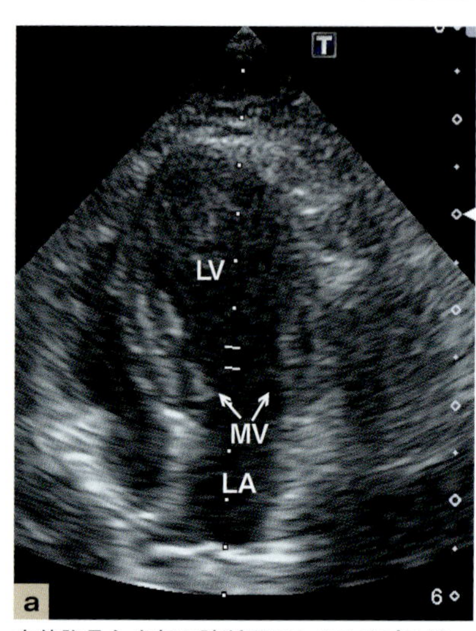

左傍胸骨心尖部四腔断面におけるドプラゲートの設定。僧帽弁が開放したときの弁尖の間にドプラゲートを設定する。

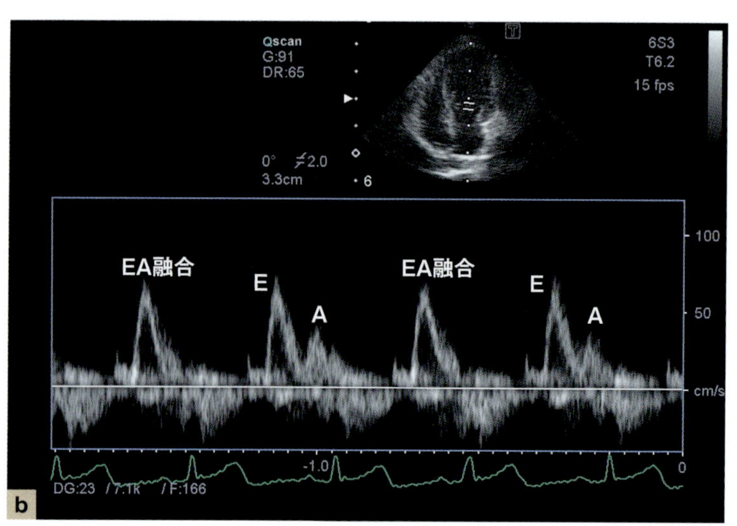

健常な猫における左室流入血流。左室流入血流は，心電図のT波の後にくる拡張早期波(E波)とP波の後にくる拡張後期波(A波)の2つの波からなる。高心拍数の場合，E波とA波は融合してひとつの波になる(EA融合)。

図29 パルスドプラ法を用いた左室流入血流の記録
LA:左房，LV:左室，MV:僧帽弁

の評価については，ARVCの診断やARVC以外のフェノタイプの心筋症の右心系への影響を把握するために用いることができる。

右室の壁の肥厚，右室の内腔の拡大，右房の拡大のいずれについても，それぞれBモード画像における既報[30]の右室の拡張末期壁厚，拡張末期径，右房径の基準範囲と比較することで評価することができる。ただし，左室の壁厚や内径，左房のサイズが比較的正常である場合(典型的なARVCなど)には，以下のような主観的な評価を行えば簡便かつ十分実用的ではある[19]。

・右傍胸骨長軸左室流出路断面あるいは四腔断面において，右室の内腔のサイズが左室の内腔のサイズの約1/3以上であれば右室の内腔の拡大が示唆される。
・右傍胸骨長軸左室流出路断面あるいは四腔断面や右傍胸骨短軸断面(乳頭筋レベル)において，右室の壁厚が左室自由壁の壁厚の約1/2以上であれば右室の壁の肥厚が示唆される
・右傍胸骨長軸四腔断面において，右房のサイズが左房のサイズよりも大きければ右房の拡大が示唆される。

また，心室中隔の平坦化が認められるかについても評価する。心室中隔の収縮期の平坦化は右室の収縮期圧の上昇を，拡張期の平坦化は右室の充満圧の上昇をそれぞれ示唆する[19]。もし右房の拡大があると判断される場合には，右房内にSECや血栓を疑う構造物がないかについても評価する。

左室流入血流(僧帽弁血流)の評価

ARVC以外の心筋症の重症度評価に用いることができる。左室流入血流は，左傍胸骨心尖部四腔断面あるいは心尖部五腔断面においてパルスドプラ法を用いて記録する(**図29**)。左室流入血流は拡張早期波(E波)と拡張後期波(A波)の2つの波からなり，高心拍数の場合は2つが融合する(**図29**)。

左室流入血流は主に左室の拡張能(左室の弛緩能とコンプライアンスが主に規定)や左房圧といった因子の影響を受けてその「見た目」が変化する[21]。左室流入血流の「見た目」を評価するのに最も一般的に用いられるのはE波の最高速度とA波の最高速度の比(E/A比)である。左室流入血流はE/A比に基づいて正常型，弛緩障害型，偽正常化型，拘束型の4パターンに分類される(**表8**)。後者であるほど左室の拡張能が低下して左房圧が上昇した状態であり，CHFを発症しているもしくは将来発症する可能性がより高くなる[21]。

表8 E/A比による左室流入血流のパターン分類

	正常型	弛緩障害型	偽正常化型	拘束型
左室の拡張能	正常	軽度低下	中等度低下	重度低下
左房圧	正常	正常～軽度上昇	中等度上昇	重度上昇
左房のサイズ	正常	正常～軽度拡大	軽度～中等度拡大	重度拡大
左室流入血流	E A 1< E/A <2	E A E/A <1	E A 1< E/A <2	E A 2< E/A
僧帽弁輪速度 拡張早期波(E′)	正常	低下	低下	低下

猫の臨床状態が不安定である場合

猫が臨床徴候を呈しているが，心臓の検査の実施にともなうストレスが猫の生命を脅かす可能性があるため，最小限のストレスで心臓の検査を実施したい場合のことである。主にCHFによる頻呼吸や呼吸困難を呈している場合がこれにあたる。このような場合には，猫が呈している臨床徴候の原因が心疾患(とくにCHF)であるかや，すぐに実施できる治療がないかをまず調べたい。そのため，まず行いたい心臓の検査は，胸部X線検査，ACVIMコンセンサスステートメントでいうfocused point-of-careのレベルの心エコー図検査(p.110，**表6**)，あるいは心臓のバイオマーカー検査の評価のいずれかである[1]。もし猫がCHFを発症していることが疑われるもののいずれの心臓の検査も実施することが困難である場合には，初動対応として利尿薬(フロセミド)の試験的投与を考慮する[1]。

治療を行った後に猫の臨床状態が安定した場合には，ACVIMコンセンサスステートメントでいうstandard of careやbest practiceのレベルの心エコー図検査(「猫の臨床状態が安定している場合」の「心エコー図検査」の項p.112を参照)を実施したい。

心臓のバイオマーカー検査の詳細については，第7章p.170をご参照いただきたい。

胸部X線検査

「猫の臨床状態が安定している場合」と同様に可能であれば少なくとも2方向で撮影したいが，猫の臨床状態によっては1方向のみ(例えばDVのみ)の撮影でもよい[2]。ただし，1方向の撮影も危険そうであれば，代わりにfocused point-of-careのレベルの心エコー図検査あるいは心臓のバイオマーカー検査の評価の実施を検討する[2]。

胸部X線検査においては，CHFと関連した胸水や肺水腫が存在していそうかを判断したい。①心拡大と，②胸水，肺水腫を示唆する肺の浸潤性病変のいずれかあるいは両方，の組み合わせはCHFの存在を疑う根拠になる[2]。とくに心原性肺水腫については，胸部X線検査が確定診断のゴールド・スタンダードであると考えられている[1]。ただし，心拡大については，検出されなかったり，とくにラテラル像やDV像では胸水の存在により評価困難であったりする可能性がある[2]。また，猫の心原性肺水腫において認められる肺の浸潤性病変は多様であり，肺胞パターン，気管支パターン，間質パターンのいずれのパターンが主であることもある。気管支疾患のように気管支パターンが主であることもある(**図30**)[1, 3, 31]。肺の浸潤性病変の分布についても多様であり，びまん性であったり，腹側領域のみ，尾側領域のみ，肺門部領域のみであったりするうえ，左右対称性のことも左右非対称性のこともある[31]。

胸部X線検査においてCHFが存在していそうかを判断することが困難である場合には，focused point-of-careのレベルの心エコー図検査あるいは心臓のバイオマーカー検査の評価の実施や利尿薬(フロセミド)の試験的投与を考慮する[1]。

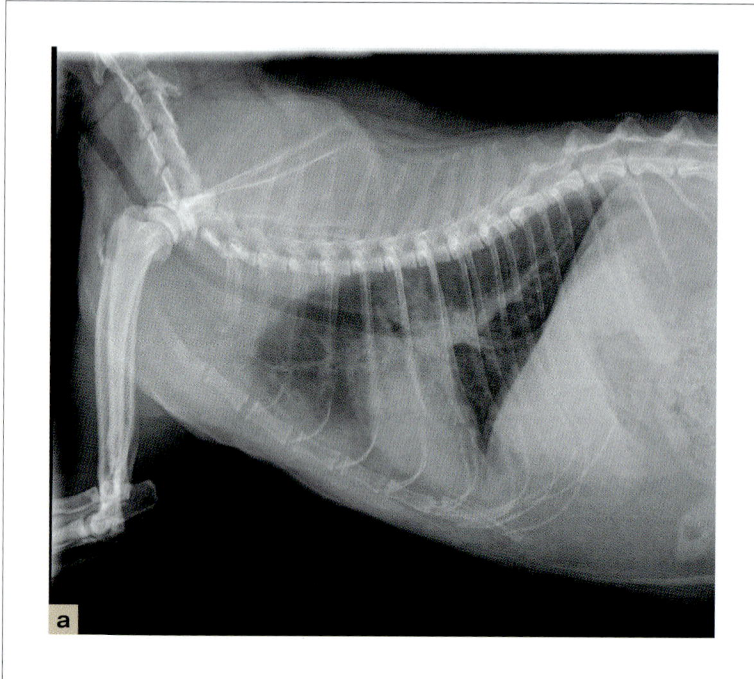

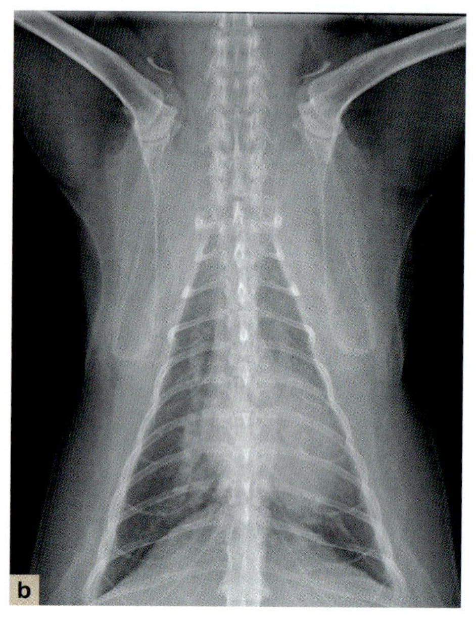

図30　心原性肺水腫を呈したHCMの猫の胸部X線検査画像
頻呼吸を主訴に来院した雑種猫の右ラテラル像(a)とDV像(b)。肺野においてびまん性に気管支・間質パターンが認められる(a, b)。また，VHSは8.6であり(a)，左心耳領域の拡大(バレンタインハート)も認められる(b)ことから心拡大の存在が示唆される。利尿薬(フロセミド)の投与により頻呼吸も肺野の病変も消失した。

◉心エコー図検査

猫の臨床状態が不安定である場合には，心エコー図検査により，①猫が臨床徴候を呈するのに矛盾しないくらいの重症度の心疾患に罹患しているか，②すぐに行うことができる治療がないか，を調べる。

可能であれば右側臥位および左側臥位で検査を行いたいが，立位や伏臥位で検査を行うほうが猫のストレスを軽減しやすい。酸素化や鎮静処置(ブトルファノールなど)を行いながら検査を行うことを考慮する[1)]。

評価項目

ACVIMコンセンサスステートメントでいうfocused point-of-careのレベルの心エコー図検査の評価項目(p.110，**表6**)も踏まえた以下の評価項目を評価できれば理想的である。

- 胸水と心膜液の有無
- 左房のサイズと動き(機能)
- 肺のBラインの有無
- 左室の収縮機能
- 右房のサイズ
- 後大静脈の拡張や吸気性虚脱の有無，肝静脈の拡張の有無

胸水あるいは肺のBラインと左房の明らかな拡大が同時に検出された場合，その猫が左心系のCHFを発症している可能性が強く疑われる[1)]。

左房のサイズと動き(機能)については，心エコー図検査に習熟しているのであればACVIMコンセンサスステートメントに記載されているとおり主観的に評価してもよい。ただし，計測にそれほど時間や手間がかかるわけではないので，LA/Ao，LAD，左房の内径短縮率を計測すれば左房のサイズと動き(機能)の評価をより高い精度で実施できる。ちなみに，左心系のCHFを発症している猫のほとんどはLA/Ao＞1.8～2.0，LAD＞18～19 mmとなると考えられている[2)]。

肺のBラインは，肺を超音波検査で評価した際に認められることがある，肺表面から深部に向かう高エコー性の線を指す(**図31**，**動画10**)。ほかの病態でも認められるが，心原性肺水腫を示唆する所見であると考えられている[32)]。とくに左房の明らかな拡大をともなう場合は心原性肺水腫である可能性が高いといえる。

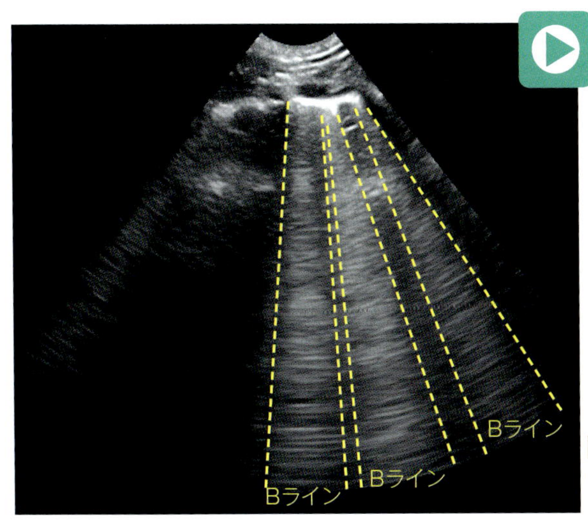

https://e-lephant.tv/ad/2003754

図31　猫における肺のBラインの数の評価
肺エコー検査画像(**動画10**)。肺表面から深部に向かう高エコー性の線をBラインとよぶ。

左室の収縮機能については，心エコー図検査に習熟しているのであればACVIMコンセンサスステートメントに記載されているとおり主観的に評価してもよい。ただし，計測にそれほど時間や手間がかかるわけではないので，左室の内径短縮率を計測すれば左室の収縮機能の評価をより高い精度で実施できる。前述のとおり，CHFを引き起こすほどの重症度のDCMであれば左室の内径短縮率＜15%になるはずであると考えられている[6]。

右房のサイズについては，右心系のCHFを発症している猫においては右房が明らかに拡大しているはずなので，前述の「右傍胸骨長軸四腔断面において，右房のサイズが左房のサイズよりも大きければ右房の拡大が示唆される[19]」という主観的な評価で十分実用的である。

後大静脈の拡張や吸気性虚脱の有無の評価は右房圧の推定に役立つ。右房圧の上昇がない猫においては，後大静脈に拡張はなく，後大静脈の径は吸気時に細くなる(吸気性虚脱)[33](**図32**)。右心系のCHFを呈するほど右房圧が上昇している猫においては，後大静脈が拡張し，後大静脈の吸気性虚脱が認められなくなる[33]。そのため，腹水のみあるいは腹水および胸水の貯留が認められる猫において，吸気性虚脱のない後大静脈の拡張が認められる場合には，その原因は右心系のCHFであることが強く疑われる[33]。一方，そのような猫において後大静脈が拡張せず吸気性虚脱を呈している場合には，その原因が右心系のCHFである可能性は低いと考えられる[33]。なお，健常な猫の後大静脈は細いため，このような猫においてはそもそも後大静脈を明瞭に描出できない場合もある。「後大静脈の径が吸気時にどれくらい細くなれば吸気性虚脱があると判断するか？」といったカットオフ値は現状まだないが，「腹水のみあるいは腹水および胸水の貯留が認められる猫において，後大静脈が呼吸にかかわらず主観的にずっと同じくらいの径であれば右心系のCHFを疑う」といった大まかな評価の仕方でも十分実用的である。

おわりに

猫が心筋症に罹患している可能性を疑うよくあるきっかけは心臓の聴診であるため，猫に対しては系統立てて丁寧に心臓の聴診を行うよう心がけてほしい。ただし，病歴や心臓の聴診から心筋症の存在が示唆されなかったとしても，猫が心筋症に罹患している可能性があることには留意する。そして，猫が心筋症に罹患している可能性を疑う場合には，猫の臨床状態に応じてどの心臓の検査を行うかや，心臓の検査において何を評価するかを検討してほしい。

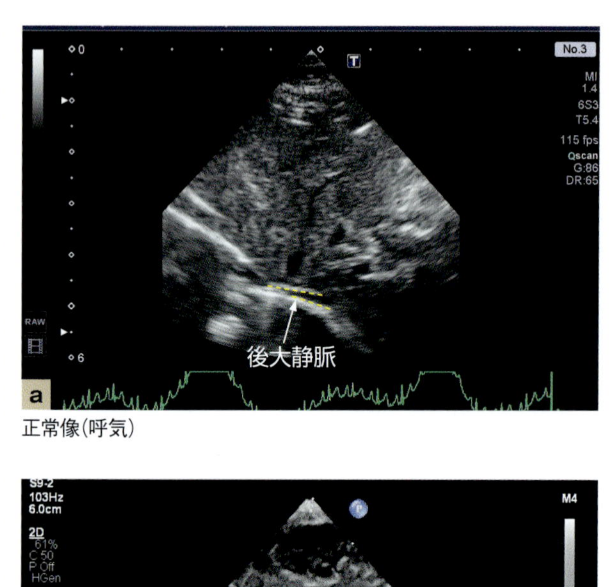

正常像(呼気)

b
正常像(吸気)

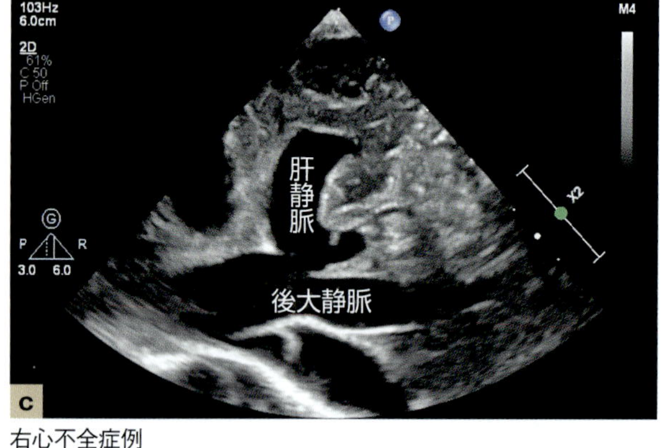

右心不全症例
拡張した肝静脈が後大静脈に流入しているのがみえる。

図32 後大静脈の描出方法

参考文献

1. Fuentes, L.V., Abbott, J., Chetboul, V., *et al.* (2020) : ACVIM consensus statement guidelines for the classification, diagnosis, and management of cardiomyopathies in cats. *J. Vet. Intern. Med.*, 34 (3) : 1062-1077.
2. Kittleson, M.D., Côté, E. (2021) : The Feline Cardiomyopathies: 1. General concepts. *J. Feline. Med. Surg.*, 23 (11) : 1009-1027.
3. Chetboul, V. (2016) : Feline myocardial disease. In: Textbook of Veterinary Internal Medicine Expert Consult (Ettinger, S.J., Feldman, E.C., Côté, E., eds.) , 8th Edition, pp. 1278-1305, Saunders.
4. O'Sullivan, M.L. (2016) : Tachypnea, dyspnea, and respiratory distress. Textbook of Veterinary Internal Medicine Expert Consult (Ettinger, SJ., Feldman, EC., Côté, E., eds.) , 8th Edition, pp. 115-119, Saunders.
5. Kittleson, M.D., Côté, E. (2021) : The Feline Cardiomyopathies: 2. Hypertrophic cardiomyopathy. *J. Feline Med. Surg.*, 23 (11) : 1028-1051.
6. Kittleson, M.D., Côté, E. (2021) : The Feline Cardiomyopathies: 3. Cardiomyopathies other than HCM. *J. Feline Med. Surg.*, 23 (11) : 1053-1067.
7. Jacobs, G., Hutson, C., Dougherty, J., *et al.* (1986) : Congestive heart failure associated with hyperthyroidism in cats. *J. Am. Vet. Med. Assoc.*, 188 (1) : 52-56.
8. Wilson, H.E., Jasani, S., Wagner, T.B., *et al.* (2010) : Signs of left heart volume overload in severely anaemic cats. *J. Feline Med. Surg.*, 12 (12) : 904-909.
9. Dickson, D., Little, C.J.L., Harris, J., *et al.* (2018) : Rapid assessment with physical examination in dyspnoeic cats: the RAPID CAT study. *J. Small Anim. Pract.*, 59 (2) : 75-84.
10. Keene, B.W., Smith, F.W.K., Tilley, L.P., *et al.* (2015) : Heart sounds. In: Rapid Interpretation of Heart and Lung Sounds: A Guide to Cardiac and Respiratory Auscultation in Dogs and Cats (Keene, BW., Smith, FWK., Tilley, LP., *et al.* eds.) . 3ed., pp.1-32, Saunders.
11. Keene, B.W., Smith, F.W.K., Tilley, L.P., *et al.* (2015) : Murmurs In: Rapid Interpretation of Heart and Lung Sounds: A Guide to Cardiac and Respiratory Auscultation in Dogs and Cats (Keene, B.W., Smith, F.W.K., Tilley, L.P., *et al.* eds.) . 3ed., pp.33-57, Saunders.
12. Côté, E., Edwards, N.J., Ettinger, S.J., *et al.* (2015) : Management of incidentally detected heart murmurs in dogs and cats. *J. Vet. Cardiol.*, 17 (4) : 245-261.
13. Keene, B.W., Smith, F.W.K., Tilley, L.P., *et al.* (2015) : Lung sounds. In: Rapid Interpretation of Heart and Lung Sounds: A Guide to Cardiac and Respiratory Auscultation in Dogs and Cats (Keene, BW., Smith, FWK., Tilley, LP., *et al.* eds.) . 3ed., pp. 68-79, Saunders.
14. Guglielmini, C., Toaldo, M.B., Poser, H., *et al.* (2014) : Diagnostic accuracy of the vertebral heart score and other radiographic indices in the detection of cardiac enlargement in cats with different cardiac disorders. *J. Feline Med. Surg.*, 16 (10) : 812-825.
15. Barh, R. (2018) : Canine and Feline Cardiovascular System. In: Textbook of Veterinary Diagnostic Radiology (Thrall, DE., ed.) . 7ed., Saunders, pp. 684-709.

16. Anderson, E. (2016) : Electrocardiography. Textbook of Veterinary Internal Medicine Expert Consult (Ettinger, SJ., Feldman, EC., Côté, E., eds.) , 8th Edition, pp. 390-392, Saunders.

17. Côté, E. (2016) : Cardiac Arrhythmias. Textbook of Veterinary Internal Medicine Expert Consult (Ettinger, SJ., Feldman, EC., Côté, E., eds.) , 8th Edition, pp. 1176-1200, Saunders.

18. Boon, J.A. (2011) : The two-dimensional Echocardiographic Exam. In: Veterinary Echocardiography (Boon, J.A. ed.) . 2ed. pp.37-99, Wiley-Blackwell.

19. Boon, J.A. (2011) : Evaluation of Size, Function, and Hemodynamics. In: In: Veterinary Echocardiography (Boon, J.A. ed.) . 2ed. pp.153-266, Wiley-Blackwell.

20. MacDonald, K. (2010) : Myocardial disease: Feline. In: Textbook of Veterinary Internal Medicine (Ettinger, S.J., Feldman, E.C., eds.) . 7ed. pp.1328-1341, Saunders.

21. Schober, K.E., Chetboul, V. (2015) : Echocardiographic evaluation of left ventricular diastolic function in cats: Hemodynamic determinants and pattern recognition. *J. Vet. Cardiol.*, 17 (Suppl 1) : S102-133.

22. Abbott, J.A. MacLean, H.N. (2006) : Two-dimensional echocardiographic assessment of the feline left atrium. *J. Vet. Intern. Med.*, 20 (1) : 111-119.

23. Fuentes, L.V., Wilkie, L.J. (2017) : Asymptomatic Hypertrophic Cardiomyopathy: Diagnosis and Therapy. *Vet. Clin. North Am. Small Anim. Pract.*, 47 (5) : 1041-1054.

24. Schrope, D.P. (2015) : Prevalence of congenital heart disease in 76,301 mixed-breed dogs and 57,025 mixed-breed cats. *J. Vet. Cardiol.*, 17 (3) : 192-202.

25. Chetboul, V., Sampedrano, C.C., Tissier, R., *et al.* (2006) : Quantitative assessment of velocities of the annulus of the left atrioventricular valve and left ventricular free wall in healthy cats by use of two-dimensional color tissue Doppler imaging. *Am. J. Vet. Res.*, 67 (2) : 250-258.

26. Fox, P.R., Keene, B.W., Lamb, K., *et al.* (2018) . International collaborative study to assess cardiovascular risk and evaluate long-term health in cats with preclinical hypertrophic cardiomyopathy and apparently healthy cats: The REVEAL Study. *J. Vet. Intern. Med.*, 32 (3) : 930-943.

27. MacLea, H.B., Boon, J.A., Bright, J.M. (2013) : Doppler echocardiographic evaluation of midventricular obstruction in cats with hypertrophic cardiomyopathy. *J. Vet. Intern. Med.*, 27 (6) : 1416-1420.

28. Rishniw, M., Thomas, W.P. (2002) : Dynamic right ventricular outflow obstruction: a new cause of systolic murmurs in cats. *J. Vet. Intern. Med.*, 16 (5) : 547-552.

29. Ferasin, L., Ferasin, H., Kilkenny, E. (2020) : Heart murmurs in apparently healthy cats caused by iatrogenic dynamic right ventricular outflow tract obstruction. *J. Vet. Intern. Med.*, 34 (3) : 1102-1107.

30. Schober, K.E., Savino, S.I., Yildiz, V. (2016) : Right ventricular involvement in feline hypertrophic cardiomyopathy. *J. Vet. Cardiol.*, 18 (4) : 297-309.

31. Benigni, L., Morgan, N., Lamb, C.R. (2009) : Radiographic appearance of cardiogenic pulmonary oedema in 23 cats. *J. Small Anim. Pract.*, 50 (1) : 9-14.

32. Ward, J.L., Lisciandro, G.R., Ware, W.A., *et al.* (2018) : Evaluation of point-of-care thoracic ultrasound and NT-proBNP for the diagnosis of congestive heart failure in cats with respiratory distress. *J. Vet. Intern. Med.*, 32 (5) : 1530-1540.

33. Barron, L.Z., DeFrancesco, T.C., Chou, Y.Y., *et al.* (2023) : Echocardiographic caudal vena cava measurements in healthy cats and in cats with congestive heart failure and non-cardiac causes of cavitary effusions. *J. Vet. Cardiol.*, 48: 7-18.

山本 宗伸 Yamamoto, Soshin　COLUMN 5　Tokyo Cat Specialists

猫のストレスを最小限にするための検査の工夫

心疾患の猫に対してとくに気をつけているポイントは，猫の気質を理解しストレスを最小限に抑え，検査を正確に行うことである。ヒトでも大きなストレスは心疾患を発症，または悪化させる要因であることは明らかになっており，これは猫にも当然あてはまると考える[1]。心疾患の性質上，ストレスは検査結果に強く影響を及ぼすだけでなく，通院や投薬のストレスは場合によっては病状を悪化させる恐れがある。そのため，当院では往診を積極的に行っており，X線検査はできないものの，心エコー図検査や血圧測定などを実施している。心臓に不安がある猫を移動させたくないという要望が強く，コストの面をクリアできれば，往診は非常に有用である。

ハンドリング

猫が検査に協力的であったら，心筋症の治療ははるかにシンプルになっているだろう。実際に猫の気質や特徴があらゆる検査に影響を及ぼす。例えば喉鳴らし(purring)は聴診の妨げになることがある。この対策として，蛇口から流れる水を猫に聴かせると喉鳴らしが止まる(成功率81%)という研究がある[2]。ただ筆者はこの報告ほど効果的を実感しておらず，経験的には成功率は10%以下である。ほかには猫の鼻に指をかざすと，喉鳴らしが止まることがあるので実施している。最近の猫のハンドリングに関するガイドラインでは猫を驚かせないよう配慮し，水を使うのではなく，照明を変える，窓の外を見せるなどの方法が紹介されている[3]。

猫のストレスを評価するにはキャットストレススコア cat stress score (CSS，**表1**)もしくは，ハンドリングスコア(**表2**)を使用し，これらの項目を参考にしてストレスを最小限にとどめ，正確な検査をすることを目標とする。猫のハンドリングの解説はそれだけでひとつのテーマになってしまうので，ここではとくに重要なポイントを3つ挙げる。

①待ち時間

病院到着後，しばらく診察室で待機した方が落ち着くという意見もあるが，筆者は極力すぐに診察室へ案内し，診察を開始した方が，猫のストレスは少ないと考えている。同じ猫でも，病院到着直後と30～60分ほど待たせてから診察室へ案内した場合では，後者の方が機嫌が悪くなり，ハンドリングに対して反抗的になったりフラストレーションを示す行動[4]が増えることが多く，とくに待合室が混んでいるときは顕著である。しかし，飼い主が落ち着く時間も必要なので，到着後数分は待つことを許容している。もし，来院直後に診察室へ案内しても，問診や身体検査をする時間があるので，その間に診察室に慣れて落ち着いてもらうとよい。診察中に部屋の移動をさせると緊張感が再度高まってしまうので，最初に入った診察室にエコー検査機器を置き，部屋を移動せずにすべての検査を行うようにしている。

当院では，帰宅後に，ベッドの下からでてこないなど猫の様子に異変がないかを飼い主にたずねることで，ダメージの大きさを評価している。その結果をみると，待たせる時間が長いと帰宅後の猫のダメージも大きくなるようである。そのため，猫の診察は，待ち時間が少なくなる予約制のほうが望ましいと考える。

②飼い主同伴

猫は飼い主のにおいと声で安心感が増すと考えている。そのため，飼い主には極力猫の近くで声をかけてもらいながら，診察を行っている。一方で，飼い主がいる方が猫の気が強くなる，検査中に飼い主がいると飼い主を嫌いになる，という意見も聞くが，筆者は飼い主同伴で診察や検査を行うことを強く推奨する。

また，ケージに移動させた途端に唸り出す猫や，たとえ怒らなくても，飼い主が不在になると瞳孔散大などCSSが悪化したケースを経験したことは，誰しもがあるだろう。当院ではそのような猫の特徴をラベルする院内用語として『AO：預かると怒る』を使っている。AO以外にも院内の共通ワードを設定しておくと

表1　キャットストレススコア

スコア	1.非常にリラックス	2.ややリラックス	3.やや緊張	4.非常な緊張	5.恐怖で硬直	6.強い恐怖	7.戦慄状態
全身	非:横あるいは仰向けで寝る。 活:NA	非:腹ばい，あるいは半横寝，座る。 活:立つ，あるいは歩く。背は水平。	非:腹ばい，あるいは座る。 活:立つ，あるいは歩く。前躯よりも後躯を下げる姿勢。	非:腹ばい，丸くなる，あるいは座る。 活:立つ，あるいは歩く，前躯よりも後躯を下げる姿勢。	非:腹ばい，あるいは座る。 活:立つ，あるいは歩く，前躯よりも後躯を下げる姿勢。	非:腹ばい，四肢端を直接体につけてうづくまる。 活:全身を地面に近ずけはって進む。震えることもある。	非:四肢端を直接体につけて地面にうづくまり，震える。 活:NA
腹部	さらけ出し，ゆっくり呼吸。	さらけ出す，あるいは隠す。ゆっくりあるいは普通の呼吸。	隠す。普通の呼吸。	隠す。普通の呼吸。	隠す。普通あるいは速い呼吸。	隠す。速い呼吸。	隠す。速い呼吸。
四肢	非:いっぱいに伸ばす。 活:NA	非:折り曲げている。後肢を伸ばしていることもある。 活:立っている時は伸ばしている。	非:折り曲げている。 活:立っている時は伸ばしている。	非:折り曲げている。 活:立っている時は，前肢を伸ばし後肢を折り曲げている。	非:折り曲げている。 活:地面近くで折り曲げている。	非:折り曲げている。 活:地面近くで折り曲げている。	非:折り曲げている。 活:NA
尾部	非:伸ばしている。あるいはゆったりと巻いている。 活:NA	非:伸ばしている。あるいはゆったりと巻いている。 活:上に向けている。あるいはゆったりと下げている。	非:体の上，あるいは下方に丸める。ひきつっていることがある。 活:立てる。あるいは下方向に固くする。ひきつっていることがある。	非:体に近づける。 活:下方向に固くする。あるいは前方へ丸める。ひきつっていることがある。	非:体に近づける。 活:前方へ丸め，体に近づける。	非:体に近づける。 活:前方へ丸め，体に近づける。	非:体につける。 活:NA
頭部	地面に付ける。あるいは顎は上げている。	地面に付ける。あるいは体の上に乗せる。何らかの動きがある。	体の上に乗せる。何らかの動きがある。	体の上に乗せる。あるいは体に押し付ける。動きが少なくなる。	体と水平にする。ほとんど動かさない。	地面に近づける。動かなくなる。	体より低くする。動かなくなる。
眼部	つぶっている。あるいは半分閉じている。ゆっくり瞬きすることがある。	つぶっている。半分閉じている。あるいは通常の状態で開いている。	通常の状態で開いている。	大きく見開いている。あるいは固く閉じる。	大きく見開いている。	全開状態。	全開状態。
瞳孔	普通（光の状態も考慮）。	普通（光の状態も考慮）。	普通（光の状態も考慮）。	普通。あるいは部分的に散大。	散大。	完全に散大。	完全に散大。
耳介	通常状態（半分後ろ向き）。	通常状態（半分後ろ向き）。あるいは立て，前方に向ける。	通常状態（半分後ろ向き）。あるいは立て，前方に向ける。または，前後に動かす。	正面か後方に立てる。または，前後に動かす。	一部分を平らにしてくっつける。	全体を平らにしてくっつける。	全体を平らにして後方にくっつける。
ひげ	通常状態（横向き）	通常状態（横向き，あるいは前方）	通常状態（横向き）。あるいは前向きでかすかに緊張。	通常状態（横向き）。あるいは前向きで緊張。	横向き（通常状態）。あるいは，前後に動かす。	後ろ向き。	後ろ向き。
鳴き声	鳴かない。あるいは軽くゴロゴロする。	鳴かない。	ニャーと鳴く。あるいは静か。	ニャーと鳴く。悲しげに鳴く。あるいは静か。	悲しげに鳴く。悲鳴。唸る。あるいは静か。	悲しげに鳴く。悲鳴。唸る。あるいは静か。	悲しげに鳴く。悲鳴。唸る。あるいは静か。
活動性	寝る。あるいは休息。	寝る。あるいは休息，警戒し，動き回る。遊びのこともある。	休息，起きて活発に探索。	震えながらの睡眠，休息や警戒，探索することもある。逃亡の試み。	警戒。積極的に逃亡することもある。	警戒して不動。あるいは活発に徘徊。	警戒して不動。

非：非活動中，活：活動中，NA：あてはまらない　　（文献5より引用・改変）

よいだろう。例えば当院では，「チュール有効」，「ラテにしない」，「足首触らない」，「男性のほうが好き」，「採血は首から」などを使用している。

③猫のハンドリングに長けたスタッフ

当たり前すぎることかもしれないが，猫のハンドリングや保定には，個々の技術が大きく影響する。猫のハンドリングがうまい人の特徴として，単に猫が好き

表2　ハンドリングスコア

	スコア	詳細
1	猫がハンドリングを受け入れる	猫は術者に近づき，友好的な姿勢（尾を上げる，ゆっくり瞬き）をとる。ハンドリングは難なく実施できる
2	取り扱いが容易	猫は術者に近づかないが，扱うことに抵抗はない，必要な処置は可能である
3	取り扱いを嫌がる	猫は興奮し，術者から逃げようとするが，少ない拘束でハンドリングが可能
4	攻撃的で扱いが難しい	猫は術者から逃げようとする。術者が近づくとシャー（Hissing），パンチ，噛みつきが出る。ハンドリングには強い拘束が必要であり，保護具を使用する
5	取り扱い不可	猫は術者に対して非常に攻撃的であり，ハンドリングすることは不可能である

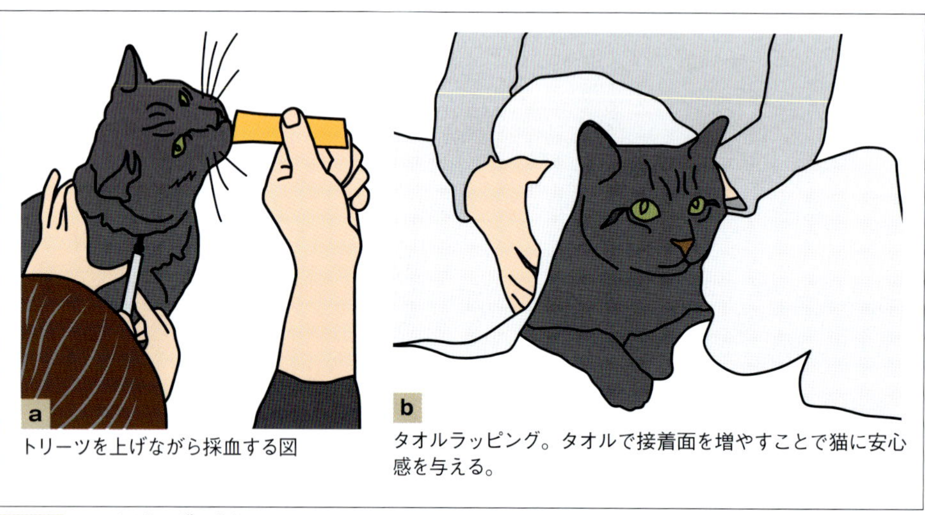

a　トリーツを上げながら採血する図

b　タオルラッピング。タオルで接着面を増やすことで猫に安心感を与える。

図1　ハンドリングの例

なだけでなく，猫の気質を理解している，過度に猫を恐れていないなどが挙げられる。猫の気質を理解するには，日ごろからCSSやハンドリングスコアを用いた評価を行うことがよい経験になる。ハンドリングに長けたスタッフがいない場合の保定時には，2名以上で保定する，検査中にトリーツを与える，タオルラッピングをする，そして顔を隠すなどの工夫をしている（**図1**）。

聴診

ストレスの影響で心拍数の増加や心音の増強，そして心雑音を誘発することがある。ある研究では猫の右側胸壁を圧迫しすぎると右室流出路血流速度が増加し，医原性の心雑音が発生すると報告されている[5]。そのため聴診器の種類によるが，聴診器は胸壁に強く当てすぎないようにすること，反対の手で胸骨をゆっくりと支えることがポイントになる。また高齢猫では肘関節に変形性関節症を患っている可能性があり，その場合には，聴診器を動かす際に注意する。

猫の心拍数の基準値は，成書には140〜220回/分と記載されているが[6]，安静時の心拍数はもっと少ないと考えられる。小型の無線遠隔操作用の発信機を健康な猫に装着し，自宅，動物病院の静かな場所，動物病院で保定された状態などで心拍数を測定した研究では，それぞれから得た心拍数（平均±標準偏差）は，132±19回/分，150±23回/分，187±25回/分であった[7]。このことから通常の心拍数を得るには，自宅で心拍数を測定するために，飼い主へ心拍数の測定方法を指導する必要がある。具体的には，聴診器のあて方を実践で指導し，10秒間測定した心拍数を6倍して計算するように指導している。当院では聴診器の購入方法と聴診方法を図にして，自宅での測定を推奨している（**図2**）。聴診は重要な検査ではあるが，HCMで心雑音が聴取されるのは約半分（53%）という報告があり[8]，心疾患を疑う臨床徴候，プロフィールの場合は必ず心エコー図検査，X線検査といった画像検査を行っている。

心拍数の測り方

1. 聴診器を用意する

指を心臓や後ろ足の付け根にある太い血管（股動脈）に当てるだけでも測定することができるが，現在では安価に聴診器が手に入るため聴診器を購入することをオススメします。聴診器の値段はピンキリですが，心拍数をとるだけであれば2,000円以下のもので十分です。

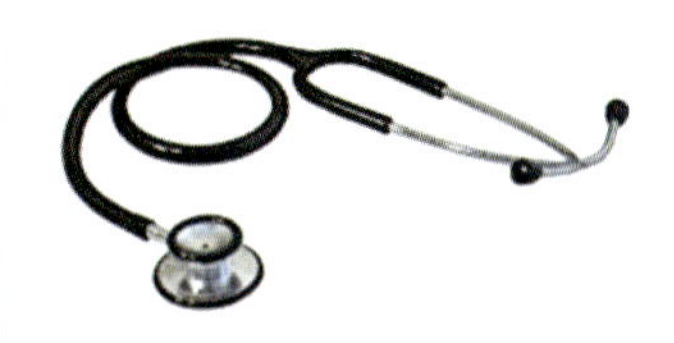

2. 聴診器を猫にあてる

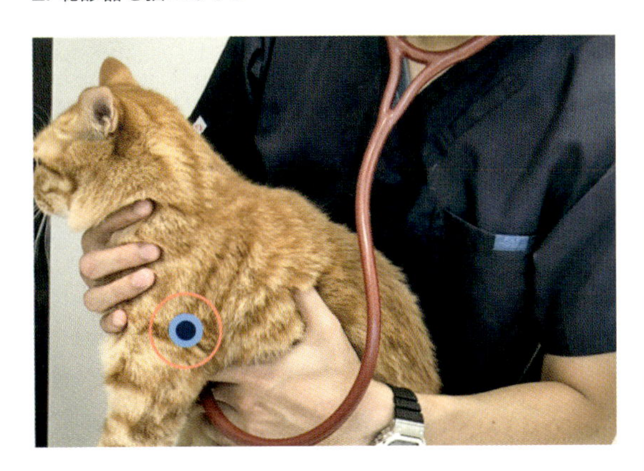

図2　当院で使用している聴診方法を説明する用紙
飼い主が家で復習できるよう紙，またはウェブページに測り方をまとめておく。片方の手で胸骨を支えゆっくりと持ち上げる，高齢猫は肘関節に変形性関節症を患っている可能性があり聴診器を動かす際当たらないよう気を付ける。

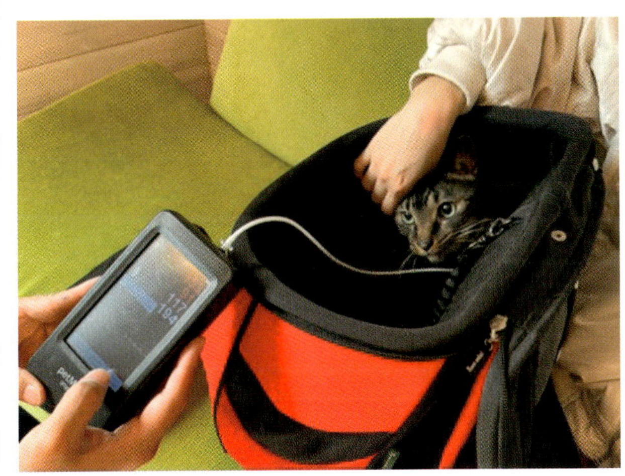

図3　キャリー内での血圧測定
動く猫はキャリーに入れるのが有効。血圧測定のガイドラインには心臓とカフの高さが同じにするとあるが[9]，猫の場合はそれにこだわるより体動を抑えた方が妥当な結果を得やすい。

血圧

血圧測定は時間がかかるうえに，猫では緊張により測定値が高くでる可能性がある。血圧の測定値が不安定になる理由として，緊張性高血圧と体動が挙げられる。ある研究によると，自宅と病院を想定したオフィスで測定した血圧を比較したところ 70 mmHg 以上も上昇した個体が報告されている[9]。経験的に CSS が 4～5 以上だと意義のある結果は得づらいと感じている。ただし血圧の測定値が基準値の範囲内であれば，少なくとも高血圧ではないと解釈している。猫の体動を抑えるための保定は得策ではない。手を振ったり歩いたりしてしまう猫は，診察室の角，キャリー内での測定（**図 3**），尾動脈での測定により成功しやすい。

当院での血圧測定は，極力，愛玩動物看護師が測定することで測定時間の短縮につながっている。測定者が変わっても測定結果に差異が生じないようにするために，測定部位，カフサイズ，猫の姿勢，測定した場所を必須項目とし，可能であれば CSS を記録して測定者間でこれらの情報を共有している。

血圧測定時の注意点

- 可能な限り飼い主と同伴させる。
- 猫の好む場所で測定する（診察台，待合室，飼い主の膝の上，キャリーの中）

表3 猫の心エコー図検査を行ううえでのポイント

・飼い主と同伴
・飼い主の立ち位置
・迅速に測定（可能であれば5分以内）
・エコー機器の操作音はオフにしておく

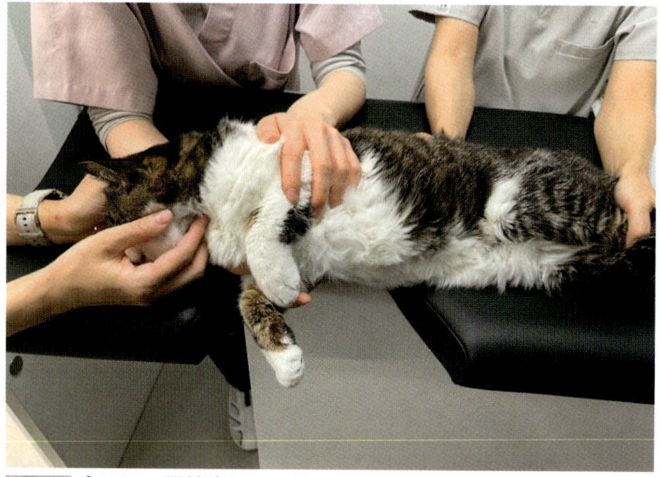

図4 心エコー図検査用マット
当院の診察台は高めなので，足の部分を取って使っている。

・部屋の光を暗くする。
・バックヤードの雑音を減らす（とくに分包機，ドライヤー，ほかの猫の声）。
・四肢を嫌がる場合，痛がる場合（変形性関節炎，骨軟骨異形成など）は尾を用いる。

心エコー図検査

猫の心エコー図検査での工夫をまとめた（**表3**）。このなかで効果が大きかったのは，飼い主の立ち位置を指定することである。飼い主が近すぎても検査がしづらく，遠すぎると飼い主の認識が弱まり不安になる。筆者は猫の頭から 30 cm ほどの距離が，ちょうどよい距離だと考えているため，当院では診察室内の立っていてほしい場所の床にテープで印をつけている。飼い主には四肢や体幹部ではなく，頭部とくに前額と耳の間をやや強めに触るように指示している。その際，「猫どうしが舌で顔をグルーミングしてあげているイメージで撫でてください」と伝えている。シャー（hissing）や唸り声がでる猫の場合は，飼い主でも噛まれる危険性があるので顔は触らないように指示している。その代わりに猫の視野に獣医師や看護師が入らないようにするために，エリザベスカラーをつけ，その外側を持ってもらい，猫の顔が飼い主に向くようにしている。左傍胸骨からエコープローブを走査するときは猫の頭側に飼い主も移動してもらう。心エコー図検査用マットも使い勝手に特徴があり，傾斜で描出しやすく，左傍胸骨側から走査するときにも中心にポケットがあるのでメカテックス製のものを使っている（**図4**）。

参考文献

1. 公益財団法人循環器病研究振興財団．ストレスと心臓．知っておきたい循環器病あれこれ．95号．国立循環器病研究センター・循環器病情報サービス．https://www.jcvrf.jp/general/pdf_arekore/arekore_095.pdf,（accessed 2024-05-05）
2. Little, C.J., Ferasin, L., Ferasin, H., *et al.*（2014）: Purring in cats during auscultation: how common is it, and can we stop it? *J. Small Anim. Pract.*, 55（1）: 33-38.
3. Rodan, I., Dowgray, N., Carney, H.C., *et al.*（2022）: 2022 AAFP/ISFM Cat Friendly Veterinary Interaction Guidelines: Approach and Handling Techniques. *J. Feline Med. Surg.*, 24（11）: 1093-1132.
4. Meurs, K.M., Norgard, M.M., Ederer, M.M., *et al.*（2007）: A substitution mutation in the myosin binding protein C gene in ragdoll hypertrophic cardiomyopathy. Genomics, 90（2）: 261-264.
5. Ferasin, L., Ferasin, H., Kilkenny, E.（2020）: Heart murmurs in apparently healthy cats caused by iatrogenic dynamic right ventricular outflow tract obstruction. *J. Vet. Intern. Med.*, 34（3）: 1102-1107.
6. Tilley, L.P., Smith, F.W.K.Jr., Sleeper, M.M. *et al.* eds.（2021）: Blackwell's Five-Minute Veterinary Consult: Canine and Feline. 7th ed. Wiley-Blackwell.
7. Abbott, J.A.（2005）: Heart rate and heart rate variability of healthy cats in home and hospital environments. *J. Feline Med. Surg.*, 7（3）: 195-202.
8. Rush, J.E., Freeman, L.M., Fenollosa, N.K., *et al.*（2002）: Population and survival characteristics of cats with hypertrophic cardiomyopathy: 260 cases（1990-1999）. *J. Am. Vet. Med. Assoc.*, 220（2）: 202-207.
9. Belew, A.M., Barlett, T., Brown, S.A.（1999）: Evaluation of the white-coat effect in cats. *J. Vet. Intern. Med.*, 13（2）: 134-142.

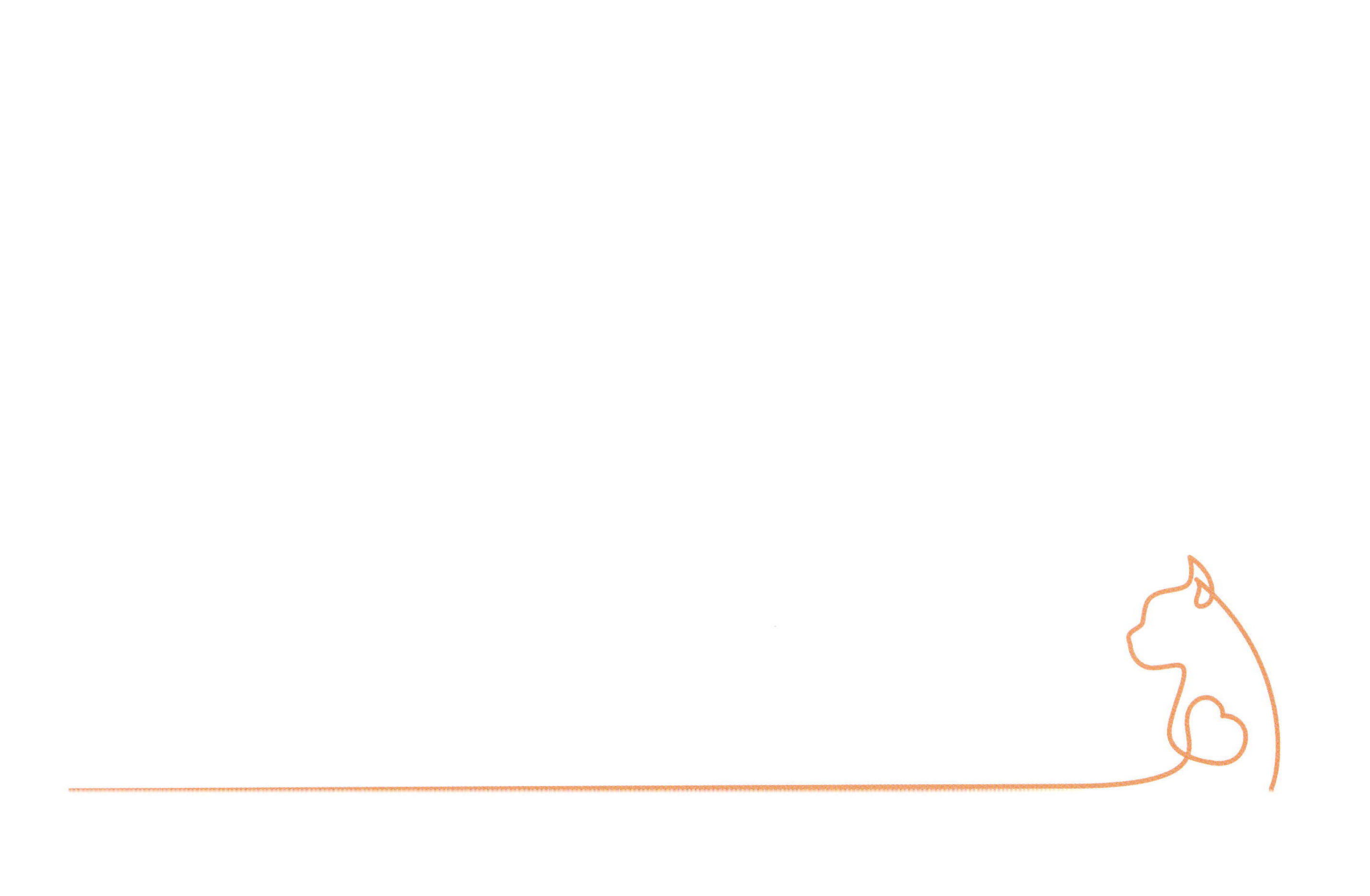

5 血栓症の診断と治療

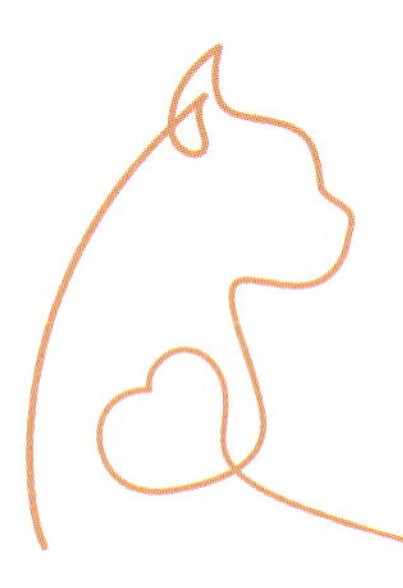

吉田 智彦
Yoshida, Tomohiko,
帯広畜産大学 動物医療センター 循環器科

point

- **猫の動脈血栓塞栓症(ATE)は死亡率が高く，非常に重篤な疾患であることを飼い主に説明する。**
- **ATEと診断した時点で，心不全の管理，電解質異常の是正，疼痛管理および抗血栓療法を開始する。**
- **抗血栓療法に加え，血栓溶解療法を行うか外科的治療を行うかは確立したガイドラインが存在しない。**
- **治療介入の遅れや獣医師側の知識不足がATE悪化の要因となるため，診断から治療までの流れをスムーズに行うことが症例の予後を左右する。**

はじめに

American college of veterinary emergency and critical care が発表した，犬と猫の血栓症リスク疾患とその治療についてまとめたCURATIVEガイドラインによると，猫の血栓症の大部分は心筋症を原因として発生する[1]。心筋症の中でも，肥大型心筋症 hypertrophic cardiomyopathy (HCM)は，猫において発生率が高く，左室機能が低下することによって左室内で形成された血栓が腹大動脈へと移行し，動脈血栓塞栓症 arterial thromboembolism (ATE)を発症する。過去の報告では，猫において80～90%が心疾患由来のATEであり，残りが悪性腫瘍(主に肺腫瘍由来)や甲状腺機能亢進症などであった[2]。猫のATEは死亡率が高く，非常に重篤な疾患であるため早期に適切な治療を行わなければならない[3]。しかし，治療に関してはCURATIVEガイドラインにより一定の統一された見解は存在するが，ATEが引き起こす病態は軽度から数時間で死亡してしまうほど重篤な病態もあるため，内科的治療および外科的治療のどちらを選択すれば適切であるのか，症例の状態または飼い主へのインフォームドコンセントの内容，院内スタッフの人数などによって左右される。そのため，どの治療法が最善であるかは状況により異なり，正確な答えはない。本稿では，血栓症の病態生理，診断，治療法について解説する。治療法に関する明確な答えはないが，本稿の知識が血栓症を治療するうえで参考になれば幸いである。

血栓形成の病態生理

血栓症のメカニズムを理解するうえで，1856年に提唱されたVirchow's triad (ウィルヒョウの三徴)が重要である。血栓症は，①血管壁の性状変化，②血流のうっ滞，③血流凝固能の亢進，これら3つの要因がそれぞれ相互に関連し，発症すると考えられている。ヒト医療では，心房細動 atrial fibrillation（AF）によって左房の運動性が低下することにより血液のうっ滞が生じ，血栓症リスクが増加することがよく知られている[4]。猫では心筋症による血栓症が多く，心筋症により左室の拡張機能が低下した結果，左房から左室への血液流入が減少し，左房内に血液がうっ滞することで血栓が形成され ATE を発症する。そのため，心筋症の猫における左房の運動性の低下[5]や左房内で観察されるもやもやエコーspontaneous echo contrast（SEC）[6]は，抗血栓療法の開始を考慮させる重要な所見のひとつである。また，過去の報告によると，左房拡大を呈した症例では，左心耳内の血流速度が低下していることが示唆されており[7]，米国獣医内科学会の ACVIM コンセンサスステートメントにおいても，心筋症の猫が左房拡大を呈した場合（ステージ B2 以降）には，抗血栓療法の開始を推奨している[3]。しかし，まれに左房拡大が認められない心筋症の症例においても ATE が発生することが報告されているため[8]，心筋症における ATE 発症には，左房内の血液うっ滞だけではなく，ほかの因子も関連している可能性が示唆されている。過去には，心筋症の猫において，左房の大きさに関係なく凝固亢進状態が認められたと報告されていることからも，心筋症の猫では，血液性状も変化することが指摘されている[9~11]。また，心原性胸水貯留の猫では，ATE のリスクが低減するとの報告があるが，その機序に関しては正確なエビデンスはない。心原性胸水貯留の猫では，線溶系が亢進している，または炎症反応が少ないと考えられているため，ATE のリスクが低減するのではないかと考察されている[12]。いずれにせよ，猫において心筋症と診断した場合，飼い主へ事前に ATE の病態を説明しておくことが重要だと考えられる。筆者は，ACVIM コンセンサスステートメントのステージ分類にかかわらず，心筋症と診断した時点で飼い主に ATE と心筋症の関連性を説明している。

診断および病態評価

突然の後肢麻痺および心エコー図検査において心筋症が認められる典型例であれば診断はつきやすいが，前肢の破行や麻痺，心エコー図検査によって心筋症の所見が認められない場合は鑑別が必要となる。跛行や肢の麻痺の鑑別として，血栓症のほかに整形疾患や神経疾患が挙げられる。血栓症による跛行であると診断しても，血栓症の原因を追求する必要がある。原因としては心筋症が最も多い一方，甲状腺機能亢進症や腫瘍（とくに肺腫瘍）などでも血栓を生じる可能性があるため，全身のスクリーニング検査からそれらを鑑別する必要がある。また，症例の病態によって治療法が大きく異なるため，病態評価もきわめて重要である。以下に各種検査を行ううえで重要な事項を記載する。

問診

ATE 症例における問診で重要となる項目を以下に5つ挙げる。

①発症からの時間
6時間以内かどうかは血栓溶解薬を使用するうえでの目安となる[13, 14]。

②急な叫び声の有無

③跛行している患肢
血栓症は左右の後肢が多く，次に右前肢が多い[15]。

④呼吸状態
肺水腫の有無を推測する。肺水腫がない場合でも痛みで頻呼吸となっていることがあるため注意が必要である[15]。

⑤年齢
高齢で両後肢完全麻痺の場合，きわめて予後が悪いと考えられる。

各種検査

それぞれの検査項目における重要なポイントを以下に挙げる。

身体検査

①5つのP[16]である疼痛pain，不全麻痺paralysis/paresis（**図1a，動画1**），脈拍欠損pulselessness，冷感poikilothermy，蒼白pallorが観察される（**図1b**）。

②体温
腸管膜動脈を閉塞させる可能性もあるため，急激な直腸温の低下には注意が必要である。
直腸温が37 ℃以下の症例では生存率が50%以下となり，1 ℃低下するごとに死亡リスクは2.25倍に上昇する[17]。

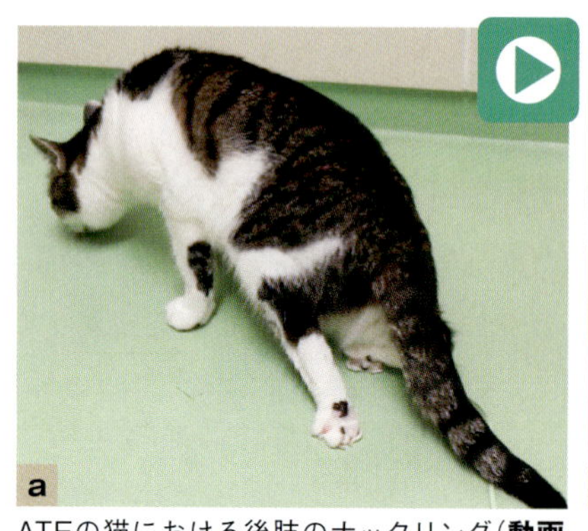

ATEの猫における後肢のナックリング(**動画1**)。

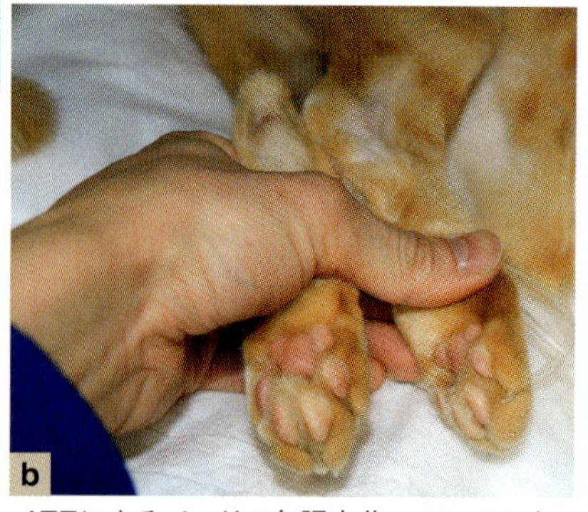

ATEによるパッドの色調変化。パッドの色調が白色または紫色に変化する。

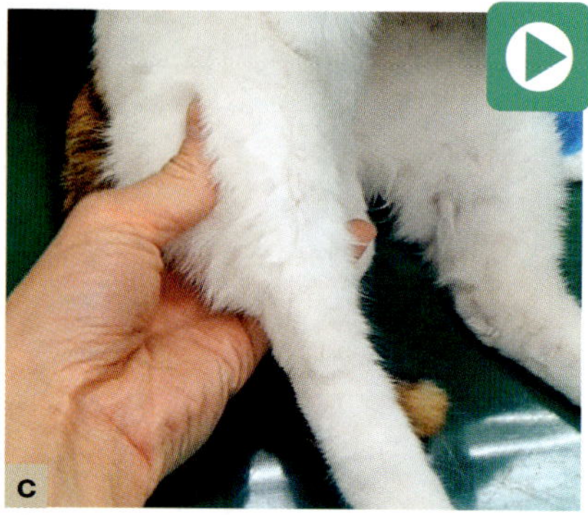

腓腹筋の硬直(**動画2**)。

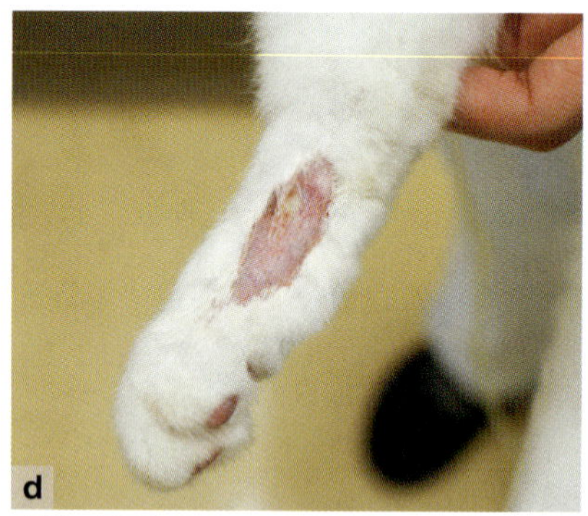

患肢の壊死。

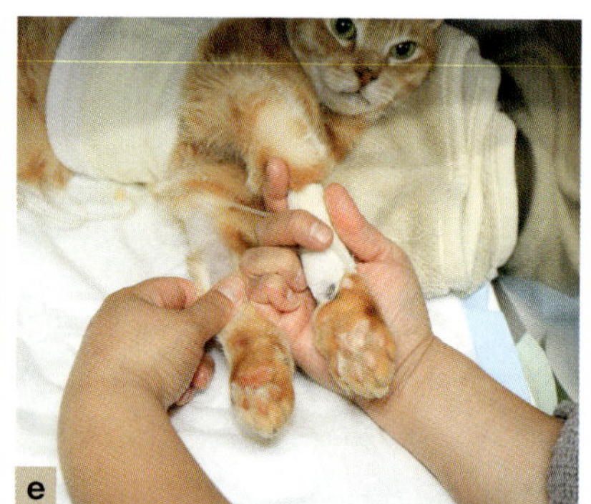

前肢に生じた病変。後肢の次に右前肢が多く，右鎖骨下動脈が閉塞しやすい。

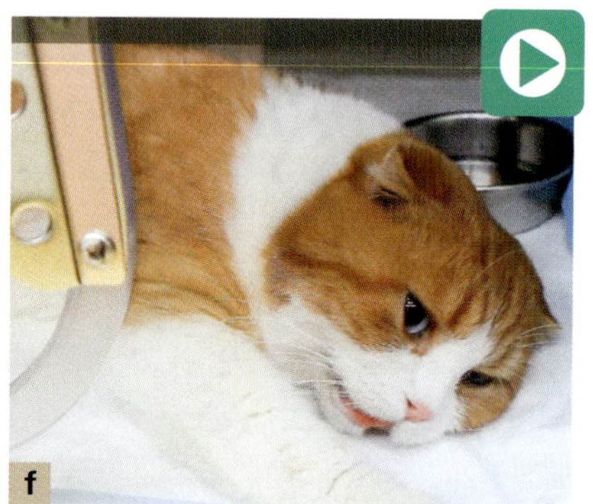

疼痛による頻呼吸。発症後1時間以内の症例の様相。頻呼吸は肺水腫でも生じるため，X線検査による鑑別が重要である(**動画3**)。

図1　猫のATEにおける臨床徴候

動画1　https://e-lephant.tv/ad/2003755/

動画2　https://e-lephant.tv/ad/2003756/

動画3　https://e-lephant.tv/ad/2003757/

③徐脈の有無

徐脈が認められる場合，高カリウム血症を呈している可能性がある。

④腓腹筋の硬直の有無(**図1c，動画2**)

⑤患肢の壊死の有無(**図1d**)

⑥前肢も血栓が存在していないか確認(**図1e**)

⑦呼吸様式の確認

痛みにより頻呼吸を呈している場合もある(**図1f，動画3**)。

X線検査

①肺水腫および胸水の有無を確認

②腸管内に異常ガスが滞留していないか確認

腸間膜動脈にも血栓がある可能性を考慮する。

血液検査

血糖値，腎臓の数値，電解質の値，CPK値，乳酸値を確認する。

①カリウム値

頸静脈と患肢から採血した血液中のカリウム値の差が大きい場合は，虚血再灌流障害を引き起こす可能性があるため注意する。

②BUN値とクレアチニン値

著しいBUN値やクレアチニン値の上昇は，腎梗塞が生じている可能性がある。

③CPK値

筋肉の破壊にともないCPK値が上昇する。

④乳酸値

乳酸値の上昇は予後と関連している[18]。

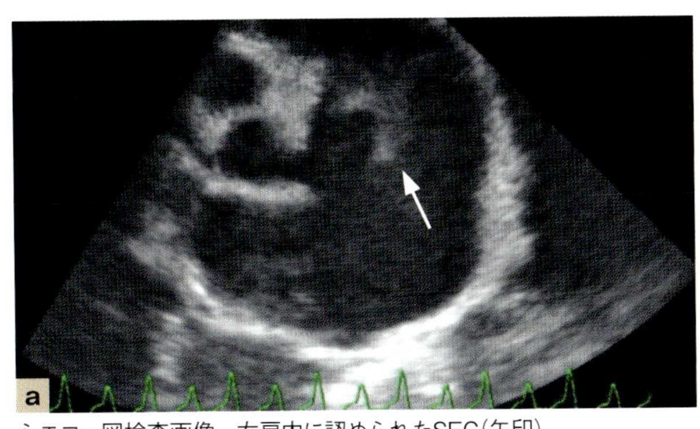

心エコー図検査画像。左房内に認められたSEC(矢印)。

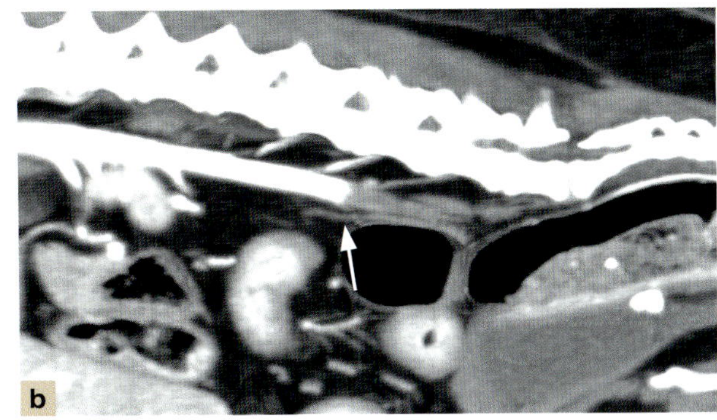

造影CT検査により確定診断されたATE(鞍状部血栓，矢印)。

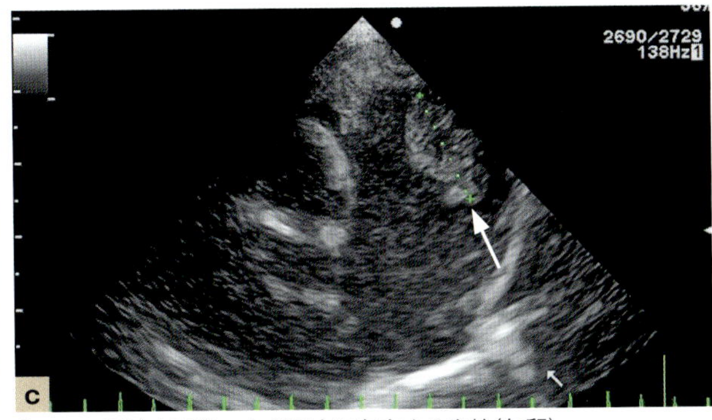

心エコー図検査画像。左心耳内に存在する血栓(矢印)。

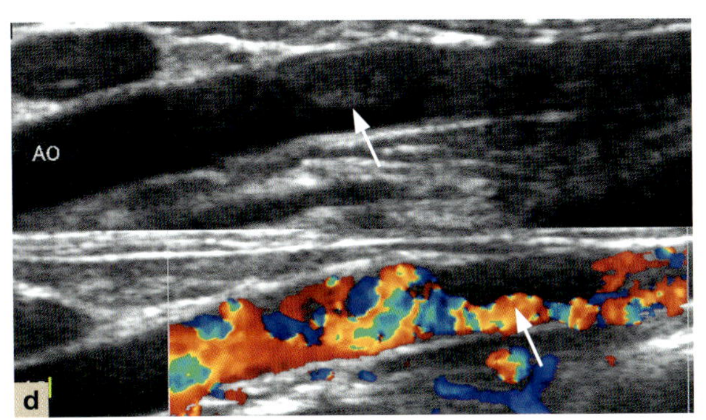

腹部エコー検査で発見された鞍状部に存在する血栓(矢印)。

図2 猫のATEにおける画像

心エコー図検査

心エコー図検査では，心機能の確認と血栓部位の特定を行う。血栓は心内では左心耳に，腹大動脈では鞍状部に存在する場合が多い(**図2**)。血栓が心臓内にある場合は，心臓内で血栓が溶解され，脳や肺，全身へ流れてしまうため血栓溶解薬は禁忌である。

心電図検査

期外収縮や AF の存在の有無を確認する。

治療

ATE の治療において，内科的治療および外科的治療のどちらを選択するかは，うっ血性心不全 congestive heart failure (CHF)を発症しているか，再灌流障害の存在，患肢の壊死の有無や発症からの経過時間，インフォームドコンセントを行った際の飼い主の反応，スタッフの人数やその日の診察状況などによって異なるため，統一された見解はない。しかし，各種検査所見から ATE と診断した場合，心不全の管理，電解質異常の是正，疼痛管理および抗血栓療法を即時に開始することを推奨する。筆者は，血栓症の猫と対面した場合には，すぐに以下の治療を行っている。

心不全(肺水腫)管理，電解質異常の補正，不整脈の確認

肺水腫や高カリウム血症の治療

肺水腫の治療では，経口投与が難しいため，フロセミドを中心とした利尿薬を使用する。投与方法はフロセミド 0.5～2.0 mg/kg，静脈内投与または皮下投与としている。筆者は 1.0 mg/kg を皮下投与して猫の反応をみながら増減している。脱水の程度や年齢なども考慮し，用量を調節する。

高カリウム血症の治療では，重度徐脈および増高 T 波(テント状 T 波)を呈している場合は重篤であるため(カリウム値> 7.5 mEq/L)，10%グルコン酸カルシウム 0.5～1.0 mL/kg を 10 分かけて静脈内投与する(2 倍に希釈する場合は容量負荷に注意する)。

グルコースインスリン(GI)療法では，レギュラーインスリン 0.25〜0.5 IU/kg と同時に，ブドウ糖 2.0 g/IU，静脈内投与を行う。例えば 4.0 kg の猫の場合，レギュラーインスリン 2.0 IU/頭＋ブドウ糖 4.0 g/頭(20%ブドウ糖を 20 mL，もしくは 50%ブドウ糖を 8.0 mL)を投与したのち，低血糖防止のため 5.0%グルコースの点滴を実施する。なお，CHF を起こしている猫では，容量負荷により肺水腫を発症する可能性があるため，輸液の投与量や投与速度には注意する。

◉不整脈の有無

重度の不整脈(AF や心室頻拍)を呈していないか確認する。

疼痛管理

疼痛管理は血栓症の診断後，即時に行われるべきである。疼痛管理に使用する薬を以下に示す。

①ブプレノルフィン 0.01〜0.02 mg/kg，1日2〜3回，静脈内投与
②フェンタニル 2.0〜5.0 μg/kg，持続定量点滴
③レミフェンタニル 10〜30 μg/kg，持続定量点滴

なお，フェンタニルやレミフェンタニルは，全身状態が著しく悪い症例の場合，低血圧を引き起こす可能性があるため投与は慎重に行う。

抗血栓療法

抗血栓療法では，以下に示す CURATIVE ガイドライン推奨の抗血栓薬を投与する。

①低分子ヘパリン 100 IU/kg，1日2〜3回，皮下投与
②クロピドグレル 18.75 mg/頭，1日2〜3回，経口投与
③リバーロキサバン 0.5〜1.0 mg/kg，1日1〜2回，経口投与

筆者は，ATE を疑った時点で低分子ヘパリンを皮下投与または静脈内投与し，その後の治療方針に応じて薬剤を選択している。

症例が経口投与可能な状態であれば，クロピドグレルやリバーロキサバンを投与している。しかし，クロピドグレルは効果発現が遅く，休薬後もその効果が持続する可能性があるため，飼い主との話し合いで断脚術やカテーテルによる血栓除去を行う可能性がある場合には使用を控えている。一方，リバーロキサバンは効果発現が早く，休薬後も効果がすぐに消失するため，外科的治療を行う予定があればリバーロキサバンを選択している。なお，CURATIVE ガイドライン上では，リバーロキサバンの猫に対するエビデンスは少ないため，クロピドグレルが推奨されているが，今後，リバーロキサバンの有効性に対する報告「Study of the Utility of Rivaroxaban or Clopidogrel for prevention of recurrent Arterial Thromboembolism in cats (SUPER CAT)」が公表される予定で現在進行している。

内科的治療と外科的治療の選択

低分子ヘパリンなどの抗血栓薬による内科的治療は，どの状態においても行われるべきであるが，血栓溶解療法を行うか，外科的治療を行うかは確立したガイドラインが存在しない。筆者は血栓溶解療法または外科的治療のメリットおよびデメリットを飼い主に説明し，同意が得られたほうを実施している。なお，近年は血栓溶解療法やバルーンカテーテルによる血栓除去に関しては否定的な意見が多い。

筆者の場合，片側性の ATE で浅部痛覚が残っている症例や両側性の ATE でも浅部痛覚が残っている症例では，まずは抗血栓薬による保存療法のみを行っている。臨床徴候が出現してから6時間以内の場合は血栓溶解療法も考慮するが，片側性の ATE の場合は保存療法のみで退院できる確率が高いため[19, 20]，血栓溶解療法はほとんど行っていない。両側性の ATE で深部痛覚がない場合や片側性の ATE だが深部痛覚がない場合，1〜3日程度は保存療法を行う。治療に対する反応が全くない場合，早めに飼い主と相談し，バルーンカテーテルによる血栓除去を行うか，患肢の断脚術を行っている。カリウム値が上昇している場合は，血栓を除去すると再灌流障害が起きる可能性があるため患肢の断脚術を推奨している。患肢が壊死している場合も同様に断脚術を推奨する。

薬剤	低分子ヘパリン	クロピドグレル	リバーロキサバン	アスピリン
製品			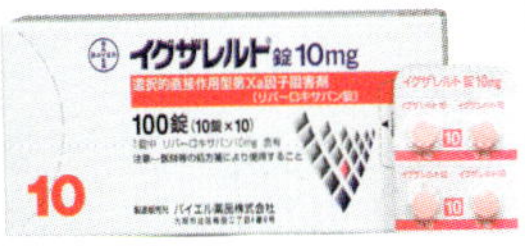	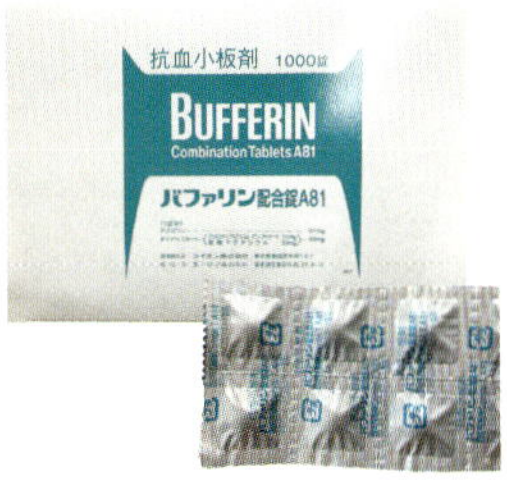
用量	100 IU/kg，1日2～3回	18.75 mg/頭，1日1回	0.5～1.0 mg/kg，1日1回	5.0 mg/頭，3日に1回
原価（1日）猫4.0 kg	先発：108～162 円 後発：76～114 円	先発：　24 円 後発：　4.4 円	先発のみ：87～175 円	0.3 円

図3　抗血栓薬の代表的な薬剤

インフォームドコンセント

入院前や通院治療に入る前には，飼い主へ以下の説明をし，同意を得ている。

①突然死する可能性がある。

②致死率が高い疾患である。

(1)片側性に血栓塞栓が認められる場合，退院率は70%程度である[16]。

(2)両後肢に血栓塞栓が認められる場合，退院率は30～40%以下である。

(3) 48時間以内に50%の猫が死亡する[14]。

③退院しても休薬できない。

④予後は悪く，心不全や血栓症を再発する可能性が高い。

内科的治療

抗血栓薬による保存療法

現在，CURATIVEガイドラインで推奨されているATEに対する抗血栓薬はクロピドグレルだが，錠剤径が小さく飲ませやすいという観点からリバーロキサバンを処方する場合も多くある。ただし，リバーロキサバンは薬価が高いため，筆者は飼い主と相談して処方するようにしている。筆者は，初期治療として低分子ヘパリンを皮下投与または持続定量点滴しながら，クロピドグレルあるいはリバーロキサバンのどちらか一方を処方している。近年では，クロピドグレルとリバーロキサバンを併用したほうがATE症例の再発率が低くなると報告されていることから[21]，症例および飼い主が許容できるならば併用することもある。以下，抗血栓薬の詳細を記載した。それぞれの薬剤の情報からメリットとデメリットを判断して処方することを推奨する（**図3**）。なお，薬価は変動があるため参考程度に紹介する。

低分子ヘパリン

①効能または効果

抗凝固薬

②販売名

フラグミン静注5000単位/5 mL（先発品）

ダルテパリンNa静注5000単位/5 mL（後発品）

③用量・用法

75～150 IU/kg，1日3～4回，皮下投与，静脈内投与。150～300 IU/kg/日，持続定量点滴，1日量を24時間かけて輸液と混注する。持続定量点滴による効果のエビデンスはない。

④作用機序

アンチトロンビンantithrombin（AT）の抗凝固活性を増強する。低分子ヘパリンの分子量は4,000～6,000 Daと小さく，ヘパリンに比べ糖鎖が短いため，ATとは結合できるがトロンビンとは結合できず，ATを介して第Xa因子を阻害する。

⑤薬剤情報

注射薬として静脈内投与と皮下投与が可能である。半減期が短いため1日複数回投与する必要がある[22, 23]（**図4**）。筆者は100～200 IU/kg，1日3回，皮下投与を行ってい

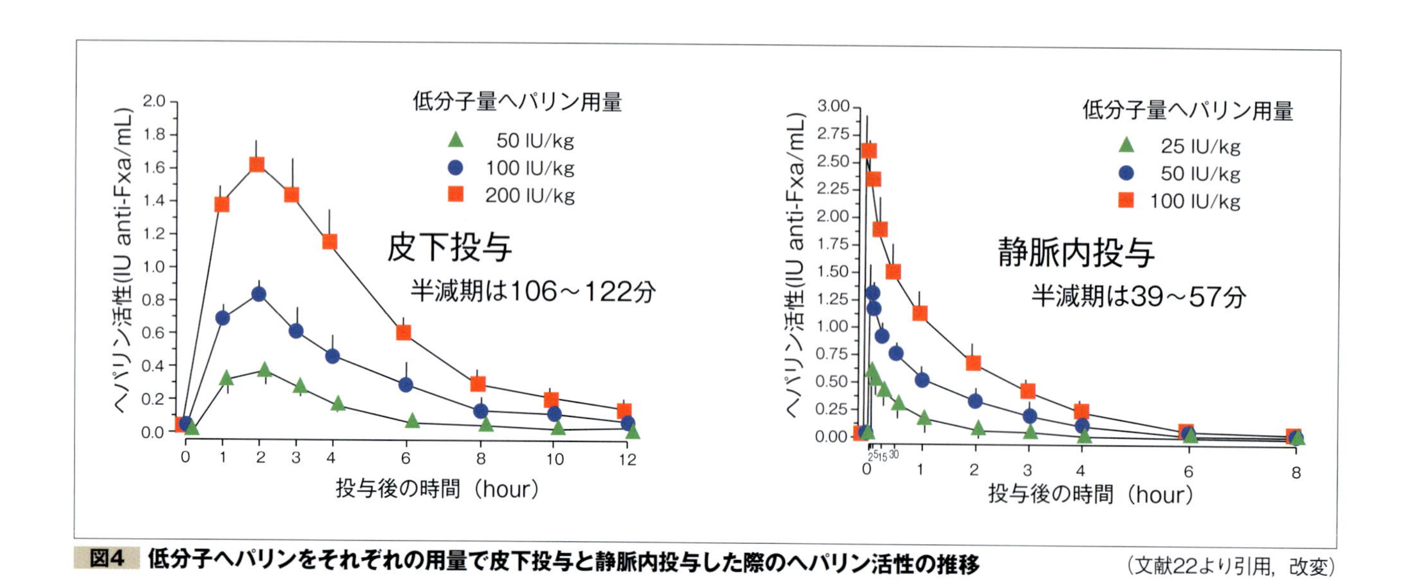

図4　低分子ヘパリンをそれぞれの用量で皮下投与と静脈内投与した際のヘパリン活性の推移　（文献22より引用，改変）

ることが多い。静脈内投与する場合，皮下投与よりも圧倒的に半減期が短くなるため，急性期の急速に効果を得たい場合のみ静脈内投与としている。持続定量点滴で投与することもあるが，エビデンスがないため薬剤の投与量が適切であるかは不明である。

⑥副作用

出血傾向，肝酵素上昇，アナフィラキシーショック(まれ)など。

⑦利点

強い血液抗凝固作用。注射薬であるため経口投与ができない症例にも使用できる。

⑧欠点

半減期が短く，1日複数回投与しなければならない。

◉クロピドグレル

①効能または効果

抗血小板薬

②販売名

プラビックス25/75 mg錠(先発品，直径6.8/8.7 mm)

クロピドグレル25/75 mg錠(後発品，直径6.7/8.7 mm)

③用量

18.75 mg/頭，1日1回[24]。

④作用機序

アデノシン二リン酸(ADP)受容体($P2Y_{12}$)を遮断し，血小板活性を抑制する。

⑤薬剤情報

3日後から最大効果を発揮する。効果発現までに時間を要するため，初期は低分子ヘパリンと併用することが多い。休薬後は7日以降から血小板機能が回復するため，外科的治療や抜歯を行うことがあれば7日以上の休薬を推奨する[24]。

⑥副作用

出血傾向，胃腸障害，肝酵素上昇，白血球数減少など。カプセルに重鎮して投与すると胃腸障害が少なくなることがFAT CAT study[25]で報告されている。ヒト医療では，胃腸障害の副作用が多いとされている。

⑦利点

リバーロキサバンよりも安価であり，研究報告が多い[25]。また，副作用は比較的少ない。

⑧欠点

錠剤径が大きい。分割した場合には苦味があり飲ませにくいため，カプセルに重鎮するとよい。粉末にして食事に混ぜても苦味で食べないことが多い。

◉リバーロキサバン

①効能または効果

抗凝固薬，直接経口抗凝固薬

②販売名

イグザレルト錠2.5/10/15 mg (直径6.0 mm)

③用量

0.5～1.0 mg/kg，1日1回。0.5 mg/kg，1日1回からスタートし，1.0 mg/kg，1日1回まで増量[25]。クロピドグレルと併用する際の用量は，2.5 mg/頭[21]。

④作用機序

直接的に第Xa因子を阻害し，抗凝固作用を発揮する。

⑤薬剤情報

消化吸収率が高く，効果発現も早いため，効果は1日程度で消失する[21]。

⑥副作用

出血傾向，肝障害，間質性肺疾患など。

⑦利点

錠剤径が小さく飲ませやすい。

⑧欠点

先発品の薬価が高く，動物におけるエビデンスが少ない。

⊙アスピリン

①効能または効果

抗血小板薬

②販売名

アスピリン「ヤマゼン」粉末500 g

バファリン配合錠A81

③用量

低用量：5.0 mg/頭，3日に1回

高用量：75.0 mg/頭，3日に1回

④作用機序

シクロオキシゲナーゼ1（COX-1）を非可逆的に阻害し，トロンボキサンA_2（TXA_2）の産生を抑制することにより抗血小板作用を発揮する。

⑤薬剤情報

低用量と高用量の内服でのATEの発症率に差がない（猫では低用量推奨）[15]。猫で重篤な胃腸障害が出現することがある。

⑥副作用

胃腸障害（重篤な胃潰瘍を発症する場合があるため，とくに高齢猫への使用には注意する），出血傾向，肝酵素上昇など。

⑦利点

安価であり，投与量も少ないため飲ませやすい。

⑧欠点

クロピドグレルやリバーロキサバンが登場するまでは使用されていたが，猫では重篤な胃腸障害が出現するため，最近では使用する機会が減少した。筆者も高齢猫に使用し，重篤な胃潰瘍を起こした経験がある。

⊙未分画ヘパリン

①効能または効果

抗凝固薬

②販売名

ヘパリンNa注5000単位/5 mL（先発品）

③用量

100～250 IU/kg，1日2～3回，静脈内投与，皮下投与

12～25 IU/kg/時，持続定量点滴

④作用機序

未分画ヘパリンの分子量は3,000～35,000 Daとさまざまである。分子量の大きいものはATとトロンビンに結合することが可能であるため，強い凝固作用が生まれる。

⑤薬剤情報

注射薬として静脈内投与，皮下投与が可能である。抗凝固作用が強いため出血傾向がある症例には投与しない。CURATIVEガイドラインにおける推奨用量は，250 IU/kg，1日4回，皮下投与である[1]。筆者は推奨されている用量であまり投与したことがなく，増悪期に100 IU/kg，静脈内投与を行い，その後ダルテパリンに変更する場合が多い。持続定量点滴で使用した経験もない。

⑥副作用

出血傾向，肝酵素上昇，アナフィラキシーショック（まれ）など。

⑦利点

強い抗凝固作用があるため，急性増悪期の症例で使用することがある。

⑧欠点

作用が強いため出血傾向となる恐れがある。また，断脚術などの手術を行う前に投与すると出血が止まらなくなる恐れがあるため，外科的治療を行う症例に対しては手術前に投与しない。

⑨その他

拮抗薬であるプロタミンに関して，ヒトではヘパリンの拮抗薬としてプロタミンを使用するが，動物では重篤な低血圧を引き起こす可能性があるため慎重に投与する。ヘパリンの過剰投与により重度の出血傾向に陥った場合は，ヘパリン100 IU/kgに対してプロタミン1.0 mg/kgを10

倍以上希釈し，30分以上かけて血圧をモニタリングしながら持続定量点滴で投与する[26]。

抗血栓薬に関する論文

クロピドグレルとアスピリンの効果比較

クロピドグレル(18.75 mg／頭，1日1回)とアスピリン(81 mg/頭，3日に1回)の効果を比較検討した研究であるFAT CAT study[25]によると，以下の報告が挙げられている。

①クロピドグレル投与群では，ATEを再発するまでの期間が延長した(クロピドグレル群のATEを再発するまでの期間443日 vs アスピリン群のATEを再発するまでの期間192日)。

②クロピドグレル投与群では，ATE再発率が低下した(クロピドグレル群の再発率49% vs アスピリン群の再発率75%)。

③クロピドグレル投与群では，生存期間中央値が延長した(クロピドグレル群の生存期間中央値248日 vs アスピリン群の生存期間中央値128日)。

クロピドグレルとリバーロキサバンの併用療法

ATEに対するクロピドグレル(18.75 mg/頭，1日1回)とリバーロキサバン(2.5 mg/頭，1日1回)の併用療法に関する論文[21]では，以下の報告が挙げられている。

①併用療法はATEの再発率を低下させる可能性がある。併用療法を実施した際のATEの再発率は16.7%で，過去の論文(FAT CAT study[25])と比較すると再発率は低い。

② 32頭中5頭に副作用が出現した。副作用としては，鼻出血，吐血，血便または血尿が挙げられ，いずれも重症ではない。

クロピドグレルとリバーロキサバンの併用療法の実験

健康な猫9頭に対して，クロピドグレルとリバーロキサバンによる併用療法を実験的に証明した論文[27]では，以下の報告が挙げられている。

①クロピドグレル(18.75 mg/頭，1日1回)とリバーロキサバン(2.5 mg/頭，1日1回)を健康猫に投与し，トロンビン生成能と血小板凝集能を評価した。

②クロピドグレルとリバーロキサバンを組み合わせた治療は，クロピドグレルまたはリバーロキサバンの単独療法よりも安全に，血小板活性化およびトロンビン生成能を効果的に減少させる。

リバーロキサバンの薬物動態

健康な成猫のリバーロキサバンの薬物動態に関する論文[26]では，以下の報告がある。

①リバーロキサバンの効果のピークは投与3時間後である。

②リバーロキサバン2.5 mg/頭および5.0 mg/頭の投与群では，抗凝固作用は24時間までにベースラインに戻る。1.25 mg/頭では，12時間ほど抗凝固作用が持続する。

③顕著な副作用は認められなかった。

低分子ヘパリン

猫の低分子ヘパリンに関する論文では，以下の報告がある。

①低分子ヘパリンは半減期が短いため，75～150 IU/kgを1日4回，皮下投与する投与計画が合理的な投与戦略である[22, 23]。

その他の抗血栓薬

CURATIVEガイドラインには記載されていない，そのほかの抗血栓薬を以下に示す。

ジピリダモール

①用量・用法

2.0～3.0 mg/kg，1日2～3回，経口投与。

②特徴

冠動脈拡張作用がある。以前は血管拡張薬および血小板凝集抑制薬として使用されていたが，獣医療におけるエビデンスが乏しく近年は使用する獣医師が少なくなった。

オザグレル

①用量・用法

5.0～10 mg/kg，1日2回，経口投与。

②特徴

トロンボキサン合成酵素を阻害し，抗血小板作用を発揮する。また，抗炎症作用を有するため，以前は猫伝染性腹膜炎の治療薬として使われていた。

シロスタゾール

①用量・用法

5.0～10 mg/kg，1日2回，経口投与。

②特徴

ホスホジエステラーゼ3活性を選択的に阻害し，血小板および血管の平滑筋細胞内の環状アデノシン一リン酸を上昇させる。現在では，心拍数を増加させる目的で使用されていることが多い。

エノキサパリン

①用量・用法

0.75 mg/kg，1日3～4回，皮下投与。

②特徴

抗Xa活性化薬，ダルテパリンと同様に作用時間が短いため，1日複数回皮下投与しなければ効果が低い。現在はダルテパリンのほうが獣医療におけるエビデンスが多いため，エノキサパリンを使用している獣医師は少ない。クレキサン皮下注キット(先発品) 2,000 IU/筒として販売されており，エノキサパリン1.0 mgは，100 IUに相当する。

血栓溶解薬投与による積極的な治療法

CURATIVEガイドラインによると，猫のATE治療においての血栓溶解薬の使用は，エビデンスがないため推奨されていない。使用する場合は，個々の症例におけるリスクと利益を評価し，飼い主との十分なインフォームドコンセントを実施したうえでの使用を提案している。心臓内に血栓が存在する場合，溶解薬投与後に血栓が崩壊し，肺に流れ，肺血栓塞栓症を発症する可能性があるため禁忌となっている。

アルテプラーゼ

①効能または効果

遺伝子組み換え組織プラスミノゲンアクチベーター（rt-PA製剤）

②販売名

アクチバシン注600万

グルトパ注600万

③用量・用法

1.0 mg/kg(アルテプラーゼ1.0 mgは58万IUに相当)。

生理食塩液で希釈し，1.0 mg/kg全量を1時間かけて投与する方法や全量の10%程度を1分間で投与したのち，残りの90%を1時間かけて投与する方法などが報告されている(半減期は4～8分程度とされている)[13, 14]。筆者は1.0 mg/kgを1時間かけて投与している。また,「複数回投与したほうが溶解率は高い」などの報告はないが，1日1回，数日程度使用することは可能である。ヒト医療では，成人1日1回につき上限60 mgとなっている。

④作用機序

フィブリンとの親和性が高く，血栓に特異的に吸着し血栓上でプラスミノーゲンをプラスミンに転化させ，フィブリンを分解し，血栓を溶解する。アルテプラーゼとモンテプラーゼの2種類のt-PA製剤があるが，アルテプラーゼは天然型t-PA（血管内皮細胞が産出するt-PA)と同じアミノ酸配列であるのに対し，モンテプラーゼは半減期を延長させる目的で一部のアミノ酸を変化させている。両者のATEへの効果の違いは，獣医療では報告されていない。

⑤薬剤情報

ヒト医療では，血栓溶解薬の適応として脳梗塞なら4時間以内，心筋梗塞なら6時間以内に投与を行うことが推奨されている。獣医療でも同様に，発症初期(6時間以内)からの投与が推奨されているが，詳細な理由は不明である[13, 14, 28]。

⑥副作用

再灌流障害，急性腎不全，不整脈，ショックなど。

⑦利点

保存療法とは異なり,存在する血栓を積極的に溶解する。

⑧欠点

薬価が高い。治療成績は決してよいとはいえず，使用するタイミングが非常に重要となる。血栓溶解後に再灌流障害を呈する可能性がある。

モンテプラーゼ

①効能または効果

rt-PA製剤

②販売名

クリアクター静注用40/80万

③用量・用法

13,500～27,500 IU/kg，1日1回，静脈内投与，数分かけてゆっくりと投与する。

生理食塩液で希釈し(5.0 mLの生食などにメスアップし

ている)，投与期間は3日程度としている。ヒト医療では高齢者で脳出血を起こす可能性が考慮され，低用量(13,500 IU/kg)で開始される。

④作用機序

アルテプラーゼと同様の作用機序だが，モンテプラーゼは天然型t-PAの84番目のシステインがセリンに変更されており，アルテプラーゼよりも半減期が長い。

⑤薬剤情報

才田らによると，保存療法群とt-PA投与群において，t-PA投与群で退院率が低かったとの報告もあり，アルテプラーゼと同様に再灌流障害などが問題となっている[29]。ヒト医療では，発症してから6時間以内に投与を行うことが推奨されている。

⑥副作用

再灌流障害，急性腎不全，不整脈，ショックなど。

⑦利点

保存療法とは異なり存在する血栓を積極的に溶解する。半減期が長い薬剤であるため，時間をかけずに静脈内投与できる。

⑧欠点

血栓溶解後に再灌流障害を呈する可能性がある。

⊙ウロキナーゼ

①効能または効果

ウロキナーゼ型プラスミノゲンアクチベーター

②販売名

ウロナーゼ静注用6/12万単位

③用量・用法

60,000 IU/頭，静脈内投与。

文献に明確な投与方法の記載はない。さまざまな投与方法があるが，筆者は生理食塩液で溶解し，輸液(生理食塩液，ブドウ糖，生理食塩液とブドウ糖を1:1に調整した点滴)に混注し，1日かけて投与している。例えば，50 mLの生理食塩液にウロキナーゼ全量を溶かし，24時間で流れるように設定している。

④作用機序

血液中のプラスミノーゲンを活性化させ，フィブリンを分解する。t-PAと異なり血栓に対する特異性が低く，生理学的フィブリン凝塊も溶かすため出血傾向がみられる。

⑤薬剤情報

猫での使用報告例はいくつかあるが，使用用量は定まっていない。ヒト医療では，カテーテルを使用した局所投与による血栓溶解がスタンダードな使用法であるが，獣医療での同様の使用法を行った報告例は限られている[30]。ヒトの尿から発見されたことが名前の由来となっている。半減期は15分程度とされている。

⑥副作用

出血傾向(脳出血，消化管出血，血尿)，再灌流障害，嘔吐，急性腎不全，不整脈，ショックなど。

⑦利点

t-PA製剤よりも安価な血栓溶解薬である。

⑧欠点

t-PA製剤よりも血栓に対する親和性が低いため，出血傾向となる可能性がある。t-PAと同様に血栓溶解後，再灌流障害を呈する可能性がある。

⊙ストレプトキナーゼ

①効能または効果

プラスミノゲンアクチベーター

②販売名

ストレプトキナーゼ

③用量・用法

90,000 IU/頭を30分かけて持続定量点滴，その後，さらに45,000 IU/頭を3〜4時間かけて持続定量点滴を行う。

④作用機序

プラスミノーゲンと複合体を形成し，プラスミンを活性化させる。

⑤薬剤情報

Mooreらは，2000年に低分子ヘパリンと組み合わせることによって半数の症例で血栓溶解が達成されたことを報告しているが，退院率は33%程度であった[31]。

⑥副作用

出血傾向，再灌流障害，急性腎不全，不整脈，ショックなど。

⑦利点

t-PAと比較すると安価である。

⑧欠点

ウロキナーゼと同様に出血傾向がみられるため，慎重に投与しなければならない。

血栓溶解療法に関する論文

アルテプラーゼの効果

猫のATEにおけるアルテプラーゼ(グルトパ)の効果[14]として，以下の報告が挙げられている。

①t-PA群20頭とプラセボ群20頭の退院率や臨床的な改善度を調査した(t-PA投与は発症後6時間以内に実施した)。

②血栓溶解療法は，48時間生存率および退院率に統計的に有意な影響を与えなかった。48時間生存率は，t-PA群60%およびプラセボ群40%で，退院までの生存率が，t-PA群45% vs プラセボ群30%だった。若干t-PA群のほうが生存率や退院率が高い。

③全体40頭中20頭が48時間以内に死亡したため，t-PAの有用性を適切に調べることができなかった。

④乳酸値が低い猫および直腸温が高い猫は生存率が高い。

モンテプラーゼ(t-PA)の効果

才田らによる猫のATEにおけるモンテプラーゼ(t-PA)の効果[29]では，以下の報告が挙げられている。

①ATE猫15頭のうち8頭に保存療法，7頭にモンテプラーゼを使った結果，保存療法群のほうが退院率は高かった。退院率は，保存療法群100%，t-PA群42.9%，死亡率は，保存療法群37.5%，t-PA群100%だった。

②死亡原因として，急性腎不全，循環不全，高カリウムなどが認められた。

③投与量は，27,500 IU/kg，1日1回，数分かけてゆっくり静脈内投与を行う。1～4日間連日投与されている症例も存在した。

外科的治療

バルーンカテーテル balloon catheter (BC)法による血栓除去術の他，患肢の断脚術などが外科的な治療法として考えられるが，大規模な調査が少なく，適応症例が限られているため明確なエビデンスがない。実施する場合は，メリットとデメリットを飼い主と十分話し合い実施する。

BC法による血栓除去術

報告として，若齢猫であることや発症してから来院までが早いことなどが適応の目安となり，逆に10歳以上の高齢猫であれば予後が悪いことから，内科的治療を行ったほうがよいなどの意見がある[32]。

BC法の手順

使用する血栓除去術用のカテーテルは，3 Frまたは2 Frのフォガティーカテーテル Fogarty catheter (**図5**)，あるいは，3 Frまたは2 FrのLeMaitre血栓除去カテーテル(レメイト・バスキュラー社)を使用する。

状態の悪い症例が多いため，全身麻酔には注意が必要である。仰臥位で両側の大腿動脈にアプローチする(**図6**)。まず片側の股関節直上の皮膚を切開する。軟部組織を剥離すると縫工筋と恥骨筋の間に大腿動・静脈が認められる。頭側にある血管が大腿動脈である。大腿動脈の遠位側と近位側にターニケットを設置し，大腿動脈を切開してカテーテルを挿入する。透視装置または腹部エコー検査画像をみながら鞍状部に存在する血栓までカテーテルを進め，バルーンを拡張させ血栓を回収する。回収の際，バルーンを拡張させたままでは回収できないため，遠位部に近づくにつれ少しずつバルーンを縮小させ，引き抜く。反体側も同様の手順で血栓を回収する。血栓回収の際，カテーテルで血栓を押し込んでしまい，対側を再度閉塞させてしまう可能性があるため，血栓を回収した後も，再度，左右ともバルーンを挿入し，血栓がないか確認する。または，大腿動脈のターニケットを緩め，出血するか確認する。切開部位の縫合に関しては，マイクロサージェリーが得意であれば縫合を行うが，症例の状態が悪く麻酔を早期に終了したい場合には，ターニケットの糸を使用し結紮する(切開部より近位に大腿深動脈が存在するため，結紮したとしても下肢の血流には問題ないと考えられている)。

患肢の断脚術

患肢が壊死している場合や，血流の再開により重度の再灌流障害を呈する可能性がある場合などは断脚術の適応となる。通常の断脚術と同様の術式で行うが，筆者は以下の点に注意しながら，術前に飼い主へ入念な説明を行い実施

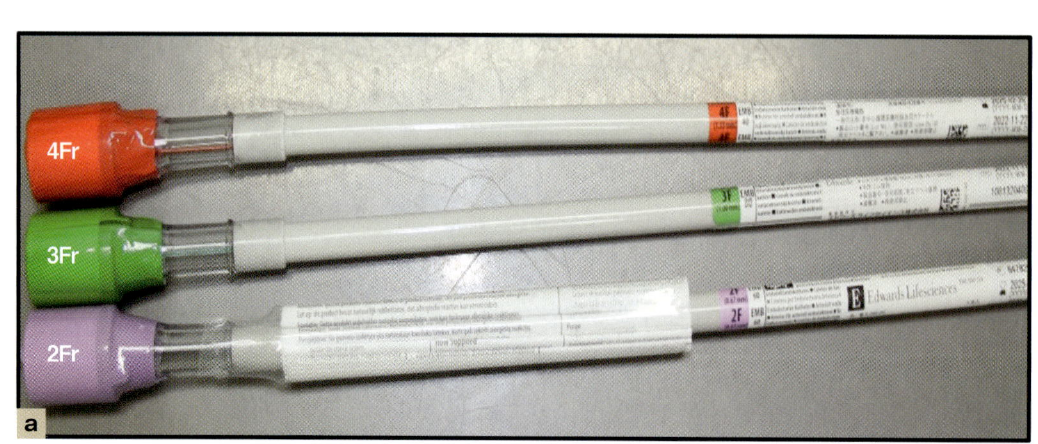

2～4Frのフォガティーカテーテル

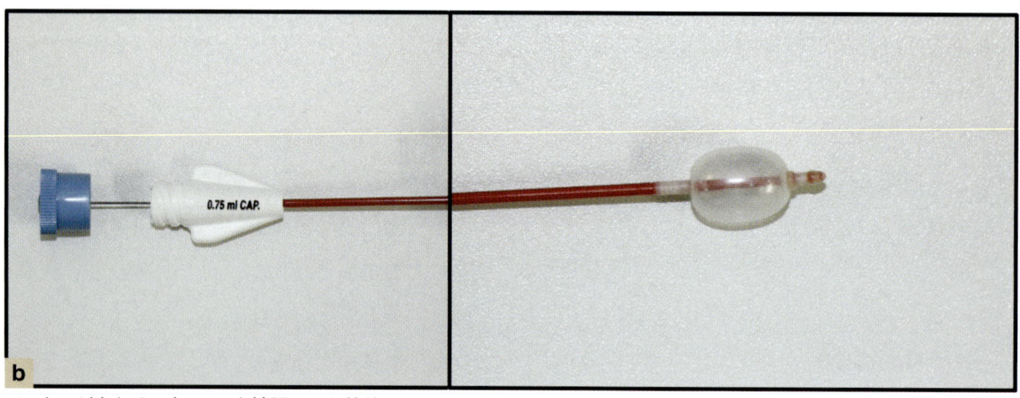

パッケージをあけ，バルーンを拡張させた状態

図5　フォガティーカテーテル

している。

① 皮膚や筋肉が壊死している可能性があるため創部が離開しやすい。

② 手術中は切除した皮膚や筋肉から出血があるか確認している。出血が全くない部位などは組織が壊死している可能性があるため，術後に癒合しない可能性がある。

③ ①，②の理由から再手術になる可能性がある。

予後

ATE症例の予後は一般的に悪い。過去の論文に記載されているATEを発症した猫の生存期間中央値をまとめた(**表1**)。あくまで論文に記載されている予後であり，組み入れ基準や治療法など，それぞれ条件が異なるため，正確な生存期間中央値を把握することは難しく，参考程度に紹介する。

おわりに

猫のATEは，治療が難しく予後も悪いためすべての症例を救うことは困難である。しかし，治療介入の遅れや獣医師側の知識不足がATE悪化の要因となるため，診断から治療までの流れをスムーズに行い多くの知識を共有することで，一頭でも多くの命を救おうとすることが大切である。

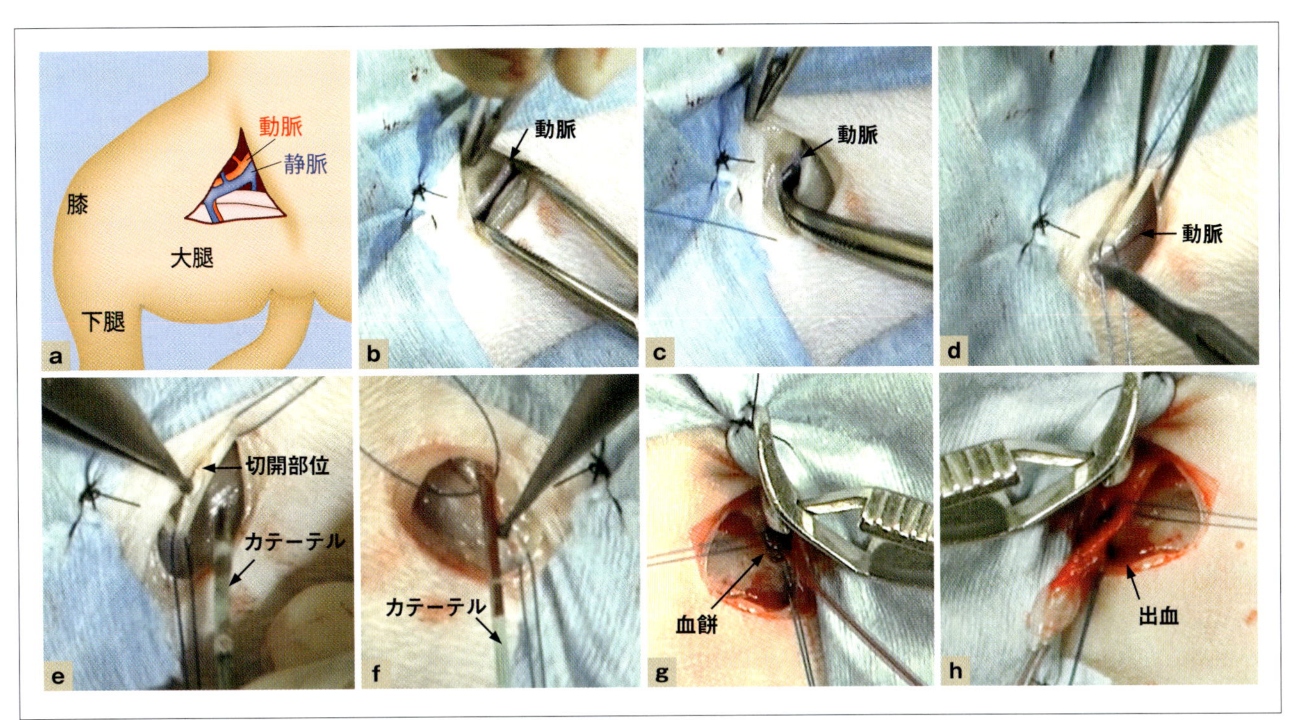

図6 BC法による血栓除去術(体位: 仰臥位，動画4)

(a～c) 大腿動脈の位置を確認する。大腿動脈と大腿静脈は並走しており，頭側の血管が大腿動脈である。静脈よりも若干細く，弾性がある。
(d) 大腿動脈を分離し，ターニケットを設置する。
(e) No.11のメス刃または眼科用剪刀などで大腿動脈を切開し，BCを挿入する。
(f) カテーテルを血栓部位まで進める。
(g) 血栓部位から頭側にカテーテルが通過したことを確認し，バルーンを膨らませ末梢に移動させる。
(h) バルーンを拡張させたままだと引き抜けないため，バルーンの空気を若干抜き，血栓を血管外へ引き出す。血栓除去後，動脈から血液が噴き出すため，左右とも同様の作業を行い血栓の取り残しを防ぐ。

https://e-lephant.tv/ad/2003758/

表1 ATEを発症した猫の生存期間中央値

報告	生存期間中央値
Atkins, C.E., *et al.* (1992), *J. Am. Vet. Med. Assoc.*[33]	ATE発症後の猫の生存期間中央値は61日(治療法の詳細なし)。
Rush, J.E., *et al.* (2002), *J. Am. Vet. Med. Assoc.*[2]	ATEを発症した猫の生存期間中央値は184日(治療法の詳細なし)。
Smith, S.A., *et al.* (2003), *J. Vet. Intern. Med.*[15]	ATEを発症し生き残った猫の生存期間中央値は117日(そのうちATEと心不全がある症例77日，ATEだが心不全がない症例223日，全体としての生存期間中央値は117日)。
Borgeat, K., *et al.*(2014), *J. Vet. Intern. Med.*[17]	ATEを発症し，7日間以上生存した猫の生存期間中央値は94日(発症後にクロピドグレルまたはアスピリンのいずれかで治療)。
Hogan, D.F., *et al.* (2015), *J. Vet. Cardiol.*[25]	ATEイベントから生き残った猫にアスピリンまたはクロピドグレルを投与し，その後の生存期間中央値を分析。アスピリン投与群の生存期間中央値は128日，クロピドグレル投与群の生存期間中央値は248日であった。
Lo, S.T., *et al.* (2022), *J. Feline. Med. Surg.*[21]	ATEイベントから生き残った猫に，リバーロキサバンとクロピドグレルの2剤併用療法を実施。症例の生存期間中央値は502日。

参考文献

1. Sharp, C.R., Goggs, R., Blais, M.C., *et al.* (2019) : Clinical application of the American College of Veterinary Emergency and Critical Care (ACVECC) Consensus on the Rational Use of Antithrombotics in Veterinary Critical Care (CURATIVE) guidelines to small animal cases. *J. Vet. Emerg. Crit. Care* (San Antonio)., 29 (2) : 121-131.
2. Rush, J.E., Freeman, L.M., Fenollosa, N.K., *et al.* (2002) : Population and survival characteristics of cats with hypertrophic cardiomyopathy: 260 cases (1990-1999). *J. Am. Vet. Med. Assoc.*, 220 (2) : 202-207.
3. Luis Fuentes, V., Abbott, J., Chetboul, V., *et al.* (2020) : ACVIM consensus statement guidelines for the classification, diagnosis, and management of cardiomyopathies in cats. *J. Vet. Intern. Med.*, 34 (3) : 1062-1077.
4. Fuster, V., Rydén, L.E., Cannom, D.S., *et al.* (2006) : ACC/AHA/ESC 2006 Guidelines for the Management of Patients with Atrial Fibrillation: a report of the American College of Cardiology/American Heart Association Task Force on Practice Guidelines and the European Society of Cardiology Committee for Practice Guidelines (Writing Committee to Revise the 2001 Guidelines for the Management of Patients With Atrial Fibrillation) : developed in collaboration with the European *Heart Rhythm* Association and the *Heart Rhythm* Society. *Circulation.*, 114 (7) : e257-354.
5. Payne, J.R., Borgeat, K., Brodbelt, D.C., *et al.* (2015) : Risk factors associated with sudden death vs. congestive heart failure or arterial thromboembolism in cats with hypertrophic cardiomyopathy. *J. Vet. Cardiol.*, 17 (1) : S318-328.
6. Peck, C.M., Nielsen, L.K., Quinn, R.L., *et al.* (2016) : Retrospective evaluation of the incidence and prognostic significance of spontaneous echocardiographic contrast in relation to cardiac disease and congestive heart failure in cats: 725 cases (2006-2011). *J. Vet. Emerg. Crit. Care.* (San Antonio), 26 (5) : 704-712.
7. Schober, K.E., Maerz, I. (2006) : Assessment of left atrial appendage flow velocity and its relation to spontaneous echocardiographic contrast in 89 cats with myocardial disease. *J. Vet. Intern. Med.*, 20 (1) : 120-130.
8. Laste, N.J., Harpster, N.K. (1995) : A retrospective study of 100 cases of feline distal aortic thromboembolism: 1977-1993. *J. Am. Anim. Hosp. Assoc.*, 31 (6) : 492-500.
9. Stokol, T., Brooks, M., Rush, J.E., *et al.* (2008) : Hypercoagulability in cats with cardiomyopathy. *J. Vet. Intern. Med.*, 22 (3) : 546-552.
10. Bédard, C., Lanevschi-Pietersma, A., Dunn, M. (2007) : Evaluation of coagulation markers in the plasma of healthy cats and cats with asymptomatic hypertrophic cardiomyopathy. *Vet. Clin. Pathol.*, 36 (2) :167-172.
11. Helenski, C.A., Ross Jr, J.N. (1987) : Platelet aggregation in feline cardiomyopathy. *J. Vet. Intern. Med.*, 1 (1) : 24-28.
12. Busato, F., Drigo, M., Zoia, A. (2022) : Reduced risk of arterial thromboembolism in cats with pleural effusion due to congestive heart failure. *J. Feline. Med. Surg.*, 24 (8) : e142-152.
13. Guillaumin, J., Gibson, R.M., Goy-Thollot, I. *et al.* (2019) : Thrombolysis with tissue plasminogen activator (TPA) in feline acute aortic thromboembolism: a retrospective study of 16 cases. *J. Feline. Med. Surg.*, 21 (4) : 340-346.
14. Guillaumin, J., DeFrancesco, T.C., Scansen, B.A., *et al.* (2022) : Bilateral lysis of aortic saddle thrombus with early tissue plasminogen activator (BLASTT) : a prospective, randomized, placebo-controlled study in feline acute aortic thromboembolism. *J. Feline. Med. Surg.*, 24 (12) : e535-545.
15. Smith, S.A., Tobias, A.H., Jacob, K.A., *et al.* (2003) : Arterial thromboembolism in cats: acute crisis in 127 cases (1992-2001) and long-term management with low-dose aspirin in 24 cases. *J. Vet. Intern. Med.*, 17 (1) : 73-83.
16. Fuentes, V.l. (2012) : Arterial thromboembolism: risks, realities and a rational first-line approach. *J. Feline. Med. Surg.*, 14 (7) : 459-470.
17. Borgeat, K. Wright, J., Garrod, O., *et al.* (2014) : Arterial thromboembolism in 250 cats in general practice: 2004-2012. *J. Vet. Intern. Med.*, 28 (1) : 102-108.
18. Tosuwan, J., Hunprasit, V., Surachetpong, S.D. (2021) : Usefulness of peripheral venous blood gas analyses in cats with arterial thromboembolism. *Int. J. Vet. Sci. Med.*, 9 (1) : 44-51.
19. Mitropoulou, A., Hassdenteufel, E., Lin, J., *et al.* (2022): Retrospective Evaluation of Intravenous Enoxaparin Administration in Feline Arterial Thromboembolism. *Animals (Basel)*, 12 (15) : 1977.
20. Schoeman, J.P. (1999) : Feline distal aortic thromboembolism: a review of 44 cases (1990-1998). *J. Feline. Med. Surg.*, 1 (4) : 221-231.
21. Lo, S.T., Walker, A.L., Georges, C.J., *et al.* (2022) : Dual therapy with clopidogrel and rivaroxaban in cats with thromboembolic disease. *J. Feline. Med. Surg.*, 24 (4) : 277-283.
22. Mischke, R., Schmitt, J., Wolken, S., *et al.* (2012) : Pharmacokinetics of the low molecular weight heparin dalteparin in cats. *Vet. J.*, 192 (3) : 299-303.
23. Alwood, A.J., Downend, A.B., Brooks, M.B., *et al.* (2007) : Anticoagulant effects of low-molecular-weight heparins in healthy cats. *J. Vet. Intern. Med.*, 21 (3) : 378-387.
24. Hogan, D.F., Andrews, D.A., Green, H.W., *et al.* (2004) : Antiplatelet effects and pharmacodynamics of clopidogrel in cats. *J. Am. Vet. Med. Assoc.*, 225 (9) : 1406-1411.
25. Hogan, D.F., Fox, P.R., Jacob, K., *et al.* (2015) : Secondary prevention of cardiogenic arterial thromboembolism in the cat: The double-blind, randomized, positive-controlled feline arterial thromboembolism; clopidogrel vs. aspirin trial (FAT CAT). *J. Vet. Cardiol.*, 17 (1) : S306-317.
26. Yoshida, T., Matsuura, K., Mandour, A.S., *et al.* (2022): Hemodynamic Effects of Protamine Infusion in Dogs with Myxomatous Mitral Valve Disease Undergoing Mitral Valvuloplasty. *Vet. Sci.*, 9 (4) : 178.
27. Lo, S.T., Li, R.H.L., Georges, C.J., *et al.* (2023): Synergistic inhibitory effects of clopidogrel and rivaroxaban on platelet function and platelet-dependent thrombin generation in cats. *J. Vet. Intern. Med.*, 37(4): 1390-1400.
28. Welch, K.M., Rozanski, E.A., Freeman, L.M., *et al.* (2010): Prospective evaluation of tissue plasminogen activator in 11 cats with arterial thromboembolism. *J. Feline. Med. Surg.*, 12 (2) : 122-128.
29. 才田祐人，高島一昭，山根 剛，ほか (2013)：動脈血栓塞栓症猫に対する抗凝固薬の単独療法と血栓溶解薬の併用療法との比較検討．動物の循環器，46 (2) : 29-35.
30. Koyama, H., Matsumoto, H., Fukushima, R., *et al.* (2010) : Local intra-arterial administration of urokinase in the treatment of a feline distal aortic thromboembolism. *J. Vet. Med. Sci.*, 72 (9) : 1209-1211.
31. Moore, K.E., Morris, N., Dhupa, N., *et al.* (2000) : Retrospective Study of Streptokinase Administration in 46 Cats with Arterial Thromboembolism. *J. Vet. Emerg. Crit. Care.*, 10 (4) : 245-257.
32. 平川 篤，酒井秀夫，高橋義明，ほか．(2008)：猫の大動脈血栓塞栓症20例の内科的保存療法とバルーンカテーテルによる血栓除去法の比較検討．日本獣医師会三学会年次大会講演要旨集，2007, 247.
33. Atkins, C.E., Gallo, A.M., Kurzman, I.D., *et al.* (1992) : Risk factors, clinical signs, and survival in cats with a clinical diagnosis of idiopathic hypertrophic cardiomyopathy: 74 cases (1985-1989). *J. Am. Vet. Med. Assoc.*, 201 (4) : 613-618.

6 心筋症による不整脈の診断と治療

平川　篤
Hirakawa, Atsushi
ペットクリニックハレルヤ

point

- **猫の心電図は電位が低いため，できるだけ電位を上げて記録する。**
- **早期ステージの心筋症の心電図所見は正常であることが多い。**
- **ステージの進行にともない上室性不整脈が出現し，心室性不整脈や房室ブロックも出現する。**
- **失神を引き起こす不整脈は，頻脈性に比べ徐脈性（とくに発作性房室ブロック）のほうがほとんどである。**
- **不整脈は間欠的に出現するため，長時間のモニタリングやホルター心電図検査が有効となる。**

はじめに

通常，心筋症による不整脈の診断には6誘導心電図が用いられる。しかしながら，早期のステージでは不整脈を検出することは少なく，病態の進行により左房や右房の著明な拡大が起こるため，上室性不整脈である心房期外収縮 atrial premature contraction (APC)，上室頻拍 supraventricular tachycardia (SVT)，心房細動 atrial fibrillation (AF)が発生しやすい。さらに，心筋の肥大や心内膜に発生した線維化が心筋内に浸潤することにより，心室性不整脈である心室期外収縮 ventricular premature contraction (VPC)，心室頻拍 ventricular tachycardia (VT)，心室粗動，心室細動 ventricular fibrillation (VF)も発生する。

それらの病変が刺激伝導系にまで及ぶと，第2度房室ブロック second degree atrioventricular block，高度房室ブロック advanced atrioventricular block，第3度房室ブロック third degree atrioventricular block を呈することもある。一般的には，頻脈性不整脈 tachyarrhythmia も徐脈性不整脈 bradyarrhythmia も虚脱や失神などの臨床徴候をともなうが，猫においては徐脈性不整脈，とくに高度房室ブロックや発作性房室ブロックによる失神が非常に多い。高度房室ブロックや発作性房室ブロックは，心房と心室の伝導が突然ブロックされるため脳が虚血状態となり，重篤な臨床徴候であるアダムス・ストークス発作 Adams-Stokes attack を呈する。不思議なことに，高度房室ブロックや発作性房室ブロックが第3度房室ブロックに移行した際には，失神が起こらないこともある。

心筋症に関連した不整脈は，即座に治療を行うべき危険な不整脈と，心不全の治療を行うことにより改善する不整脈を見極めることが重要である。本稿では，とくに心筋症に関連して多く認められる不整脈について解説する。

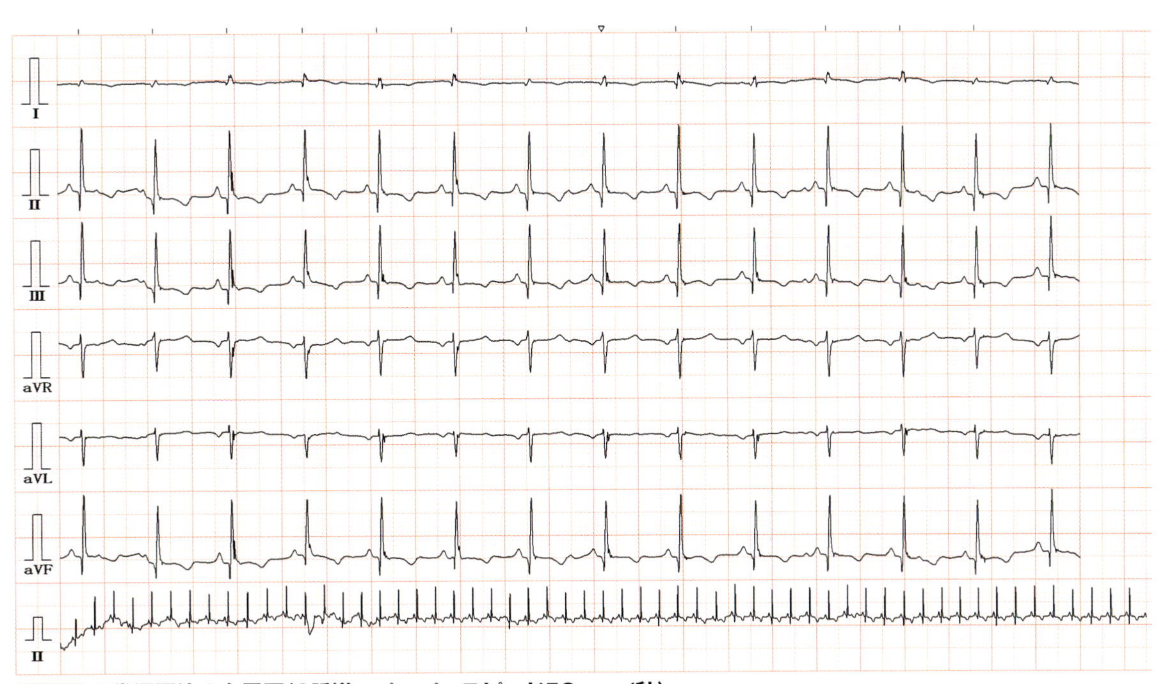

図1 正常洞調律の心電図(6誘導，ペーパースピード50 mm/秒)
[症例]雑種猫，2歳，去勢雄
心雑音を主訴に来院した症例の心電図で，心拍数178回/分の正常洞調律である。心エコー図検査で閉塞性肥大型心筋症と診断されたが不整脈は認められない。

各不整脈の特徴

正常洞調律(図1)

P波とQRS群が存在し，一定のPR間隔およびRR間隔をともなっている。外部からの刺激やストレスのない状態で心拍数が110～180回/分の間であり，無徴候性の各種心筋症においても認められる。

洞頻脈(図2)

洞頻脈sinus tachycardiaの場合，心電図上の所見は正常洞調律と変わらないが，心拍数が＞180回/分であり，多くは280回/分以下である。原因の多くは，不安，疼痛，薬物/中毒，血液量減少，貧血，低酸素症などの結果である。無徴候性の心筋症においても洞頻脈は多くみられるが，とくに動的左室流出路閉塞dynamic left ventricular outflow tract obstruction (DLVOTO)をもつ症例では，開口呼吸などの臨床徴候の有無が治療介入のポイントとなる。

心房期外収縮(APC)と上室頻拍(SVT)

APCは，洞結節以外の心房から生じた孤立性の刺激で，正常な心拍動に先行して発生するため，P' 波(P波の早期出現)といわれ，先行するT波と重なる(**図3**)。猫の心筋症59頭の報告ではAPCが12%に認められている[1]。またAPCは甲状腺機能亢進症11～15%[2,3]，心内膜炎の猫などの非心筋症の疾患でもみられ[4]，健康な高齢猫においても認められると報告されている[5]ことから，臨床徴候を認めないAPCの場合には治療の必要性はない。

SVTは起源に基づきいくつかに分類されるが，猫では臨床上3つ以上連続したAPCをSVTと定義している(**図4**)。SVTは各種心筋症や甲状腺機能亢進症などと関連しているが[2]，健康な猫では報告されていない[5]。

心房細動(AF)(図5)

AFの特徴は心房および心室の拍動が速く(＞200回/分，平均223 ± 36回/分)，心室拍動が不規則であり(RR間隔の絶対的不整)，認識できるP波はないことである。AFの猫の大部分は雄(82%)で，基礎疾患として，拘束型心筋症

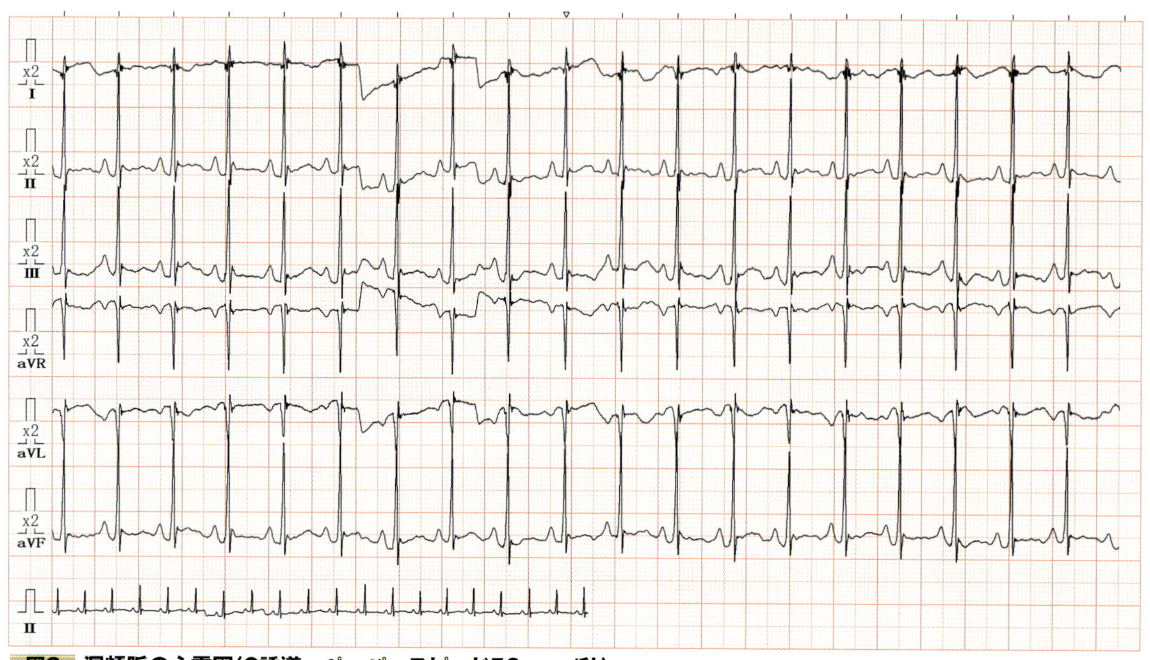

図2　洞頻脈の心電図(6誘導，ペーパースピード50 mm/秒)
[症例]雑種猫，1歳7カ月，去勢雄
興奮時の開口呼吸を主訴に来院した症例の心電図所見で，心拍数234回/分の洞頻脈が認められた。心エコー図検査では心内膜心筋型の拘束型心筋症が疑われた。

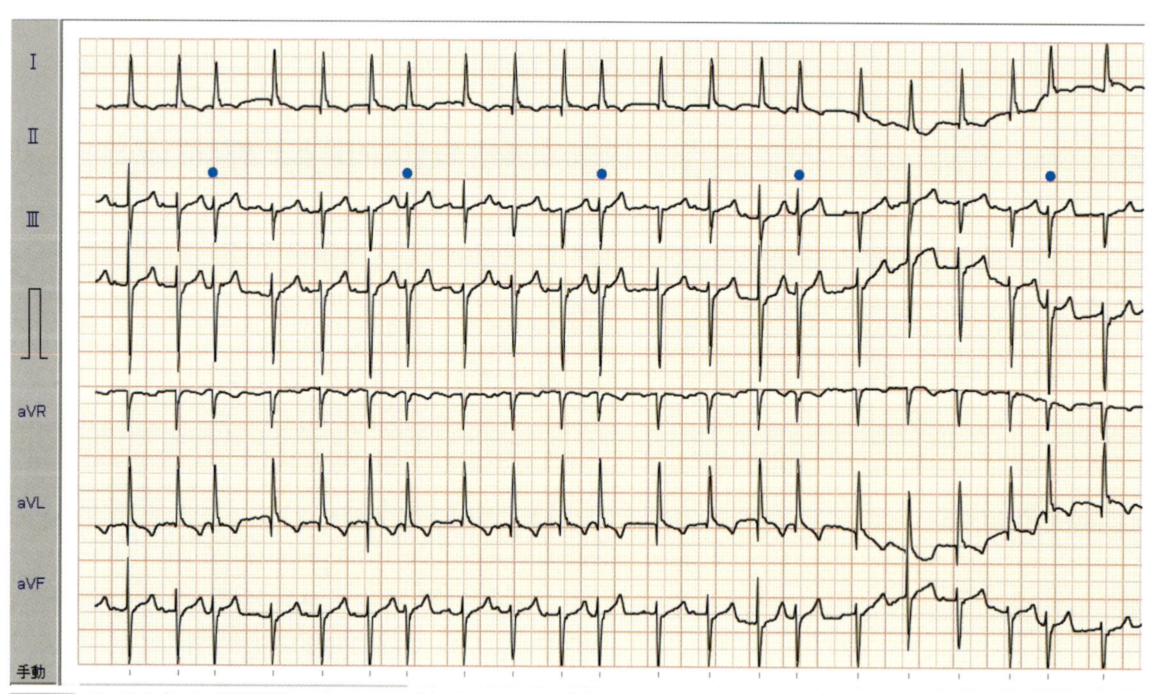

図3　APCの心電図(6誘導，ペーパースピード50 mm/秒)
[症例]雑種猫，19歳，去勢雄
数年前から甲状腺機能亢進症による内科的治療を行っている症例が，両後肢の浮腫を主訴に来院したときの心電図所見である。心拍数は201回/分であったが，APC(●:3，7，11，15，20拍目)がみられた。

restrictive cardiomyopathy (RCM)，あるいは分類不能型心筋症 unclassified cardiomyopathy (UCM) が38％，肥大型心筋症 hypertrophic cardiomyopathy (HCM)，またはほかの原因がある求心性心肥大が36％，拡張型心筋症 dilated cardiomyopathy (DCM) が12％と報告されている[6, 7]。そのほかの報告では，不整脈原性右室心筋症 arrhythmogenic right ventricular cardiomyopathy (ARVC) の33％に AF があったと報告されているが[8]，

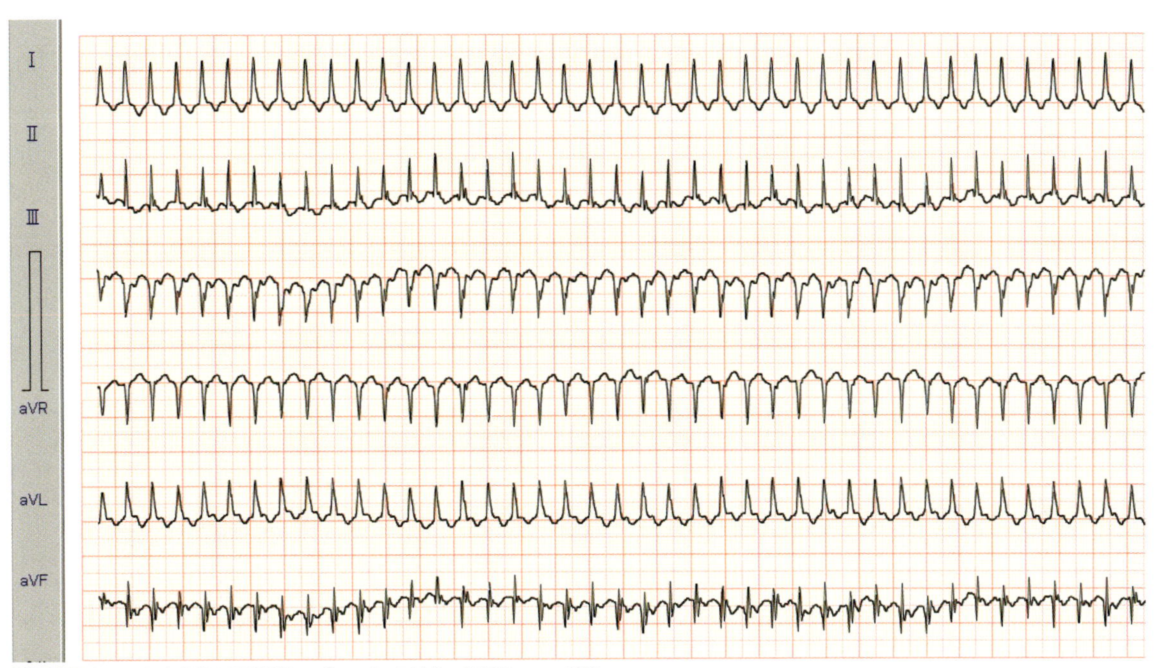

図4 SVTの心電図(6誘導，ペーパースピード50 mm/秒)
[症例]マンチカン，8歳，雄
2日前から開口呼吸と流涎がみられる症例の発作中の心電図所見である。心拍数391回/分のSVTと診断した。

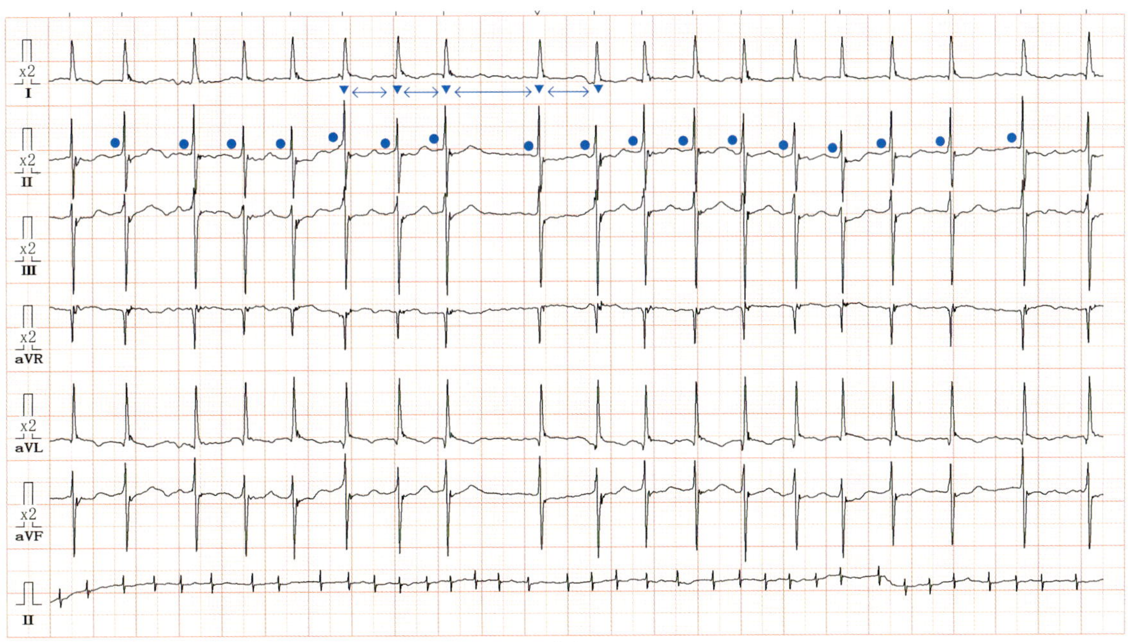

図5 AFの心電図(6誘導，ペーパースピード50 mm/秒)
[症例]エキゾチック･ショートヘア，9歳，避妊雌
3歳から閉塞性HCMと診断され定期検診を実施していた症例で，診断から6年後に胸水および腹水を呈したときの心電図所見である。
心拍数220回/分，RR間隔の不整(▼↔▼)とP波が認識できない(●)ため，AFと診断した。

AFの素因をもつ種特異性はわかっていない。

心室期外収縮(VPC)(図6)

VPCは洞結節の代わりに心室内で生じた心臓のインパルスにより発生するため，QRS群は幅広く変形している。P波はQRS群と関連していない。VPC後には長い休止期が続く。VPCは健康な猫の78～90%で起こり，若い成猫より高齢の猫で多く発生すると報告されている[5, 9]。犬とヒトのVPCでは，ほとんどが何らかの心疾患あるいは心疾患以外の疾患と関連している。これは猫でも同様であるが，猫ではさらに心臓の器質的病変をあわせもっているこ

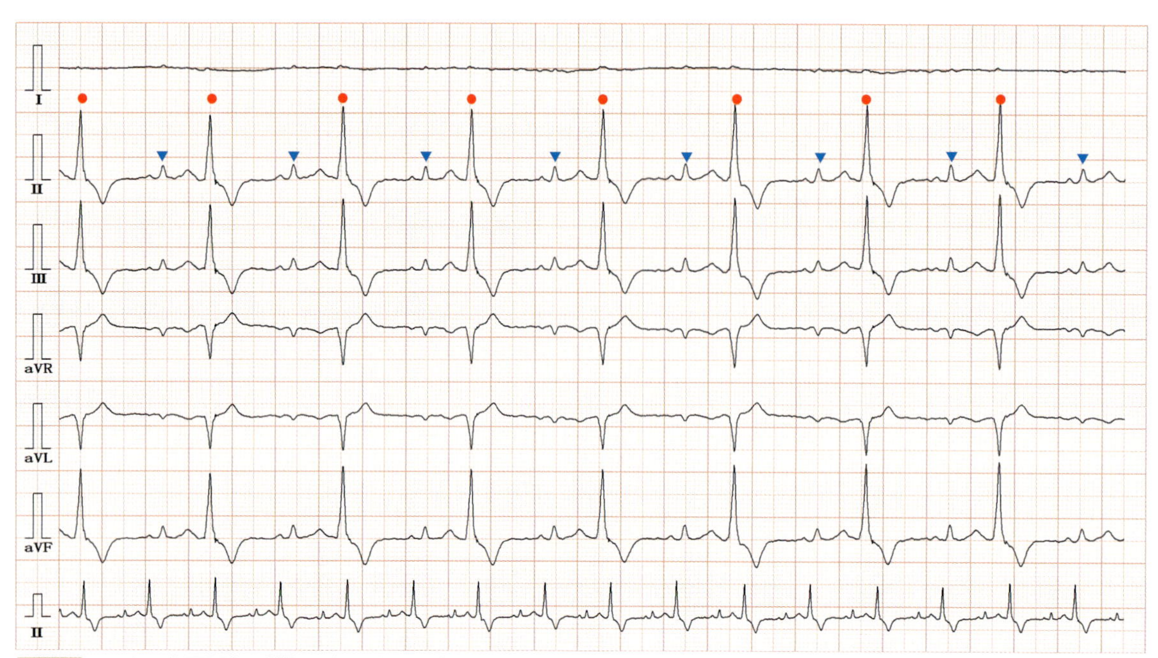

図6　VPCの心電図(6誘導，ペーパースピード50 mm/秒)
[症例]雑種猫，2歳，去勢雄
2カ月前に近医から「心音が不整」と伝えられたのち，当院へ来院したときの心電図所見である。2拍に1回のVPC(2段脈)が認められた(●)。
▼:正常R波

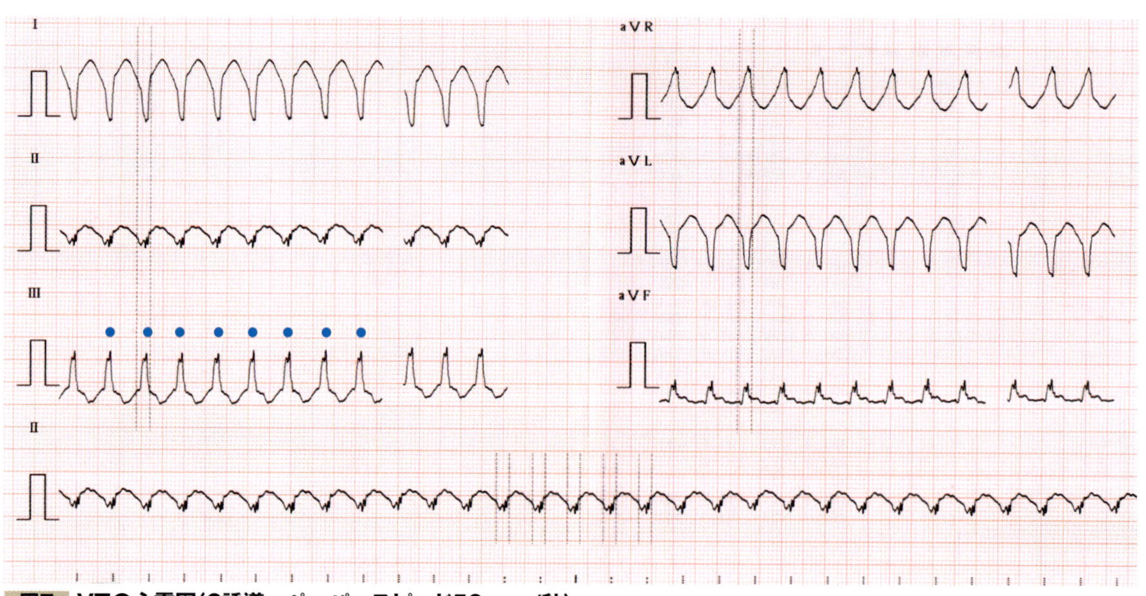

図7　VTの心電図(6誘導，ペーパースピード50 mm/秒)
[症例]日本猫，12歳，雄
4日前から間欠的な頻呼吸と流涎を認め来院した症例に，突然同様の臨床徴候が現れたときの心電図所見である。心拍数356回/分でVPC(●)が頻発しており，VTと判断した。死後，病理組織学的検査によりARVCと診断された。

とが知られている[8, 10]。

心室頻拍(VT)(図7)

VTとは，心拍数が240回/分以上で，4回あるいはそれ以上のVPCが連続して発生していることをいう。VTを示す猫では血行動態が破綻し，心拍出量が低下しているため，虚脱や失神などの臨床徴候が出現しているはずであり，至急治療が必要となる。VTを示す猫106頭の報告[11]では，96%（102頭)に心エコー図検査で異常が認められている。その内訳は，左室肥大66頭，RCMあるいはUCM 19頭，DCM 6頭，原発性僧帽弁閉鎖不全症2頭，

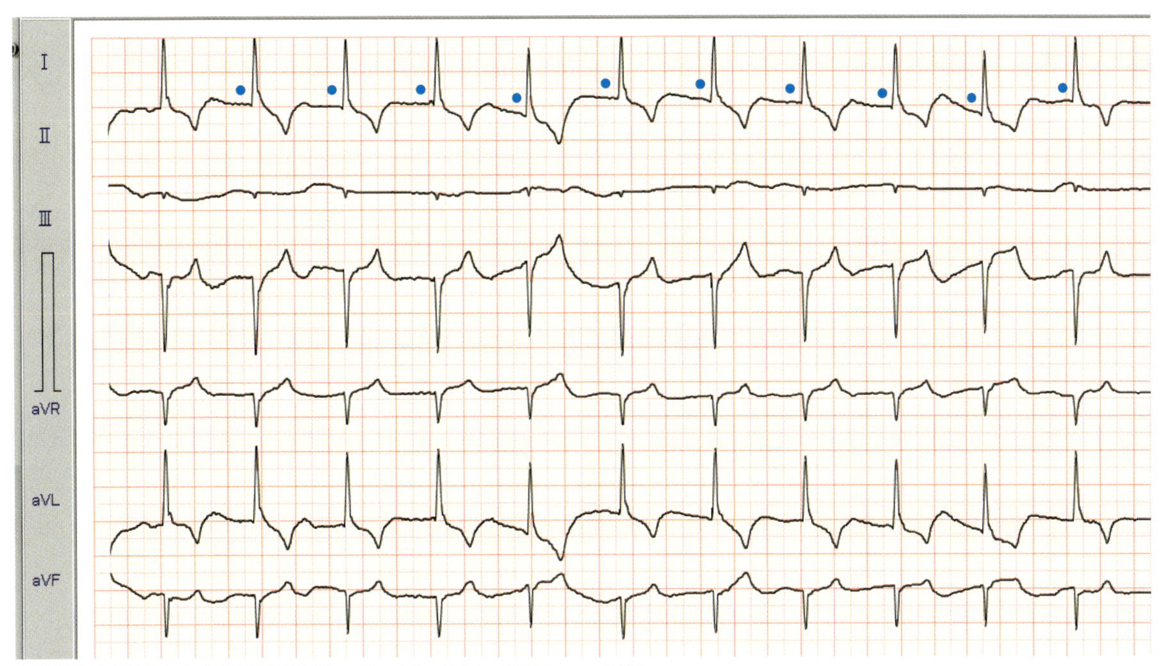

図8　心房静止の心電図(6誘導，ペーパースピード50 mm/秒)
[症例]チンチラ，23歳，避妊雌
1カ月前から腹水と胸水を呈し，近医で心不全治療を実施していた症例の心電図所見である。心拍数110回/分，P波は認められない(●)。

心室中隔欠損症 2 頭，そのほか 7 頭，正常 4 頭であった。

心房静止(図8)

心房静止の特徴はＰ波の欠如と規則的な上室由来の QRS 群がみられることである。しかし，猫のＰ波は非常に小さいため，さまざまな誘導で確認し，どの誘導でもＰ波が確認できない場合に心房静止と診断する。心エコー図検査における左室流入血流速波形の A 波の欠如も診断の補助となる。心筋症に関連した心房静止は，重度の心房拡大をともなっていることが多く，重度のうっ血性心不全 congestive heart failure (CHF)を呈する[12, 13]。過去に当院で経験した心房静止の症例は心房ミオパチーという診断であった。

房室ブロック(AVB)

房室ブロック atrioventricular block (AVB)には，第 1 度房室ブロック，第 2 度房室ブロック(**図9**)，高度房室ブロック(**図 10**)，第 3 度房室ブロック(**図 11**)がある。第 1 度房室ブロックは心房と心室間の伝導の遅延である。第 2 度房室ブロックは QRS 群をともなわないＰ波がみられ，Mobitz Ｉ型と Mobitz Ⅱ型に分類される。Mobitz Ｉ型は，P 波がブロックされるまで PR 間隔が延長していくのに対し，Mobitz Ⅱ型は PR 間隔は規則正しいが，突然Ｐ波がブロックされる。高度房室ブロックや発作性房室ブロックは，Mobitz Ⅱ型よりＰ波のブロックがより多くなった状態である。つまり，突然の QRS 群の欠如により連続した P 波のみが持続する場合であり，心房の収縮は持続する一方で心室の拍動が出現しないため，脳が低酸素となり重篤な失神を呈する[14]。

第 3 度房室ブロックは, P 波と QRS 群の関連がないため, PR 間隔は不定となる一方で，PP 間隔や RR 間隔は通常一定である。第 3 度房室ブロックは，運動不耐性，虚弱，失神などの明らかな臨床徴候を示すこともあるが，示さないこともあり，臨床徴候は心拍数(心室レート)に依存している。猫の第 3 度房室ブロック 21 頭の報告[15]では，年齢は 7～19 歳(中央値 14 歳)で，心拍数は 80～140 回 / 分(中央値 100 回 / 分)であり，心エコー図検査では 18 頭中 11 頭に構造的な異常が認められ，3 頭のみが虚脱の徴候を示している。

心筋症猫での発生

第 2 度房室ブロック(Mobitz Ⅱ型)，高度房室ブロック

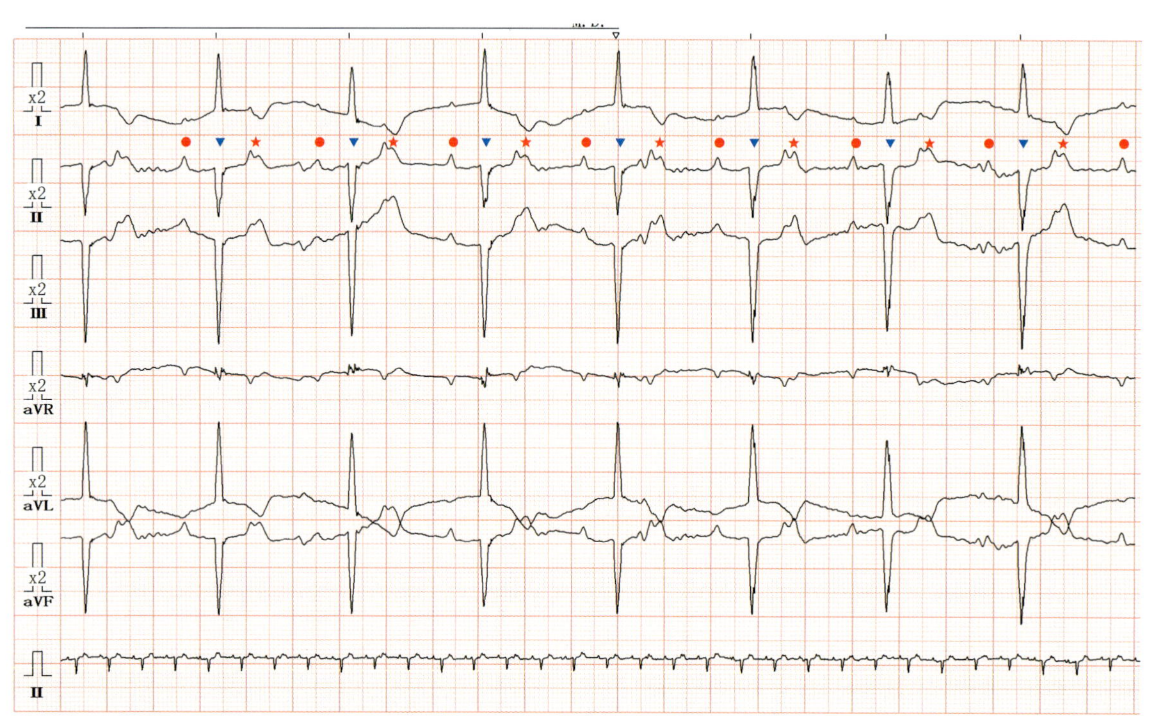

図9　第2度房室ブロックの心電図(6誘導，ペーパースピード50 mm/秒)
[症例]日本猫，16歳，去勢雄
ふらつきを主訴に来院したときの心電図所見である。心拍数105回/分，第2度房室ブロックが認められた。PP間隔(●と★の間)は一定であった。
●:P波，▼:R波，★:QRS群をともなわないP波

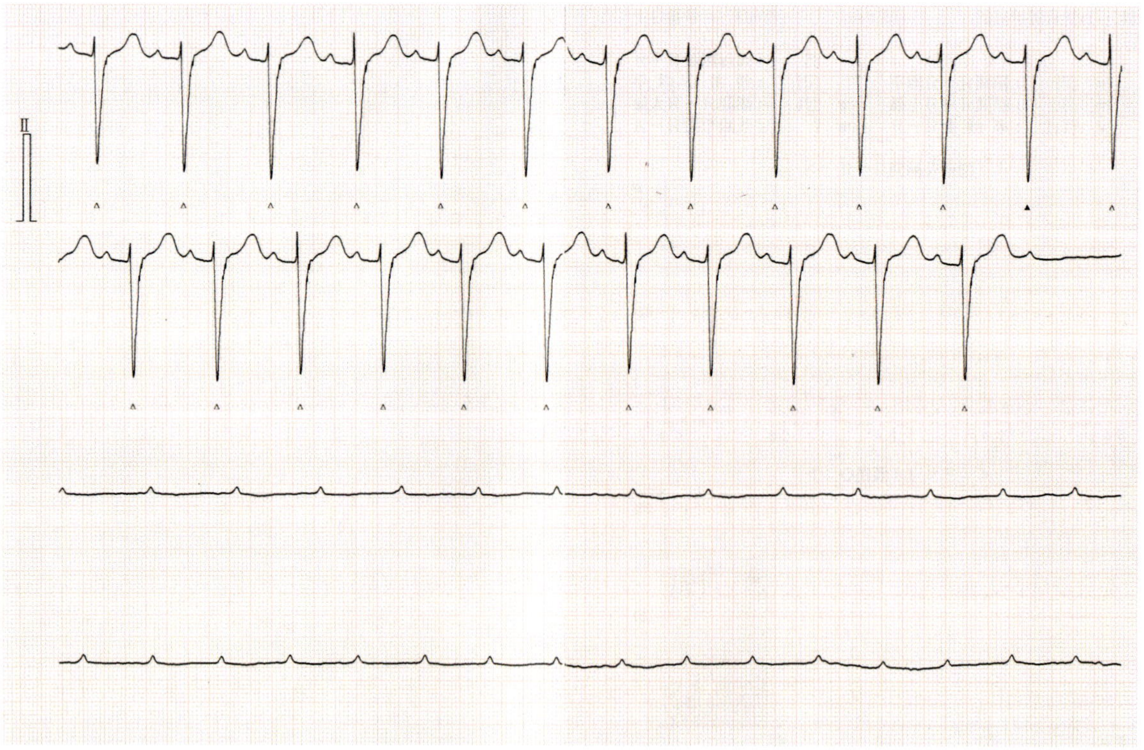

図10　高度房室ブロックの心電図(Ⅱ誘導，ペーパースピード50 mm/秒)
[症例]日本猫，7歳，去勢雄
失神を主訴に来院したときの心電図所見である。正常洞調律ののち，突然QRS群の脱落が出現し，高度房室ブロックが認められた。

や発作性房室ブロック，第３度房室ブロックは，猫のどのタイプの心筋症にも発生する[16〜18]。当院では，高度房室ブロックや発作性房室ブロックで失神を呈し，最終的には第３度房室ブロックに移行したHCM，拡張相HCM,

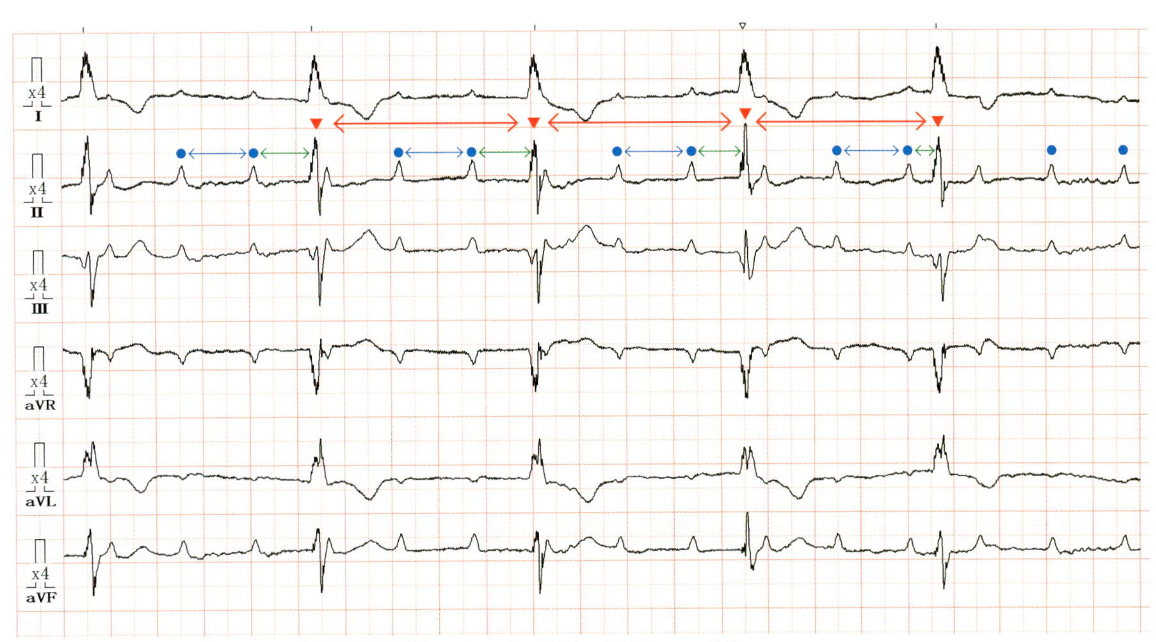

図11　第3度房室ブロックの心電図(6誘導，ペーパースピード50 mm/秒)
図9から1カ月が経過した症例の心電図所見である。第3度房室ブロックに移行していた。
PP間隔(↔)，RR間隔(↔)は一定だが，P波とR波の関連がなく，PR間隔(↔)は不整である。
●:P波，▼:R波

RCM，ARVCも経験している。Mobitz Ⅱ型の第2度房室ブロックや高度房室ブロック，発作性房室ブロックが，第3度房室ブロックに移行するかどうかは症例によりさまざまであり，早期に移行した場合には臨床徴候を認めない場合もある。しかしながら，高度房室ブロックや発作性房室ブロックが頻繁に発生すれば，重篤な失神が持続するため，非常に危険な不整脈である。ARVCは，右室心筋の脱落や線維脂肪組織への置換により，右室機能が低下し，右房ならびに右室は顕著に拡張する心筋疾患であるため，犬では心室性不整脈が発生するが，猫では症例数も少なく正確な自然経過や予後は明らかではない。当院の経験では，来院時すでに右心不全や第3度房室ブロックを呈していることも多く[8, 19, 20]，猫のARVCは犬やヒトと異なり，徐脈性不整脈の発生が多いと思われる。

治療

猫の心筋症に関連した不整脈の多くは，ACVIMコンセンサスステートメントのステージC以降に出現することが多い。まずはステージ分類に基づく治療を行い，それでも不整脈が解決しない場合には，抗不整脈治療を行うのが基本である。ただし，その不整脈が死に直結するような重篤な不整脈(VTや高度房室ブロック，あるいは第3度房室ブロック)の場合には，優先して抗不整脈治療を開始する。

頻脈性不整脈の治療

使用する薬剤は，β遮断薬であるアテノロール(6.25〜12.5 mg/頭，1日1〜2回)，もしくはカルベジロール(0.05〜0.5 mg/kg，1日1〜2回)，あるいはカルシウム拮抗薬である塩酸ジルチアゼム(0.5〜2.5 mg/kg，1日2〜3回)などである。β遮断薬であるアテノロールとカルベジロールのどちらを使用するかは議論されており，海外ではアテノロールが主に使われている一方，国内ではカルベジロールが多く使用されている。塩酸ジルチアゼムは投与回数が多く投与に問題があることから，β遮断薬を使用している病院が多いと思われる。難治性の頻脈性不整脈には，ソタロール(1.0〜2.0 mg/kg，1日2回)を用いることもある。

無徴候性のHCMに対するアテノロールの5年生存率は無治療群と有意差がないと報告されているが，当院ではステージB1やB2における心拍数が250〜280回/分を超えている洞頻脈あるいはSVTで，心臓のバイオマーカー検査において高値を示す症例には積極的に抗不整脈治療を開始している。ACVIMコンセンサスステートメントでは，

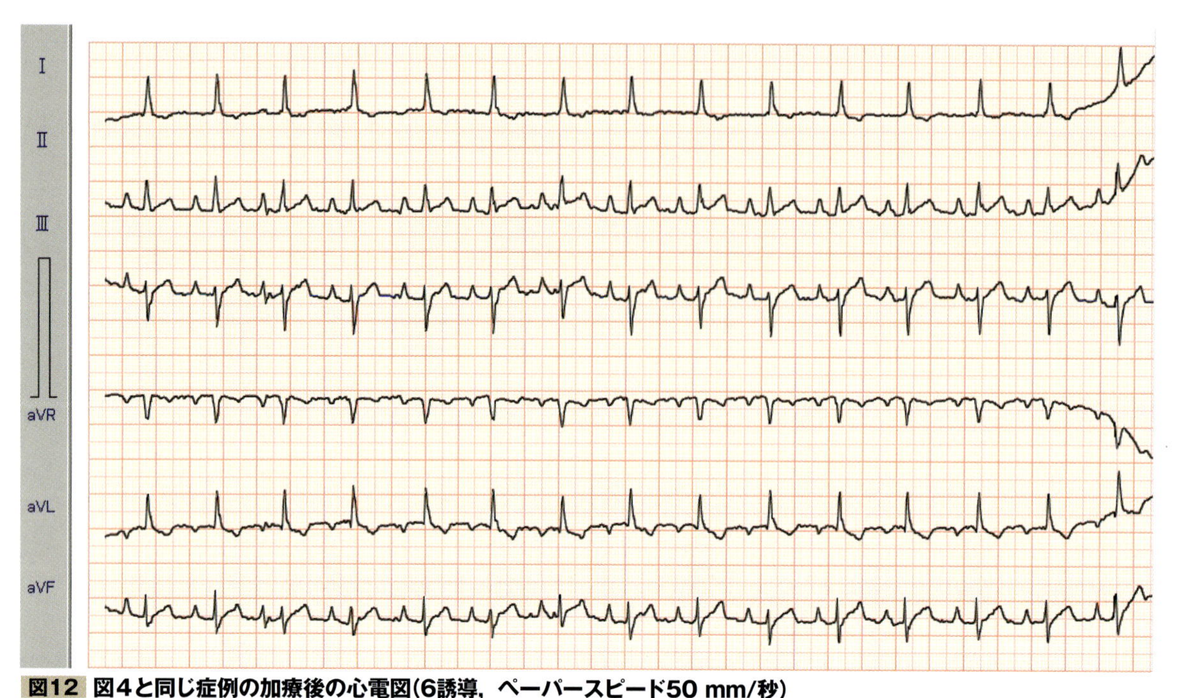

図12 図4と同じ症例の加療後の心電図(6誘導，ペーパースピード50 mm/秒)
図4のSVTの症例に対し，ただちに塩酸ジルチアゼム0.1 mg/kgを2回静脈内投与，ならびに0.2 mg/kgを数回投与したのちの心電図所見である。心拍数150回/分，正常洞調律に復した。

アテノロールによるDLVOTOの圧勾配と心拍数の軽減作用が期待されていることから，ステージB1症例で重度のDLVOTOをともなう症例には使用を検討してもよいとしている。またステージB2症例で頻発するVPCに対しては，アテノロールやソタロールを推奨している。

失神や虚脱を呈して来院したSVTの症例では，心臓に構造的な異常がなく心筋症の可能性が低い場合もあるが，塩酸ジルチアゼムの静脈内投与(0.1～0.2 mg/kg)が有効である(**図12**)。一方，AFはほとんどが心筋症に関連して発生し，ステージC以降に認められる。AFの猫50頭に関する報告[6]では，19頭がRCMあるいはUCM，18頭が同心円状の左室肥大，6頭がDCMであった。そのうち5頭は治療されず，残りはフロセミド(32頭)，アンジオテンシン変換酵素(ACE)阻害薬(20頭)，β遮断薬(20頭)，ジゴキシン(18頭)，アスピリン(12頭)，塩酸ジルチアゼム(8頭)，ワルファリン(4頭)，タウリン(4頭)が使用されている。50頭中28頭は追跡調査が可能であり，24頭は死亡し，生存期間中央値は165日(0～1,095日)と報告されている。また，21頭のAFと23頭のSVTを比較した報告[21]では，心拍数の中央値がAF 220回/分(180～260回/分)に対して，SVTでは330回/分(150～380回/分)であった。さらに，AFは全症例の心臓に構造的な異常があったのに対し，SVTの4頭は心臓に構造的異常は認められず，AFでは有意に左房が拡大していた。使用した薬剤は，塩酸ジルチアゼム(15頭)，アテノロール(10頭)，ソタロール(1頭)であり，生存期間中央値はAFで58日(1～780日)に対し，SVTは259日(2～2,295日)と有意差が認められている。つまり，猫のAFは心筋症に関連していることが多く，心不全の治療に加えて抗不整脈治療を実施しても予後は要注意である。

一方，VTや多源性心室期外収縮multifocal ventricular extrasystoleはVFに移行する可能性もあるため，早急な治療が必要である(**図13**)。使用する薬剤は，犬では第一選択としてリドカインが有効であるが，猫ではリドカインの心血管系への抑制といった副作用が確認されているため，収縮障害やうっ血をともなう心筋症では第一選択にすべきではない。HCMなどの拡張機能障害の心筋症に対しては，用量として0.25～1.0 mg/kgをゆっくり静脈内投与する。リドカインに代わる静脈内投与による薬剤としては，β遮断薬であるプロプラノロール(0.05～0.1 mg/kg)やエスモロール(25～200 μg/kg/分)も有効であると思われる。また，アミオダロンは猫では甲状腺と肝臓への有害作用があるためほとんど使用されていないが，VTからVFを呈した猫にアミオダロン(2.0 mg/kgをゆ

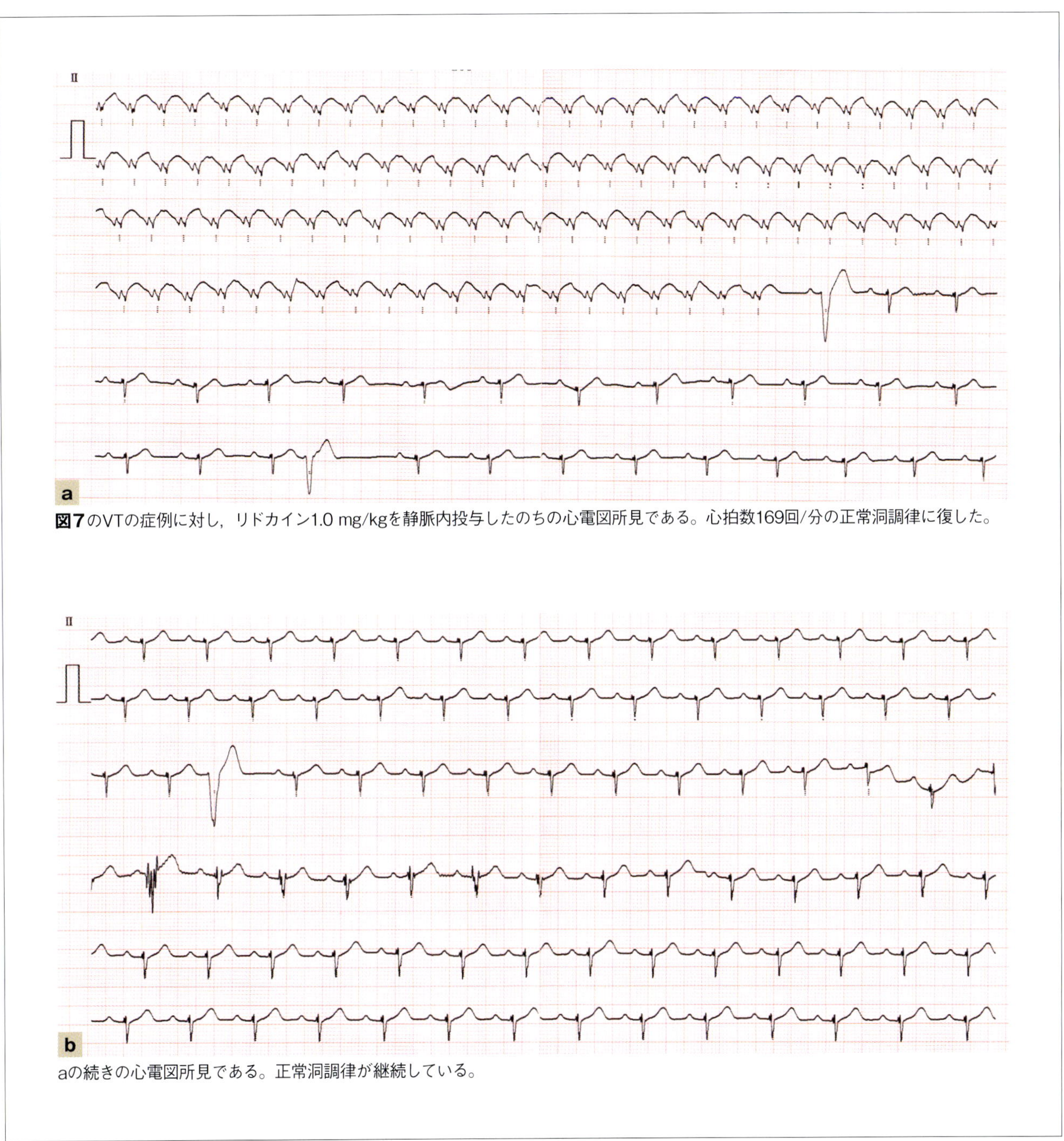

図7のVTの症例に対し，リドカイン1.0 mg/kgを静脈内投与したのちの心電図所見である。心拍数169回/分の正常洞調律に復した。

aの続きの心電図所見である。正常洞調律が継続している。

図13　図7と同じ症例の加療後の心電図（Ⅱ誘導，ペーパースピード50 mm/秒）

っくり静脈内投与，その後20 μ/kg/分，持続定量点滴）と除細動，硫酸マグネシウムを用いて心拍が再開したのち，経口薬（12.5 mg/kg，1日1回）で管理した報告がある[22]。しかしながら，静脈内投与はリドカインやβ遮断薬が一般的であり，経口薬が許容できる場合には，ソタロールやアミオダロンが有効な場合もあるが，心筋症に関連したAFと同様に予後は要注意である。

徐脈性不整脈の治療

徐脈性不整脈の中で治療すべき不整脈は，洞不全症候群が猫で報告されていないため，心房静止と高度房室ブロックや発作性房室ブロックおよび第3度房室ブロックである。とくに高度房室ブロックは，発作性に突然心室への伝

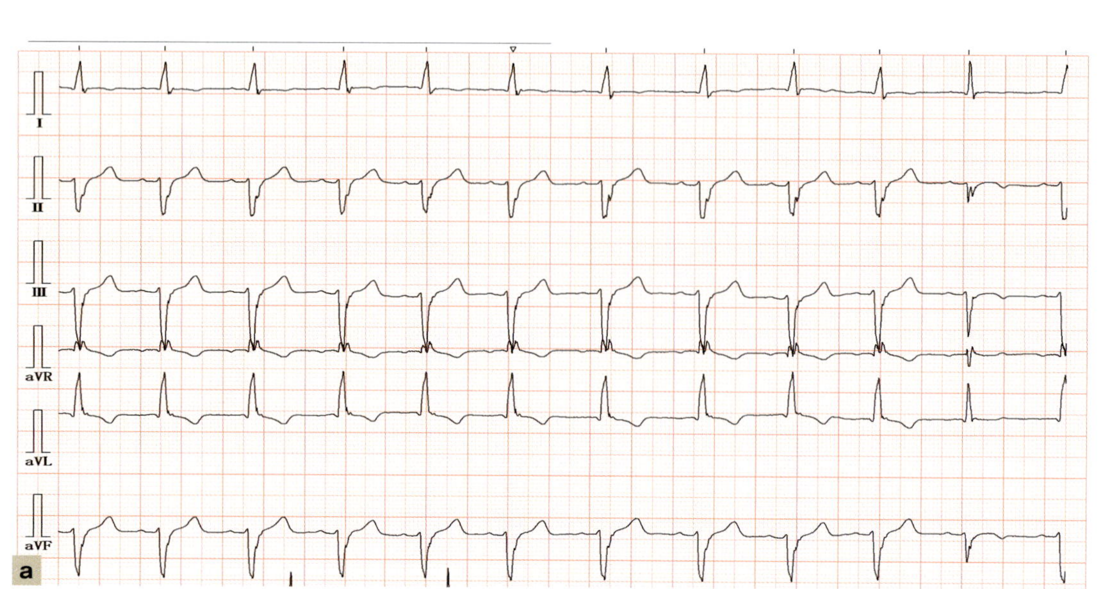

数カ月前と前日に失神を呈し，夜間に高度房室ブロックと診断され，近医より紹介され来院したときの心電図所見である。発作は消失しており，心拍数141回/分，右脚ブロックをともなう正常洞調律であった。ペースメーカ植込み術を勧めたが，飼い主は内科的治療を希望したため，ACE阻害薬のみ処方した。

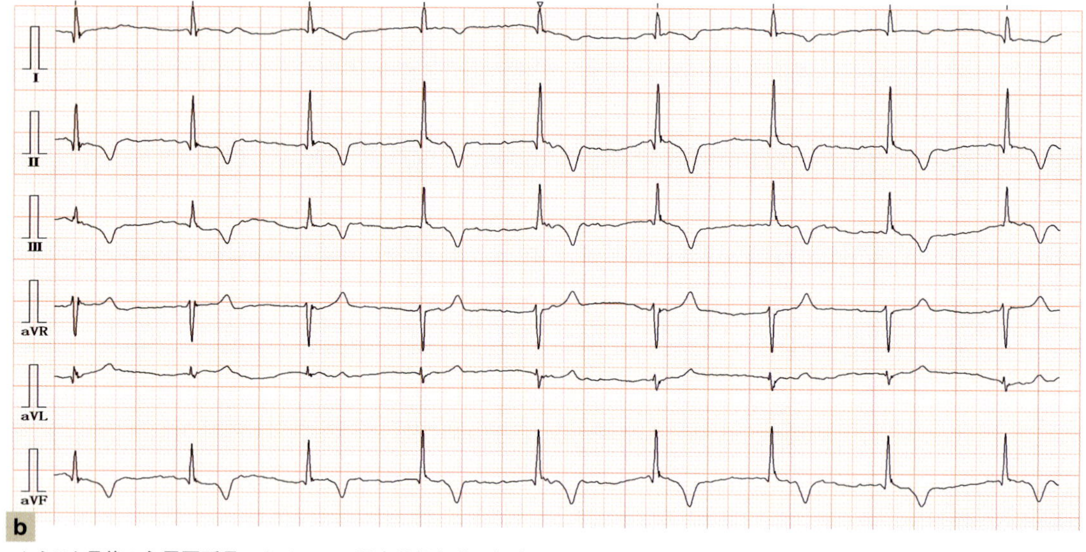

aから7カ月後の心電図所見である。ACE阻害薬投与後，軽度のふらつきはあったが，2カ月前と比較すると臨床徴候は消失していた。この時点で第3度房室ブロックに移行しており，その後1年以上発作は認められていない。

図14 近医で高度房室ブロックと診断された症例の心電図(6誘導，ペーパースピード50 mm/秒)
[症例]雑種猫，12歳，去勢雄

導が途絶することにより脳の低酸素が発生し，アダムス・ストークス発作を引き起こす。その原因となっている刺激伝導系への心筋線維化の抑制を目的として，ACE 阻害薬を用いることもある(**図 14**)。通常，高度房室ブロックは発作性に発生するため，薬物療法は有効でないと思われることが多いが，シロスタゾール(5.0～15 mg/kg，1 日 2～3 回)により長期間維持できた報告もある[23]。この報告は 12 歳のアメリカン・ショートヘアに対して，シロスタゾールを経過中に増量しながら，第 430 病日からアミノフィリン，第 538 病日からは *dl*- イソプレナリン(商品名：

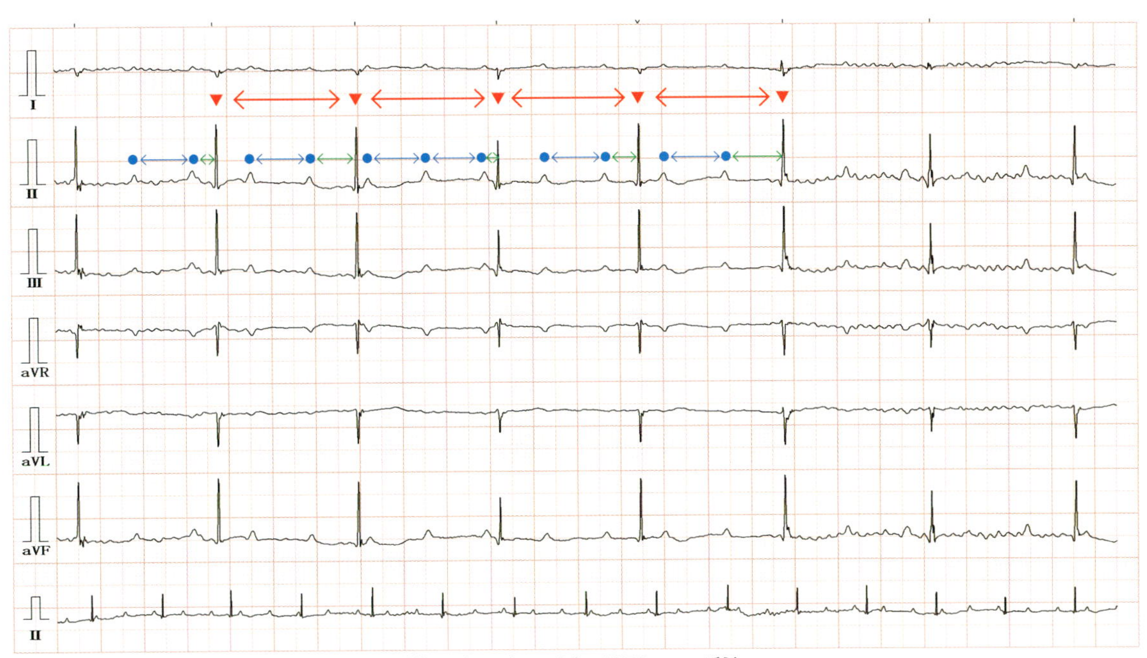

図15 第3度房室ブロックの心電図(6誘導，ペーパースピード50 mm/秒)
[症例]雑種猫，11歳，雌
7カ月前に糖尿病と診断され，インスリンでの治療中に徐脈を指摘され来院したときの心電図所見である。心拍数90回/分(心房拍動222回/分)，第3度房室ブロックと診断した。PP間隔(↔)，RR間隔(↔)は一定だが，P波とR波の関連がなく，PR間隔(↔)は不整である。
●:P波，▼R波

プロタノール)を追加し，最終的には心不全で第651病日まで生存しているが，途中，失神が間欠的に発生していた。このように失神を繰り返す場合には，ペースメーカ植込み術が最も効果的であるが[17, 18, 24～27]，ペースメーカ植込み術は失神などの臨床徴候には有効である反面，心筋症の病態進行による心不全，血栓塞栓症，突然死には効果がないことは熟知しておくべきである。

一方，臨床徴候がみられない第3度房室ブロックに対しては，とくに治療の必要はない(**図15**)。しかし，失神を呈している重度の徐脈の場合には，*dl*-イソプレナリンやシロスタゾールが有効な場合もある。また，腹水や胸水などの心不全を呈する第3度房室ブロックに対しては，心不全治療を中心とした薬物療法であるピモベンダン，フロセミド，ACE阻害薬に加えて，前述のプロタノールやシロスタゾールを追加する。当院では，CHFのない第3度房室ブロックで，かつ失神などの臨床徴候を呈する症例には，ペースメーカ植込み術を実施することもある(**図16～18**)。猫のペースメーカ植込み術のモードは心室ペーシング(VVI/VVIR)であり，心拍数は上昇するが，生理的なペーシングはできない。そのため，胸水や腹水などがみられるCHFを呈した第3度房室ブロック症例に対しては，ペースメーカ植込み術を実施していない。有効な心拍出量を得るために，心房と心室を両方ペーシングできる方法を検討することが今後の課題である。

猫21頭の第3度房室ブロックにおいて[15]，失神した猫でさえ，ペースメーカ植込み術を実施しなくても1年以上生存が可能であること，死亡あるいは安楽死した14頭の生存期間中央値は386日(1～2,013日)であったと報告されていることから，高度房室ブロックや第3度房室ブロックに対するペースメーカ植込み術のまとまった報告は少ない[14, 15]。ほかの理由としては，これらの不整脈の背景に心筋症が関与しており，ペースメーカ植込み術を実施しても長期の生存が得られない可能性の他，費用面で実施できていないと思われる。

過去における猫に対するペースメーカ植込み術のまとまった報告は2件ある。まず高度房室ブロック21頭と第3度房室ブロック43頭の計64頭の報告[26]では，高度房室ブロック21頭中9頭(43%)と第3度房室ブロック43頭中6頭(14%)の計15頭にペースメーカ植込み術が実施されており，追跡調査が可能であった47頭の生存期間中央値は799日であった。内科的治療とペースメーカ植込み術との比較はされていないが，来院時の心不全の有無によ

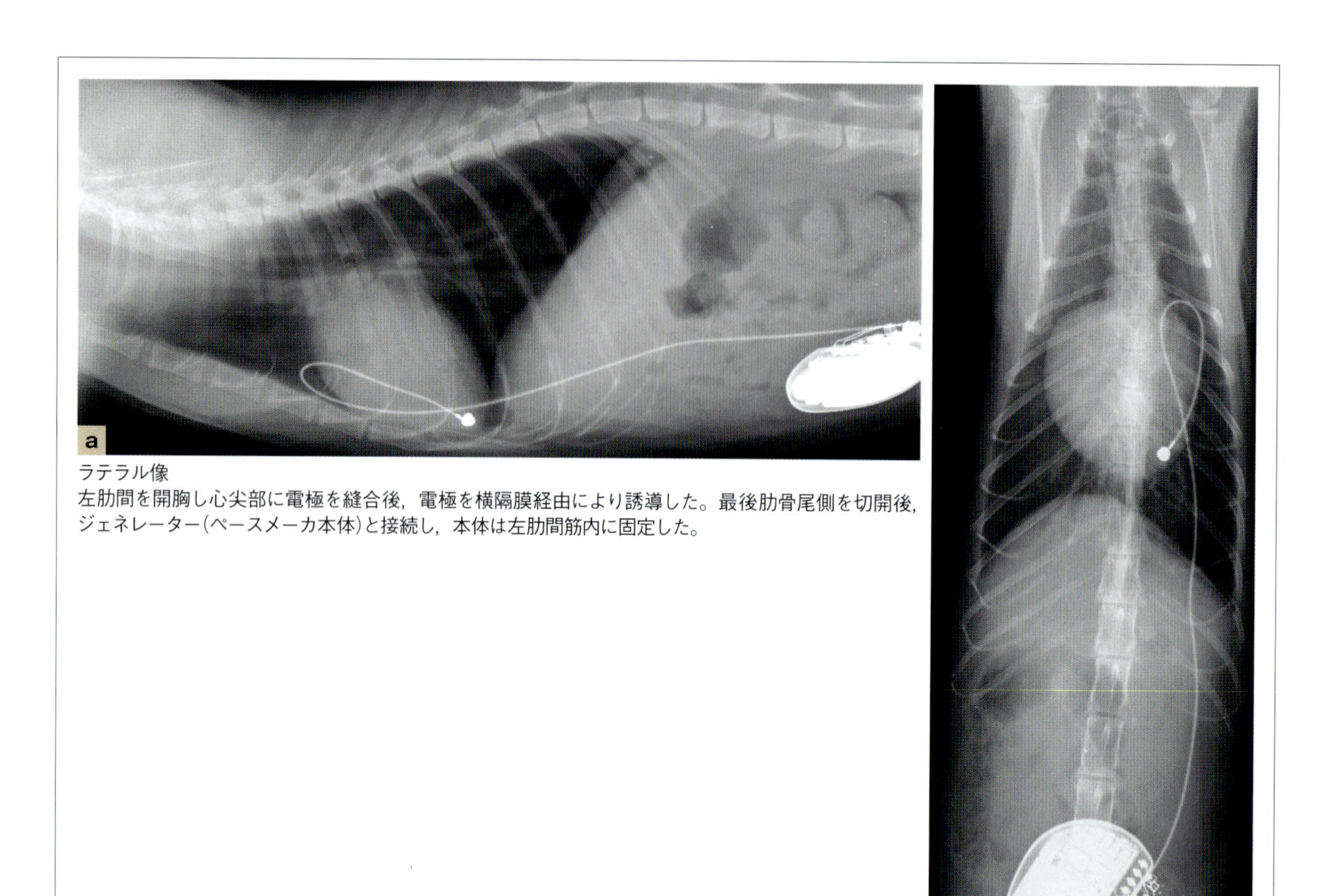

ラテラル像
左肋間を開胸し心尖部に電極を縫合後，電極を横隔膜経由により誘導した。最後肋骨尾側を切開後，ジェネレーター(ペースメーカ本体)と接続し，本体は左肋間筋内に固定した。

VD像

図16 図10と同じ症例のペースメーカ植込み術後の胸部X線検査画像

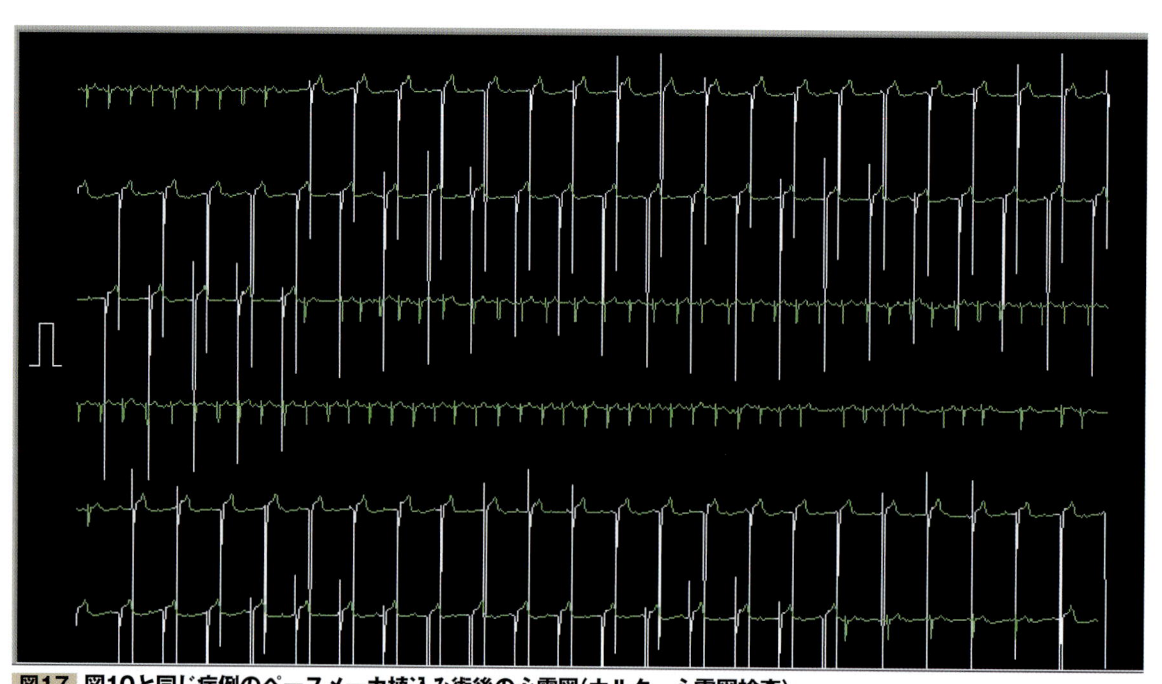

図17 図10と同じ症例のペースメーカ植込み術後の心電図(ホルター心電図検査)
ペーシングレートを60回/分に設定しているため，それ以上の自己脈のときはペースメーカが作動せず，1.0秒以上次のR波が出ないときのみペースメーカは作動する(大きな下向きの波形)。

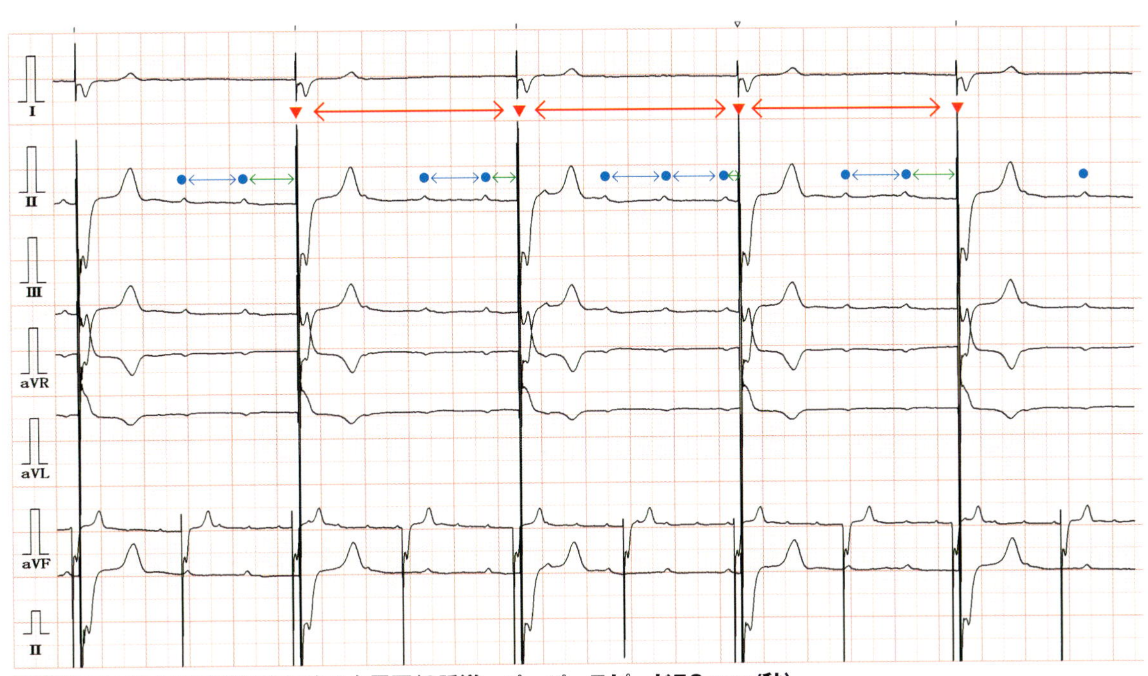

図18 図10と同じ症例の3年後の心電図(6誘導，ペーパースピード50 mm/秒)
第3度房室ブロックに移行しており，ペーシングレートを60回/分に設定しているため，自己脈が60回/分以下になるとペーシングのみに依存していた。さらに腹水貯留を呈したため，ペーシングレートを段階的に上昇させて対応した。本症例は，死後の病理組織学的検査において拡張相HCMと診断された。
PP間隔(↔)，RR間隔(↔)は一定だが，P波とR波の関連がなく，PR間隔(↔)は不整である。
●:P波，▼R波

り予後に有意差が出ていた。もう1件は，20頭にペースメーカ植込み術を実施した報告[27]である。約半数(20頭中11頭)が失神や虚脱，そのほかに呼吸器徴候(呼吸困難，浅速呼吸[パンティング]，胸水)や徐脈を呈し，高度房室ブロックが9頭(45%)，第3度房室ブロックが6頭(20%)であった。さらに，心エコー図検査で構造上の異常が9頭に認められ，その中で7頭が心筋症と診断されている。追跡可能であった19頭の生存期間中央値は948日であり，内科的治療よりも長期の生存が得られているが，さまざまな合併症が20頭中15頭(75%)に発生していた。先の15頭にペースメーカ植込み術を実施した報告では，アプローチやペーシングレート，モードなどの設定は詳細に記載されていない。一方，20頭のペースメーカ植込み術の報告では，全頭とも横隔膜アプローチで実施しており，ペーシングレートは90～180回/分，モードは全頭VVIRであった。これまで当院の猫におけるペースメーカ植込み術症例20頭の半数以上が心筋症に関連していたにもかかわらず，比較的長期の生存例も存在することから，臨床徴候に関連したAVBに対するペースメーカ植込み術は，内科的治療よりも優れていると思われる。

おわりに

猫の心電図検査は，緊張して心拍数が上昇したり，電位も小さく読影が難しいため，実施していない病院も多いと思われる。しかしながら，正しい診断をしなければ治療はできないため，心筋症を疑った場合，必ず実施すべきである。頻脈性不整脈は基本的に薬物療法になるが，失神を引き起こす徐脈性不整脈に対しては，ペースメーカ植込み術の実施も可能である。心筋症の原因にもよるが，症例の適応を慎重に考え実施すれば術後の経過は良好であることも多いため，今後多くの症例にペースメーカ植込み術が実施されることを願う。

参考文献

1. Harpster, N.K. (1977) : Cardiovascular disease of the domestic cat. *Adv. Vet. Sci. Comp. Med.*, 21: 39-74.
2. Peterson, M.E., Keene, B., Ferguson, D.C. *et al.* (1982) : Electrocardiographic findings in 45 cats with hyperthyroidism. *J. Am. Vet. Med. Assoc.*, 180 (8) : 934-937.
3. Moise, N.S., Dietze, A.E., Mezza, L.E., *et al.* (1986): Echocardiography, electrocardiography, and radiography of cats with dilatation cardiomyopathy hypertrophic cardiomyopathy, and hyperthyroidism. *Am. J. Vet. Res.*, 47 (7) : 1476-1486.
4. Kovacevic, A., Allenspach, K., Kühn N., *et al.* (2002) : Endocarditis in a cat. *J. Vet. Cardiol.*, 4 (1) : 31-34.
5. Ware, W.A. (1999) : Twenty-four-hour ambulatory electrocardiography in normal cats. *J. Vet. Intern. Med.*, 13 (3) : 175-180.
6. Côté, E., Harpster, N.K., Laste, N.J., *et al.* (2004) : Atrial fibrillation in cats: 50 cases (1979-2002) . *J. Am. Vet. Med. Assoc.*, 225 (2) : 256-260.
7. Boyden, P.A., Tilley, L.P., Albala. A., *et al.* (1984) : Mechanisms for atrial arrhythmias associated with cardiomyopathy: a study of feline hearts with primary myocardial disease. *Circulation.*, 69 (5) :1036-1047.
8. Fox, P.R., Maron, B.J., Basso, C., *et al.* (2000) : Spontaneously occurring arrhythmogenic right ventricular cardiomyopathy in the domestic cat: A new animal model similar to the human disease. *Circulation.*, 102 (15) : 1863-1870.
9. Hanås, S., Tidholm, A., Egenvall, A., *et al.* (2009) : Twenty-four hour Holter monitoring of unsedated healthy cats in the home environment. *J. Vet. Cardiol.*, 11 (1) : 17-22.
10. Harvey, A.M., Battersby, I.A., Faena, M., *et al.* (2005) : Arrhythmogenic right ventricular cardiomyopathy in two cats. *J. Small. Anim. Pract.*, 46 (3) : 151-156.
11. Côté, E., Jaeger, R. (2008) : Ventricular tachyarrhythmias in 106 cats: associated structural cardiac disorders. *J. Vet. Intern. Med.*, 22 (6) : 1444-1446.
12. Gavaghan, B.J., Kittleson, M.D., McAloose, D. (1999) : Persistent atrial standstill in a cat. Aust. *Vet. J.*, 77 (9) : 574-579.
13. Ferasin, L., van de Stad, M., Rudorf, H., *et al.* (2002) : Syncope associated with paroxysmal atrioventricular block an ventricular standstill in a cat. *J. Small. Anim. Pract.*, 43 (3) : 124-128.
14. Penning, V.A., Connolly, D.J., Gajanayake, I., *et al.* (2009) : Seizure-like episodes in 3 cats with intermittent high-grade atrioventricular dysfunction. *J. Vet. Intern. Med.*, 23 (1) : 200-205.
15. Kellum, H.B., Stepien, R.L. (2006) : Third-degree atrioventricular block in 21 cats (1997-2004) . *J. Vet. Intern. Med.*, 20 (1) : 97-103.
16. Kaneshige, T., Machida, N., Itoh, H., *et al.* (2006) : The anatomical basis of complete atrioventricular block in cats with hypertrophic cardiomyopathy. *J. Comp. Pathol.*, 135 (1) : 25-31.
17. Machida, N., Sasaki, T., Kimura, Y. (2022) : Histological Features of the Atrioventricular Conduction System in Cats with High-Grade Atrioventricular Block. *J. Comp. Pathol.*, 190: 36-44.
18. Sasaki, T., Nakao, S., Kimura, Y., *et al.* (2020) : Pathological Features of the Atrioventricular Conduction System in Feline Cases of Third-degree Atrioventricular Block. *Journal of the Japan Veterinary Medical Association.*, 73 (6) : 315-320.
19. Harvey, A.M., Battersby, I.A., Faena, M., *et al.* (2005) : Arrhythmogenic right ventricular cardiomyopathy in two cats. *J. Small. Anim. Pract.*, 46 (3) : 151-156.
20. Ferasin, L., Ferasin, H., Borgeat, K. (2020) : Twenty-four-hour ambulatory (Holter) electrocardiographic findings in 13 cats with non-hypertrophic cardiomyopathy. *Vet. J.*, 264: 105537.
21. Greet, V., Sargent, J, Brannick, M., *et al.* (2020) : Supraventricular tachycardia in 23 cats; comparison with 21 cats with atrial fibrillation (2004-2014) . *J. Vet. Cardiol.*, 30: 7-16.
22. Berlin, N., Ohad, D.G., Maiorkis, I., *et al.* (2020) : Successful management of ventricular fibrillation and ventricular tachycardia using defibrillation and intravenous amiodarone therapy in a cat. *J. Vet. Emerg. Crit. Care (San Antonio)* ., 30 (4) : 474-480.
23. Iwasa, N., Nishii, N., Takashima, S., *et al.* (2019) : Long-term management of high-grade atrioventricular block using cilostazol in a cat. *JFMS. Open. Rep.*, 5 (2) : 2055116919878913.
24. Colpitts, M.E., Fonfara, S., Monteith, G., *et al.* (2021) : Characteristics and outcomes of cats with and without pacemaker placement for high-grade atrioventricular block. *J. Vet. Cardiol.*, 34: 37-47.
25. Santilli, R.A., Giacomazzi, F., Porteiro Vázquez, D.M., *et al.* (2019) : Indications for permanent pacing in dogs and cats. *J. Vet. Cardiol.*, 22: 20-39.
26. Spalla, I., Smith, G.W., Chang, Y-M., *et al.* (2021) : Paroxysmal high-grade second-degree and persistent third-degree atrioventricular block in cats. *J. Vet. Cardiol.*, 36: 20-31.
27. Frantz, E.W., Tjostheim, S.S., Palumbo, A., *et al.* (2021) : A retrospective evaluation of the indications, complications, and outcomes associated with epicardial pacemakers in 20 cats from a single institution. *J. Vet. Cardiol.*, 36: 89-98.

7 心筋症に対する血液化学検査

堀 泰智
Hori, Yasutomo
大塚駅前どうぶつ病院 心臓メディカルクリニック

point

- **NT-proBNPならびにcTnIは心筋症の早期診断法として優れている。**
- **NT-proBNPならびにcTnIは腎機能障害，全身性高血圧症，甲状腺機能亢進症，心筋炎・虚血などの影響を受けて偽性高値を示す。**
- **ANPは心疾患による左房拡大の検出に有用な検査である。**
- **TATは血栓症の診断法として有用である。**

はじめに

心筋症の診断に心エコー図検査は不可欠であるが，検査者の技量や猫の興奮状態などに大きく影響されるため，誤診したり見逃したりするリスクを含んでいる。一方，血液化学検査では心筋症の診断はできないが，心筋細胞の障害や負荷の有無ならびに程度を客観的に把握できる利点がある。血液化学検査を通して心筋細胞の状態をより正確に把握することは，スクリーニングや早期診断，鑑別などさまざまな臨床的意義のあることが示されている。本項では筆者の知見に加え，最新データを交えて心筋症の猫に対する生化学検査の有用性を解説する。

N末端プロ脳性ナトリウム利尿ペプチド(NT-proBNP)

産生と臨床的意義

脳性ナトリウム利尿ペプチド brain natriuretic peptide (BNP)は，主に心室筋に伸展刺激が加わることで産生が開始される。最初に心筋細胞内でプロホルモンが産生され，それがN末端プロ脳性ナトリウム利尿ペプチド N-terminal prohormone of brain natriuretic peptide (NT-proBNP)と BNP に切断されて血中に分泌される[1)]。BNP の主な産生刺激は心筋の機械的ストレスであり，心室内圧の上昇を引き起こすさまざまな心疾患や病態によって上昇する。NT-proBNP が高値を示す主な原因は心疾患であり，猫では各種心筋症に加えて，先天性心疾患や心筋炎，心室腫瘍，心不全などが挙げられる。とくに，心筋症の猫では左房拡大やうっ血性心不全 congestive heart failure (CHF)が出現していなくても NT-proBNP が高値を示す症例に度々遭遇するため，早期診断法として優れている。

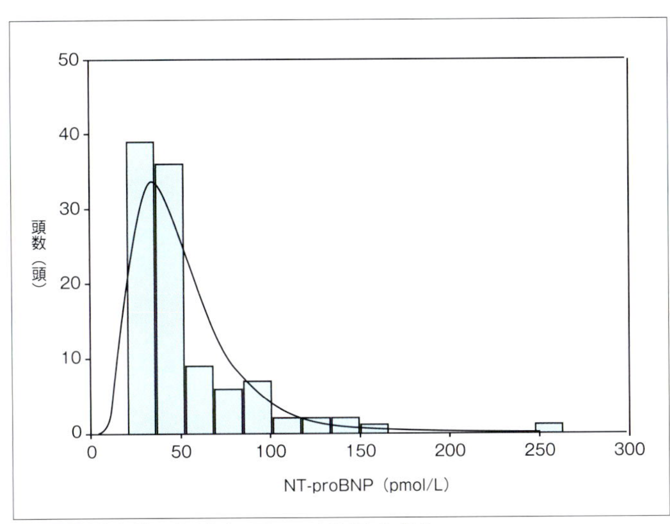

図1　健康猫におけるNT-proBNPの分布
健康猫（105頭）における中央値と四分位範囲は46（25～58）pmol/Lであり，最小値は24 pmol/L，最大値は 259 pmol/Lであった（院内データ）。これらの健康猫の内，8.6%はNT-proBNPが100 pmol/Lを超えていた。

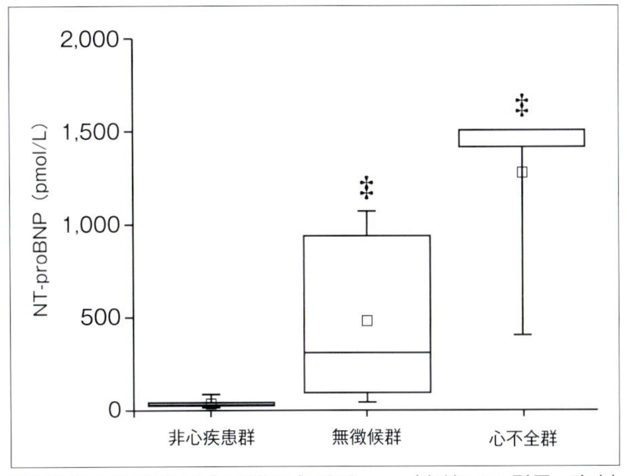

図2　心筋症を呈する猫における NT-proBNPの比較　（文献5より引用，改変）
血中NT-proBNP濃度は非心疾患群（41頭）において35（29～55）pmol/Lであり，無徴候群（22頭）では468（174～971）pmol/L，心不全群（11頭）では 1,500（1,454～>1,500）pmol/Lであった。無徴候群ならびに心不全群では非心疾患群よりも有意に高値を示した（‡:$P<0.05$）。

参考範囲

猫のNT-proBNPの参考値は100 pmol/L未満と紹介されている[A]。筆者らの院内データでは健康猫のNT-proBNPは**図1**のように分布しており，中央値と四分位範囲は46（25～58）pmol/Lであった。このなかで外れ値を除いた100頭における参考範囲は24～104 pmol/Lであった。

臨床応用と適応

無徴候性心筋症のスクリーニング検査

NT-proBNPは無徴候性心筋症のステージにおいても高値を示すことが特徴であり[2～4]，健康診断や術前検査などに際して潜在的心筋症のスクリーニング検査として利用されている。また，近年ではスナップキットを利用した院内検査が徐々に普及しているが，スナップキットとELISA法における無徴候性心筋症猫の検出精度は同等であることから，スナップキットは院内での迅速診断法として有用である[3, 4]。近年の報告[4]では，NT-proBNPが100 pmol/L未満の場合に高い確率（特異度：97%）で肥大型心筋症hypertrophic cardiomyopathy（HCM）を除外できる一方，基準値を超えている際に左房拡大のないHCMを検出できる確率（感度）はスナップキットでもELISA法でも69%であった。NT-proBNPが高値の際には心筋症が強く示唆されるが，左房拡大のない一部のHCM猫を見逃す可能性があることに注意が必要である。

心筋症の重症度評価

無徴候性HCM猫において，左房拡大をともなう猫のNT-proBNPは左房拡大のない猫よりも有意に高値を示している[4]。このことからNT-proBNPは心筋障害の有無だけではなく，うっ血の有無を反映しており，無徴候性心筋症の猫において病態を把握したいときの一助となる。さらに，心不全/血栓症の既往歴のある猫ではNT-proBNPが著増しており（**図2**）[5]，無徴候でも700 pmol/Lを超える症例ではCHFを発症するリスクが高いため[6]，血中濃度からHCMの重症度を予測することが可能である。ただし，血中濃度だけで心不全を診断することは避けるべきであり，全身状態や心エコー図検査に基づいた総合的な評価が不可欠である。

A　IDEXX https://www.idexx.co.jp/ja/

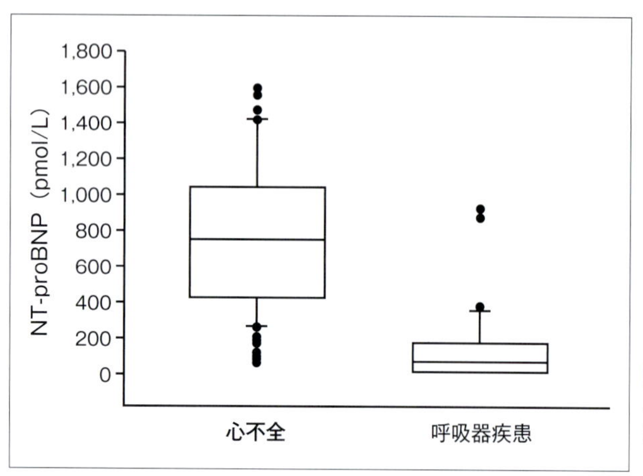

（文献12より引用，改変）

図3　胸水貯留を呈する猫におけるNT-proBNPの比較
心不全猫101頭における血中NT-proBNP濃度は754（437～1,035）pmol/Lであり，呼吸器疾患猫66頭の76.5（24～180）pmol/Lよりも有意に高値を示した（*P*<0.001）。

総合的な心筋負荷の指標

NT-proBNPは，僧帽弁収縮期前方運動systolic anterior motion of the mitral valve（SAM）をともなうHCM猫ではSAMのないHCM猫に比べて，NT-proBNPが有意に高値となる[7]。また，心筋症が除外されておりSAMのみを有する猫においてもNT-proBNPと最大左室流出路速度の間に正の相関関係が観察されている（r = 0.67）[8]。このことから左室流出路閉塞はNT-proBNPを上昇させる交絡因子のひとつであると考えられ，HCM猫では結果の解釈に注意が必要である。このほかにNT-proBNPは二次的要因（腎機能障害[9, 10]，全身性高血圧症[9, 10]，甲状腺機能亢進症feline hyperthyroidism（FHT）[11]など）の影響を受けて上昇することがある。したがって，NT-proBNPは総合的に心臓負荷を反映する指標であると考えている。削痩や脱水，多飲多尿などの臨床徴候がみられる高齢猫においてはNT-proBNPだけでは一次性心筋障害と二次的要因を鑑別できないため，基礎疾患の精査・鑑別が必要性である。

呼吸困難の鑑別

呼吸困難を呈する猫において心不全と呼吸器疾患の鑑別は治療方針のみならず命にかかわる重要なプロセスである。NT-proBNPは努力性呼吸を呈する心不全猫において呼吸器疾患よりも有意に高値であり[12, 13]（**図3**）[12]，胸水貯留を示す猫においても血中NT-proBNP≥199 pmol/Lの場合には心不全の診断精度が高かった（感度：95.2%，特異度：82.4%）[14]。さらに，救急専門医が身体検査所見と病歴に基づいて呼吸困難の猫（37頭）を鑑別したときの心不全の診断精度は73.0%であったが，スナップキットを用いた診断精度は94.1%であった[15]。NT-proBNPの測定は呼吸困難の鑑別に有用であり，とくにスナップキットは院内の迅速診断法として優れている。

治療効果の判定

当院ではNT-proBNPを定期的に測定しており，内科的治療の効果を判定する材料のひとつとして利用している。高血圧症やFHTなどの二次的要因によってNT-proBNPが上昇している症例では，適切な治療によって基準値への回復が期待される（**図4～6**）。同様に心筋症の猫でも，心不全治療によって心臓負荷が軽減するとNT-proBNPは低下する[16]。しかし，真の心筋症は内科的治療によって根治しないため，NT-proBNPが基準値に復することはなく，NT-proBNPの低下は基本的にSAMや心不全による心筋負荷が軽減したことを示唆している。最後に，ヒト医療では心臓のバイオマーカー検査の結果に基づいた治療方針の決定を行うべきでなく，精査を行ったうえで判断することが推奨されている[17]。

予後評価

過去の報告では，左房径が大きくNT-proBNP≥700 pmol/Lを示す無徴候性HCM猫では約90%が7～60カ月の期間に心不全や血栓症を発症したり，突然死したりしている（オッズ比：約4倍）[6]。無徴候性HCMであっても，血中NT-proBNP濃度が高値の場合や継続的に血中濃度

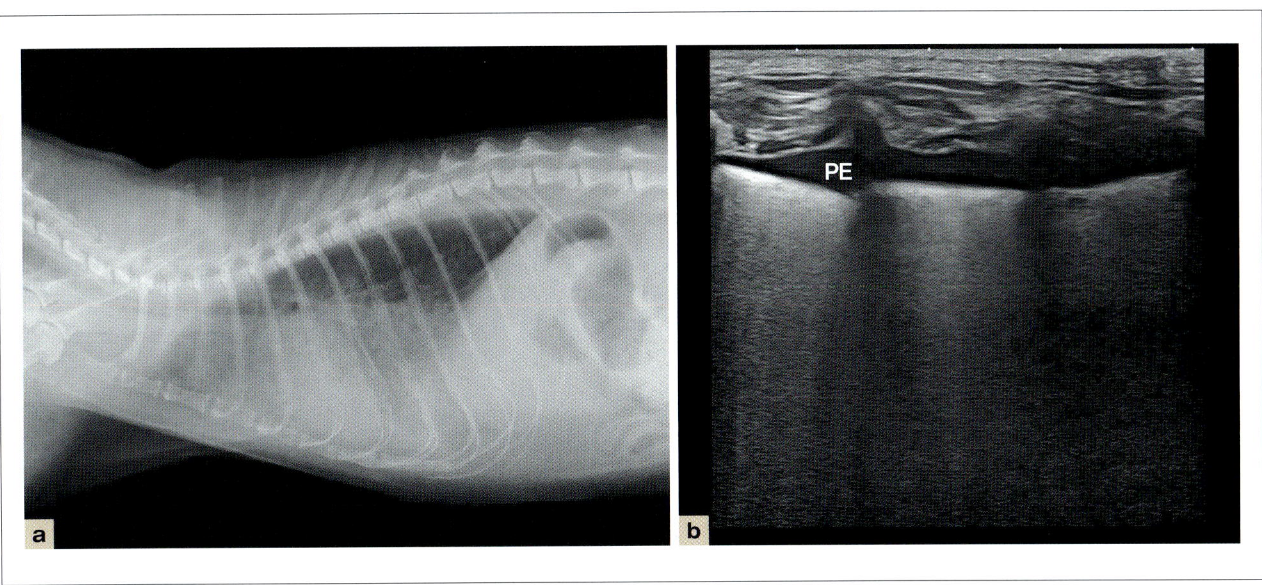

図4 心不全を起こした猫の胸部X線検査および肺エコー検査画像
本症例は11歳の雑種猫，去勢雄であった。近医にて糖尿病と甲状腺機能低下症の治療を受けていたが，食欲低下と脱水のために皮下補液を受けた後で呼吸困難を呈し，心不全が疑われたために紹介来院した。来院時には努力性呼吸が認められ，血中NT-proBNP濃度は>1,500 pmol/Lであった。胸部X線検査(ラテラル像，a)では肺後葉の腹側を中心とした不透過性亢進像が認められ，心陰影は不鮮明であった。
肺エコー検査(b)では両側の肺野に多数のBラインを認めた。同様に，胸水(PE)を示唆するエコーフリースペースが認められた。検査のために胸腔穿刺を行ったところ胸水15 mLが抜去され，比重は1.015，蛋白濃度は2.0 g/dLであったことから漏出液と判断した。

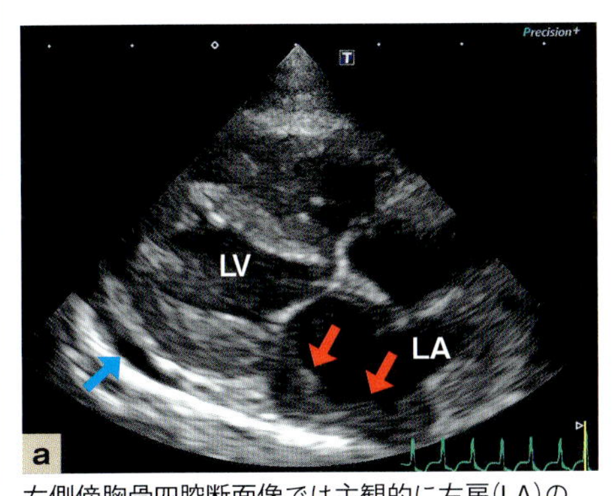

右側傍胸骨四腔断面像では主観的に左房(LA)の拡大と心室壁の肥厚が認められた。また，少量の心膜液(青矢印)と左房内のもやもやエコー（赤矢印)が認められた。
LA:左房，LV:左室

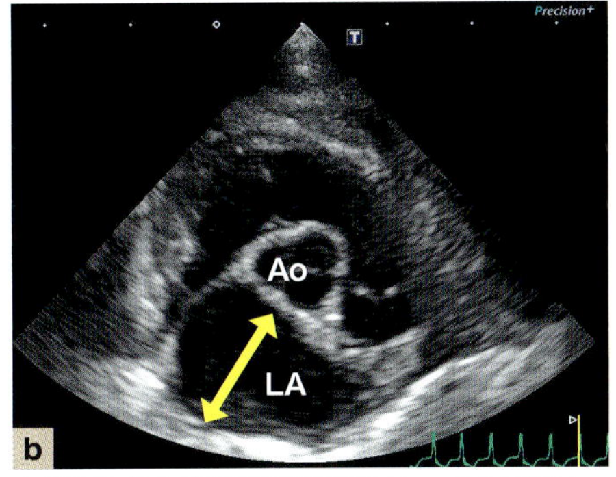

右側傍胸骨心基底部短軸断面において左房径は16.9 mm（黄矢印)，LA/Aoは2.2であり，重度な左房拡大が示唆された。
Ao:大動脈

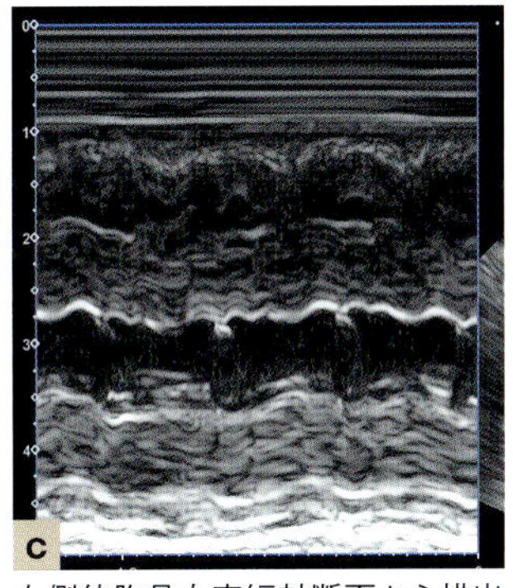

右側傍胸骨左室短軸断面から描出したMモード画像では，拡張末期の心室中隔壁厚ならびに左室自由壁厚は7.6 mmならびに8.1 mmであり，左室内径短縮率は22.0%であった。これらの所見からHCMにともなうCHFと診断し，フロセミド(2.0 mg/kg)の静脈注射ならびにドブタミン(5.0 μg/kg/分)の持続定量点滴を開始した。

図5 心不全を起こした猫の心エコー図検査画像(図4と同一症例)

が上昇する場合には中～長期的な予後が悪い可能性がある。また，心不全を発症した猫においても，内科的治療によってNT-proBNPが低下した症例の生存期間は，低下しない症例よりも有意に長かった[16]。このことから，心不全に対する治療を行っていても血中濃度が変化しない場合や上昇する場合には予後が悪い可能性がある。

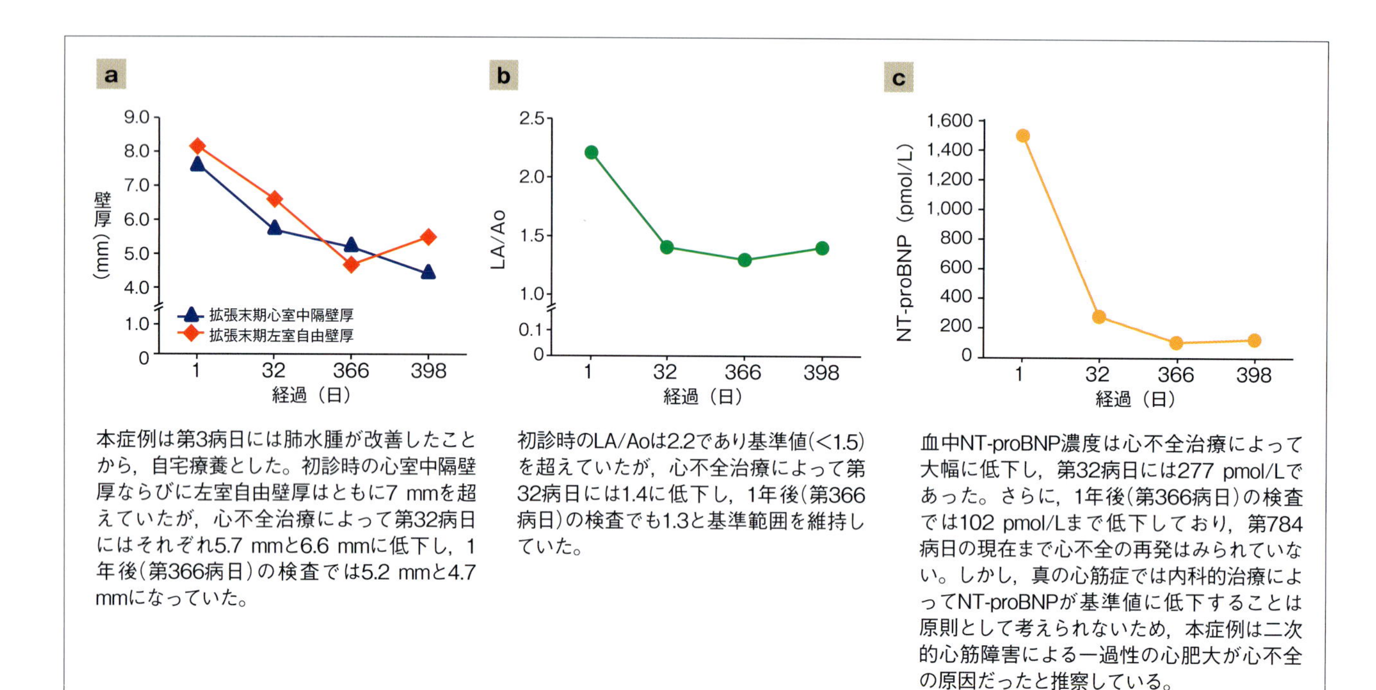

本症例は第3病日には肺水腫が改善したことから，自宅療養とした。初診時の心室中隔壁厚ならびに左室自由壁厚はともに7 mmを超えていたが，心不全治療によって第32病日にはそれぞれ5.7 mmと6.6 mmに低下し，1年後（第366病日）の検査では5.2 mmと4.7 mmになっていた。

初診時のLA/Aoは2.2であり基準値（<1.5）を超えていたが，心不全治療によって第32病日には1.4に低下し，1年後（第366病日）の検査でも1.3と基準範囲を維持していた。

血中NT-proBNP濃度は心不全治療によって大幅に低下し，第32病日には277 pmol/Lであった。さらに，1年後（第366病日）の検査では102 pmol/Lまで低下しており，第784病日の現在まで心不全の再発はみられていない。しかし，真の心筋症では内科的治療によってNT-proBNPが基準値に低下することは原則として考えられないため，本症例は二次的心筋障害による一過性の心肥大が心不全の原因だったと推察している。

図6　心不全を起こした猫の治療経過とNT-proBNPの推移（図4と同一症例）

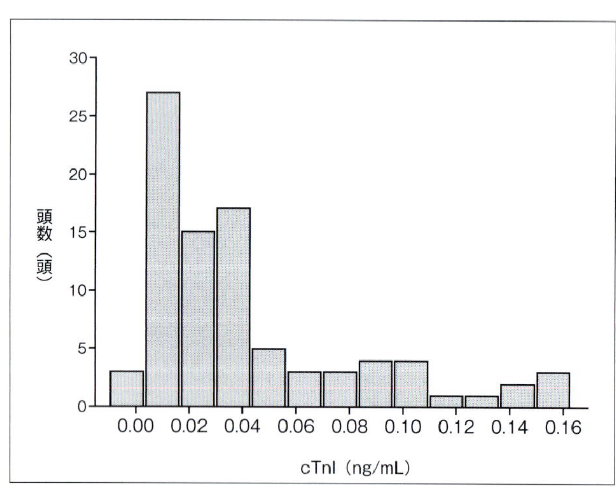

図7　健康猫におけるcTnIの分布　（文献19より引用，改変）
健康猫88頭における中央値と四分位範囲は0.027（0.012～0.048）ng/mLであり，最小値は0.001 ng/mL，最大値は0.163 ng/mLであった。この内，参考基準値を超えている症例は6頭（6.8%）であった。

心筋トロポニンI

上昇する意義

心筋トロポニンは3つのサブユニット（I，C，T）からなり，心筋細胞内でアクチンやミオシンとともに心筋の収縮にかかわる蛋白質である。正常であればcTnIは細胞内で機能しているため，通常の血中cTnI濃度は限りなくゼロに近い。つまりcTnIが血中に検出される際には基本的に心筋細胞の損傷・破壊を示唆している。心筋トロポニンのアミノ酸配列は骨格筋トロポニンと異なっており，骨格筋障害の影響を受けることはないため，血中濃度の上昇は心筋細胞の損傷を示唆する。ヒト医療では心筋梗塞の発症1～2時間後に血中心筋トロポニン濃度が上昇するため[18]，虚血性心疾患の早期診断マーカーとして利用されているが，猫では主に心筋症の検出に利用されている。

参考範囲

猫のcTnIの参考値は0.121 ng/mL未満と紹介されている[B]。筆者らの研究では，健康猫のcTnIは**図7**のように分布しており，中央値は0.027（四分位範囲：0.012～0.048）ng/mLであった[19]。

健康猫ではcTnIの品種差が報告されており，バーマンはノルウェージャン・フォレスト・キャットよりも血中cTnI濃度が高値を示していたが，いずれも正常範囲内の変動である[20]。われわれの過去の研究では雌雄差はみら

B　富士フイルムVETシステムズ https://www.fujifilm.com/ffvs/ja

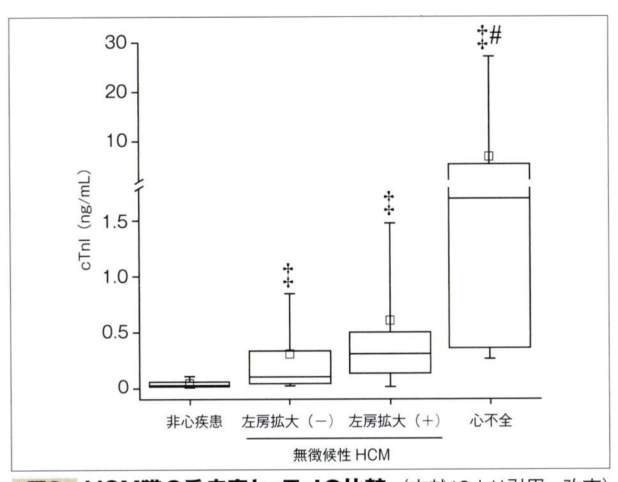

図8 HCM猫の重症度とcTnIの比較（文献19より引用，改変）
無徴候性HCM猫の血漿cTnI濃度は，左房拡大の有無にかかわらず非心疾患猫よりも有意に高値を示した。心不全猫の血漿cTnI濃度は左房拡大(－)ならびに非心疾患猫よりも有意に高値を示した。
非心疾患猫:0.027（0.012～0.048）ng/mL，左房拡大(－):0.103（0.042～0.345）ng/mL，左房拡大(＋):0.305（0.182～0.500）ng/mL，心不全:1.703（0.376～4.383）ng/mL
‡:P<.001 vs 非心疾患猫，#:P<.001 vs 左房拡大(－)。

れなかったが，ある報告では未避妊雌よりも去勢雄において血中cTnI濃度が高値を示していた[20]。

臨床応用と適応

無徴候性心筋症のスクリーニング

cTnIは心筋損傷のマーカーなので，心筋症にともなう心筋損傷のスクリーニングに適していると考えられている[21]。NT-proBNPと同様に，cTnIは左房拡大のないHCM猫でも健康猫より高値を示しており，適度な診断精度を有している[19, 21]。しかし，両者を区別するためのカットオフ値はわれわれの研究＞0.163 ng/mL[19]と別の研究＞0.06 ng/mL[21]では大きく異なっている。これは両者の研究における母集団や組み込み基準の相違が影響していると推察される。われわれの研究の陽性的中率・陰性的中率はそれぞれ100％と71％であったが[19]，一方では77.4％ならびに98.5％であった[21]。この結果はスクリーニング検査の基準値を高くすると確実にHCMを検出できる反面，軽度なHCMを見逃すリスクがあり，逆に基準値を低くすると心疾患ではない猫をHCMと誤診するリスクがあることを示唆している。いずれにしてもcTnIが正常参考値を超えている場合には心エコー図検査とあわせた診断が必要であり，参考値内の場合には心筋症を除外できる可能性が高いと考えられる。

心筋症の重症度評価

無徴候性HCMの猫においてcTnIは左房拡大の有無によって血中濃度が変化し，左房拡大のある猫のほうが高値を示している[20]。加えて，cTnI濃度は左室壁の厚さおよびLA/Aoと有意な正の相関を示すことから[20, 21]，心筋障害の有無に加えてうっ血の程度(心不全リスク)を反映する指標としての有用性も期待される。さらにわれわれの研究では，cTnIは心不全や血栓症の既往歴のある猫では，健康猫ならびに無徴候性HCM猫よりも有意に高値を示していた(**図8**)[19]。心不全や血栓症を診断するための基準値は0.234 ng/mL以上であり，陽性的中率は35.2％，陰性的中率は99.2％であった。このことはcTnIが高値であってもただちに心不全や血栓症と断定できないが，基準値未満のときには心不全や血栓症のリスクが低いことを強く示唆している。

cTnIに影響する二次的要因

猫のcTnIは心筋症以外にもさまざまな心筋の損傷や障害を反映して上昇し，全身性高血圧[9]，FHT[11]，一過性心筋肥大transient myocardial thickening（TMT），左室流出路閉塞，全身性の疾患によって高値を示すことがある。TMTは猫において散見される疾患であり，5歳未満の若齢猫に多く，心室壁の肥厚とCHFが特徴である[22, 23]。TMT猫に関する報告では入院時の検査においてcTnIが上昇しているが，適切な心不全治療を行うことにより1～3カ月後にはcTnI，心室壁厚，左房サイズが正常化する[22, 23]。心不全発症時にはHCMとTMTの区別は困難であるが，若齢猫においてストレスの原因となる先行事象(手術・麻酔処置，プレドニゾロン，感染症など)が確認された場合にはTMTを考慮すべきである(**図9**)[22]。

SAMは左室流出路が閉塞するために左室の圧負荷を引き起こす病態であり，猫ではHCMに併発することが多い。SAMをともなうHCM猫ではSAMのないHCM猫よりもcTnIが高値を示しているが[7]，HCMとは独立して

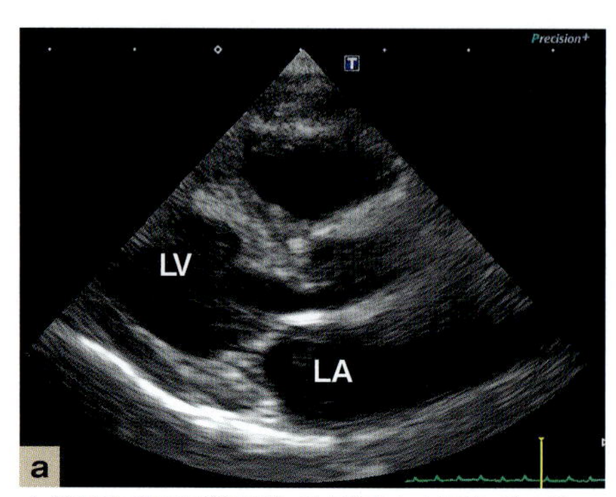

右側傍胸骨四腔断面像では軽度な左房(LA)の拡大が認められたが，心室壁の肥厚や心室内異常構造物などは認められなかった。また，心電図モニターでは心室期外収縮は認められなかった。
LA：左房，LV：左室

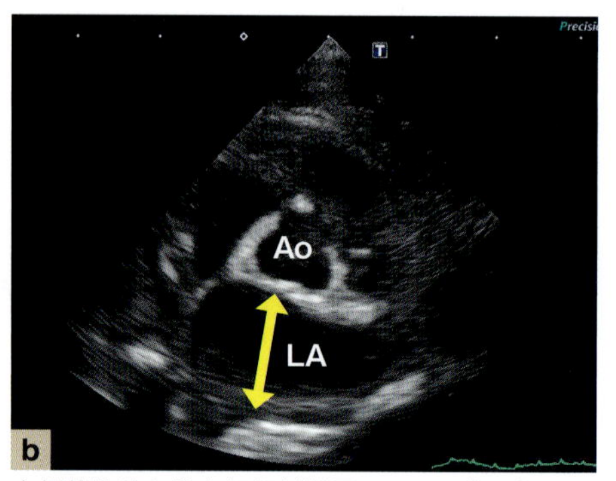

右側傍胸骨心基底部短軸断面において左房径は15.6 mm（黄矢印），LA/Aoは1.69であり，軽度な左房拡大が示唆された。
Ao：大動脈

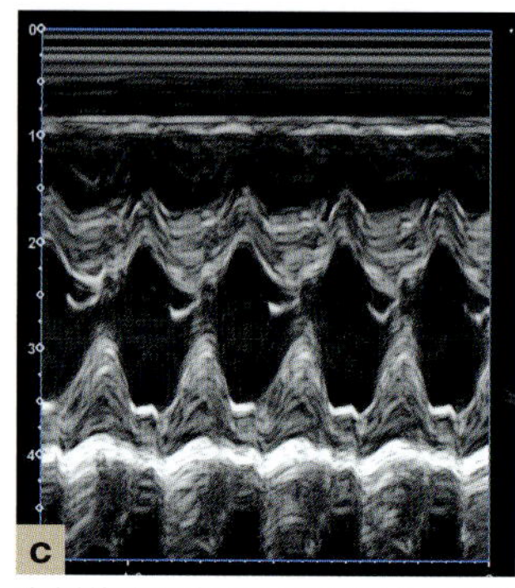

右側傍胸骨左室短軸断面から描出したMモード画像では，拡張末期の心室中隔壁厚ならびに左室自由壁厚は4.3 mmならびに4.6 mmであり，左室内径短縮率は64.9%であった。

図9　心不全徴候を呈しcTnIが高値を示した猫　（文献22より引用，改変）
本症例は15歳の雑種猫，避妊雌であった。慢性腎臓病とFHTの既往歴があり治療を受けていたが，2週間前から2度にわたって呼吸困難を呈して入院を繰り返していた。2日前には救急病院で心筋炎と多源性心室期外収縮と診断されて紹介来院した。初診時の全身状態は安定していたが，努力性呼吸が認められ，血液化学検査ではSAAは正常(3.75 µg/mL以下)であったが，cTnTは高値(1.53 ng/mL)を示した(2日前は5.5 ng/mL)。
a～cの所見から本症例はCHFと診断し，ピモベンダン(0.34 mg/kg，1日2回)，ベラプロストナトリウム(16.22 µg/kg，1日2回)，テルミサルタン(1.35 mg/kg，1日1回)，チアマゾール(0.17 mg/kg，1日2回)を処方した。第39病日にはcTnI（0.22 ng/mL)は大幅に低下し，左房径が11.8 mm，LA/Aoが1.2と正常化していた。現在では892日が経過するが本症例は良好に経過しており心不全の再発はみられていない。

SAMの発生している猫の48.1%においてもcTnIが0.16 ng/mL以上に上昇していた[8]。SAMは左室収縮期圧を上昇させるため心筋症の有無にかかわらずcTnIが高値となりやすく，HCMの場合には心筋障害を助長する一因となるかもしれない。

最後に，cTnIはさまざまな非心疾患(とくに致死的病傷)の影響を受けて上昇することがあり，救急病院に入院した猫では心不全がなくても基礎疾患に関連してcTnIが高値を示していた[24]。このなかで，炎症性疾患や外傷を有する猫ではとくにcTnIが高値を示し，それぞれ0.84（0.23～2.81）ng/mLならびに2.38（0.69～3.95）ng/mLであった[24]。基礎疾患を有し重篤な病状の猫では二次的心筋障害が潜在している可能性を疑うべきである。

心筋症の鑑別

呼吸困難を呈する猫において心不全猫では非心不全猫よりもcTnIが有意に高くなることが知られている(**図10**)[25, 26]。ただし，これらの研究で使用されたcTnIアッセイ法は最低検出感度が0.2 ng/mLであるため，鑑別基準値は現在の高感度cTnIアッセイ法に適応することはできない。また，前述のように重度な炎症性疾患ではcTnIが高値になるため[24]，仮に肺炎であってもcTnIが上昇する可能性は否定できない。cTnIが著増している場合には一次性または二次性心筋障害が存在することを示唆している。

治療効果や予後の指標

心不全治療によって心不全が管理されているHCM猫のcTnI濃度は，心不全を発症している猫よりも有意に低値である[21]。このことからcTnIは治療効果の指標として有用性が期待されるが，真の心筋症(一次性心筋障害)では内科的治療によって心筋障害が治ることは期待しにくい。心不全治療によるcTnIの低下は心筋症の改善ではなく，うっ血や心筋虚血の軽減または二次性心筋障害の改善を示唆しているかもしれない。最後に，cTnIが>0.7 ng/mLのHCM猫は<0.7 ng/mLだったHCM猫よりも予後が悪く，生存期間中央値はそれぞれ40日と>1,274日であった[27]。この研究は母集団が41頭と小さいため，さらなる大規模な研究が必要であるが，cTnIが上昇している際には予後についても注意するべきである。

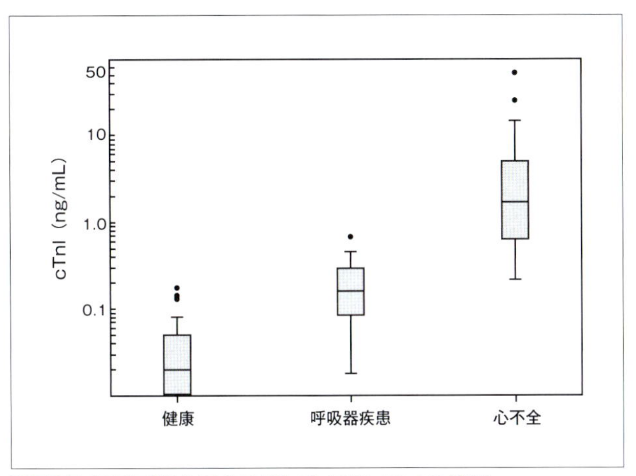

図10　呼吸困難を呈する猫におけるcTnIの比較
（文献25，26より引用，改変）
心不全猫25頭における血中NT-proBNP濃度は1.68（min-max:0.24～50.0）ng/mLであり，健康猫[37頭:0.02（0～0.17）ng/mL]ならびに呼吸器疾患猫[14頭:0.16（0.02～0.66）ng/mL]よりも有意に高値を示した（$P<0.001$）。

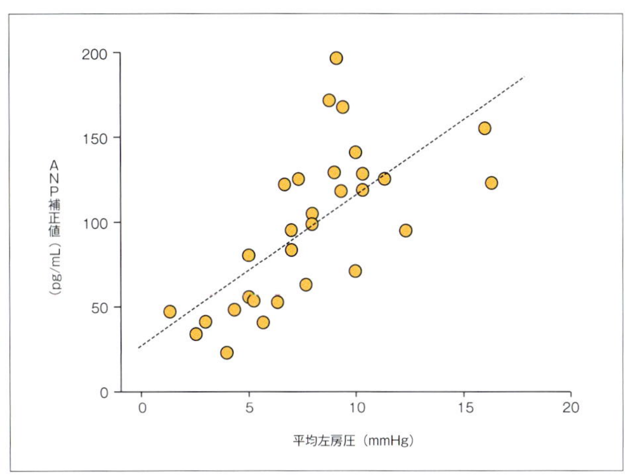

図11　猫におけるANPと左房圧の関係
（文献33より引用，改変）
全身麻酔下の健康猫（5頭）では，急速輸液による左房圧の上昇とANPは有意な正の相関を示した（$r=0.67$，$r^2=0.45$; $P<0.001$）。

心房性ナトリウム利尿ペプチド(ANP)

産生と臨床的意義

心房性ナトリウム利尿ペプチド atrial natriuretic peptide（ANP）は恒常的に心房筋で産生されるペプチドホルモンであり，細胞質の分泌顆粒に proANP として貯蔵されている。主な分泌刺激は心房筋の機械的ストレスであり，心房筋の伸展刺激にともない proANP が ANP と N 末端 proANP に切断されて即座（数分以内）に血中へ放出される[1, 28, 29]。血中の ANP は細胞膜上の受容体 natriuretic peptide receptor（NPR）に結合し，血管拡張作用やナトリウム利尿作用などの生物学的作用をもたらすほか，CHF における浮腫の軽減や心機能の維持にかかわっている[1, 30]。

ANP の特徴はわずかなうっ血に対しても鋭敏に反応することであり，健常なヒトの血中 ANP 濃度は血圧に変化がない程度の輸液（容量負荷）によって有意に上昇したと報告されている[31, 32]。また，われわれの基礎研究においても，健康猫における ANP は急速輸液によってただちに血中へ分泌され，血中 ANP 濃度は平均左房圧の上昇と一致して上昇し，両者は強く相関していた（**図 11**）[33]。つまり，猫の ANP が高値を示す場合には一次性心筋症，二次性心筋障害，先天性心疾患，心筋炎などの各種心疾患が存在し，さらに左房拡大が生じている病態を示唆している。ANP は左房の負荷（うっ血徴候）を反映するバイオマーカーであるといえる。

測定方法と参考範囲

ANP の測定にはアプロチニン加採血管を用い，常温で処理する場合には凍結までの作業を迅速に行う必要がある。保存の際には家庭用の冷凍庫でも数日間は安定しているが[34]，1 週間以内に検査に出すべきである。猫における ANP の参考値は 102.7 pg/mL 以下と紹介されている[B]。われわれの研究では，心疾患のない健康な猫（78 頭）における ANP の中央値（四分位範囲）は 43.3（33.0～56.3）pg/mL[35]であった（**図 12**）。

B　富士フイルムVETシステムズ https://www.fujifilm.com/ffvs/ja

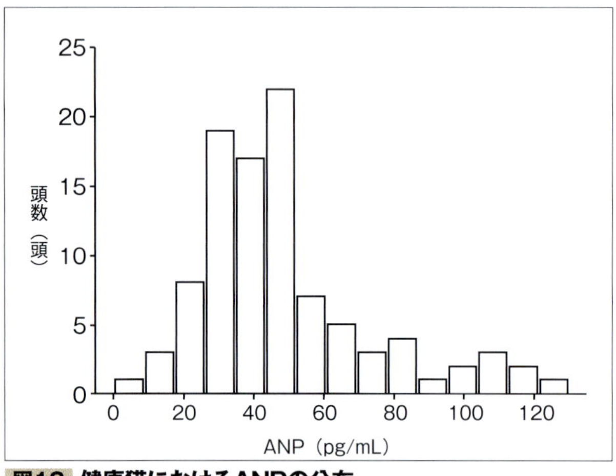

図12 健康猫におけるANPの分布
健康猫（78頭）におけるANPの中央値と四分位範囲は43.3（33.0～56.3）pg/mLであり，最小値は6.6 pg/mL，最大値は122.2 pg/mLであった[35]。これらの健康猫の内，ANPが110.0 pg/mLを超えている症例は10.3％であった。

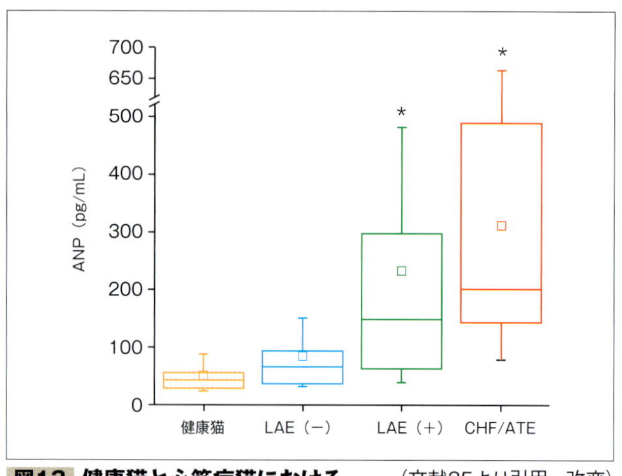

図13 健康猫と心筋症猫におけるANPの比較 （文献35より引用，改変）
血中ANP濃度は健康群（78頭）において43.3（33.0～56.3）pg/mLであり，左房拡大のない無徴候性心筋症群[LAE（－）；30頭]では65.8（42.2～92.7）pg/mL，左房拡大のある無徴候性心筋症群[LAE（＋）；26頭]では144.7（58.0～264.6）pg/mL，心不全群（CHF/ATE；27頭）では197.7（143.9～471.4）pg/mLであった。LAE（＋）群ならびにCHF/ATE群では健康群よりも有意に高値を示した（*；$P<0.05$）。

臨床応用と適応

無徴候性心筋症のスクリーニング検査

猫におけるANPの有用性を評価した初期の臨床研究では，HCM猫の血中NT-proANP濃度は健康猫に比べて有意な上昇を示さなかった[36]。この研究では対象猫（HCM猫：17頭，健康猫：19頭）の母集団が小さく，HCM猫のうち15頭は無徴候であった。一方，われわれの161頭の猫を対象にしたANPの研究では，左房拡大をともなわない無徴候性心筋症猫と非心疾患猫の血中ANP濃度に有意差はなかったが，左房拡大を示す心筋症猫では有意に上昇していた（**図13**）[35]。ANPは心房の伸展によって分泌されるため，心筋症に罹患していても左房圧が上昇していなければANP濃度は上昇しないと考えられる。したがって，ANPを用いて左房拡大のない猫の心筋症を検出することはできないが，ACVIMステージB2[37]を検出する際には補助的意義があると考えている。

心筋症の重症度評価

ANPは左房の拡大していない心筋症の検出精度が低い反面，前述のように無徴候でも左房が拡大している心筋症の場合には有意に高値を示すマーカーである[35]。ヒト医療においても，左房圧のみ上昇している僧帽弁狭窄症症例の場合，血中BNP濃度は健常なヒトと変わらないにもかかわらず，血中ANP濃度は顕著に上昇することが示されており[38]，ANPは左房拡大（うっ血徴候）に良好に反応するマーカーであると考えられる。また，CHFを発症している心筋症猫では，血中NT-proANP濃度と左房サイズ（LA/Ao）は有意な正の相関を示している[39, 40]。これらの報告は血中ANP濃度が心筋障害の有無ではなく，うっ血の有無を反映しており，心筋症にともなうCHFの評価・予測に有用であることを示唆している。とくに，ANPが110.9 pg/mLを超えている際には左房拡大の可能性が高いため[35]，心エコー図検査を用いた精査を行う必要がある。

治療効果の判定

われわれは，心不全を発症した心筋症の猫において適切な治療によって心臓負荷が軽減すると，ANPが低下する症例を経験している[41]。したがって，犬の僧帽弁閉鎖不全症（MVD）と同様に猫の心筋症においても利尿薬や血管拡張薬などによって左房圧が低下すると，ANPは低下することが予想される（**図14～16**）。ただし，ANPの低下は心筋症（心筋障害）の治癒ではなく，CHFによる左房

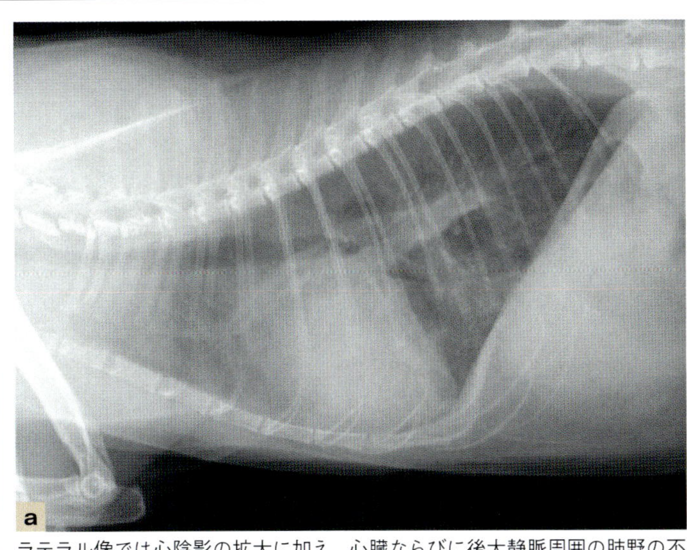

ラテラル像では心陰影の拡大に加え，心臓ならびに後大静脈周囲の肺野の不透過性が亢進していた。

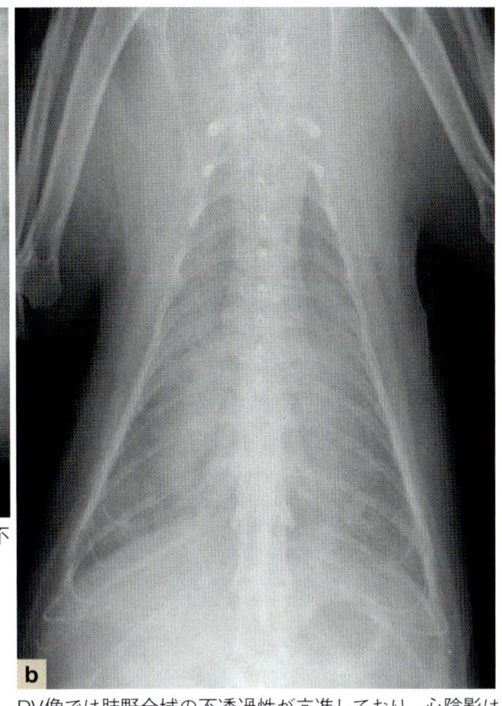

DV像では肺野全域の不透過性が亢進しており，心陰影は不鮮明となっていた。これらのことから心原性肺水腫を疑った。

図14　心不全猫における胸部X線検査画像
本症例は2歳のブリティッシュ・ショートヘア(未去勢雄)であり，昨日から苦しそうという主訴で来院した。身体検査では努力性呼吸が認められ，呼吸数は104回/分，SpO_2は94%であった。血中ANP濃度は278.5 pg/mLであった。

圧の上昇が軽減したことを意味している。

予後評価の判定

過去の報告では猫のNT-proANPはHCM猫の予後を予測する因子として有用であることが示されている[39]。ただし，この報告は症例数が比較的少なく，単変量解析では有意性が認められたが，多変量解析ではLA/Aoのみが予後因子に選ばれている。一方，ヒトのHCM症例(357人)を対象にした前向き研究ではproANPの上昇はHCM症例の心不全死，入院などの心血管イベントの発生と関連していた[42]。これらのことからANPやNT-proANPが著増している症例や，心不全治療を行っても血中濃度が低下しない場合には予後が悪い可能性がある。

二次的要因の影響

猫のNT-proANP[10]やヒトのANP[43]は腎機能障害によって上昇するほか，ヒトでは敗血症[44]や高血圧症[45]でもNT-proANPが高値となることが示されている。これらの疾患がANPを上昇させる詳細な機序は解明されていないが，ANPが高値の際には腎機能障害をはじめとした基礎疾患の有無について精査する必要がある。

甲状腺ホルモン

分泌と作用

甲状腺ホルモンは甲状腺から産生・分泌されるホルモンであり，サイロキシン(T_4)は細胞内に入ると細胞質でトリヨードサイロニン(T_3)に変換されて受容体に結合する。

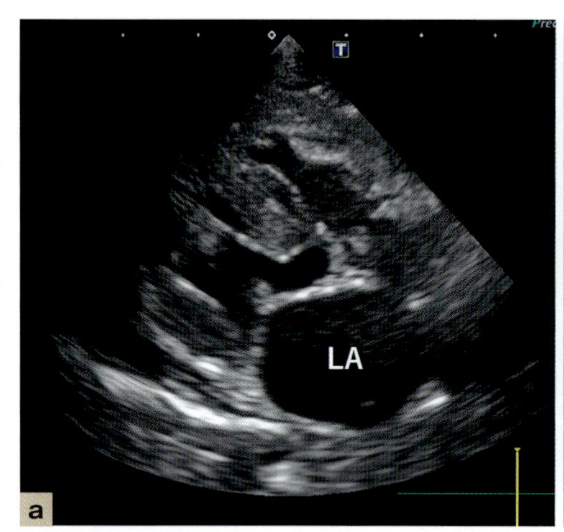

a 右側傍胸骨四腔断面像では主観的に左房（LA）の拡大と左室壁の肥厚が認められた。心外膜周囲には無エコー性の領域が認められ，心膜液の貯留が示唆された。

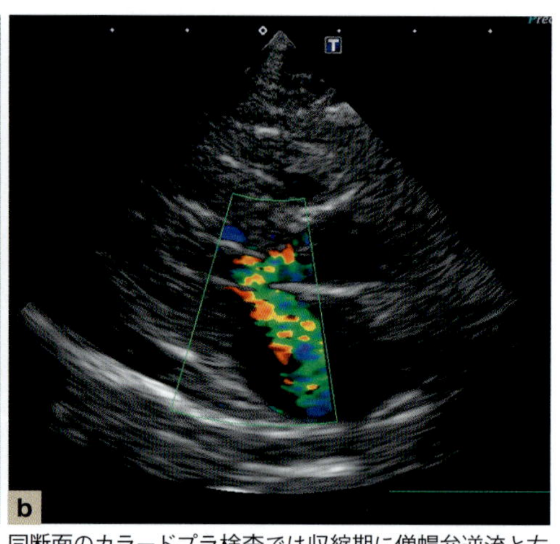

b 同断面のカラードプラ検査では収縮期に僧帽弁逆流と左室流出路内のモザイク血流が確認され，SAMにともなう左室流出路閉塞が示唆された。

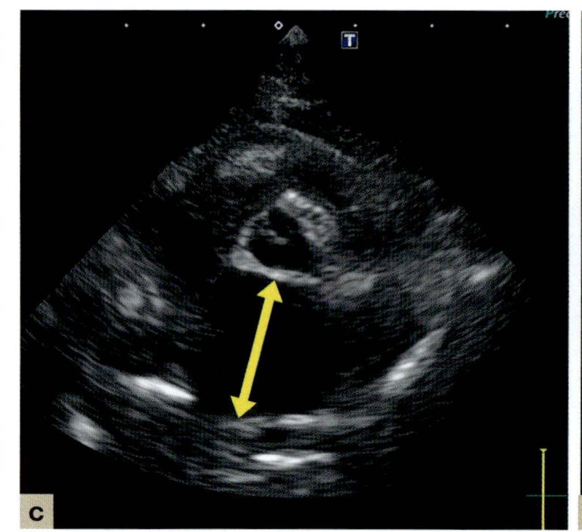

c 心基底部短軸断面では左房径は17.3 mm（黄矢印），LA/Aoは2.0であり，重度な左房拡大が示唆された。

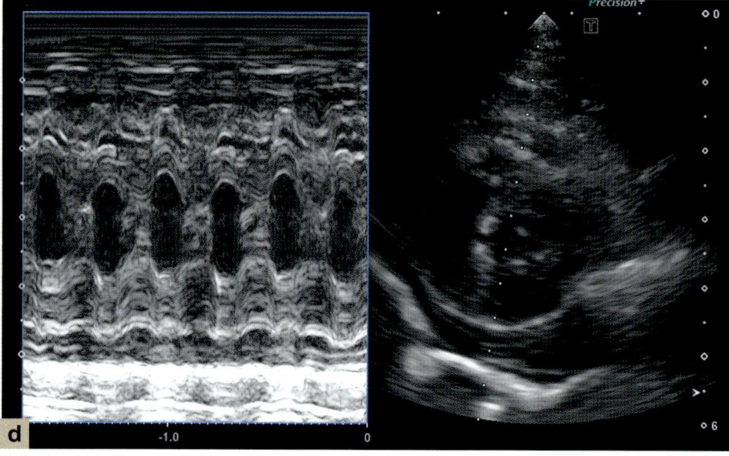

d 右側傍胸骨左室短軸断面から描出したMモード画像では拡張末期の心室中隔壁厚ならびに左室自由壁厚は7.1 mmならびに7.0 mmであり，左室内径短縮率は58.3％であった。

図15 心不全猫における初診時の心エコー図検査画像（図14と同一症例）

上記の所見から本症例は閉塞性肥大型心筋症hypertrophic obstructive cardiomyopathy（HOCM）にともなうCHFと診断し，フロセミド（1.0 mg/kg）とピモベンダン（0.25 mg/kg）の静脈注射ならびにフロセミド（0.2 mg/kg/時）とhANP（0.14 μg/kg/分）の持続点滴投与を開始した。

血中濃度はT_4のほうが圧倒的に高いが，生理活性はT_4よりもT_3のほうが非常に強い。これらの甲状腺ホルモンは組織の代謝レベルを高め，細胞の酸素消費を増やしている。これを熱量産生作用という。甲状腺ホルモンは新陳代謝を調節することで体温調節を行う他，脳・心臓・胃腸の活動を調整している。しかし，甲状腺ホルモンが過剰になると熱量産生作用の二次的効果として窒素排泄量が増加し，体内の貯蔵蛋白質と脂肪が異化されるため，筋蛋白質の異化作用が亢進する結果として体重減少と筋萎縮を来す。

甲状腺機能亢進症(FHT)の特徴

発生

猫におけるFHTの有病率は7～11％であり[46, 47]，本邦でも高齢猫112頭を対象に血中T_4濃度を測定したところ，8.9％（10頭）が4.0 μg/dL以上を示していた[48]。本疾患の好発年齢は8歳以上であり，10歳以上の猫の罹患率は10％以上であると考えられている[47]。また，ある報

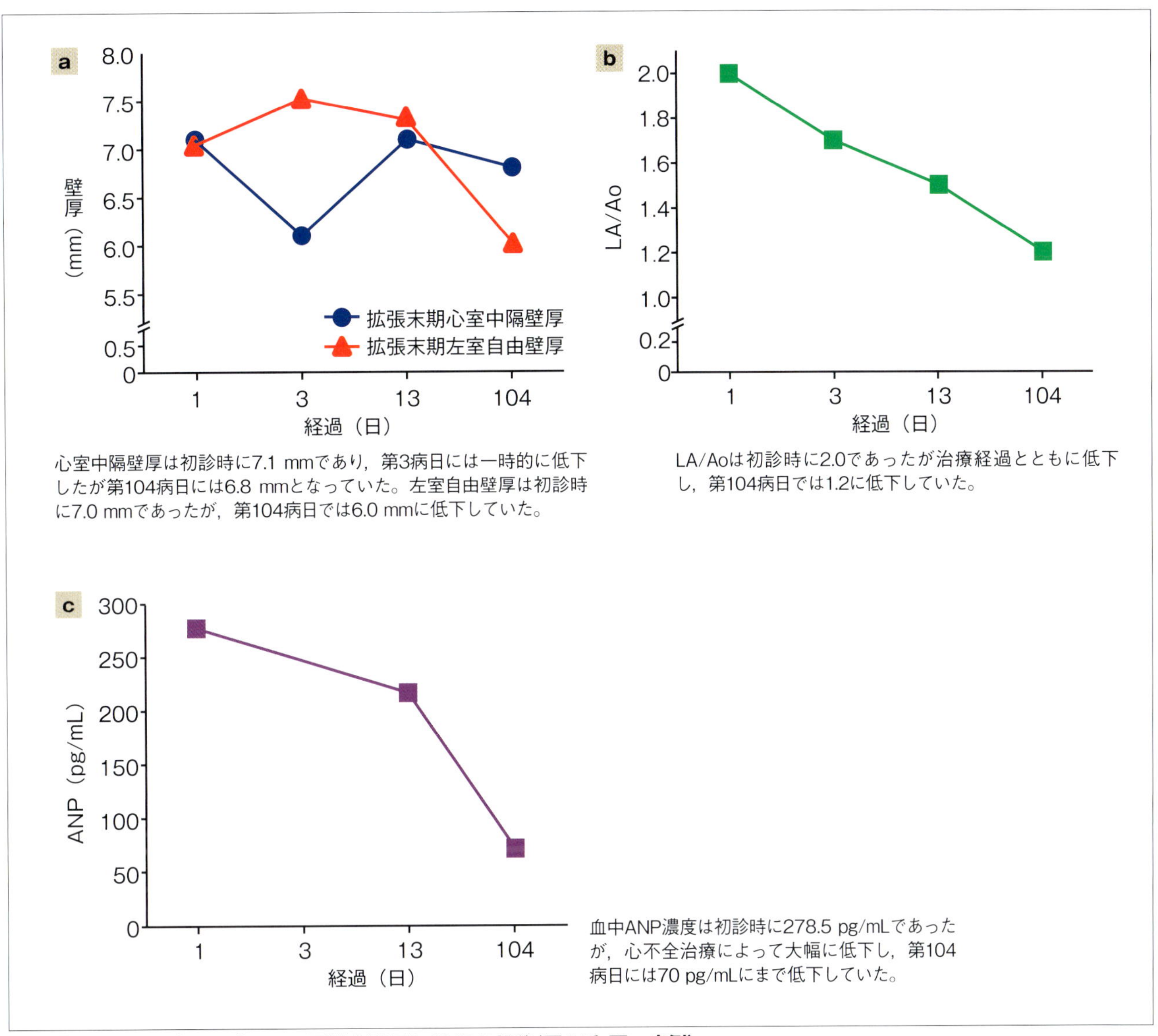

心室中隔壁厚は初診時に7.1 mmであり，第3病日には一時的に低下したが第104病日には6.8 mmとなっていた。左室自由壁厚は初診時に7.0 mmであったが，第104病日では6.0 mmに低下していた。

LA/Aoは初診時に2.0であったが治療経過とともに低下し，第104病日では1.2に低下していた。

血中ANP濃度は初診時に278.5 pg/mLであったが，心不全治療によって大幅に低下し，第104病日には70 pg/mLにまで低下していた。

図16　心不全猫における心エコー図検査所見とANPの推移(図14と同一症例)
本症例は現在628病日が経過しているが，心不全の再発はみられていない。

告では12歳以上の猫の罹患リスクは若齢猫の4.3倍も高かった[47]。

臨床徴候および検査所見

FHTの猫では多くが10歳以上の高齢であり，食欲旺盛であるにもかかわらず体重が減少し削痩・脱水していることが多い[46]。とくに，FHT猫は病気のない猫に比べて体重減少を示す可能性が高い(オッズ比：3.2倍)[47]。そのほかの臨床徴候としては活動性の増加，嘔吐，多飲，多尿，頻脈，頻呼吸，心雑音などがみられる[48〜50]。血液化学検査では肝酵素(ALT，AST，ALPなど)の上昇や尿毒症が高率にみられ，重症例では黄疸や貧血をともなうことがある。ある報告ではFHT罹患猫166頭の内，肝障害は69%(115頭)，腎障害は14%（24頭)に上っている[50]。

FHTの診断

血中T_4濃度の参考値は検査会社・機器によって異なるが，1〜9歳までの健康猫14万1,294頭における血中T_4濃度の分布は0.5〜3.5 μg/dLであり[51]，＞3.5 μg/dLはFHTの可能性がある。前述したような臨床徴候が高齢猫に認められ，血中T_4濃度が4.0 μg/dL以上であった場合

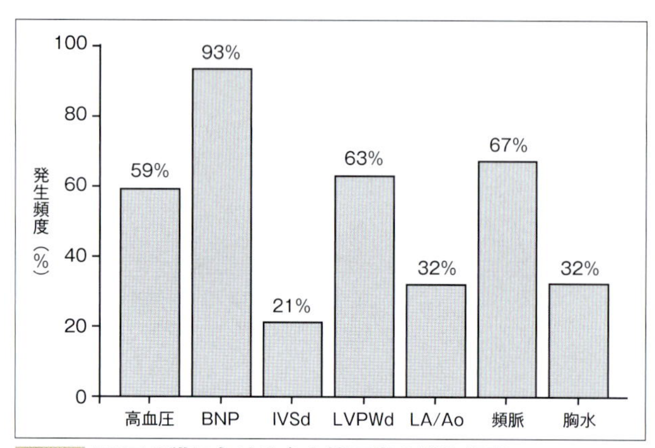

図17 FHTの猫における心血管異常の発生頻度
本施設においてFHTと診断した猫19頭における心血管異常の発生頻度を示している（未公表データ）。各異常所見の診断基準と発生数は以下のとおりである。高血圧:収縮期血圧>160 mmHg（10/17頭），BNP:血中NT-proBNP濃度>100 pmol/L（14/15頭），IVSd:拡張末期心室中隔壁厚>6.0 mm（4/19頭），LVPWd:拡張末期左室自由壁壁厚>6.0 mm（12/19頭），LA/Ao:左房径大動脈径比>1.6（6/19頭），頻脈:心拍数>200回/分（12/18頭），胸水:胸水貯留あり（6/19頭）。

はFHTと診断することができる[52]。

FHTが心・血管系へ及ぼす影響

甲状腺ホルモンは心臓のβアドレナリン受容体の数と親和性を増大させて，カテコラミンの作用を増強するため，頻脈や心筋収縮力の増強を引き起こす。また，FHTでは末梢血管が拡張し腎血流量が低下することでレニン・アンジオテンシン・アルドステロン（RAA）系が賦活化され，Na再吸収と循環血液量が増加するため結果的に心臓には過剰な前負荷を生じる。これを高拍出性心不全という[53]。FHTの猫では頻脈，高血圧，求心性肥大，CHFなどの循環器系への影響が知られている[54]（**図17**）。このほか，ヒト医療では心房細動や肺高血圧症などのリスク因子となる[53]。

頻脈

頻脈はFHTの主な徴候のひとつであり，FHT猫131頭の内，66%に頻脈（≥240回/分）がみられていた[49]。ほかの報告では，FHTの猫は病気のない猫に比べて頻脈（≥200回/分）を示す可能性が5倍（オッズ比）も高いことが示されている[47]。もし，頻脈を呈する猫においてT_4>4.0 μg/dLが確認された場合は抗甲状腺薬ならびにβ_1遮断薬を用いて治療する必要がある。

全身性高血圧

FHTの症例では末梢血管が拡張しているにもかかわらず，高血圧が生じやすい。これは心臓収縮能の亢進と循環血液量の増加が，動脈拡張の効果を上回るためだと考えられている[54]。ただし，猫においてFHT診断時の高血圧の有病率は12.9%（39/303頭）であったと報告されており[55]，併発率は低いようである。もし，T_4>4.0 μg/dLに加えて収縮期血圧>180 mmHgが確認された場合は抗甲状腺薬を第一選択薬としており，それでも血圧が下がらないときにはアムロジピンやテルミサルタンを併用している。そのほか，高血圧の猫では慢性腎臓病，高アルドステロン症，糖尿病，過度な緊張などを確認し，これらの基礎疾患を治療しても血圧を管理できない場合には本態性高血圧と診断する。

心肥大

心室壁の肥厚を示す猫においてFHTは重要な鑑別疾患のひとつと考えられており，1980年代の心エコー図検査を用いた解析ではFHT猫103頭のうち約72%において左室自由壁の肥厚，40%において心室中隔の肥厚が認められた[56]。一方，近年ではFHTによる心室肥厚の発生率は低い可能性が指摘されている[54]。FHT猫の心臓を病理学的に解析した研究では血管病変が顕著であったが，心室壁の肥厚は確認されなかった[57]。それでも高齢猫において心室壁が肥厚している際にはFHTを疑う必要があり，さらにHCM，大動脈弁狭窄症aortic valve stenosis（AS），脱水症，高血圧，先端巨大症などを鑑別する必要がある。とくに，HCMは10歳以上の猫で発生が増えることから[58]，高齢猫でHCMを疑う際には甲状腺ホルモンが基準値であることを確認するべきである。もし，T_4>4.0 μg/dLが確認された場合は抗甲状腺薬ならびにβ_1遮断薬を用いて適切に治療する必要があり，治療が奏効すれば左室壁厚は改善することが知られている[11, 59]。一方，真のHCMでは内科的治療によって心室壁厚は改善しない。

表1 FHTと非FHTによる心不全の違い

	FHTによる心不全	ほかの原因による心不全
心筋収縮性	増加	減少
心拍出量	高拍出性	低拍出性
頻脈と心不全の関係	頻脈誘発性心不全	心不全誘発性頻脈
不整脈	心房性	心室性
高血圧	収縮期高血圧(広い脈圧をともなう)	拡張期高血圧

(文献53より引用，改変)

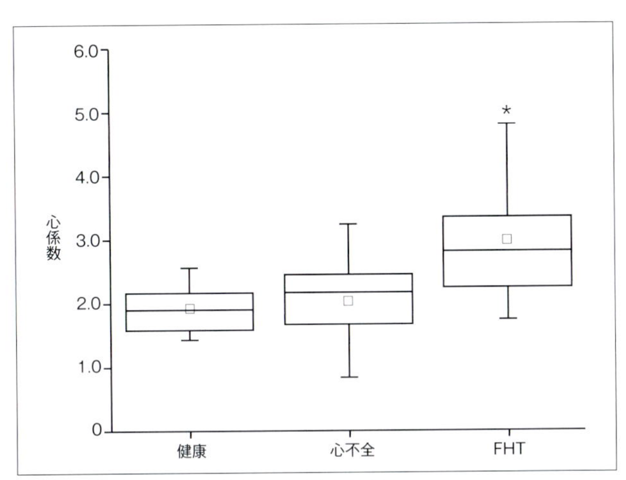

図18 FHTの猫における心係数の比較
本施設において健康，心不全，FHTと診断した猫における心係数の変化を示している(未公表データ)。健康猫(62頭)ならびに心不全猫(9頭)の心係数に有意差はみられなかったが，FHT猫(17頭)の心係数は健康猫よりも有意に高値を示した(★:$P<0.05$)。
心係数(L/分/m^2)は心エコー図検査の記録を基に以下の式を用いて算出した:左室流出路の面積×左室流出路のVTI×心拍数÷体表面積。

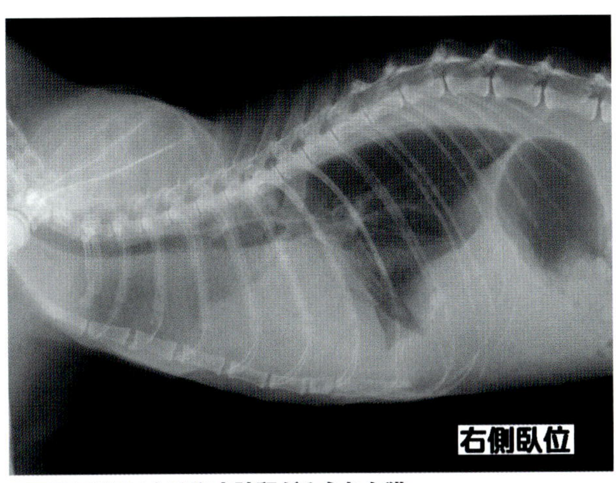

図19 FHTによる胸水貯留がみられた猫
本症例は17歳の雑種猫であり，呼吸困難を主訴に来院した。初診時の胸部X線検査(ラテラル像)では心陰影ならびに横隔膜が不鮮明であり，肺後葉は胸壁から遊離している。また，肺葉辺縁と胸壁の間に不透過性亢進をともなうスペースがみられることから胸水貯留が示唆される。

CHF

FHTでは肺水腫または胸水などのCHFを併発することがあり，過去の報告ではFHTの猫の約12%(16/131頭)に心不全が認められている[49]。ヒト医療では，FHTにともなう心不全はほかの心不全とは病態が異なっている。甲状腺ホルモン過剰状態は全身血管抵抗の減少による腎灌流圧の低下を引き起こし，RAA系が賦活化されることで循環血液量が増加する。これにより心拍出量は増加するが，還流血液量が心機能を上回るため高拍出性心不全を引き起こす(**表1**)[53]。つまりFHTによる心不全は心筋収縮力と心拍出量が亢進しており，心不全であるにもかかわらず血圧は正常か上昇していることが特徴である[53]。われわれの院内データにおいてもFHT猫は健康猫ならびにCHF猫よりも心拍出量が高値を示していた(**図18**)。しかし，FHT猫における心拍出量の増加と心不全の因果関係は十分に解明されていない。

ヒト医療において心不全徴候をともなうFHT症例の第一選択薬はβ_1遮断薬であり，心拍数・心拍出量・酸素消費量を低下させることで高拍出性心不全を改善する[53]。筆者らは，CHFのみられるFHT猫では抗甲状腺薬ならびにピモベンダンや利尿薬を用いて治療を行っているが，なかには甲状腺ホルモン値が正常化すると胸水が軽減・解消する症例もある(**図19～21**)。

血栓症マーカー

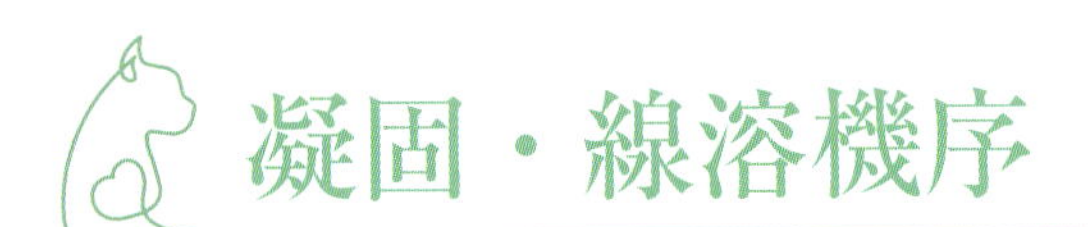

凝固・線溶機序

血液凝固反応には血小板凝集を中心とした一次止血と，血液凝固因子が活性化され最終的にフィブリン網が形成される二次止血がある。二次止血の最終段階では，第Ⅱa因子であるトロンビンがフィブリノゲンをフィブリンに変換する反応を触媒している(**図22**)。これら血液凝固反応によってフィブリン血栓が作られる際には，同時に血栓を溶

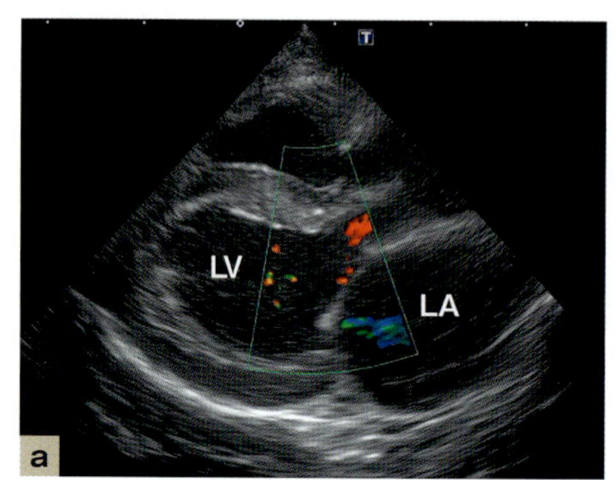

右側傍胸骨四腔断面像では左房(LA)と左室(LV)の拡大が認められ，収縮期には弁輪拡大にともなう軽度な僧帽弁逆流が確認される。
LA:左房，LV:左室

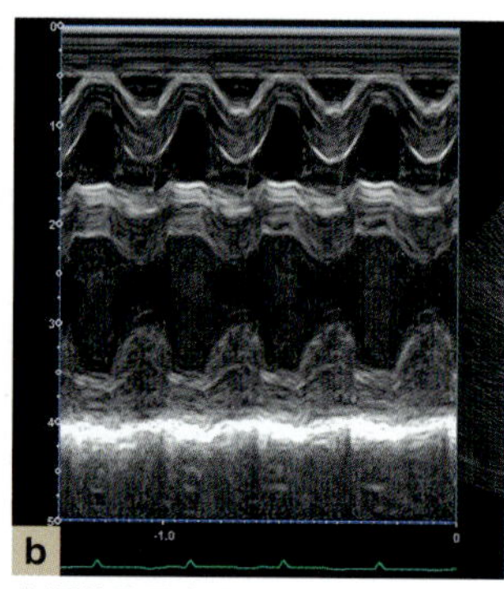

右側傍胸骨左室短軸断面から描出したMモード画像では左室拡張末期径は14.6 mmであり，左室内径短縮率は52.1%であった。拡張末期の心室中隔壁厚ならびに左室自由壁厚は5.1 mmならびに5.2 mmであった。

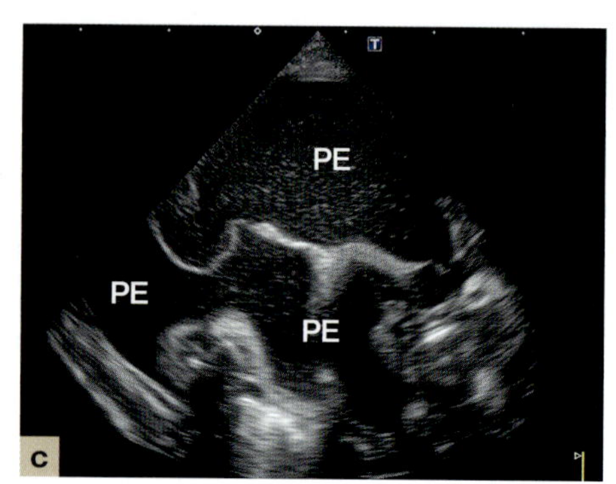

胸腔内には胸水(PE)を示唆するエコーフリースペースが認められた。胸腔穿刺を行ったところ，胸水180mLが抜去され，比重は1.014，蛋白濃度は1.6 g/dLであったことから漏出液と判断した。

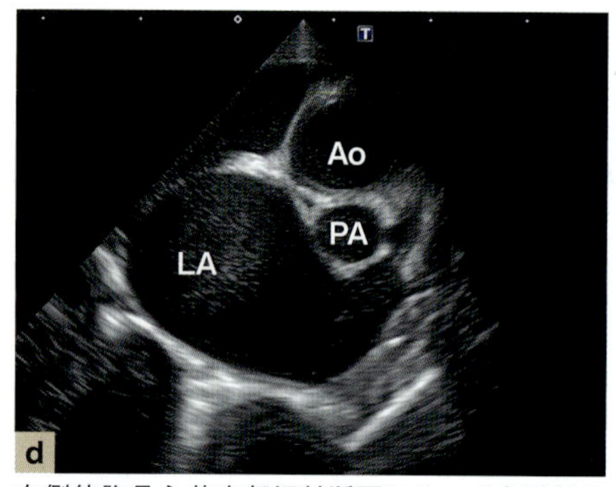

右側傍胸骨心基底部短軸断面において左房径は16.3 mm, LA/Aoは1.94であった。上行大動脈(Ao)は肺動脈(PA)と比べて拡張しており，慢性的な高血圧症が示唆される。
Ao:大動脈，PA:肺動脈

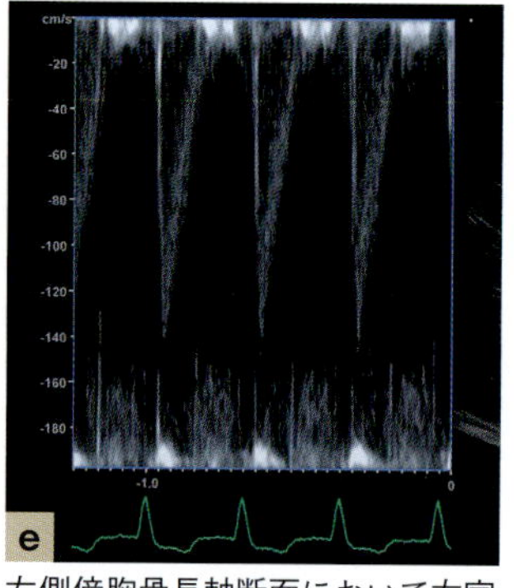

左側傍胸骨長軸断面において左室流出路の血流波形を記録した。血流速度は140 cm/秒と軽度に上昇しており，速度時間積分値は11.8 cmであった。心係数は2.8 L/分/m^{2}であった。

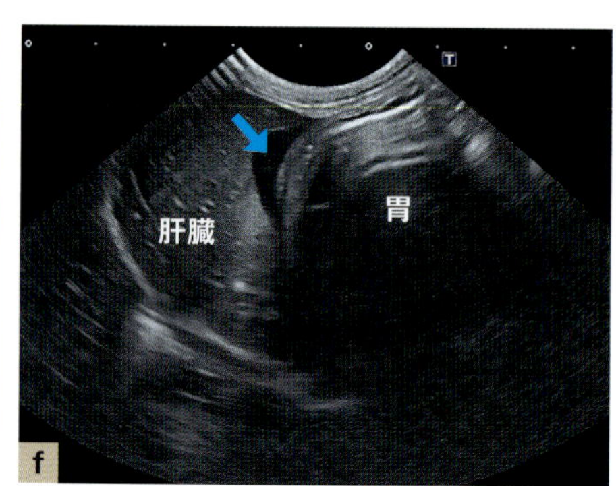

腹部エコー検査では肝臓尾側と胃の間にエコーフリースペース(矢印)が認められ，少量の腹水貯留が示唆された。これらの所見からCHFと診断しアンジオテンシン変換酵素(ACE)阻害薬とピモベンダンを処方した。

図20 FHTの猫の心エコー図検査画像(図19と同一症例)

解する線溶反応(線維素溶解現象)も惹起されている。線溶反応によって血栓が分解された際に生じる分解産物の総称をフィブリン・フィブリノゲン分解産物 fibrin-fibrinogen degradation product (FDP)とよんでいる。

フィブリン・フィブリノゲン分解産物(FDP)

FDP はフィブリノゲンおよび不安定フィブリンが線溶酵素であるプラスミンによって分解されて生じた産物の総称であり(**図22**)，線溶系マーカーといえる。FDP が高値となる原因には血栓症の他に，播種性血管内凝固症候群 disseminated intravascular coagulation syndrome (DIC)や体腔内出血，重度な肝障害などが挙げられる。しかし，FDP は凝固活性をともなわないフィブリノゲンの分解である一次線溶と凝固活性をともなうフィブリンの分解である二次線溶の両者を反映するため，血栓の有無を鑑別することは困難である。このため，血栓症を疑う際には D-ダイマーやトロンビン・アンチトロンビン複合体[C] thrombin-antithrombin complex (TAT)の評価が必要である。

C 一部検査機関ではトロンビン・アンチトロンビンⅢ複合体と表記されていることもあるが，同じ項目である。

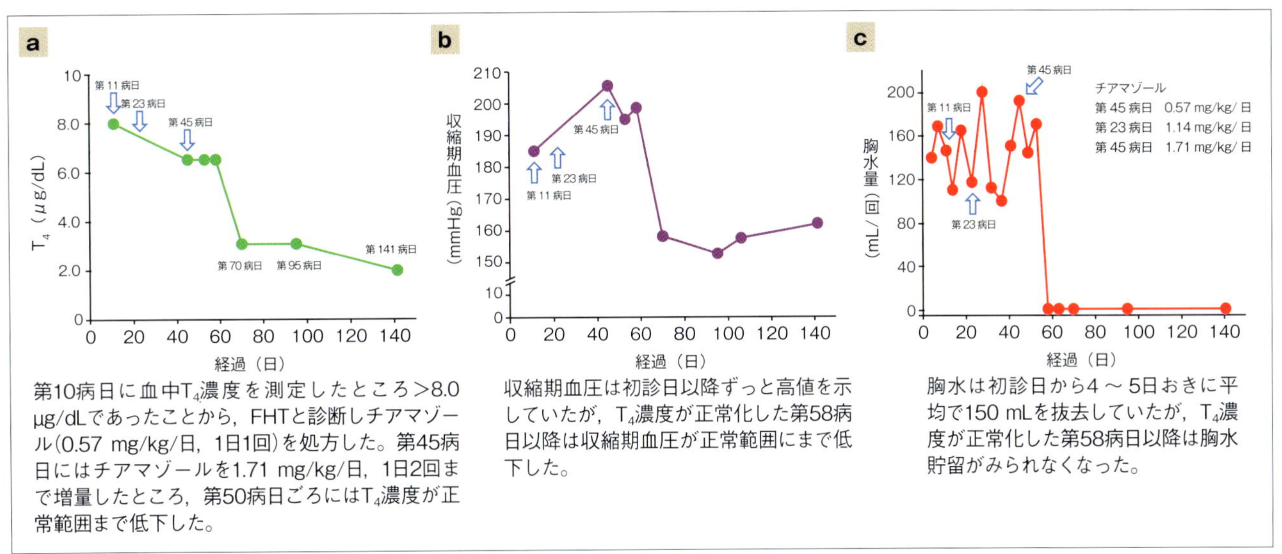

第10病日に血中T_4濃度を測定したところ>8.0 μg/dLであったことから，FHTと診断しチアマゾール(0.57 mg/kg/日，1日1回)を処方した。第45病日にはチアマゾールを1.71 mg/kg/日，1日2回まで増量したところ，第50病日ごろにはT_4濃度が正常範囲まで低下した。

収縮期血圧は初診日以降ずっと高値を示していたが，T_4濃度が正常化した第58病日以降は収縮期血圧が正常範囲にまで低下した。

胸水は初診日から4～5日おきに平均で150 mLを抜去していたが，T_4濃度が正常化した第58病日以降は胸水貯留がみられなくなった。

図21 FHTによる心血管異常のみられた猫の経過(図19と同一症例)

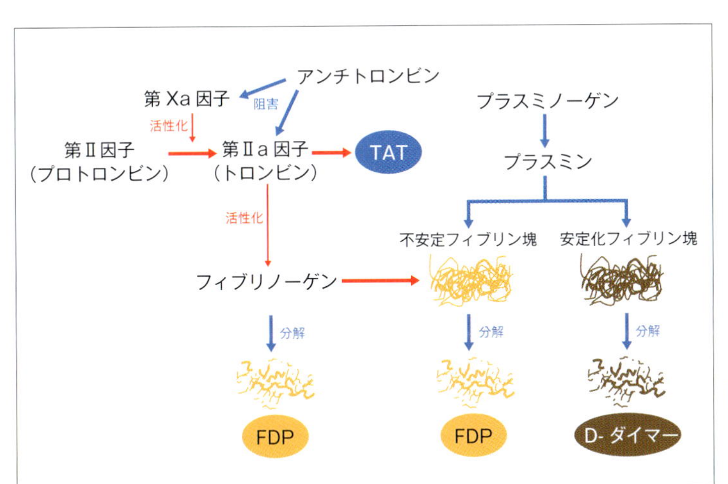

図22 凝固線溶系におけるFDP，D-ダイマー，TATの産生機序
TAT:トロンビン・アンチトロンビン複合体，FDP:フィブリン・フィブリノゲン分解産物

D-ダイマー

D-ダイマーは安定化フィブリンがプラスミンによって分解されて生じた産物であり，FDPの構成要素のひとつである(**図22**)。D-ダイマーは凝固反応によってフィブリンが形成された後に，線溶反応によってフィブリンが分解されて生じるので，凝固線溶系マーカーといえる。D-ダイマーが高値の際には先行する血栓形成傾向を示唆しており，高値となる原因には血栓症の他にDICや体腔内出血が挙げられる。しかし，過去の報告では，血栓症猫におけるD-ダイマーは健康猫や血栓症のない心筋症猫と比べて有意な変化を示さなかった[60]。さらに別の報告でもDIC猫のD-ダイマーは7頭中3頭しか上昇しておらず[61]，DICを検出するための感度(67%)と特異度(56%)はいずれも低かった[62]。現在では抗ヒトD-ダイマーモノクローナル抗体(マウス)を用いたラテックス凝集反応法により猫D-ダイマーを測定している。われわれの院内データでは健康猫ならびに無徴候性HCM猫に比べて血栓症猫のD-ダイマーは上昇傾向を示していたが，有意差はみられなかった(**図23**)。今後は猫に特異的なD-ダイマー抗体の開発ならびに検査方法の改良が求められる。

猫における新規血栓症マーカー

TAT複合体は犬において既に臨床応用されている

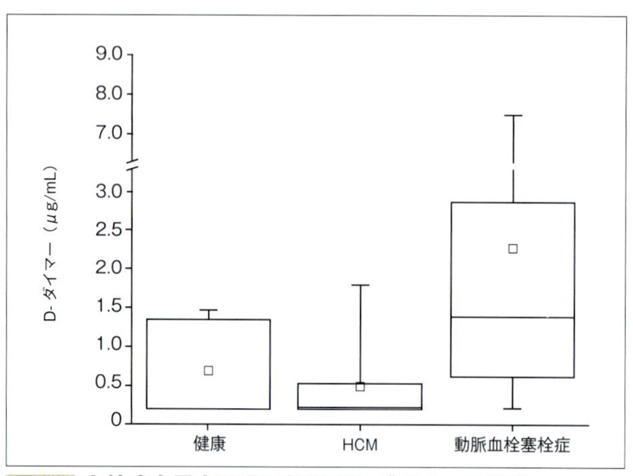

図23 血栓症を呈する猫におけるD-ダイマーの比較
健康猫ならびに無徴候性HCM猫に比べて血栓症猫のD-ダイマーは上昇傾向を示したが有意差はみられなかった(未公表データ)。

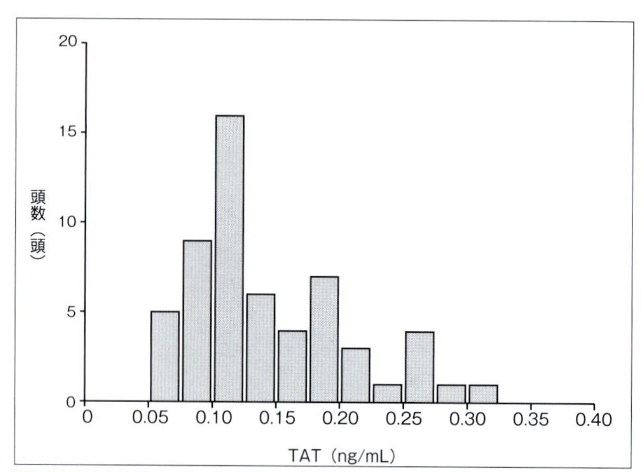

図24 健康猫におけるTAT複合体の分布(資料提供:どうぶつ検査センター（愛知県))
健康猫57頭における平均値±標準偏差は0.14±0.06 ng/mLであり，尖度は2.84であった。参考基準範囲は0.05～0.30 ng/mLであった。

が[63, 64]，猫では2024年に愛知県のどうぶつ検査センターで臨床応用が可能となるため，猫のTATについて紹介する。

TATの産生と臨床的意義

血液凝固反応の二次止血では第Ⅱa因子であるトロンビンが生成される。トロンビンは凝固反応の最終段階でフィブリノゲンをフィブリンに変換する反応を触媒しているが，アンチトロンビンと1：1で結合し複合体(TAT)を形成することで不活化される(**図22**)。トロンビン生成量は凝固活性の強さを反映しているが，半減期(十数秒未満)がきわめて短いため測定は技術的に困難である。一方，TATの半減期は10分程度と長くトロンビンの産生量と同等であるため，TATを測定することでトロンビン産生を間接的に評価できる。つまり，血中TATの変化は凝固亢進状態の指標(凝固系マーカー)となる。TATが高値の場合には血栓症または血栓傾向の他に，DIC，広範囲な血管病変(血管炎，糖尿病，高脂血症)などが挙げられる。

TATの測定方法と参考範囲

採血時は3.2％クエン酸ナトリウム0.2 mLに血液1.8 mLを加え，転倒混和を5～6回繰り返した後，血漿はすみやかに遠心分離して凍結保存する。TATは抗トロンビンマウスモノクローナル抗体(パスファーストTAT，PHC株式会社，東京)を用いたCLEIA法により測定しており，猫TATの参考基準範囲は0.05～0.30 ng/mL (平均値± SD: 0.14 ± 0.06)と公表されている(**図24**[D])。また，犬102頭におけるTATの中央値は0.06 ng/mL (範囲：0.019～0.49)，正常基準範囲は≦0.25 ng/mLと報告されており[63]，犬・猫の参考範囲は互いに近似している。

猫における血栓症マーカーとしてのTAT

猫のTATに関する過去の報告では，無徴候性HCM猫と健康猫の間に血中濃度の差はみられなかった[65]。同様に，血栓症猫におけるTATの血中濃度は健康猫や，血栓症のない心筋症猫と比べて，有意な変化を示していなかった[60]。しかし，TATが参考範囲を超えていた症例は健康猫(3％)に比較すると，血栓症およびもやもやエコーspontaneous echo contrast (SEC)のある心筋症猫(50％)のほうが有意に多かった。これらはいずれもELISA法[60, 65]を用いて解析しているが，現在はCLEIA法により猫TATを測定しており，われわれの院内データでは健康猫ならびに無徴候性HCM猫に比べて，血栓症を呈する猫ではTAT濃度が有意に高値を示していた(**図25**)。また，自験例であるが入院時にTATが著増している猫では血栓症の短期予後が悪く，死亡例が多いと感じている(**図26，27**)。しかし，猫での基礎的・臨床的データは不足しているため，今後の

D どうぶつ検査センター https://animal-mt.com/

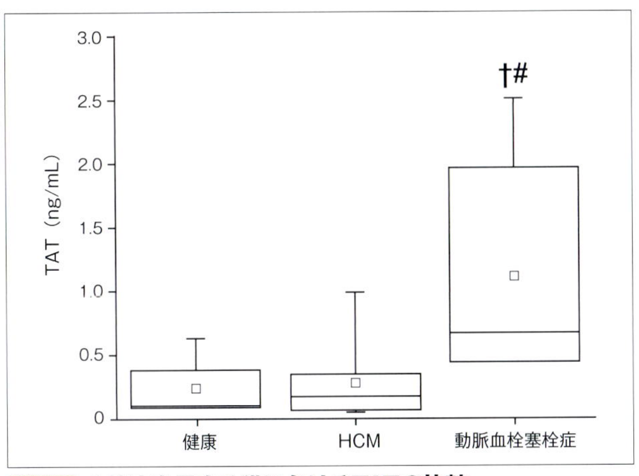

図25 血栓症を呈する猫におけるTATの比較

健康猫ならびに無徴候性HCM猫のTATに有意差はみられなかったが，血栓症猫のTATは健康猫ならびに無徴候性HCM猫に比べて有意に高値を示していた(未公表データ)。

†:P<0.05 vs PL，#:P<0.05 vs HCM

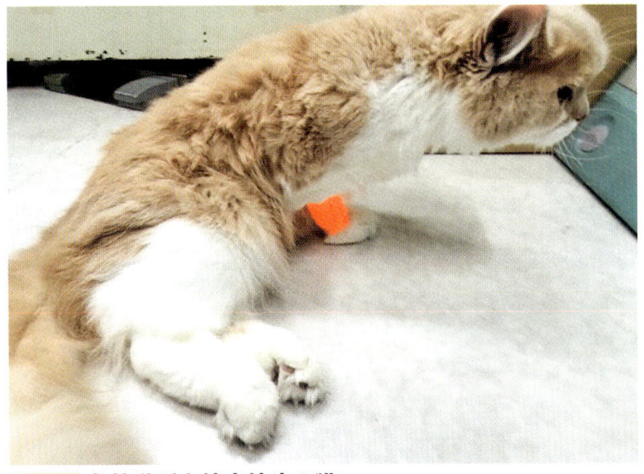

図26 急性動脈血栓塞栓症の猫

本症例は8カ月のスコティッシュ・フォールドの避妊雌であり，昨夜から後肢が麻痺したとの主訴で来院した。来院時には両後肢が完全麻痺しており，痛覚反射と股動脈圧は触知されず，四肢の冷感が認められた。血液化学検査ではCPK（>2,000 IU/L），BUN（62.6 mg/dL），Cre（2.4 mg/dL），リン（>15.0 mg/dL）の上昇とCa（7.8 mg/dL）の低下が認められ，再灌流障害が示唆された。TATは2.5 ng/mLであり，正常猫の参考値(<0.30 ng/mL)を大きく上回っていた。この症例は血栓溶解療法や血栓除去手術を行ったが，再灌流障害による急性腎不全のために第9病日に死亡した。

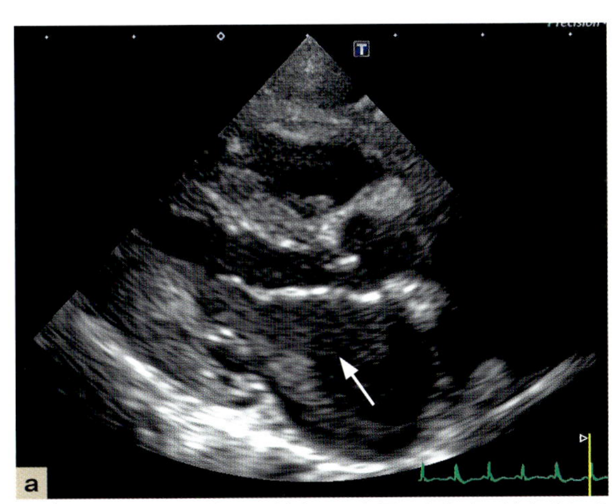

右側傍胸骨四腔断面像では拡大した左房から左室に流れるSEC(矢印)が認められた。

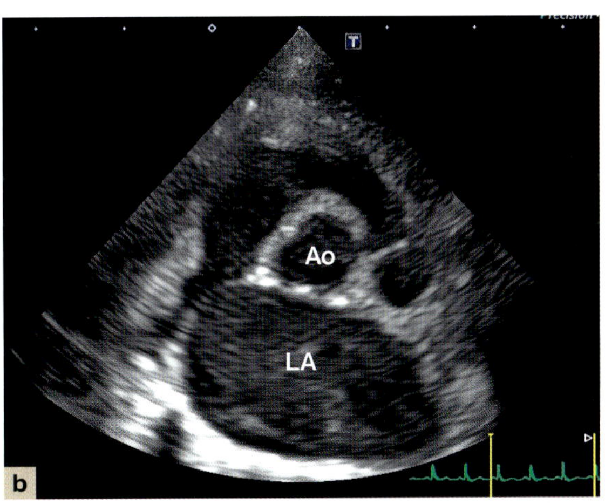

右側傍胸骨心基底部短軸断面においてLA/Aoは2.0であり，左房は重度に拡大していた。また，血流に合わせて動くSECが認められた。
Ao:大動脈，LA:左房

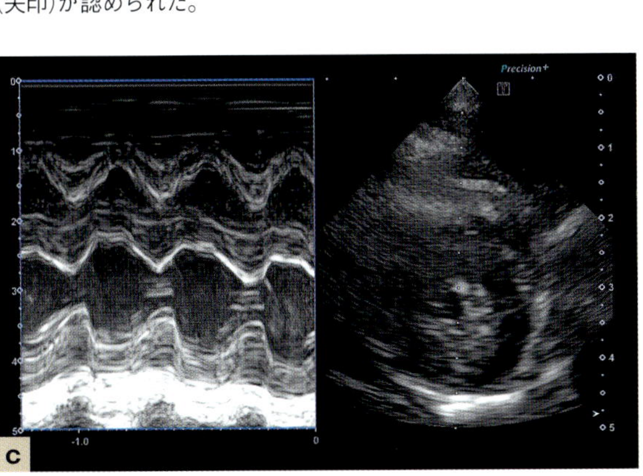

右側傍胸骨左室短軸断面から描出したMモード画像では左室拡張末期径は15.9 mmであり，左室内径短縮率は51.9%であった。拡張末期の心室中隔壁厚ならびに左室自由壁厚は4.7 mmならびに7.7 mmであった。

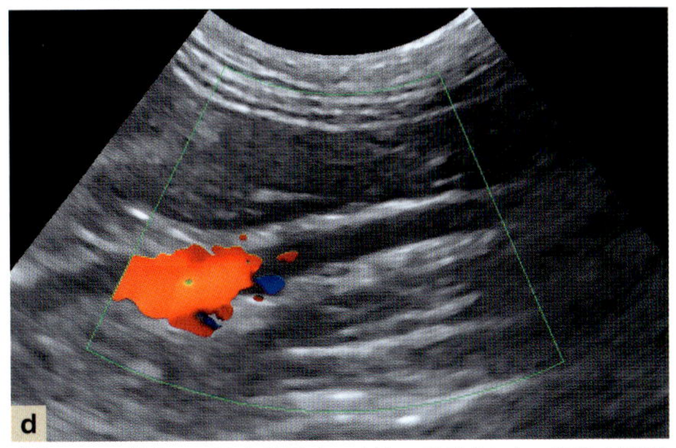

腹部エコー検査では腹大動脈内に血流の描出されない部位が認められ，血栓塞栓症が示唆された。

図27 急性動脈血栓塞栓症の猫のエコー検査画像(図26と同一症例)

さらなる研究が求められる。

TAT測定時の注意点

TATは採血時の手技的エラーによって偽性高値を示すことがある。例えば，採血に時間を要した場合，繰り返し採血によって組織因子が混入した場合，抗凝固薬との混和が不十分だった場合には，注射器や採血管の中で血液が凝固しトロンビンを生じるためにTATも増加する。TATを測定する際にはこれらの点に気をつけて，採血時には23Gの注射針を用いて頸静脈から1回の穿刺により最小限の吸引圧により採血できた血液のみを使用し，採血後は十分に転倒混和する必要がある。

おわりに

血液化学検査では，心筋細胞の異常や血栓の存在など画像検査だけでは診断しにくい病態を評価できるメリットがある。しかし，ほかの化学検査項目と同様に採血手技の影響を受けたり，二次的要因によって偽性高値を示したりすることに注意が必要である。血液化学検査を利用する際には，心エコー図検査や身体検査などとあわせて総合的な評価を行うように心がけている。

参考文献

1. Ruskoaho, H. (2003) : Cardiac hormones as diagnostic tools in heart failure. *Endocr. Rev*., 24 (3) : 341-356.
2. Fox, P.R., Rush, J.E., Reynolds, C.A., *et al*. (2011) : Multicenter evaluation of plasma N-terminal probrain natriuretic peptide (NT-pro BNP) as a biochemical screening test for asymptomatic (occult) cardiomyopathy in cats. *J. Vet. Intern. Med*., 25 (5) : 1010-1016.
3. Lu, T.L., Côté, E., Kuo, Y.W., *et al*. (2021) : Point-of-care N-terminal pro B-type natriuretic peptide assay to screen apparently healthy cats for cardiac disease in general practice. *J. Vet. Intern. Med*., 35 (4) : 1663-1672.
4. Hanås, S., Holst, B.S., Höglund, K., *et al*. (2020) : Effect of feline characteristics on plasma N-terminal-prohormone B-type natriuretic peptide concentration and comparison of a point-of-care test and an ELISA test. *J. Vet. Intern. Med*., 34 (3) : 1187-1197.
5. 堀 泰智，湯本優希，山下洋平，ほか．(2019)：猫NT-proBNPの院内検査キットを用いた心疾患の検出精度の解析．動物の循環器．52 (1)：11-19.
6. Ironside, V.A., Tricklebank, P.R., Boswood, A. (2021) : Risk indictors in cats with preclinical hypertrophic cardiomyopathy: a prospective cohort study. *J. Feline. Med. Surg*., 23 (2) : 149-159.
7. Seo, J., Payne, J.R., Matos, J.N., *et al*. (2020) : Biomarker changes with systolic anterior motion of the mitral valve in cats with hypertrophic cardiomyopathy. *J. Vet. Intern. Med*., 34 (5) : 1718-1727.
8. Ferasin, L., Kilkenny, E., Ferasin, H. (2020) : Evaluation of N-terminal prohormone of brain natriuretic peptide and cardiac troponin-I levels in cats with systolic anterior motion of the mitral valve in the absence of left ventricular hypertrophy. *J. Vet. Cardiol*., 30: 23-31.
9. Bijsmans, E.S., Jepson, R.E., Wheeler, C., *et al*. (2017) : Plasma N-Terminal Probrain Natriuretic Peptide, Vascular Endothelial Growth Factor, and Cardiac Troponin I as Novel Biomarkers of Hypertensive Disease and Target Organ Damage in Cats. *J. Vet. Intern. Med*., 31 (3) : 650-660.
10. Lalor, S.M., Connolly, D.J., Elliott, J., *et al*. (2009) : Plasma concentrations of natriuretic peptides in normal cats and normotensive and hypertensive cats with chronic kidney disease. *J. Vet. Cardiol*., 11 (Suppl 1) : S71-79.
11. Sangster, J.K., Panciera, D.L., Abbott, J.A., *et al*. (2014) : Cardiac biomarkers in hyperthyroid cats. *J. Vet. Intern. Med*., 28 (2) : 465-472.
12. Fox, P.R., Oyama, M.A., Reynolds, C., *et al*. (2009) : Utility of plasma N-terminal pro-brain natriuretic peptide (NT-proBNP) to distinguish between congestive heart failure and non-cardiac causes of acute dyspnea in cats. *J. Vet. Cardiol*., 11 (Suppl 1) : S51-61.
13. Ward, J.L., Lisciandro, GR., Ware, W.A., *et al*. (2018) : Evaluation of point-of-care thoracic ultrasound and NT-proBNP for the diagnosis of congestive heart failure in cats with respiratory distress. *J. Vet. Intern. Med*., 32 (5) : 1530-1540.
14. Hezzell, M.J., Rush, J.E., Humm, K., *et al*. (2016) : Differentiation of Cardiac from Noncardiac Pleural Effusions in Cats using Second-Generation Quantitative and Point-of-Care NT-proBNP Measurements. *J. Vet. Intern. Med*., 30 (2) : 536-542.
15. Janson, C.O., Hezzell, M.J., Oyama, M.A., *et al*. (2020) : Focused cardiac ultrasound and point-of-care NT-proBNP assay in the emergency room for differentiation of cardiac and noncardiac causes of respiratory distress in cats. *J. Vet. Emerg. Crit. Care*. (San Antonio), 30 (4) : 376-383.
16. Pierce, K.V., Rush, J.E., Freeman, L.M., *et al*. (2017) : Association between Survival Time and Changes in NT-proBNP in Cats Treated for Congestive Heart Failure. *J. Vet. Intern. Med*., 31 (3) : 678-684.
17. 日本循環器学会／日本心不全学会ほか．(2018)：急性・慢性心不全診療ガイドライン(2017年改訂版)．http://www.asas.or.jp/jhfs/pdf/topics20180323.pdf, (accessed 2024-02-06)．
18. Jaeger, C., Wildi, K., Twerenbold, R., *et al*. (2016) : One-hour rule-in and rule-out of acute myocardial infarction using high-sensitivity cardiac troponin *I. Am. Heart. J*., 171 (1) : 92-102.e1-5.
19. Hori, Y., Iguchi, M., Heishima, Y., *et al*. (2018) Diagnostic utility of cardiac troponin I in cats with hypertrophic cardiomyopathy. *J. Vet. Intern. Med*., 32 (3) : 922-929.
20. Hanås, S., Larsson, A., Rydén, J., *et al*. (2022) : Cardiac troponin I in healthy Norwegian Forest Cat, Birman and domestic shorthair cats, and in cats with hypertrophic cardiomyopathy. *J. Feline. Med. Surg*., 24 (10) : e370-e379.
21. Hertzsch, S., Roos, A., Wess, G. (2019) : Evaluation of a sensitive cardiac troponin I assay as a screening test for the diagnosis of hypertrophic cardiomyopathy in cats. *J. Vet. Intern. Med*., 33 (3) : 1242-1250.

22. Romito, G., Elmi, A., Guglielmini, C., *et al.* (2023) : Transient myocardial thickening: a retrospective analysis on etiological, clinical, laboratory, therapeutic, and outcome findings in 27 cats. *J. Vet. Cardiol.*, 50: 51-62.

23. Matos, J.N., Pereira, N., Glaus, T., *et al.* (2018) : Transient Myocardial Thickening in Cats Associated with Heart Failure. *J. Vet. Intern. Med.*, 32 (1) : 48-56.

24. Pelander, L., Bach, M.B.T., Ljungvall, I., *et al.* (2023) : Evaluation of cardiac troponin I as a predictor of death in critically ill cats. *J. Vet. Intern. Med.*, 37 (2) : 403-411.

25. Connolly, D.J., Brodbelt, D.C., Copeland, H., *et al.* (2009) : Assessment of the diagnostic accuracy of circulating cardiac troponin I concentration to distinguish between cats with cardiac and non-cardiac causes of respiratory distress. *J. Vet. Cardiol.*, 11 (2) : 71-78.

26. Wells, S.M., Shofer, F.S., Walters, P.C., *et al.* (2014) : Evaluation of blood cardiac troponin I concentrations obtained with a cage-side analyzer to differentiate cats with cardiac and noncardiac causes of dyspnea. *J. Am. Vet. Med. Assoc.*, 244 (4) : 425-430.

27. Borgeat, K., Sherwood, K., Payne, J.R., *et al.* (2014) : Plasma cardiac troponin I concentration and cardiac death in cats with hypertrophic cardiomyopathy. *J. Vet. Intern. Med.*, 28 (6) : 1731-1737.

28. Luchner, A., Muders, F., Dietl, O., *et al.* (2001) : Differential expression of cardiac ANP and BNP in a rabbit model of progressive left ventricular dysfunction. *Cardiovasc. Res.*, 51 (3) : 601-607.

29. Moe, G.W., Grima, E.A., Wong, N.L., *et al.* (1996) : Plasma and cardiac tissue atrial and brain natriuretic peptides in experimental heart failure. *J. Am. Coll. Cardiol.*, 27 (3) : 720-727.

30. Wang, D., Gladysheva, I.P., Fan, T.H., *et al.* (2014) : Atrial natriuretic peptide affects cardiac remodeling, function, heart failure, and survival in a mouse model of dilated cardiomyopathy. *Hypertension*. 63 (3) : 514-519.

31. Lang, C.C., Choy, A.M., Turner, K., *et al.* (1993) : The effect of intravenous saline loading on plasma levels of brain natriuretic peptide in man. *J. Hypertens.*, 11 (7) : 737-741.

32. Wambach, G., Koch, J. (1995) : BNP plasma levels during acute volume expansion and chronic sodium loading in normal men. *Clin. Exp. Hypertens.*, 17 (4) : 619-629.

33. Hori, Y., Yamano, S., Iwanaga, K., *et al.* (2008) : Evaluation of plasma C-terminal atrial natriuretic peptide in healthy cats and cats with heart disease. *J. Vet. Intern. Med.*, 22 (1) : 135-139.

34. Heishima, Y., Hori, Y., Chikazawa, S., *et al.* (2016) : Influence of storage conditions on in vitro stability of atrial natriuretic peptide and of anesthesia on plasma atrial natriuretic peptide concentration in cats. *Am. J. Vet. Res.*, 77 (8) : 854-859.

35. Heishima, Y., Hori, Y., Nakamura, K., *et al.* (2018) : Diagnostic accuracy of plasma atrial natriuretic peptide concentrations in cats with and without cardiomyopathies. *J. Vet. Cardiol.*, 20 (4) : 234-243.

36. MacLean, H.N., Abbott, J.A., Ward, D.L., *et al.* (2006) : N-terminal atrial natriuretic peptide immunoreactivity in plasma of cats with hypertrophic cardiomyopathy. *J. Vet. Intern. Med.*, 20 (2) : 284-289.

37. Fuentes, V.L., Abbott, J., Chetboul, V., *et al.* (2020) : ACVIM consensus statement guidelines for the classification, diagnosis, and management of cardiomyopathies in cats. *J. Vet. Intern. Med.*, 34 (3) : 1062-1077.

38. Yoshimura, M., Yasue, H., Okumura, K., *et al.* (1993) : Different secretion patterns of atrial natriuretic peptide and brain natriuretic peptide in patients with congestive heart failure. *Circulation*, 87 (2) : 464-469.

39. Zimmering, T.M., Hungerbühler, S., Meneses, F., *et al.* (2010) : Evaluation of the association between plasma concentration of N-terminal proatrial natriuretic peptide and outcome in cats with cardiomyopathy. *J. Am. Vet. Med. Assoc.*, 237 (6) : 665-672.

40. Zimmering, T.M., Meneses, F., Nolte, I.J., *et al.* (2009) : Measurement of N-terminal proatrial natriuretic peptide in plasma of cats with and without cardiomyopathy. *Am. J. Vet. Res.*, 70 (2) : 216-222.

41. 堀 泰智，南 昌弘，金井 一享，ほか．(2010)：肥大型心筋症猫において治療効果と血中ANP濃度の関連を評価した1例．動物の循環器，42(2)，49-54.

42. Bégué, C., Mörner, S., Brito, D., *et al.* (2020) : Mid-regional proatrial natriuretic peptide for predicting prognosis in hypertrophic cardiomyopathy. *Heart*., 106 (3) : 196-202.

43. Czekalski, S. (1990) : [Plasma atrial natriuretic peptide level and urinary fractional sodium excretion (FENa) in patients with chronic renal failure]. *Pol. Arch. Med. Wewn.*, 84 (6) : 370-377.

44. Yagmur, E., Sckaer, J.H., Koek, G.H., *et al.* (2019) : Elevated MR-proANP plasma concentrations are associated with sepsis and predict mortality in critically ill patients. *J. Transl. Med.*, 17 (1) : 415.

45. Banaszak, B., Świętochowska, E., Banaszak, P., *et al.* (2019) : Endothelin-1 (ET-1), N-terminal fragment of pro-atrial natriuretic peptide (NTpro-ANP), and tumour necrosis factor alpha (TNF- α) in children with primary hypertension and hypertension of renal origin. *Endokrynol. Pol.*, 70 (1) : 37-42.

46. Carney, H.C., Ward, C.R., Bailey, S.J., *et al.* (2016) : 2016 AAFP Guidelines for the Management of Feline Hyperthyroidism. *J. Feline. Med. Surg.*, 18 (5) : 400-416.

47. McLean, J.L., Lobetti, R.G., Mooney, C.T., *et al.* (2017) : Prevalence of and risk factors for feline hyperthyroidism in South Africa. *J. Feline. Med. Surg.*, 19 (10) : 1103-1109.

48. 宮本 忠，宮田育子，黒羽研二，ほか．(2002)：大阪および中国地方における猫の甲状腺機能亢進症の発生．日本獣医師会雑誌，55 (5)：289-292.

49. Peterson, M.E., Kintzer, P.P., Cavanagh, P.G., *et al.* (1983) : Feline hyperthyroidism: pretreatment clinical and laboratory evaluation of 131 cases. *J. Am. Vet. Med. Assoc.*, 183 (1) : 103-110.

50. Milner, R.J., Channell, C.D., Levy, J.K., *et al.* (2006) : Survival times for cats with hyperthyroidism treated with iodine 131, methimazole, or both: 167 cases (1996-2003). *J. Am. Vet. Med. Assoc.*, 228 (4) : 559-563.

51. Lottati, M., Aucoin, D., Bruyette, D.S. (2019) : Expected total thyroxine (TT4) concentrations and outlier values in 531,765 cats in the United States (2014-2015). *PLoS One.*, 14 (3) : e0213259.

52. CAP 編集部編．(2017)：犬と猫の特殊検査マニュアル：日常診療にもっと活かそう！. 68-76, 緑書房．

53. Osuna, P.M., Udovcic, M., Sharma, M.D. (2017) : Hyperthyroidism and the Heart. *Methodist Debakey Cardiovasc. J.*, 13 (2) : 60-63.

54. Côté, E., MacDonald, K.A., Meurs, K.M., *et al.* (2011) : Feline Cardiology, section N, John Wiley & Sons, Inc.

55. Morrow, L.D., Adams, V.J., Elliott, J., *et al.* (2009) : Hypertension in hyperthyroid cats: prevalence, incidence and predictors of its development. *ACVIM Forum & Canadian Veterinary Medical Association Convention*, abstract.

56. Bond, B.R., Fox, P.R., Peterson, M.E., *et al.* (1988) : Echocardiographic findings in 103 cats with hyperthyroidism. *J. Am. Vet. Med. Assoc.*, 192 (11) : 1546-1549.

57. Janus, I., Noszczyk-Nowak, A., Bubak, J., *et al.* (2023) : Comparative cardiac macroscopic and microscopic study in cats with hyperthyroidism vs. cats with hypertrophic cardiomyopathy. *Vet. Q.*, 43 (1) : 1-11.

58. Payne, J.R., Brodbelt, D.C., Fuentes, V. (2015) : Cardiomyopathy prevalence in 780 apparently healthy cats in rehoming centres (the CatScan study) . *J. Vet. Cardiol.*, 17 (Suppl 1) : S244-257.

59. Weichselbaum, R.C., Feeney, D.A., Jessen, C.R. (2005) : Relationship between selected echocardiographic variables before and after radioiodine treatment in 91 hyperthyroid cats. *Vet. Radiol. Ultrasound*, 46 (6) : 506-513.

60. Stokol, T., Brooks, M., Rush, J.E., *et al.* (2008) : Hypercoagulability in cats with cardiomyopathy. *J. Vet. Intern. Med.*, 22 (3) : 546-552.

61. Brazzell, J.L., Borjesson, D.L. (2007) : Evaluation of plasma antithrombin activity and D-dimer concentration in populations of healthy cats, clinically ill cats, and cats with cardiomyopathy. *Vet. Clin. Pathol.*, 36 (1) : 79-84.

62. Tholen, I., Weingart, C., Kohn, B. (2009) : Concentration of D-dimers in healthy cats and sick cats with and without disseminated intravascular coagulation (DIC) . *J. Feline. Med. Surg.*, 11 (10) : 842-846.

63. Rimpo, K., Tanaka, A., Ukai, M., *et al.* (2018) : Thrombin-antithrombin complex measurement using a point-of-care testing device for diagnosis of disseminated intravascular coagulation in dogs. *PLoS One*, 13 (10) : e0205511.

64. 福岡 玲, 中田美央, 梅下雄介, ほか. (2017) : 犬の TAT 測定の基礎的検討と臨床的有用性. 日本獣医師会雑誌, 70 (1) : 47-51.

65. Bedard, C., Lanevschi-Pietersma, A., Dunn, M. (2007) : Evaluation of coagulation markers in the plasma of healthy cats and cats with asymptomatic hypertrophic cardiomyopathy. *Vet. Clin. Pathol.*, 36(2): 167-172.

Question

甲状腺機能亢進症で心筋壁が厚く見えることは実際にありますか?

甲状腺機能亢進症で心筋壁が肥厚する症例はいます。

実際に甲状腺機能亢進症の臨床徴候がある重度の症例では，心筋壁肥厚があるケースを経験しています。ただし，6.0 mm 以上の心筋壁肥厚はあるものの，心不全を起こすようなケースはあまりみられません。基本的には初診のときに甲状腺ホルモンの測定を行い，高値であれば甲状腺機能亢進症の治療をします。治療に反応すると改善または変化なしという状況になると思うので，ステージ B1 の状況であれば無治療経過観察とします。うっ血所見があるような場合は，甲状腺機能亢進症の治療に加えて心不全治療を行うこともあります。また，甲状腺機能亢進症では頻脈になっている症例も多く，心筋壁肥厚を検出することになるケースも多くありません。

8 心筋症の遺伝子診断

有村 卓朗
Arimura, Takuro
鹿児島大学 共同獣医学部

point

- **遺伝要因が原因となる疾患は単一遺伝子疾患と多因子遺伝疾患に分類される。**
- **ヒトの心筋症が単一遺伝子疾患であるのに対し，猫の心筋症は遺伝的バリアントの特定集団内集積にともなう近交退化などを要因とする多因子遺伝疾患に位置づけられる。**
- **ヒトの心筋症では，心筋サルコメアやZ帯タンパクをコードする遺伝子の異常によって引き起こされる心筋細胞の機能変化がその直接的な原因となる。**
- **HCM好発品種であるメインクーンやラグドールでは，心筋ミオシン結合タンパクC遺伝子(*MYBPC3*)内の遺伝的バリアントが，種特異的な遺伝的危険因子としてHCMの発症にかかわっている。**

はじめに

ヒトの心筋症で最初の遺伝子変異が発見されてから30年が経過し，医学領域では遺伝子の異常による心筋症の発症について知見が深まるとともに新たな課題に直面している。獣医領域でも，特定の猫種におけるHCMの発症に遺伝子異常がかかわっていることが報告されている。本稿では遺伝学の総論と，疾患と遺伝子のかかわりについて概説し，さらにヒトと猫の心筋症について遺伝学的背景を比較しながら，遺伝子異常による心筋症発症メカニズムについて解説する。

遺伝学の総論

近親交配と近交退化

一般的な伴侶動物としての猫(イエネコ)は食肉目ネコ科の動物のひとつであり，約13万1,000年前に中近東に生息していたリビアヤマネコを祖先とする[1)]。農耕の開始とともに，穀物の貯蔵庫を荒らすネズミの捕食者として約1万2,000年前から家畜化が始まり，人類の移動に随伴して世界各地に広がっていったと考えられており[2)]，人類にとっての最初の家畜である犬とともに，長きにわたって人間のパートナーとして飼育されてきた。19世紀に入ると，容姿が人にとってより望ましいなどといった特定の形質[A]を有するよう人為的な改良が図られた。改良を図る上で有用な個体，すなわちあらかじめ設定された育種目標に照らしてより望ましい個体を親として選び(人為選抜)，それらの個体のみを繁殖に用いることで特定の動物集団を望まし

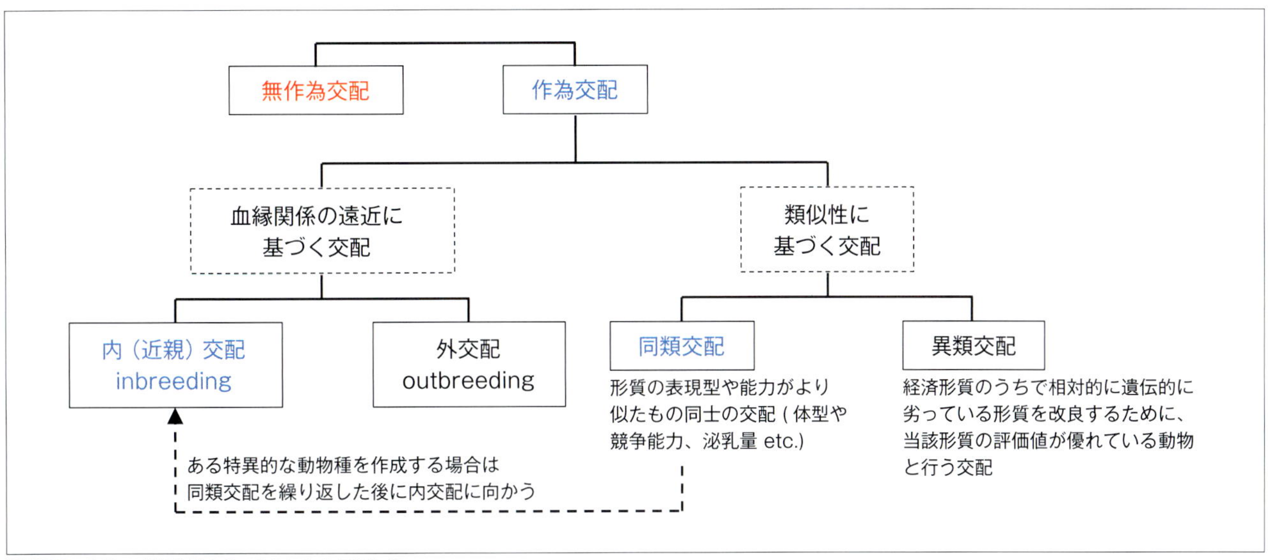

図1 動物の繁殖集団における交配様式

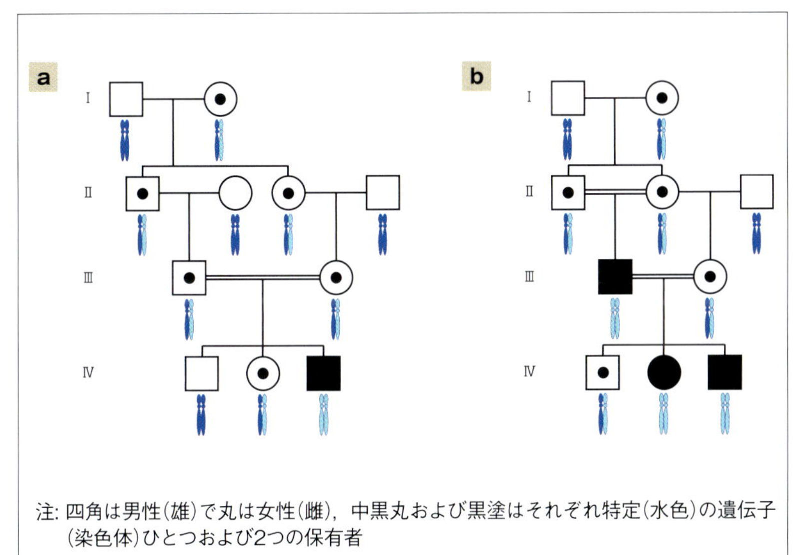

図2 家系図と近交係数 (inbreeding coefficient)
個体の任意の遺伝子座における2つの対の遺伝子が，ともにその個体の両親の共通祖先が持っていたひとつの遺伝子のコピーである確率。
まず(a)では共通祖先(第I世代)から産まれた子供(第II世代)からさらに産まれた子供(第III世代)どうしが交配した場合，第IV世代における子供が持つ2つの遺伝子が同じである確率を考える。水色の遺伝子に着目すると，それが共通祖先から伝わる確率は$(1/2)^3$であり，その左右の経路を通って第IV世代の子供がその両方を持つ確率は$(1/2)^3 \times (1/2)^3$である。これがそれぞれ第I世代の4つの対立遺伝子について考えられるため，近交係数Fは$(1/2)^3 \times (1/2)^3 \times 4 = 1/16$(0.0625=6.25%)となる。
(b)の場合，(a)に加えて第I世代から産まれた子供(第II世代)どうしの交配による$(1/2)^2 \times (1/2)^2 \times 4 = 1/4$(0.25=25%)が追加されるため，近交係数Fは0.0625+0.25=0.3125(31.25%)となる。

い方向へと遺伝的に変化させること(選抜育種)によって現在のような多様な品種が確立されてきた。

同じ品種や系統の動物の繁殖集団における雄と雌の交配様式は，一般に**図1**のように分類される。とりわけ犬や猫などの愛玩動物では，インブリーディング(内交配・近親交配)によって特定の形質や表現型[B]の維持が図られる。そういった近親交配の程度を近交度といい，個体の近交度はある遺伝子座[C]における2つの対の遺伝子(対立遺伝子[D])が同祖的である確率＝近交係数によって表される。**図2a**にヒトのいとこ婚における家系図の例を示すが，ヒトの場合，一般集団全体の近交係数が0.01を超えることはまれであり，近親婚の割合が高い特定の集団であっても0.04を超えることはほとんどない。一方，動物でみられる近親交配の例として，第II世代が兄妹交配で第III世代が(父親が異なる)同腹子交配である家系図が**図2b**であるが，こういった交配の場合，近交係数は著しく上昇する。

ヒトにおけるいとこ婚などの近親婚は子が潜性遺伝疾患になるリスクを上昇させるが，動物においては選抜対象となる形質(選抜形質)の類似した動物での同類交配および近親交配がヒトとは比較にならない高い頻度で行われる。その結果，近交度の上昇に従って特定の形質(一般的には選抜形質以外)の集団平均が低下する近交退化(近交弱勢)

A 個体の観察可能な特徴のカテゴリー
B 個体の観察可能な特徴の型
C 遺伝子の染色体上の位置
D 相同染色体において同じ遺伝子座に対をなして存在する遺伝子

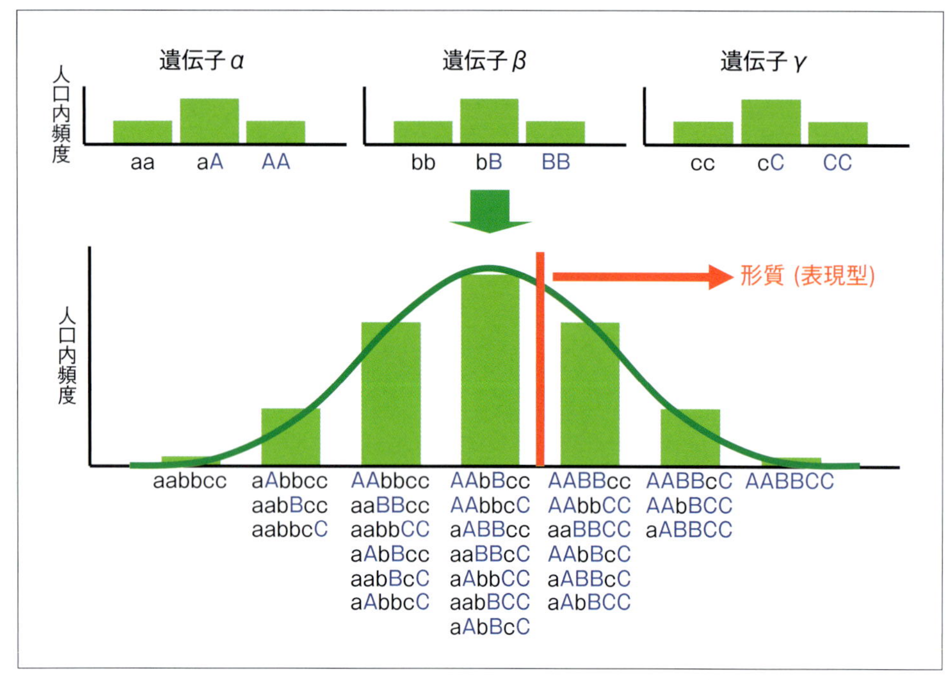

図3　多因子遺伝による形質発現のモデル(多遺伝子閾値モデル)
例えばある形質／表現型における3つの感受性遺伝子α/β/γに対立遺伝子としてそれぞれ小文字タイプ(a/b/c)と大文字タイプ(A/B/C)の遺伝子型があり，大文字タイプがある特定の形質の発現に寄与するとした場合，大文字タイプを3つ持っていてもその表現型は示されないが，4つ以上持っているとその表現型が発現される。

とよばれる現象がみられる。近交退化の例として，畜産動物では乳牛における泌乳量の低下や鶏における産卵数の低下が挙げられるが，一般に繁殖性や生存性，強健性などにかかわる形質では近交退化の程度は大きい。さらに，特定の品種での集団内集積性が観察される形質についても，近交退化の影響を考慮に入れる必要がある。

単一遺伝子遺伝と多因子遺伝

ある形質の有無や特定の状態が単一の遺伝子座の変化により決定される場合，その形質は単一遺伝子遺伝またはメンデル遺伝とよばれる。単純な遺伝的形質は単一の遺伝子型[E]に依存しており，そのような単一遺伝子にもとづく形質はメンデルにより確立された遺伝形式(常染色体顕性，常染色体潜性，X連鎖潜性など)に従う。これらは質的形質として二分法(あるかないか)で示され，例として性別，毛髪や眼の色，血液型などが挙げられる。

一方，ほとんどのヒトや動物の遺伝的な形質は，メンデル遺伝ではなく2つ以上の遺伝子座の影響を受けている。遺伝子(DNA)の塩基配列自体はほぼ必ず明確なメンデル遺伝形式を取るが，それらDNA塩基配列と観察される形質との経路が1対1の対応ではなく複雑な場合，ひとつひとつの遺伝子型によってもたらされる形質自体は明瞭ではなく，多数の感受性遺伝子が複合的に関与する多因子遺伝となる。こういった形質は量的形質あるいは連続的形質であり，身長や体重など二分法で示されない表現型として，みなその形質を有しているが程度に差がある。多因子遺伝による形質や表現型の発現の考え方(多遺伝子閾値モデル)を**図3**に示すが，一般的に少数の感受性遺伝子が関係し個々の影響が大きい少遺伝子性と，多数の感受性遺伝子が関係するが個々の影響は小さい多遺伝子性がある。またひとつの主要遺伝子 major gene と多遺伝子による背景因子，つまりひとつの遺伝子型が特定の表現型に対する主要な効果を示し，この効果は多くのほかの遺伝子のひとつひとつの小さい効果の集積により修飾を受ける。

E　ある遺伝子座の対立遺伝子の組み合わせ

疾患における遺伝要因

いかなる動物においてもその形質は多数の遺伝子や環境因子の作用によって決定されるが，それらが生体機能の異常をもたらした場合，疾患(病気)という表現型になる(**図4**)。疾患の発症への遺伝要因と環境要因の寄与度は疾患によって大きく異なっており，例えば，血友病では血液凝固因子の遺伝子異常という遺伝要因(内的要因)がその発症の直接の原因となるが，感染症においては細菌やウイルスといった環境要因(外的要因)がその発症に第一義的にかかわる。

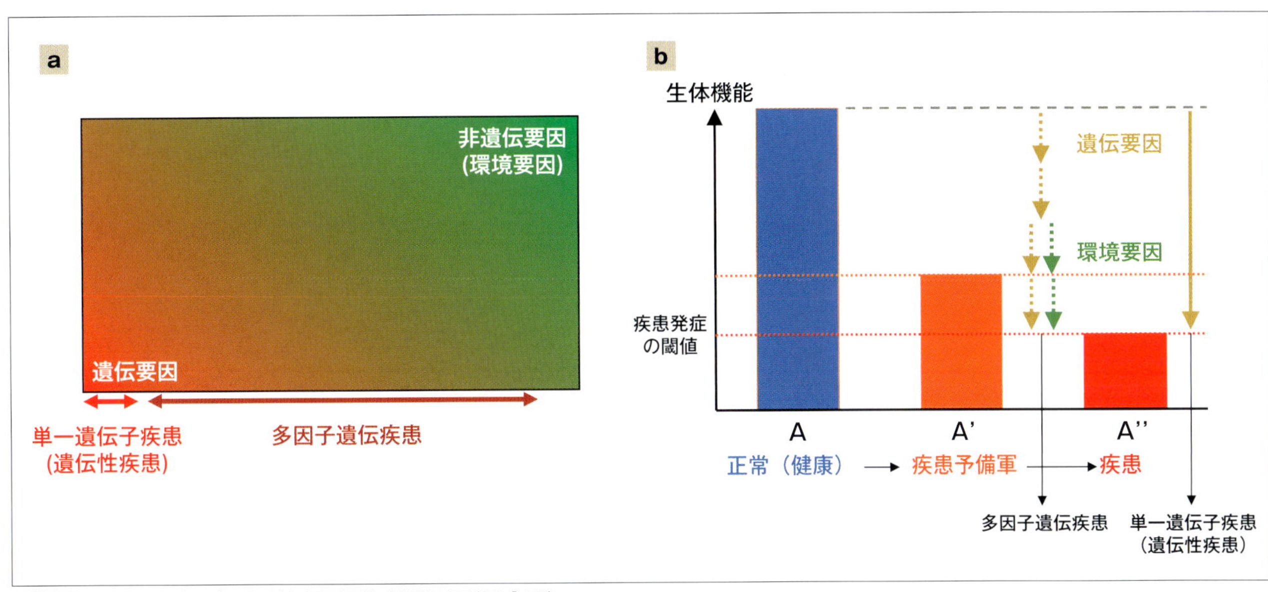

図4　疾患の発症における遺伝要因と環境要因(概念図)
(a)単一遺伝子疾患は遺伝要因のみで発症するが，大多数の疾患は赤色で示す遺伝要因と緑色で示す非遺伝要因(まとめて環境要因とよぶ)が複合的な要因となる多因子遺伝疾患(複雑疾患)である。ある形質における病因の全体像はここで示すグラデーションのどこかに位置する。
(b)多因子遺伝疾患の発症には複数の要因が複雑に関与するが，疾患感受性遺伝子や環境要因ひとつひとつの影響が小さい(少ない)場合は生体機能変化が疾患発症の閾値には達せず疾患予備軍(A')として位置づけられる。それらの影響が大きい場合や，単一の遺伝要因によって生体機能の低下が閾値を超えると疾患を発症する(A'')。

単一遺伝子疾患(遺伝性疾患)

①単一の遺伝子異常(遺伝子変異)で発症する
②一般(健常者)集団に同一の遺伝子変異はほぼ存在しない(レアバリアント＝頻度は＜1%)
③遺伝形式がはっきりしている
④浸透率(疾患を発現する確率)が高い
⑤遺伝要因のみで発症する(環境要因の関与はほぼ無い)

多因子遺伝疾患

①疾患関連遺伝子座(疾患感受性遺伝子)が複数存在する
②一般(健常者)集団も同一の遺伝的バリアントを有する(コモンバリアント＝通常の頻度は＞5%)が，罹患者集団における保有率が一般集団より有意に高い
③遺伝形式がはっきりしない
④浸透率(疾患を発現する確率)が低い
⑤環境要因の関与が大きい(遺伝要因の関与が小くても発症する場合がある)

図5　単一遺伝子疾患と多因子遺伝疾患の特徴

単一遺伝子疾患

血友病のような単一の遺伝子異常(遺伝子変異)で発症する疾患は単一遺伝子疾患または遺伝性疾患とよばれ，基本的にメンデル遺伝形式を取る(**図5**)。これらの遺伝子変異としての遺伝子配列の変化は一般(健常者)集団にはほとんど存在しない(レアバリアント rare variant[F])。さらに**図4b**の一番右側のグラフ A''で示されるように遺伝子変異のみによる生体機能の低下が疾患をもたらすが，そこには変異による遺伝子産物(蛋白質)の機能異常が存在する。そういった機能変化をもたらす例として，対立遺伝子の片方の変異によって正常な蛋白質の産生ができなくなるケースがある。この場合，もう片方の正常な遺伝子のみでは個体レベルの正常な機能を維持するには十分でない(全体としての機能レベルが50%では正常機能としては不十分である)ために，ヘテロ接合体[G]で疾患が生じる機能喪失型変異となり，これをハプロ不全とよぶ。ホモ接合体[H]におけるハプロ不全では遺伝子産物が全く作られないため，完全な機能喪失を来す。一方，遺伝子変異によって生じた異

F　一般集団内にはまれな遺伝子配列の変化。単一遺伝子疾患の原因遺伝子変異となる場合がある。
G　異なる対立遺伝子
H　同一の対立遺伝子

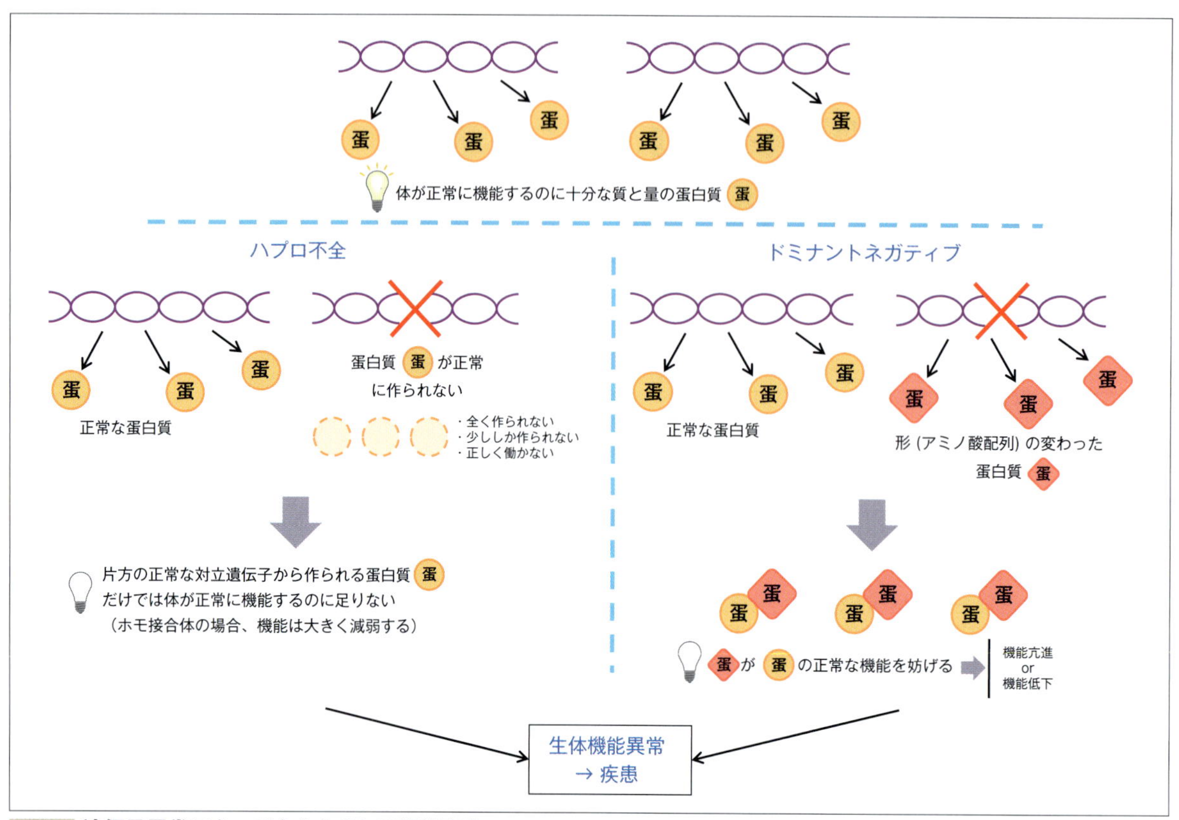

図6　遺伝子異常によってもたらされる機能変化

常蛋白質が正常蛋白質の機能を積極的に妨害することがあり，正常であれば作動するものが作動しなかったり，もしくは正常では機能しないものが過剰に機能してしまったりすることで疾患を引き起こすことをドミナントネガティブという（**図6**）。遺伝子異常によるこれらの機能変化の概念は，後述の多因子遺伝疾患においても適応される。

単一遺伝子遺伝にもとづく形質は通常明確なメンデル遺伝形式を取るが，こと疾患においては遺伝によってもたらされる表現型自体は必ずしも明瞭ではなく，同一変異による罹患者が当該疾患のさまざまな重症度や異なる徴候を呈する。特定の遺伝子型を有する人や動物がその遺伝子型によって規定される形質を発現する確率は浸透率とよばれる。完全浸透（浸透率 100%）の場合，形質を発現させる状態にかかわるほかのすべての遺伝子および環境要因とは無関係に，その形質がひとつの遺伝子座の遺伝型のみで決定されており，動物の毛色などはその1例である。その形質が疾患の場合，単一遺伝子疾患であっても完全浸透はまれである。とくに遺伝子変異をヘテロ接合体で有する顕性遺伝疾患においては，同一家系内で同一変異を有する者であっても片や疾患を発症し，片や無徴候（非浸透）となるケースがある（**図7**）。その原因として遅発性（加齢性）疾患における年齢に関係した浸透度や，DNA のメチル化によるエピジェネティックスな変化などの遺伝子の配列を変えずに遺伝子発現を変化させるメカニズムの関与といった遺伝要因や環境要因（例えば性ホルモンは内的因子であるが，疾患の発症に対する修飾因子としての環境要因との解釈もできる）が関係すると考えられるが，いずれにせよ非浸透などの不規則性を示す形質は基本的なメンデル遺伝をわかりにくくさせる複雑な状況を導く。

多因子遺伝疾患

希少疾患 rare disease であることが多い遺伝性疾患と異なり，一般的な非メンデル型の疾患は多因子遺伝疾患とよばれ，その発症には多様な遺伝要因と環境要因が複雑にかかわる（**図5**）。多因子遺伝疾患の場合，その発症にかかわる疾患感受性遺伝子とよばれる遺伝子座は複数存在し，これらの遺伝子座における遺伝子配列の変化は単独では疾患の発症を決定するのに必要十分ではなく，**図3**の概念図のように発症のリスクを上昇させる特定の遺伝的バリアント[1]（遺伝子多型）の集積がある一定の閾値に達した場合

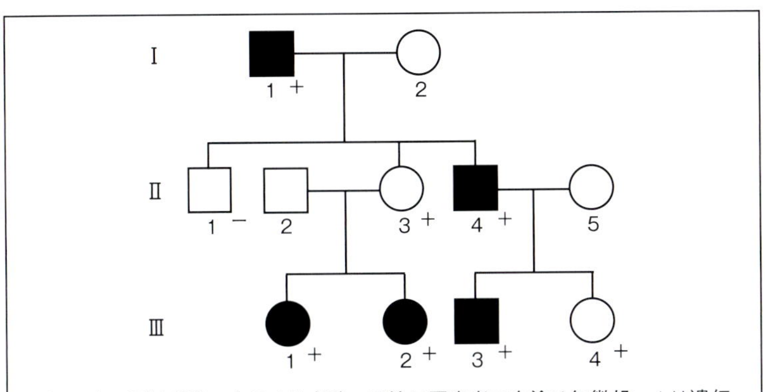

図7 浸透率について
＋の動物が遺伝子変異をヘテロ接合体で保有する場合，Ⅱ-3とⅢ-4は変異を有しているにもかかわらず発症していない。この家系の場合，浸透率は5/7×100=71.4%となる。
こういったケースは実際の顕性遺伝疾患の家系ではしばしば見られるが，変異自体は無徴候のⅡ-3から隔世遺伝のように継承されている。またⅢ-4が若齢の場合，今後発症する可能性がある。

に発症させる。これらの遺伝的バリアントは，通常一般(健常者)集団にもコモンバリアント common variant[J] としてある一定の頻度で認められる。関連解析 association study の結果として，罹患者集団における保有頻度が健常者集団と比較して有意に高いことが疾患感受性遺伝子としての確からしさを示し，その集団頻度はオッズ比(罹患者集団における保有頻度／健常者集団における保有頻度)として示される。例えば，ある遺伝子座に存在する遺伝的バリアントが疾患発症に対して1.2倍の効果量(オッズ比)を有する場合，それひとつのみでは発症リスクが20%上昇するに過ぎない。ただし，集団における1.2倍のリスク効果であり，このバリアントをもつ個人のリスクが20%増えるということを直接的に意味するものではないことに注意する。しかしながら，そういった病的な疾患感受性バリアント(遺伝的危険因子)が10の遺伝子座に存在する場合，それらのすべてを有する集団では，すべてを有しない集団と比較した相対リスクが1.2の10乗＝6.19倍となり，その発症リスクは大きく跳ね上がることとなる。実際の多因子遺伝疾患(複雑疾患)のケースではひとつひとつの遺伝的バリアントにおけるオッズ比は当然異なり，そこには環境要因も絡んでくる。そのため，とくに個人における発症の閾値を定めるのは単純ではないが，**図4b** の真ん中のグラフ A' で示されるいわゆる疾患予備軍についての解釈は，遺伝学的側面からみると疾患感受性バリアントの質的および量的影響と関連づけられる。

多因子遺伝疾患の示す特徴のひとつとして，特定集団内集積性がある(**図8**)。これはよく耳にする「高血圧の家系」や「高脂血症の家系」といった文言とも紐づけられる。ヒトにおける高血圧症や高脂血症は代表的な多因子遺伝疾患であり，かつ前述のように家系内集積性を示すが，メンデル遺伝形式をとらない。このことは**図3**の多因子閾値モデルと深く関連しており，血縁のない一般集団と比較して血縁・家系内では遺伝的バリアントが一致する傾向が強く，そういった疾患感受性バリアントの集積が血縁・家系内における特定の多因子遺伝疾患に対する易罹患性と相関すると，結果的に疾患の特定集団内集積性として観察される。またこの血縁・家系内集積性は「近親交配と近交退化」の項で述べた近交退化とも関連づけられる。集団内にヘテロ接合体として存在していた疾患感受性バリアントが，近親交配による近交度の上昇によってホモ接合体化(ヘテロ接合性の消失)すると，ひとつのバリアント当たりの効果量は2倍となる。それが多くの疾患感受性遺伝子座で起こり特定の集団内(動物の場合は血縁内や同一品種内)に集積することが，近交退化の形質としての疾患の発症メカニズム(集団内の遺伝的多様性の低下)として考えられる。

心筋症の遺伝的素因と遺伝子診断

ヒトの心筋症の遺伝的素因と遺伝子診断

心筋症は「心機能障害をともなう心筋疾患」と定義され，本邦では1970年の日本循環器学会 The Japanese Circulation Society (JSC)で「特発性心筋症」という名称が提唱された。その後，遺伝的素因の関与や鑑別すべき疾患

I 遺伝子配列の変化による遺伝子多型
J 一般集団内で一定の頻度で観察される遺伝子配列の変化。多因子遺伝子疾患の疾患感受性バリアント(遺伝的危険因子)となる場合がある。

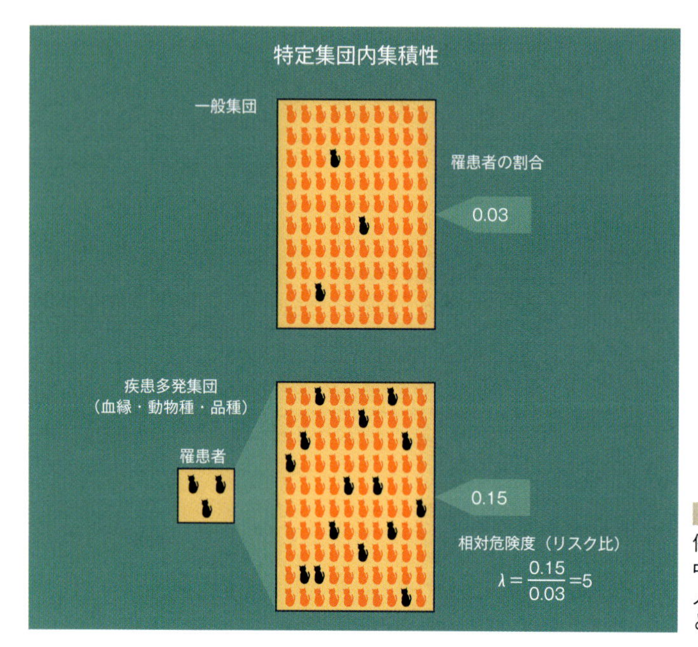

図8　多因子遺伝疾患の特定集団(血縁・品種)内集積性
例えばここに示すように，血縁関係のない一般集団において100人(頭)中3人がある多因子遺伝疾患を発症する一方で，特定集団内では100人中15人が発症する場合，相対危険度(リスク比)λ値は0.15/0.03=5となる。

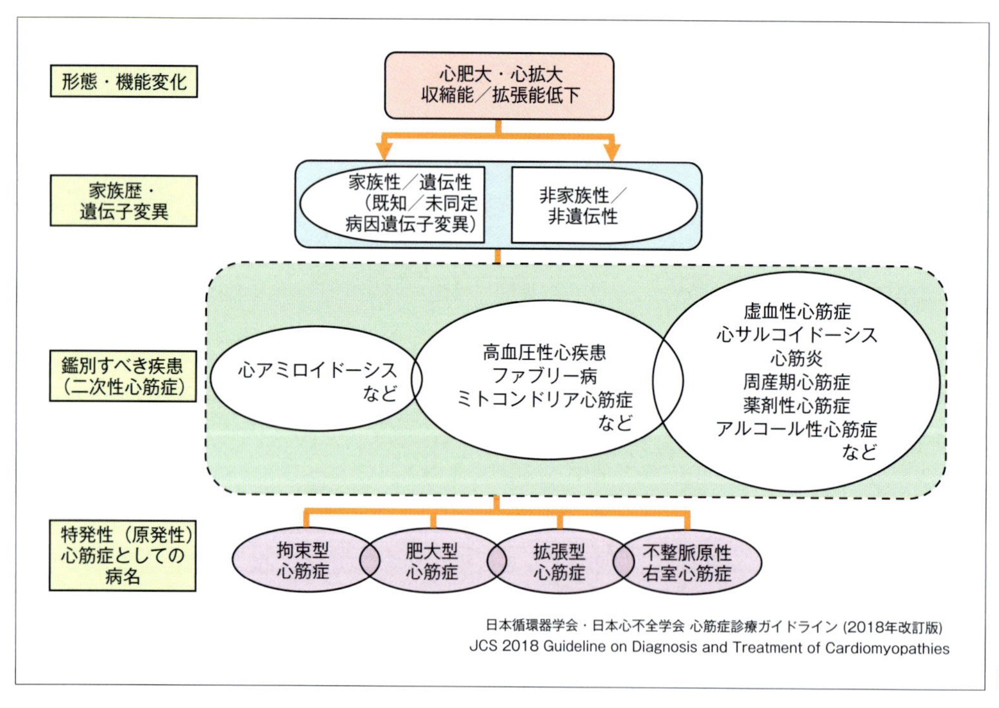

図9　心筋症の定義と分類

(二次性心疾患)の概念を導入しながら，最新の「日本循環器学会／日本心不全学会合同心筋症診療ガイドライン(2018年改訂版)」では**図9**に示す定義と分類が示された。いわゆる「原発性(以前の特発性)」心筋症を，肥大型心筋症 hypertrophic cardiomyopathy (HCM)，拡張型心筋症 dilated cardiomyopathy (DCM)，不整脈原性右室心筋症 arrhythmogenic right ventricular cardiomyopathy (ARVC)，拘束型心筋症 restrictive cardiomyopathy (RCM)の4つの基本病態に分類しつつ，それらの一部は重複を示し相互に鑑別が困難な場合があるとの観点から，基本病態の重なりを明示したのが現在のガイドラインの特徴である。なお，不整脈原性右室心筋症と拘束型心筋症については，現時点では診療ガイドラインを作成するエビデンスが十分ではないと判断されている。

HCMと特発性DCM(および拘束型心筋症)は厚生労働省の定める指定難病[K]として，希少疾患に位置づけられる。HCMとDCMの有病率はそれぞれ約500人に1人もしく

K　①発病の機構が明らかでない，②治療方法が確立していない，③希少な疾患である，④長期の療養を必要とする，⑤患者数がわが国において一定の人数に達しない，⑥客観的な診断基準が確立している，のすべての要件を満たすものとして，厚生労働大臣が定める疾患。医療費助成制度の対象となる。

は約2,500人に1人程度と推定され，その疫学的特徴として患者の男女比がHCMで2.3：1，DCMで2.6：1とどちらも男性の罹患率が2倍以上高い。1958年にHCMの最初の報告として非対称性の心室肥大をともなう若年者の急死剖検例が示され[3]，その中に姉弟例が含まれていたことからHCMは遺伝性であることが示唆されていたが，実際にHCM患者の約60%が常染色体顕性遺伝に従う家族歴を有し，これらの遺伝性HCMでは単一遺伝子疾患として遺伝子異常がその原因となることが明らかとなった。1990年に遺伝性HCMにおいて心筋βミオシン重鎖遺伝子(*MYH7*)内に最初の遺伝子変異が発見された[4]。それ以降，1990年代には心筋サルコメア，さらに2000年代に入ってからは心筋Z帯の各構成要素に相次いで遺伝子変異が確認された。その結果としてこれまでの約30年間で，遺伝性HCM患者の約50～60%と非遺伝性(いわゆる孤発性)HCM患者の約15%において，30を超えるこれらの遺伝子内に1,000以上の遺伝子変異が報告されてきた(**表1**)。このうち*MYH7*と心筋ミオシン結合蛋白C遺伝子(*MYBPC3*)変異がそれぞれ約20%を占め，この2つが主要なHCM遺伝子となるが，トロポニン複合体構成分子をコードする*TNNT2*，*TNNI3*，*TNNC1*各遺伝子においても多くの変異が認められる。一方，DCMの多くはHCMと異なり孤発性であるが，主に常染色体顕性遺伝形式の家族歴を有する患者が20～35%存在する。それら遺伝性DCM患者の20～40%では遺伝性HCMと同様に心筋サルコメア／Z帯蛋白をコードする遺伝子における変異のほかに，細胞核膜やエネルギー代謝，心筋イオンチャネル構成要素などをコードする遺伝子の変異がその原因となることが知られている[5]。

遺伝子異常による機能変化と心筋症の病態

心筋細胞はミオシンフィラメントとアクチンフィラメントが高度に組織化された筋原線維によって満たされており，アクチンフィラメントが付着する2本のZ帯に挟まれた2.2μmの収縮単位はサルコメアとよばれる。心筋サルコメア異常では心筋細胞内構造の障害やATP加水分解酵素の活性低下により，カルシニューリンやMAPキナーゼ，TGF-βなど心筋肥大や線維化に関与する複数のシグナル伝達経路の活性化やミトコンドリア機能障害が起こる。それにより，心筋の肥大や錯綜配列，間質の線維化など，心不全や不整脈などの臨床病型につながる病理形態学的な異常が生じると考えられる[6]。心筋サルコメアは筋原線維の最小の収縮単位であり心筋の収縮・弛緩に直接関与する。そのため，心筋サルコメア構成蛋白をコードする遺伝子の変異は筋収縮力にダイレクトに影響を与える。実際にHCM変異によって引き起こされる機能変化の例として心筋収縮のカルシウム感受性の増加が知られている。この現象は通常のカルシウム濃度で心筋収縮が亢進することを示しており，HCMの一般的な臨床像である心臓収縮機能の増強と拡張機能の低下を説明する[7]。またDCM変異では逆に筋収縮のカルシウム感受性の低下が認められる。これは通常のカルシウム濃度では正常よりも小さい収縮力しか発生できないことを意味しており，DCMの主徴である心臓収縮機能の低下と合致する[6]。

また心筋Z帯は心筋サルコメア内の収縮蛋白や構造蛋白の足場としての重要な役割をもち，細胞骨格としての構造維持や，サルコメアで惹起された筋収縮などの機械的刺激をシグナルとして細胞内外へ伝達する調節センサーとして働く。なかでも哺乳類体内で最も大きな蛋白質であるタイチンは，心筋細胞が伸展した際に受動的張力をもたらす分子として働く。また，細胞骨格として筋サルコメアとZ帯において多くの分子と結合し，心筋サルコメアからZ帯に至る一連の構造を梁として支えている(**表1**)。主にZ帯におけるHCMやDCM変異はタイチンとその関連遺伝子内に高頻度で確認されている。それらはZ帯構成要素間の結合性の変化をもたらすため，遺伝子変異による機能異常は心筋の興奮収縮の機能的な連関に影響を及ぼすと考えられる[5]。しかしながら，HCMにおける*MYH7*遺伝子異常の多くがドミナントネガティブタイプである一方で，*MYBPC3*遺伝子異常にはハプロ不全タイプが多いなど，遺伝子異常によって引き起こされる分子機能の変化は一定ではない。また，変異によるin vitroでの機能異常がin vivoでのHCMやDCMにおける心機能変化と完全にリンクする訳ではない。

遺伝性心筋症の遺伝子解析によってその病因変異が次々と解明されるとともに，とくにHCMにおいて遺伝子変異と心筋症病態の関係について数多くの報告がある。心筋サルコメア変異を有しているHCM患者では，変異が同定されず家族歴もない患者よりも左室肥大がより重度であり，心筋組織内の微小循環障害や心筋線維化の程度がより高度で予後も不良であることが示されている[8, 9]。ひとつ

表1 ヒトの遺伝性HCMおよびDCMにおける主要な原因遺伝子(心筋サルコメア／Z帯構成要素)

細胞内局在	心筋症病型	遺伝形式#	遺伝子名	蛋白名	蛋白機能
心筋サルコメア	HCM, DCM	AD	*MYH7*	心筋βミオシン重鎖	ミオシンフィラメントの主要素であり，分子モーターとして筋収縮を制御する(成人型)
	HCM, DCM	AD	*MYH6*	心筋αミオシン重鎖	ミオシンフィラメントの主要素であり，分子モーターとして筋収縮を制御する(胎児型)
	HCM, DCM	AD	*MYBPC3*	心筋ミオシン結合蛋白C	ミオシンと結合し，隣り合うミオシン重鎖を束ね，自身のリン酸化によって筋収縮を調節する
	HCM	AD	*MYL3*	心筋ミオシンアルカリ軽鎖	ミオシンと結合し，筋収縮を作り出す
	HCM	AD	*MYL2*	心筋ミオシン調節軽鎖	ミオシンと結合し，ミオシンATPアーゼ活性を調整して筋収縮を調節する
	HCM, DCM	AD	*TNNT2*	心筋トロポニンT	トロポニン複合体を形成し，トロポミオシンと結合してその構造を支える
	HCM, DCM	AD	*TNNI3*	心筋トロポニンI	トロポニン複合体を形成し，アクチンと結合して筋収縮を抑制する
	HCM, DCM	AD	*TNNC1*	心筋トロポニンC	トロポニン複合体を形成し，カルシウムと結合して筋収縮を促進する
	HCM, DCM	AD	*TPM1*	αトロポミオシン	アクチンおよびトロポニンTと結合し，トロポニン複合体の構造を支える
	HCM, DCM	AD	*ACTC*	心筋αアクチン	アクチンフィラメントの主要素として，トロポニン複合体とともに筋収縮を制御する
心筋サルコメア／Z帯	HCM, DCM	AD	*TTN*	タイチン	心筋サルコメアを横断してZ帯―Z帯間に局在しサルコメア／Z帯の構造を維持する他，各種分子と結合してそれらの局在の制御やシグナル伝達を行う
心筋Z帯	HCM, DCM	AD	*TCAP*	T-cap/テレトニン	タイチンと結合し，タイチンの物理的強度を維持しシグナル伝達を媒介する
	HCM, DCM	AD	*ACTN2*	αアクチニン	アクチンやタイチン，ZASP/Cypherなどと結合し，シグナル伝達関連分子群の機能を調節する
	HCM, DCM	AD	*CSRP3*	筋肉LIM蛋白(MLP)	T-cap/テレトニンと結合し，筋の伸展刺激に対するセンサーとして働く
	HCM, DCM	AD	*LDB3*	Cypher/ZASP	αアクチニンと結合し，Z帯の構造維持や蛋白キナーゼCの局在の足場となる
	DCM	AD	*DES*	デスミン	Z帯から細胞膜，核膜など細胞質内に広く分布し，力学的刺激を細胞全体に伝える
	HCM, DCM	AD	*CRYAB*	αB-クリスタリン	タイチンと結合し，熱ショックプロテインとして他の蛋白の機能をサポートする
	DCM	AD	*FHL2*	Four-and-a-half LIMドメイン2(FHL2)	タイチンと結合し，細胞構造維持やシグナル伝達分子として働く
	HCM	XR	*FHL1*	Four-and-a-half LIMドメイン1(FHL1)	タイチンと結合し，細胞構造維持やシグナル伝達分子として働く
	HCM, DCM	AD	*OBSCN*	オブスクリン	タイチンと結合し，Ca^{2+}/カルモジュリンの細胞内ハンドリングや筋原線維形成を行う
	HCM, DCM	AD	*ANKRD1*	心筋アンキリンリピート蛋白(CARP)	タイチン，ミオパラディン，デスミンと結合し，遺伝子転写や筋原線維形成を行う
	HCM, DCM	AD	*NEBL*	ネブレット	タイチン，αアクチニン，ミオパラディンと結合し，筋原線維構造を維持する
	HCM, DCM	AD	*MYPN*	ミオパラディン	CARP，ネブレット，αアクチニンと結合し，Z帯の構造維持やシグナル伝達分子として働く
	DCM	AD	*BAG3*	BAG3	Z帯におけるシグナル伝達分子として，Z帯構造維持や抗アポトーシス機能を持つ

AD; 常染色体顕性遺伝，XR; X連鎖潜性遺伝

ひとつの変異に着目すると，まず*MYH7*におけるArg403Gln変異では心臓突然死のリスクが高く，Arg453Cys変異やArg719Trp変異では重い心不全によって予後が悪い。一方で，Arg143Gln変異やArg870His変異は比較的マイルドな心不全病態で予後がよい[6, 7]。さらに*MYBPC3*の変異においては，欧州のHCM患者では罹患率や浸透率が低い傾向があり，一般的に心肥大の発症が遅く予後も比較的良好である。しかしわが国の患者の一部では病態の悪化率が高く，予後も悪い傾向が認められる[6, 7]。一方，トロポニン複合体のうちとくに*TNNT2*における変異では，心肥大は比較的軽度ながら突然死が多いことが特徴で，一部の変異では拡張相HCMへの移行を示す[7]。また同一遺伝子変異を有している患者でも異なる病態を呈するケースもある。例えばZ帯構成要素のミオ

パラディンをコードする *MYPN* の Gln529ter 変異を有する兄妹例では，兄は HCM 様，妹は DCM 様の所見を示す[10]。このように遺伝子変異から臨床病態を推定することは，特定の遺伝子変異によっては可能な場合もあるが全体としては容易ではなく，臨床病態から原因遺伝子を推定することはほぼ不可能である。

猫の心筋症の遺伝的素因と遺伝子診断

猫の心筋症の疫学と遺伝的素因

第1章 p.8で概説されている米国獣医内科学会 American College of Veterinary Internal Medicine（ACVIM）の猫の心筋症コンセンサスステートメント 2020 年版（以下，ACVIM コンセンサスステートメント）においても，猫の心筋症の疫学についても総論的な解説がなされている[11]。これによると猫で最も多い病型は HCM であり，心筋症と診断される猫のうち約 57％が HCM である[12]。猫全体における HCM 有病率は 15％（老齢猫では 29％という報告もある）と，ヒトの有病率が 0.2％であるのに対してきわめて高く，比較的一般的な疾患 common disease である。多くは不顕性だが，約 23％の猫が診断後 5 年以内に心臓死を呈し，かつ少数ではあるが臨床徴候を示さずに突然死する個体も存在する。またヒトにおいては HCM 患者の一部は小児期に発症し（小児期 HCM），学校心臓検診で発見される無徴候例や運動中の失神や突然死が初発徴候である例が認められるように，猫でも若齢の雌における不顕性 HCM 例の報告があるが，一般的な猫 HCM では成人～老齢期の雄が大きな収縮期雑音を示すことが多い。さらに猫の HCM の大部分は非血統猫におけるものであるが，メインクーン，ラグドール，ブリティッシュ・ショートヘア，ペルシャ，ベンガル，スフィンクス，ノルウェージャン・フォレスト・キャット，バーマンなどは HCM 好発品種であり罹患リスクが高いと考えられている。

猫は HCM の好発種属であるが，これまでに「なぜ猫に HCM が多いのか？」という疑問を科学的に立証したデータは存在しない。ヤマネコやライオン，トラなどの猫（イエネコ）以外のネコ科の動物における HCM 例についてはほぼ報告がない中で，北米の動物園で飼育されていたライオン 111 頭中 8 頭が心血管疾患を呈し，そのうち 3 頭（全兄弟 2 頭と半兄弟 1 頭）が HCM であったとの報告がある[13]。猫に HCM が多くみられる現象はイエネコ特有のものなのか，もしくはネコ科の動物全般の特徴であるのかは遺伝的背景を含めて不明である。しかし HCM は少なくとも猫（イエネコ）における多因子遺伝疾患のひとつであり，複数の疾患感受性遺伝子内の遺伝的バリアントつまり遺伝的危険因子の集積によって発症していると考えられる。このことは HCM が非血統種の猫における一般的な疾患であることからも明らかである。さらに「なぜ特定の品種に HCM の発症が多いのか？」についてもその詳細は不明であるが，こちらは近交退化の一形質であると推測される。「近親交配と近交退化」の項および「多因子遺伝疾患」の項における近交退化の説明にあるように，HCM 好発品種の猫では，近親交配による近交度の上昇が，病的な疾患感受性バリアントのホモ接合体化による遺伝的多様性の低下を招き，それらの生体機能低下への寄与度の増加が結果として疾患（HCM）の特定集団内集積性（**図8**）として表現されていると考えられる（**図10** の非血統種と血統種のモデル参照）。

猫の心筋症の遺伝子診断

猫における HCM の好発品種についてはコンセンサスが得られている一方で，実際の獣医臨床の現場では孤発性 HCM として遭遇することが多い。そのため，家系として HCM の発症が認められる血縁猫患者群や遺伝性 HCM の発端者集団を対象にした体系的な遺伝子解析はこれまでほとんど行われていない。その中でヒトにおける HCM 原因遺伝子のうち，一部のサルコメア関連遺伝子について猫 HCM を対象に解析を行った結果として，いくつかの遺伝子型が多因子遺伝疾患としての HCM の遺伝的危険因子になり得るとの報告がある[14]。

・*MYBPC3* Ala31Pro（A31P）

2005 年に同一家系内の計 16 頭のメインクーン種の HCM 猫において，心筋ミオシン結合蛋白 C をコードする *MYBPC3* 遺伝子 Ala31Pro を 10 頭が Ala/Pro のヘテロ接合体，6 頭が Pro/Pro のホモ接合体で有することが報告された[15]。その後，メインクーン種における HCM とこの遺伝子型に対する研究が進み，メインクーン種における HCM の罹患率は約 7～15％であるのに対し，*MYBPC3* Ala31Pro の Pro 型をヘテロ接合体もしくはホモ接合体で有するこの種の猫は約 20～40％と有病率より高頻度（コモンバリアント）であること，さらにこの遺伝子型を保有していても HCM を発症しないメインクーン種の猫が約

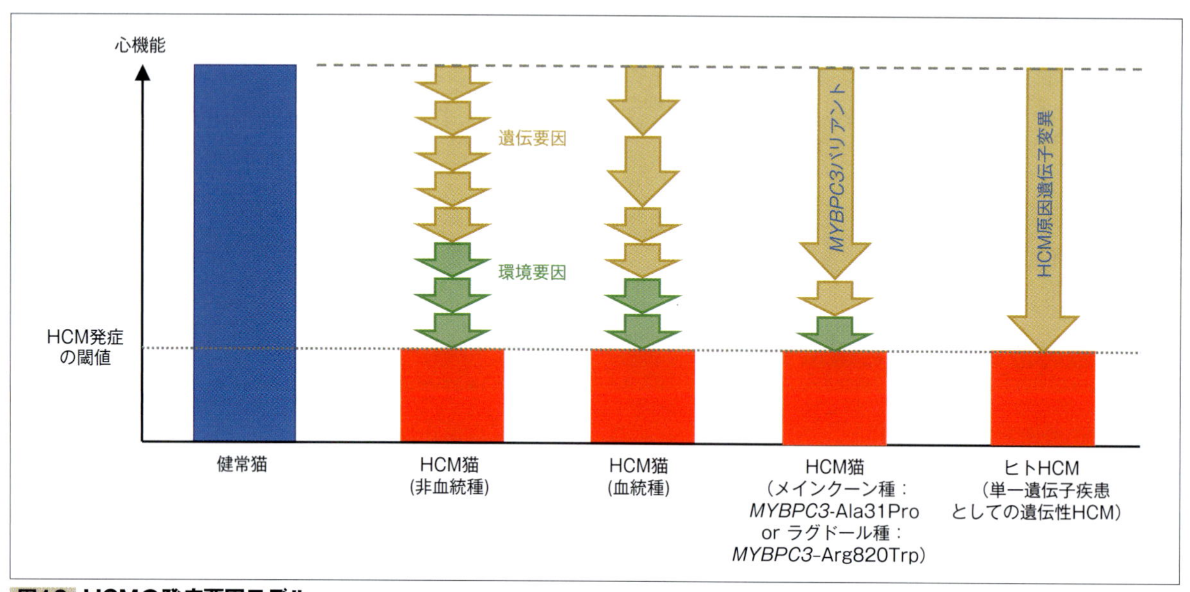

図10 HCMの発症要因モデル

20～30％程度存在することが明らかとなった(**表2**)[16～20]。単一遺伝子疾患およびその原因としての遺伝子変異における条件[6, 21]である，①遺伝子配列の変化によるアミノ酸変化が生体機能的に重要なポジションである(進化上保存された位置にある)，②(同一人種の)一般(健常者)集団には基本的に存在しない(存在する場合，対立遺伝子の頻度は＜0.2％程度)，③同一家系内における罹患者すべてが保有している(未罹患者が保有している場合は浸透率の影響を考慮する必要がある)，④同一の変異が複数の家系に存在している，⑤変異蛋白機能解析で病態に即した機能異常が存在する，⑥変異を外挿した細胞やモデル動物で疾患表現型が再現できる，のうちこの遺伝的バリアントが適合するのは①と④のみである。このことから，メインクーン種におけるHCMは多因子遺伝疾患であり，*MYBPC3* Ala31ProのPro型は疾患感受性バリアント(遺伝的危険因子)であると考えられる。Ala型をホモ接合体で有する群と比較すると，Pro型をヘテロ接合体もしくはホモ接合体で有する群ではHCM罹患率が有意に高く(**表2**)，HCM病態はとくにPro型のホモ接合体群で重症化する[20]ことから，major geneとしてこの遺伝子型がHCMの発症に対して主要な影響を及ぼしている(**図10**)。またPro型をホモ接合体で有している猫の心臓における心筋ミオシン結合蛋白Cの蛋白発現レベルは，Ala/AlaおよびAla/Proの猫と同等である[22]ことから，このバリアントはヒトにおける*MYBPC3*遺伝子変異で一般的なハプロ不全効果ではなく，ドミナントネガティブ効果によってHCM病態形成にかかわっている(**図6**)ことが示唆される。

さらに2023年の，Ala/Proヘテロ接合体のメインクーン種の雄猫から採取した精液をドメスティック・ショートヘア(雑種)の雌猫3頭に人工授精し，そこから6世代にわたって近親交配を繰り返すことで作成したHCMコロニーについての報告では，この遺伝的バリアントを有する猫，とくにPro型のホモ接合体の猫では世代を追うごとに浸透率が上昇し，HCM病態も重症化することが示された[23]。こういった傾向は，HCMコロニーにおける環境要因の均質化や継代による近交度の著しい上昇にともなう近交退化がその原因と考えらる。またこの近交系猫HCMコロニーにおいても，Pro型ホモ接合体であってもHCM発症に至らない個体や，逆にこの遺伝子型をもたなくてもHCMを発症する個体が存在する(**表2**)。このことから，メインクーン種のHCM発症には*MYBPC3* Ala31Pro以外の疾患感受性遺伝子や環境要因も関与する(**図10**)ことが強く示唆される。

・*MYBPC3* Arg820Trp (R820W)

MYBPC3 Ala31Proに続いて，2007年に2組(5頭および3頭)のHCM家系内発症例を含む計20頭のラグドール種のHCM猫における*MYBPC3* Arg820Trpについて，11頭がArg/Trpのヘテロ接合体，9頭がTrp/Trpのホモ接合体で有することが報告された[24]。さらにラグドー

表2 メインクーン種における*MYBPC3* Ala31Proバリアント頻度とHCMの発症

報告年	HCM病態	n	Ala/Ala	Ala/Pro	Pro/Pro	備考
2010	non-HCM	71	56(78.9%)	13(18.3%)	2(2.8%)	Wess, G., *et al.* J Vet Intern Med.[17]
	HCM	12	9(75%)	2(16.7%)	1(8.3%)	
2010	non-HCM	152	107(70.4%)	43(28.3%)	2(1.3%)	Mary, J., *et al.* J Vet Cardiol.[18]
	HCM	12	2(16.6%)	5(41.7%)	5(41.7%)	$P < 0.0001$ (Ala/Ala vs Ala/Pro and Pro/Pro)
2013	non-HCM	189	132(69.8%)	52(27.5%)	5(2.7%)	Longeri, M., *et al.* J Vet Intern Med.[20]
	HCM	19	7(36.8%)	5(26.3%)	7(36.8%)	$P < 0.00001$ (Ala/Ala vs Ala/Pro and Pro/Pro)
2023	non-HCM	12	5(41.7%)	6(50.0%)	1(8.3%)	Stern, JA., *et al.* Sci Rep.[23]
	HCM	32	2(6.3%)	9(28.1%)	21(65.6%)	人工授精と近親交配による近交系HCMコロニー $P < 0.05$ (Ala/Ala vs Pro/Pro)

ル種におけるTrp型をヘテロ接合体もしくはホモ接合体で有する割合は33.9%（ヘテロ接合体28.8%，ホモ接合体5.1%）とこちらも高頻度（コモンバリアント）である[25]。また，Trpホモ接合体群の生存年齢の中央値は5.65歳と他群（Arg/ArgもしくはArg/Trp）と比べて有意に低いことが示された[25]。メインクーン種と同様にラグドール種におけるHCMも多因子遺伝疾患であり，*MYBPC3* Arg820TrpのTrp型は遺伝的危険因子であると考えられる。なお，*MYBPC3*のアミノ酸820番はヒトのHCM変異の'ホットスポット'であるため，*MYBPC3* Arg820TrpのTrp型がハプロ不全効果による蛋白機能の喪失（**図6**）をもたらし[14]，その結果として心不全病態に対しmajor geneとして影響を及ぼしている可能性が示唆される（**図10**）。

・*MYH7* Glu1883Lys (E1883K)

同腹兄弟が2歳時に突然死した遺伝性HCMが疑われるドメスティック・ショートヘアのHCM罹患雄猫（推定6歳）1頭において，心筋βミオシン重鎖遺伝子（*MYH7*）Glu1883Lysのヘテロ接合体が2019年に同定された[26]。この遺伝子変化はミオシン重鎖の機能上重要な位置にある。同一の遺伝子変異がヒトの心筋症家系において報告されているが，ヒトゲノムデータベース上で約3万人に1人とヒトでも非常にレアなバリアントであり，かつ一般集団の200頭の猫（ドメスティック・ショートヘア125頭，メインクーン種25頭，ラグドール種25頭，ブリティッシュ・ショートヘア種25頭）には確認されなかった[14, 26]。このことから，この遺伝子異常は単一遺伝子疾患としてのHCM罹患猫における病因遺伝子変異の可能性がある。

・その他

2021年にスフィンクス種のHCM罹患猫71頭に対する解析結果として，ヒトにおけるアルストレーム症候群（網膜の錐体—桿体ジストロフィーや肥満，聴覚神経性難聴，2型糖尿病，心筋症を特徴とする難治性疾患で，有病率は100万人に1人）原因蛋白（非サルコメア蛋白であり，全身に発現する）をコードする*ALMS1*遺伝子のg.92439157G＞C（Gly＞Arg）について，27頭がヘテロ接合体，35頭がホモ接合体で有することが示された[27]。この遺伝的バリアントの保有猫はスフィンクス種以外では214頭中2頭のみ（ともにヘテロ接合体）であることから，本報告ではこの遺伝的バリアントと猫のHCMとの関連が指摘されているが，当該関連解析におけるコントロール群の設定や，遺伝子異常による蛋白機能変化とそれによるHCM発症メカニズムの説明に不明な点が多く，現時点でこの遺伝子変化が猫のHCMにおける遺伝的危険因子であるとのエビデンスは不足している。

今後の展望

医学領域では1990年代からの分子遺伝学的解析法の飛躍的な発展によって，この30年の間にヒトの遺伝性心筋症の遺伝子診断については多くの知見が蓄積されてきた。**表1**に示したように，これまでに明らかとなった多くの心筋症原因遺伝子がHCMとDCM両方における病因変異を有する。これはつまりHCMとDCMには病因論的オーバーラップが存在することを意味しているが，HCMは心室の拡張障害，一方DCMは収縮障害と真逆の臨床徴候を取ることから興味深い所見である。病因論的に考察すると，

HCMとDCMでは病因となる遺伝子異常による機能変化の特異性(変異による心筋収縮のカルシウム感受性の変化で示されるような機能変化の違い)，あるいは亢進や減弱といった機能異常の方向性の違いを反映している可能性がある。同時に多種多様な遺伝子内の変異がHCMやDCMといった均一な病態を導くことから，その発病過程において何らかの共通の病態形成機構が存在する可能性も示唆される。HCM患者の約10%は，疾患末期にDCM病態とよく似た拡張相HCMへの転帰をたどることからも，変異によってもたらされる生化学的機能異常と疾患表現型との対応に今後も着目していく必要がある。また心筋症の遺伝子異常－疾患表現型の相関にかかわる報告はこれまでも数多くなされているが，現時点では個々の症例における長期予後管理に応用するための十分なエビデンスの構築には至っていない。遺伝子診断によるリスク評価と予後予測についても，変異によっては部分的に可能ではあるが，各原因遺伝子や遺伝子型として包括的な対応が可能であるといった状況には遠い。今後新たな知見の集積や技術革新によって，遺伝子解析結果の診断・治療・予後推測などへの活用によるより，個人にあったオーダーメイド医療の提供が期待される。

ヒトの遺伝性HCMやDCMでは主に心筋サルコメアやZ帯構成要素をコードする30を超える遺伝子に1,000以上の遺伝子変異が報告されてきた一方で，猫のHCMにおける遺伝的素因に関する報告はごくわずかであり，かつそのすべてが疾患感受性バリアントとしての位置づけである。この現象はひとつの遺伝子異常が大きな効果を示し，疾患発症に決定的な役割を果たす単一遺伝子疾患rare variant-rare diseaseと，効果の弱い遺伝的バリアントが集積して疾患発症に寄与する多因子遺伝疾患common variant-common diseaseの発症メカニズムの違いによるものである。ヒトのHCMは有病率0.2%のrare diseaseであるが，猫のHCMは有病率15～30%のcommon diseaseであり，さらに種属としての猫や特定の品種におけるHCM発病率の高さは，遺伝性(単一遺伝子)疾患としてのものではなく多因子遺伝疾患における特定集団内集積性の結果であると考えられる。このことから，猫のHCMの遺伝的危険因子としてのコモンバリアントの関与は明らかである。これは過去の報告や，それらをまとめた統計上のメタ解析の結果として，メインクーン種*MYBPC3* Ala31ProのPro型ホモ接合体と，ラグドール種*MYBPC3* Arg820TrpのTrp型ホモおよびヘテロ接合体のHCM罹患群における保有率がnon-HCM群と比べて有意に高いことからも示される[14]。メインクーン種とラグドール種においてはこれらの遺伝的バリアントが種特異的な遺伝的危険因子としてHCMの発症に関係していると現時点では考えられる。またACVIMコンセンサスステートメントで指摘されているように，繁殖に供する予定のあるメインクーン種およびラグドール種の個体については，これらの遺伝的バリアントについて事前に遺伝子検査を行い，それらを(とくにホモ接合体で)有する猫を繁殖から除外することが当該品種におけるHCMの発症リスクを減らすために重要である。さらにその全体としての頻度はきわめて低いながらも，ブリティッシュ・ショートヘア種やスコティッシュ・フォールド種，マンチカン種において*MYBPC3* Ala31Proヘテロ接合体の報告がある[18, 28]ことから，これらの品種におけるHCMと*MYBPC3* Ala31Proバリアントの関連解析の結果が待たれる。しかしこのような関連解析研究に供するための同一品種のnon-HCM猫のDNAを一施設で集めるのはかなりハードルが高いため，今後は本邦全体さらには世界的なコンソーシアムによる網羅的な猫遺伝子多型解析や，各バリアント頻度のデータベース化といった取り組みが期待される。

HCM発症における遺伝要因と環境要因の関与を概念的に**図10**に示したが，病因変異の場合は，ひとつの遺伝子変異が疾患発症や病態形成に大きく寄与する。これに対して疾患感受性バリアントは，複数の遺伝的バリアントが環境要因との相互作用によって疾患に寄与するものである。遺伝子変異が疾患発症にどの程度の寄与度を示すかについてみてみると，病因変異の寄与度はきわめて大きいが，個々の疾患関連(病的)バリアントの寄与度はおのおので異なり概して大きくはない。すなわち，病因変異は一般(健常者)集団にはほとんど存在せず，それを有する者の多くは発症するが，遺伝的バリアントは一般集団にも存在しており，それを有していても単純には発症しない。したがって，個々の患者において，単一遺伝子疾患の病因変異の特定は場合によっては診断や予後予測に有用な情報を与える。しかし多因子遺伝疾患に関連する遺伝的バリアントの特定はリスク評価(危険因子)としての位置づけであり，診断や予後予測には至らないといえる。現在，医学領域では健康保険が認められている遺伝学的検査を単一遺伝子疾患の患者に対して行う場合は，遺伝カウンセリングも含めて保険診療となり，遺伝性 HCM における心筋サルコメア遺伝子診断は保険適応の対象となっている。しかしながら，多因子遺伝疾患の場合，遺伝的バリアントのみで発症リスクを診断（易罹患性診断）することは困難であり，患者やその家族に対する遺伝子検査を医療行為として行うことは認められていない。昨今，循環器医学領域だけでも高血圧症や心筋梗塞などの冠動脈疾患や心房細動，動脈硬化などの健康リスク評価を行う非医療行為としての遺伝子検査は巷にあふれており，獣医領域でも商業ベースとしての遺伝子検査が一部で行われている。獣医療は保険診療ではないため，そういった遺伝子検査自体を妨げるものではないが，獣医療の現場で飼い主に遺伝子検査を勧める場合や，飼い主から遺伝子検査を希望された場合は，各疾患の遺伝学的な背景や，検査の対象となる遺伝子や遺伝子型についての学術的な知見などを十分に理解した上で行う必要がある。とくに本稿にて概説した猫の HCM などの多因子遺伝疾患においては「確率の情報」の提供としての検査である旨，丁寧なインフォームドコンセントを行うことが獣医療倫理的にも重要であろう。

おわりに

心筋症の遺伝子診断に関して，これまでに明らかになったことと今後の展望について解説した。心筋症の発症には遺伝要因が深くかかわっているが，ヒトと猫ではその発症に至る遺伝学的な背景は異なっていると考えられる。猫の心筋症に関連する遺伝要因の実態の把握と適切な理解は，医学領域と同様に獣医療における evidence-based medicine の提供のために必要である。猫の心筋症の遺伝的素因について，さらなる解明が待たれる。

参考文献

1. Driscoll, C.A., Menotti-Raymond, M., Roca, A.L. *et al.* (2007) : The Near Eastern origin of cat domestication. *Science*., 317 (5837) : 519-523.
2. Nilson, S.M., Gandolfi, B., Grahn, R.A. *et al.* (2022) : Genetics of randomly bred cats support the cradle of cat domestication being in the Near East. *Heredity* (Edinb)., 129 (6) : 346-355.
3. Teare, D. (1958) : Asymmetrical hypertrophy of the heart in young adults. *Br. Heart. J*., 20 (1) : 1-8.
4. Geisterfer-Lowrance, A.A., Kass, S., Tanigawa, G., *et al.* (1990) : A molecular basis for familial hypertrophic cardiomyopathy: a beta cardiac myosin heavy chain gene missense mutation. *Cell*., 62 (5) : 999-1006.
5. Arimura, T., Hayashi, T., Kimura, A. (2007) : Molecular etiology of idiopathic cardiomyopathy. *Acta. Myol*., 26 (3) : 153-158.
6. Burke, M.A., Cook, S.A., Seidman, J.G., *et al.* (2016) : Clinical and mechanistic insights into the genetics of cardiomyopathy. *J. Am. Coll. Cardiol*., 68 (25) : 2871-2886.
7. Kimura, A. (2010) : Molecular basis of hereditary cardiomyopathy: abnormalities in calcium sensitivity, stretch response, stress response and beyond. *J. Hum. Genet*., 55 (2) : 81-90.
8. Olivotto, I., Girolami, F., Sciagrà, R., *et al.* (2011) : Microvascular function is selectively impaired in patients with hypertrophic cardiomyopathy and sarcomere myofilament gene mutations. *J. Am. Coll. Cardiol*., 58 (8) : 839-848.
9. Ingles, J., Burns, C., Bagnall, R.D., *et al.* (2017) : Nonfamilial Hypertrophic Cardiomyopathy: Prevalence, Natural History, and Clinical Implications. *Circ. Cardiovasc. Genet*., 10 (2) : e001620.
10. Purevjav, E., Arimura, T., Augustin, S., *et al.* (2012) : Molecular basis for clinical heterogeneity in inherited cardiomyopathies due to myopalladin mutations. *Hum. Mol. Genet*., 21 (9) : 2039-53.
11. Fuentes, V.L., Abbott, J., Chetboul, V., *et al.* (2020) : ACVIM consensus statement guidelines for the classification, diagnosis, and management of cardiomyopathies in cats. *J. Vet. Intern. Med*., 34 (3) : 1062-1077.
12. Stern, J.A., Ueda, Y., (2019) : Inherited cardiomyopathies in veterinary medicine. *Pflugers. Arch*., 471 (5) : 745-753.
13. Norton, B.B., Tunseth, D., Holder, K., *et al.* (2018) : Causes of morbidity in captive African lions (Panthera leo) in North America, 2001-2016. *Zoo Biol*., 37 (5) : 354-359.
14. Gil-Ortuño, C., Sebastián-Marcos, P., Sabater-Molina, M., *et al.* (2020) : Genetics of feline hypertrophic cardiomyopathy. *Clin. Genet*., 98 (3) : 203-214.
15. Meurs, K.M., Sanchez, X., David, R.M., *et al.* (2005) : A cardiac myosin binding protein C mutation in the Maine Coon cat with familial hypertrophic cardiomyopathy. *Hum. Mol. Genet*., 14 (23) : 3587-3593.
16. Fries, R., Heaney, A.M., Meurs, K.M., (2008) : Prevalence of the myosin-binding protein C mutation in Maine Coon cats. *J. Vet. Intern. Med*., 22 (4) : 893-896.
17. Wess, G., Schinner, C., Weber, K., *et al.* (2010) : Association of A31P and A74T polymorphisms in the myosin binding protein C3 gene and hypertrophic cardiomyopathy in Maine Coon and other breed cats. *J. Vet. Intern. Med*., 24 (3) : 527-532.
18. Mary, J., Chetboul, V., Sampedrano, C.C., *et al.* (2010) : Prevalence of the MYBPC3-A31P mutation in a large European feline population and association with hypertrophic cardiomyopathy in the Maine Coon breed. *J. Vet. Cardiol*., 12 (3) : 155-161.
19. Godiksen, M.T., Granstrøm, S., Koch, J., *et al.* (2011) : Hypertrophic cardiomyopathy in young Maine Coon cats caused by the p.A31P cMyBP-C mutation--the clinical significance of having the mutation. *Acta. Vet. Scand*., 53 (1) : 7.
20. Longeri, M., Ferrari, P., Knafelz, P., *et al.* (2013) : Myosin-binding protein C DNA variants in domestic cats (A31P, A74T, R820W) and their association with hypertrophic cardiomyopathy. *J. Vet. Intern. Med*., 27 (2) : 275-285.
21. Manrai, A.K., Funke, B.H., Rehm, H.L., *et al.* (2016) : Genetic Misdiagnoses and the Potential for Health Disparities. *N. Engl. J. Med*., 375 (7) : 655-665.

22. van Dijk, S.J., Kooiker, K.B., Mazzalupo, S., *et al.* (2016) : The A31P missense mutation in cardiac myosin binding protein C alters protein structure but does not cause haploinsufficiency. *Arch. Biochem. Biophys.*, 601: 133-140.

23. Stern, J.A., Rivas, V.N., Kaplan, J.L., *et al.* (2023) : Hypertrophic cardiomyopathy in purpose-bred cats with the A31P mutation in cardiac myosin binding protein-C. *Sci. Rep.*, 13 (1) : 10319.

24. Meurs, K.M., Norgard, M.M., Ederer, M.M., *et al.* (2007) : A substitution mutation in the myosin binding protein C gene in ragdoll hypertrophic cardiomyopathy. *Genomics.*, 90 (2) : 261-264.

25. Borgeat, K., Casamian-Sorrosal, D., Helps, C., *et al.* (2014) : Association of the myosin binding protein C3 mutation (MYBPC3 R820W) with cardiac death in a survey of 236 Ragdoll cats. *J. Vet. Cardiol.*, 16 (2) : 73-80.

26. Schipper, T., Poucke, M.V., Sonck, L., *et al.* (2019) : A feline orthologue of the human MYH7 c.5647G>A (p. (Glu1883Lys)) variant causes hypertrophic cardiomyopathy in a Domestic Shorthair cat. Eur. *J. Hum. Genet.*, 27 (11) : 1724-1730.

27. Meurs, K.M., Williams, B.G., DeProspero, D., *et al.* (2021) : A deleterious mutation in the ALMS1 gene in a naturally occurring model of hypertrophic cardiomyopathy in the Sphynx cat. *Orphanet. J. Rare. Dis.*, 16 (1) : 108.

28. Akiyama, N., Suzuki, R., Saito, T., *et al.* (2023) ; Presence of known feline ALMS1 and MYBPC3 variants in a diverse cohort of cats with hypertrophic cardiomyopathy in Japan. *PLoS One*, 18 (4) : e0283433.

9 各施設の取り組み

①一次診療病院の取り組み

上村 利也

Kamimura, Toshiya

かみむら動物病院

point

- **心筋症に対するピモベンダンの有効性に関するエビデンスは十分ではないが，当院では，心不全徴候がある場合はピモベンダンを投与している。**
- **動脈血栓塞栓症（ATE）において，塞栓部より末梢側の採血ができず体内の血液とのカリウム値の差が算出できない場合，外科的治療である血栓除去術の実施には悩む。**

はじめに

猫の心筋症というと，一般的に診断や治療が難しく苦手意識をもつ獣医師は多い。犬と比較すると，猫は心エコー図検査が難しいことがその理由のひとつである。また，神経質な猫だと心エコー図検査時に暴れることで状態の悪化が懸念され，致死的な状況も想定しなければならない。筆者の苦い経験であるが，主訴が呼吸困難で心筋症が疑われる症例に対して心エコー図検査を実施した際，左房内に血栓を発見した直後に塞栓を起こしたのか，「ギャー」と叫び痙攣を起こして死亡したことがある。今でも重篤な臨床徴候を呈する症例の検査をする際は，この経験が頭をよぎる。

最近は超音波装置の性能が向上し，猫でも容易にきれいな画像が描出できるようになった。猫の心エコー図検査に対する苦手意識を減らすためには，経験数を増やすことではないかと単純に考える。当院では勤務する獣医師の心エコー図検査の経験値を上げる意味も兼ねて，避妊手術を行う猫には，術前検査として必ず心エコー図検査を実施するようにしている。

猫の心筋症は犬の僧帽弁閉鎖不全症と比較すると診療を進めにくい。その理由として，各フェノタイプ（表現型）を容易に診断できる十分なクライテリアがないことが挙げられる。また，除外すべき疾患も多い。代表的な例として高血圧が挙げられるが，血圧を測定しても，その測定値の信頼性が低いため，高血圧を除外しにくいことが診断を進めにくくしている。治療も同様で，犬に対しては信頼性の高い薬剤であるピモベンダンが，猫の心筋症に対してはエビデンスが十分でないところも，悩ましい点である。

本稿では，一次診療施設である当院での猫の心筋症に対する診断と治療の方法や考え方について述べる。

診断

肥大型心筋症（HCM）

肥大型心筋症 hypertrophic cardiomyopathy（HCM）は

心筋が厚くなる疾患であり，それにともなう心臓の拡張不全により左房から流入する血流が減少することで心不全を引き起こす。HCMには，左室流出路が狭窄しない非閉塞性肥大型心筋症hypertrophic nonobstructive cardiomyopathy（HNCM）と，狭窄する閉塞性肥大型心筋症hypertrophic obstructive cardiomyopathy（HOCM）がある。

非閉塞性肥大型心筋症（HNCM）

米国獣医内科学会が発行した猫の心筋症ガイドライン（以下，ACVIMコンセンサスステートメント）では，拡張期における左室中隔や左室自由壁の心筋の厚さについて，「○mmを超えたらHCMを疑う」などの具体的な数字が記載されていないため診断が容易ではない。過去の基準では，「拡張期における心室中隔の厚さが6.0 mmもしくは7.0 mmを超えるとHCMと診断する」とあったため，その範囲を超えて心室中隔が肥厚した症例で，左房拡大やそれにともなう僧帽弁逆流がある場合はHNCMを疑うようにしている[1]。

ただし，高血圧などの代償性肥大の他，脱水による循環血液量の低下により心腔内が縮小し心筋が厚くみえるだけということもあるため，注意が必要である。しかしながら，血圧測定用のカフが膨らむなどの刺激により猫が興奮して血圧が一時的に上昇することもあるため，猫が興奮しない環境下で，測定を数回実施することでカフ圧にも慣れさせるようにしている。また，甲状腺機能亢進症が潜在している可能性もあるため，甲状腺ホルモン値の測定は重要である。

閉塞性肥大型心筋症（HOCM）

HOCMでは，左室流出路の狭窄により高速血流が生じる。その高速血流によるベンチュリ効果で，僧帽弁の前尖が収縮期に左室流出路に吸い込まれる僧帽弁収縮期前方運動systolic anterior motion of the mitral valve（SAM）がみられ，それにともない僧帽弁逆流もみられる。このことから，筆者は心エコー図検査で左室流出路の高速血流と僧帽弁逆流，Mモード法でSAMが認められれば，HOCMと診断している。しかしながら，心エコー図検査中の猫は心拍数は高い場合が多く，Mモード法でSAMを明確に見つけることは難しい。そのため，実際は左室流出路狭窄と高速血流，僧帽弁逆流だけで診断することがほとんどである。このようにHOCMは心エコー図検査で特徴的な所見が得られるため，一番診断しやすいと考えている。

しかしながら，Matosら[2]や原口[3]によると，左室流出路に高速血流や心筋肥大がみられた症例で，経過とともにこれらの所見が消失した。つまり，これらの所見が一過性であったと報告している。心筋肥厚の原因は全身麻酔における治療や交通事故，ワクチン接種，発熱など，さまざまな要因の関連が疑われる一方，発生機序については明確にされていない。そのため，HOCMと診断しても一過性である可能性があることに注意しなければならない。

拡張型心筋症（DCM）

Kittlesonら[4]は，拡張型心筋症dilated cardiomyopathy（DCM）の発生率はHCMと比較すると低いと報告しており，当院でもその傾向がある。心エコー図検査では，左室内腔の著しい拡張と左室内径短縮率（FS）の低下がみられる。診断に際しFSの基準値が問題となってくるが，基準値は35％や30％，8.0％以下など，さまざまであり，非常に悩むところである。筆者は，10％未満でDCMを疑うようにしている。しかしながら，その範囲でない場合でも左房拡大や心不全徴候があれば治療対象と考える。

なお，HCMと同様に，全身性高血圧や弁膜症，先天性心疾患，虚血性心疾患を除外する必要がある。また，タウリン欠乏症の関連を疑う必要があり，とくに食事が手づくりである場合は注意が必要である。

拘束型心筋症（RCM）

拘束型心筋症restrictive cardiomyopathy（RCM）は，心内膜や心内膜下，心筋の線維化による左室の拡張機能低下を特徴とする。RCMは生前診断が難しく，当院でRCMと断言できる症例は，死後の病理組織学的検査で診断された症例がほとんどである。心内膜心筋型RCMであれば，心エコー図検査で心内膜のエコー輝度が高く，心室中隔と左室自由壁に調節帯などの構造物がみられ，その部分に狭窄が確認できると診断が容易になる（**図1**）。心筋型RCMに遭遇することは多く，心筋肥大を認めず，左房が拡大して僧帽弁逆流や心内膜のエコー輝度が高い所見が得られたときは心筋型RCMを疑う。

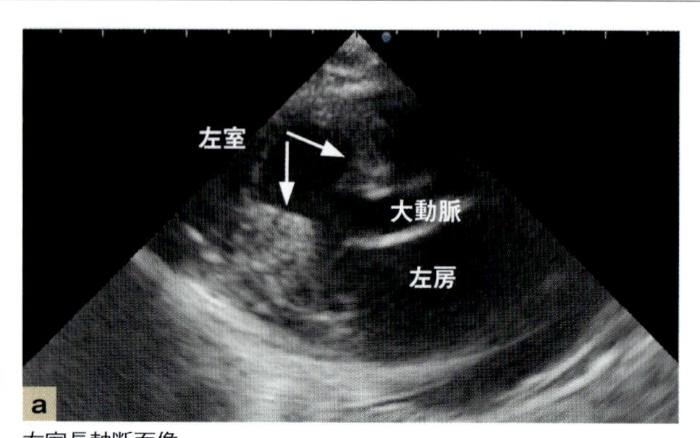

左室長軸断面像
左房拡大と矢印部分のエコー輝度が高く隆起して狭窄がみられる。

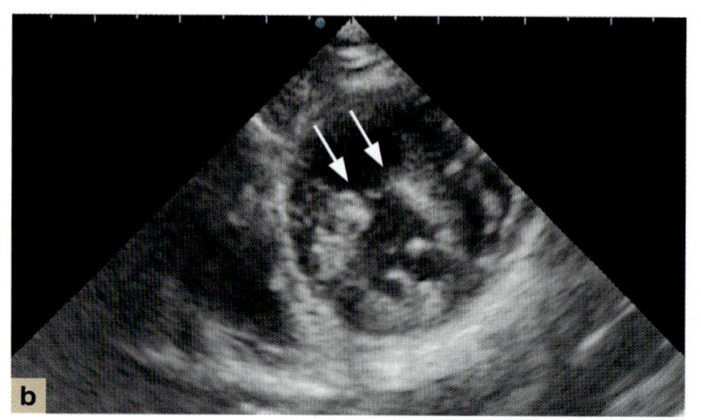

短軸断面像
心内膜のエコー輝度が高い。明確ではないが調節帯(矢印)が確認できる。

図1 心エコー図検査画像

不整脈原性右室心筋症(ARVC)

不整脈原性右室心筋症 arrhythmogenic right ventricular cardiomyopathy (ARVC)は，当院では過去に2頭の診察しか経験がないため，診断について十分なことは述べられない。心電図検査で多発する心室性不整脈や，心エコー図検査で右房と右室の拡張，三尖弁逆流がみられた場合にARVCを疑う。除外診断としては，猫で遭遇しやすい三尖弁異形成が一番に挙げられる。判別方法は，右室の心エコー図検査で心室自由壁の動きに問題ないものが三尖弁異形成，無運動や動きが悪いものがARVCとされている[5]。不整脈も心室期外収縮や心室頻脈性不整脈，上室性不整脈などがみられる。ARVC症例の心エコー図検査では，右室の拡張や心室中隔の扁平化がみられる。肺高血圧症ととらえてしまうため，注意が必要である。

いずれのフェノタイプでも心筋トロポニンI値は診断に有用であると考えている。高値であればほかの所見と併せて心筋症と診断している。

心筋症の治療

ステージB1

ステージB1の症例を診察する機会は少なく，どの薬剤が有効であるかは明確なエビデンスもない。当院では，心拍数が180～200回/分を超えるようであれば，アテノロールやカルベジロールなどのβ遮断薬を投与している。また，投薬を実施しない場合でも左房の大きさを定期的に検査してステージの進行を観察するようにしている。また心筋症の診断が明確でない場合には心筋トロポニンI値を測定している。

HOCMは，聴診で心雑音をともなうため，ステージB1でも発見されやすい。治療としては，左室流出路狭窄を消失もしくは軽減させるため，β遮断薬であるアテノロールやカルベジロールなどを投与しているが，前記の薬剤のどちらのほうに効果があるかは不明である。福岡らが左室流出路閉塞に対するカルベジロールの有用性を報告している[6]。なお当院では，ソタロールの投与が有用であった症例を経験している。また堀らは，β遮断薬の効果がない左室流出路閉塞をともなうHCMに対して，ジソピラミドの併用により効果があったと報告しているため，カルベジロールで効果がない場合はジソピラミドの併用も選択肢のひとつと考えている[7]。

ステージB2

ステージB2は過去も現在も心不全徴候がない状態ではあるが，いつ心不全や動脈血栓塞栓症 arterial thromboembolism (ATE)を引き起こすか注意が必要である。ステージB2では長期生存が期待できる高いエビデンスをもつ薬剤は現在のところ存在しない。犬において信頼性の高いエビデンスがあるピモベンダンは，猫のステージ

B2においても循環動態に関しては効果があると確認されているが，生存期間を延長するエビデンスは今のところ存在しないため投与すべきか悩ましい。

当院では，とくに左房拡大がみられる場合は投与を開始している。心拍数が180回/分を超える場合は，β遮断薬であるアテノロールやカルベジロールを投与している。ただし，心拍数は緊張などで上昇するため，判断の際には注意が必要である。β遮断薬は心拍数の減少だけでなく，心筋保護作用があるため，当院では心拡大をともなうHCMに投与していることが多い。

ATEを予防するために，心エコー図検査での心房内のもやもやエコーspontaneous echo contrast（SEC）は見逃さないようにしなければならない。左房拡大がみられる症例で，とくに左房径大動脈径比（LA/Ao）> 2.0の場合は必ず血栓予防に対する投与を行うようにしている。しかし，振り返ってみると，ATEは心筋症の投与が行われていなかった症例のみに発症していた，という自分の間違った認識と，薬の数が多くなり，飼い主への負担が大きくなることから，このステージでは血栓予防に対する投与はほとんど実施していなかった。現在では，左房の拡大はあったが，ほかの疾患もあり血栓予防に対する投与をしていなかった症例がATEを発症した経験から，ステージB2ではクロピドグレルの投与を積極的に考えている。Loらは，ATEを発症した症例や，左房に血栓やSECが認められる32頭に対して，クロピドグレルとリバーロキサバンの両方を投与して，投与中はATEを発症しなかったと報告している。これらの薬剤の併用による効果は期待できる[8]。

問題となるのはピモベンダンである。後述のとおり，エビデンスではこの時期での投与は悩ましいが，当院では顕著な左房拡大の所見が得られたときに投与している。

ピモベンダン投与の考察

猫の心筋症に対するピモベンダンの効果は現在でも議論されており，明確な結論は出ていないように思う。2016年に発表されたEPIC Studyでは，犬の僧帽弁粘液腫様変性において，無徴候で心拡大をともなうステージB2でのピモベンダン投与により生存期間が延長すると報告されており，現在の犬の心不全治療のバイブルとなっている[14]。しかしながら，猫の心筋症ではEPIC Studyに相当するピモベンダン投与の有効性を示す論文が存在せず，2021年にSchoberらが，うっ血性心不全をともなう猫のHCMに対する前向き研究で，プラセボ対照ランダム化二重盲検比較試験と結果の信頼性が高いとの論文を発表しているが，6カ月間の試験期間ではピモベンダンの生存日数に対する有用性は得られなかったと報告した[15]。一方，生存期間が延長したと示している論文もある。Reina-Dorestesらは，治療にピモベンダンが含まれる群と含まれない群を比較して，生存期間中央値がそれぞれ626日と103日であったこと，有意にピモベンダンを含む群が延長していたと報告した[16]。しかしこれは後ろ向きの研究であったこと，さらに，ピモベンダン以外にも投与が行われ，個々に併用薬の統一性がないことから，ピモベンダンを純粋に評価していないと考える。ほかにもピモベンダンの有効性を報告している論文は数多く存在する。Kochieらは前向き研究におけるプラセボ対照ランダム化二重盲検比較試験で，HCM症例と健康な猫において，ピモベンダン投与による左室流出路の血流速やFSを評価したところ，いずれにおいても心機能が亢進したと報告した[17]。Kostらは，健康な猫にピモベンダンを投与したところ，右室の機能が亢進したと報告している[18]。これらの報告を踏まえ，今のところ生存期間中央値の延長に対する十分なエビデンスは存在しないが，心機能を改善するというエビデンスはあるため，当院では，心拡大などの条件を満たせば猫の心筋症に対してピモベンダンを投与している。

もうひとつ議論の的になるのが，左室流出路狭窄をともなうHOCM猫に対するピモベンダンの投与である。HOCMではピモベンダンの強心作用により狭窄が増大して，心拍出量が低下するリスクがあることから，ピモベンダンの投与については懸念されており，1頭ではあるがHOCM猫にピモベンダンを投与した結果，低血圧を引き起こしたとの報告もある[19]。しかしながら，Wardらは，左室流出路狭窄を有するHCMと有さないHCMの有害事象を検討したところ，ピモベンダン投与後による急性の有害な血行力学的影響は，どの症例でも検出されなかったと報告している[20]。Schoberらは，ピモベンダンの投与にかかわらず，動的左室流出路狭窄の重症度が時間の経過とともに減少し，動的左室流出路狭窄に関連するピモベンダンの長期的な悪影響に関する懸念が軽減されたと報告した[15]。当院でも後者の報告を受けて，左室流出路狭窄をともなうHOCMであっても，心不全を発症している場合にはピモベンダンを投与している。

ステージCおよびD

ステージC，Dは，現在もしくは過去に心不全徴候を呈している状況であり，肺水腫や胸水貯留により呼吸状態の悪化した症例によく遭遇する。そのような状態で来院した場合は，まずどの程度の検査が実施可能か判断をする。横臥位での超音波検査やX線検査による死亡を防ぐため，呼吸状態が悪くチアノーゼを呈しているようであれば，検査前に酸素室で安定化を図る選択も大事である。その際，酸素室内での興奮を少しでも防ぐために，当院では観察ができる程度の箱などを用意し，症例が隠れられるスペースをつくる工夫も行っている。場合によってはケージのまま酸素室へ入れることもあるが，症例の状態が確認しにくいため頻回の観察が必要となる。

酸素化したのち，まず犬坐姿勢で心エコー図検査を実施して胸水の存在を確認する。胸水貯留がなければ，X線検査で肺の状況を評価する。超音波検査でB-lineが確認されれば肺水腫と診断することもあるが，ほかの疾患を除外するためにもX線検査まで行うことが望ましい。なお，X線検査で肺の不透過性亢進を認めるからといって必ずしも肺水腫であるとは限らないため，肺水腫以外の肺疾患の関連がないかも併せて評価することが重要である。心エコー図検査では，最低限の評価として左房の大きさや僧帽弁逆流の有無を確認している。酸素化を行っても呼吸状態が改善しない症例では，可能な限り各種検査は酸素吸入や酸素飽和度モニター下で行うようにしている。横臥位でのX線検査が難しいときは，立位で実施することもある。

肺水腫と診断した場合，可能ならば静脈内に留置針を挿入して，ピモベンダンとフロセミドの静脈内投与を行い，酸素室に入れて経過を観察している。状態が改善しない場合には，主にフロセミドの投与を繰り返しているが，繰り返し投与するか否かは尿量で判断する。しかしながら，猫は我慢して排尿しないことも多いため，投与前に触診で膀胱の大きさを確認しておき，投与後の触診で尿貯留の状況を把握して，利尿効果が低いと判断すればフロセミドの再投与を検討する。カルペリチドは猫での効果は証明されていないが，当院でフロセミドの利尿効果がない肺水腫の心筋症の症例に対して，カルペリチドが有効であった経験があるため，フロセミドの利尿効果が乏しい場合は，カルペリチドの持続定量点滴を検討している。また，犬であればニトログリセリンやニトロプルシドなど，血管拡張薬の投与が選択肢として挙げられるが，猫ではエビデンスがないため当院では実施していない。

胸水貯留の症例に対しては，胸腔穿刺を実施すべきかどうか判断する。当院では，超音波検査で胸水のスペースが1.0 cm以上あれば胸腔穿刺を実施している。穿刺には21Gもしくは23Gの翼状針を使用している。超音波検査で胸水が多くみえる部位を探して，その部位に針を刺入している。必要に応じて，胸腔穿刺前に酸素吸入を行う。

胸腔穿刺により呼吸器徴候が改善した場合は，ピモベンダンとフロセミド，血栓予防のためクロピドグレルや低分子ヘパリンを中心に投与している。慢性期の問題で一番多いのが，胸水貯留を繰り返すことである。この状況になった場合はステージDと判断し，ピモベンダンの増量や利尿薬のトラセミドへの変更を試みるが，改善がみられずに再発を繰り返す胸水貯留には，胸腔穿刺をその都度実施するしかないと考えている。

動脈血栓塞栓症(ATE)

猫のATEにおける血栓は，90％以上が腹部大動脈の末端部に塞栓し，血栓の形が馬に着ける鞍に似ていることより鞍状血栓と呼称される[9]。Foxらの報告によると，心筋症の症例におけるATEの発生頻度は，HCMで48％，RCMで29％，DCMで5.0％，そして左室過剰調節帯で14％とされている[9]。また，タウリン欠乏によるDCM症例の16～18％，特発性の心筋不全の18％，HCMの12％，非拡張性の左室肥大を有する猫の13％にATEが観察されている[9]。猫のHCMに随伴したATEの発生率は12～17％とする報告もみられる[10]。

ATEの診断

左・右大腿動脈の分岐部に発生したATEの診断では臨床徴候を重視している。臨床徴候として，患肢の疼痛もしくは麻痺，チアノーゼ(蒼白)，大腿動脈の脈拍消失，直腸温の低下のいずれかがあればATEを疑うが，なかでも大腿動脈の脈拍消失が一番のポイントである。チアノーゼと

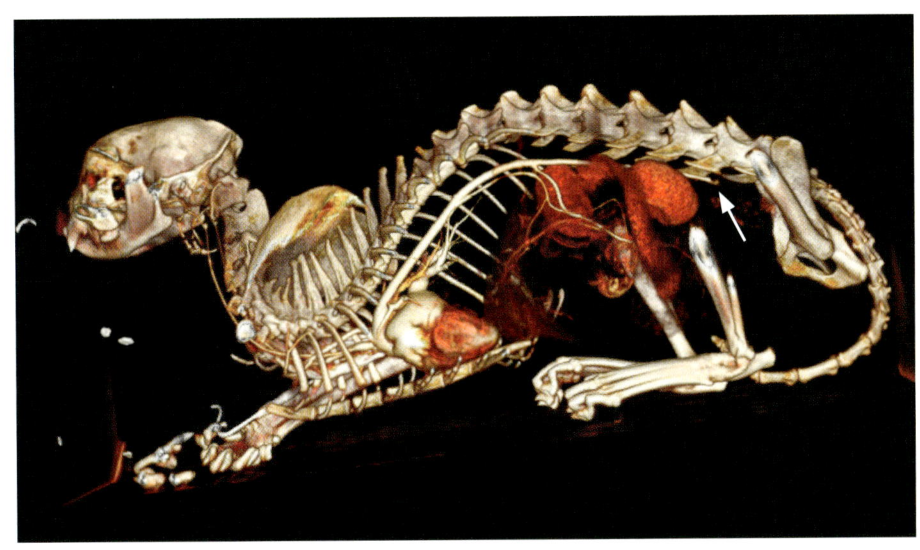

図2　3DによるCT検査画像
造影で描出されている後大動脈が矢印部で途切れているため，ATEが疑われる。

して，爪の色が黒くみえることも重要で，爪の肉の部分を切って出血がないことも参考になる。直腸温は経験的に36 ℃以下のことが多い。また心エコー図検査で左房拡大が認められることも重要である。診断に迷った場合は造影CT 検査を実施することもある（**図2**）。

ATEの治療

治療は，心不全のコントロール，疼痛の緩和，ATE に対する 3 つの柱を中心に行う。

心不全のコントロール

ATE と肺水腫を併発していることもあるため，呼吸状態を十分に評価することを心がけているが，見た目では痛みによる頻呼吸との判別がつかず検査に頼ることも少なくない。

肺水腫や心不全を発症している場合は，前述のように酸素吸入の他，ピモベンダンやフロセミドの投与を実施するが，具体的には前述した肺水腫の治療と同じである。再灌流障害によるカリウム値の上昇の結果，不整脈の発症リスクがあるため，心電図をモニターすることは重要である。高カリウム血症では，心電図において心室頻脈や心室細動，さらには心停止にまで至るため，カリウム値には十分注意を払う必要がある。

疼痛の緩和

当院では，痛みに関してはブプレノルフィンやブトルファノールなどのオピオイドを中心に投与している。

ATE に対する治療

当院では，外科的治療と内科的治療に分けて実施している。

・外科的治療

当院での外科的治療は，バルーン付きの血栓を除去するフォガティーカテーテルを用いた血栓除去術を行っている。飼い主には，全身麻酔下で実施するため麻酔リスクがあることを説明する。さらに，血栓をすべて除去できるかなど，懸念事項も多い。ただ，最大の問題点は再灌流障害で，ATE により後肢に血流がない状況で産生された毒性物質が血栓を除去することで全身へ流れ，死に至る。ヒト医療では，大腿静脈と全身に循環している血液のカリウム値を比べ，差が 1.5 mEq/L 以上であれば，血栓除去術は実施せずに断脚となる。当院でも外科的な血栓除去を実施するかどうかの判断は，ヒト医療の考えに準じてカリウム値の差で判断をしている。しかしながら，患肢では血液循環がほとんどないため，猫では大腿静脈から採血することが困難となり採血測定できないことも多い。大腿静脈から採血できたすべての症例でカリウム値の差が 5.0 mEq/L を超えていることがほとんどであった。そのため，大腿静脈からの採血が難しく，カリウム値が測定できない猫の ATE においては，リスクが推測できず飼い主への説明が難しい。このことが外科的治療では一番問題であると考えている。平川らは，高齢，直腸温の低下，腎不全の存在などの要因が外科的治療の成功率を下げると報告している[11]。

当院での血栓除去術の術式

バルーンカテーテルを用いた血栓除去術は，全身麻酔下で腹大動脈に塞栓した鞍状血栓を，大腿動脈より挿入したカテーテルの先端を血栓より頭側の位置でバルーンを膨らませて引き抜くことで，血栓を除去する方法である(**図3**)。

①必要な器具

血栓除去用バルーンカテーテルのフォガティーカテーテルの大きさは，猫の大腿動脈では2Frもしくは3Frが挿入しやすい(**図4**)。カテーテルを動脈に挿入しやすくする道具である血管イントロデューサー(**図5**)や，出血をコントロールする際に血管をクランプするためのサテンスキー血管鉗子，ブルドック血管鉗子などがあるとさらに便利である。

②麻酔と大腿動脈へのアプローチ

心不全徴候がある場合，麻酔薬の選択は難しい。当院では，麻酔導入にはキシラジンやメデトミジンは心機能に抑制的に働くため, 使用は控えるべきだと考え，プロポフォールやケタミンを用いる。麻酔維持にはイソフルランとフェンタニルの持続定量点滴を併用する。麻酔導入直後に大腿静脈からの採血が可能になり，塞栓部より遠位のカリウム値が測定できた経験があるため，この時点で採血が可能かを確認するようにしている。

内股部の両側股関節付近を剃毛して，大腿動脈の直上を大腿骨に平行に3.0～5.0 cmほど切開する。健康な猫では大腿動脈が拍動しているため，指で拍動を確かめながら容易にアプローチできるが，ATEでは大腿動脈の血流がないため，拍動を感じることができない。そのため，血流がない大腿動脈を見抜くためにある程度の経験は必要である。大腿動脈を露出したら，手術用の縫合糸2本を大腿動脈に3.0～4.0 cmの間隔をあけてかける。カテーテルを挿入する前にカテーテルの先端が腎臓付近に位置するためには何cmほど挿入する必要があるか，あらかじめ計測しておく。

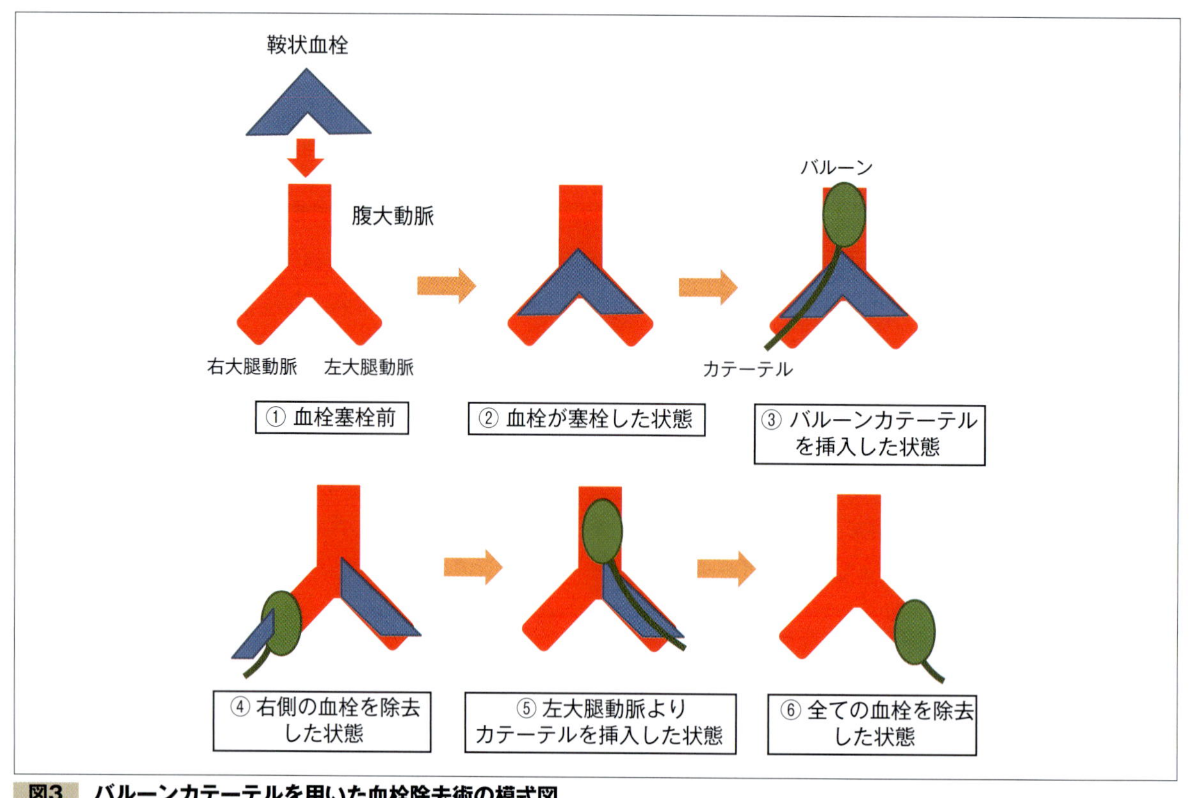

図3　バルーンカテーテルを用いた血栓除去術の模式図

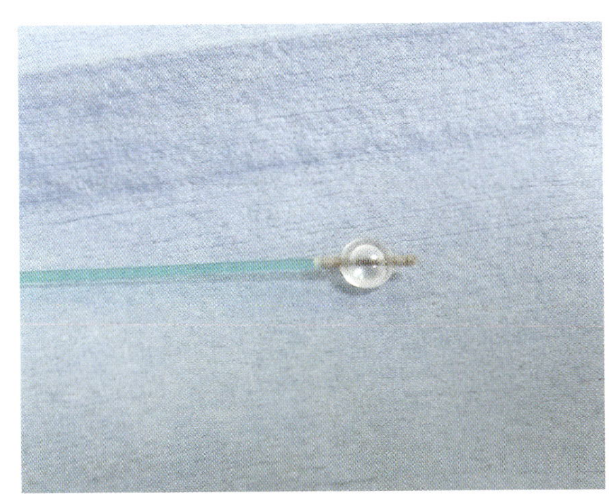

図4　血栓除去術で使用するフォガティーカテーテル
バルーンを膨らませている様子。

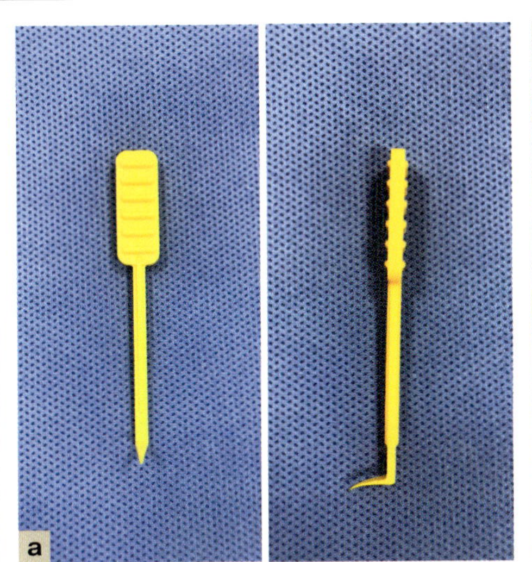

a
細い血管にカテーテルを挿入しやすくする器具。

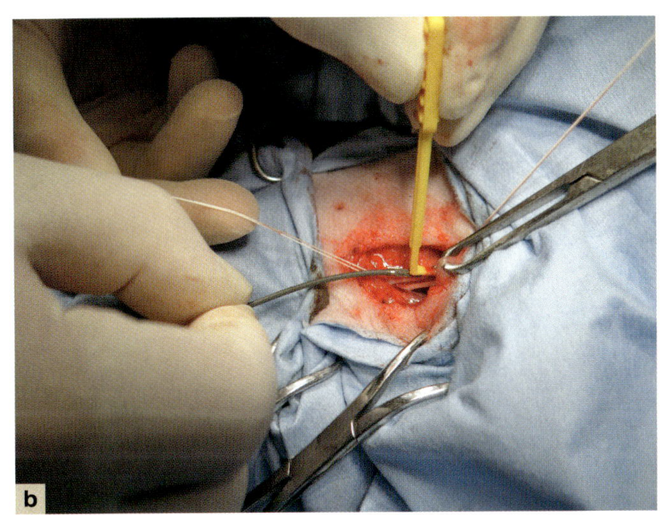

b
イントロデューサーを使用して大腿動脈にカテーテルを挿入しているところ。近位の血管にかけた糸を吊り上げることで出血をコントロールする。ただし，強く糸を吊り上げると血管が切れる可能性があるため注意する。

図5　イントロデューサー

③カテーテルの挿入と血栓除去

大腿動脈に通した糸2本で血管を吊り上げることで，メスを入れやすくなる。メスの先端で動脈を1.0～2.0 mm切開して，イントロデューサーの先端を挿入する。イントロデューサーにより血管内腔が広がり，カテーテルを血管内へ誘導しやすくする。カテーテルを計測どおりの長さまで挿入して，シリンジでバルーンに液体を注入して膨らませ，カテーテルをゆっくり引き抜いていく。この途中，カテーテル先端が大腿動脈に分岐する付近で血管内腔が狭くなるため，バルーンが引き抜きにくくなる。そのまま無理に引き抜くとバルーンが破れてしまうため，バルーンを少し小さくする必要がある。カテーテルを血管より抜くとバルーンに付着する血栓がみえる(**図6**，**動画1**)。バルーン除去後に血管から十分に出血がみられれば血栓を除去できたと判断して，次は反対側の大腿動脈にアプローチして同様に処置をする。もし血管より出血が十分にみられなければ，再び同じ側へカテーテルを挿入して同様に血栓を除去する。当院ではX線透視診断装置は使わないことが多いため，血栓除去の結果はバルーンを抜いた後に十分に出血がみられることで判断している。重要なポイントは，左右の大腿動脈で，交互に，血管から十分な出血がみられるまでバルーンを何度も挿入して引き抜くことを繰り返す点である。血栓除去後に十分な出血がみられても，反対

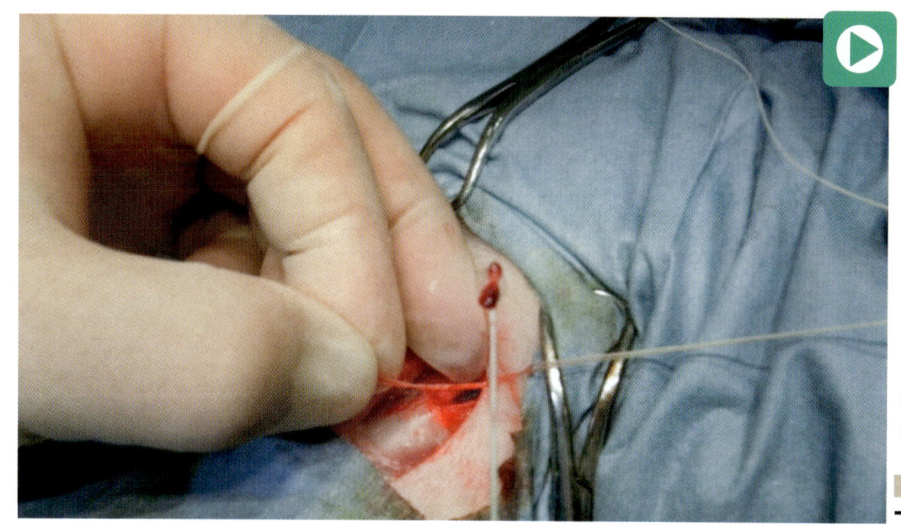

https://e-lephant.tv/ad/2003759/

図6　除去した血栓がバルーンに付着している(動画1)

側を操作しているうちに出血がみられなくなることもあるため,出血の有無の確認を十分に行う必要がある。挿入部の血管からの出血は，血管に通した近位の糸を吊り上げることでコントロールできるが，丁寧に行わないと血管が切れることがあるため要注意である。

④術後の注意点

術後に注意する点は，心不全の管理，急性腎不全，ATE の再発である。とくに手術直後は心不全の増悪により肺水腫や胸水が貯留して致死的な状況に陥る危険性があるため，酸素室に入院させ，心不全に対する薬剤投与を必要に応じて行う必要がある。血栓の再塞栓の予防には，低分子ヘパリンやリバーロキサバンを用いる。血流が回復すると，患肢の熱感や深部痛，後肢の神経学的異常の回復がみられる。

・内科的治療

来院時や入院中は低分子ヘパリン 100～200 単位 /kg を静脈内投与するようにしている。外科的治療を実施する可能性があるときは，治療後に投与している。しかし，Alwood ら[12]によると，猫における低分子ヘパリンは代謝が早く，投与後 2 時間で活性がピークになると報告されているため，静脈内への持続定量点滴が理想と考える。未分画ヘパリンの使用も検討しなければならないが，現時点では実施していない。

t-PA 療法は t-PA 製剤が高価であるため当院では実施していない。ほかの病院で投与されたのちに当院に転院した症例が血栓塞栓が改善されず死亡した経験があり，t-PA 療法には疑問を抱いていたこともその理由である。2020 年に発表された ACVIM コンセンサスステートメントでも推奨されていないため，当院では実施していない[13]。

退院後は，リバーロキサバンとクロピドグレルの併用を基本に処方しているが，投与が難しい症例ではリバーロキサバンだけ処方することもある。退院後にクロピドグレルが処方されているにもかかわらず，心エコー図検査において SEC が認められた症例(**図7**)にリバーロキサバンを併用したところ，SEC が消失した経験がある。そのため当院では，ATE 発症後にはリバーロキサバンの処方が必須と考えている。

慢性腎臓病に潜在する心筋症のリスク

慢性腎臓病に罹患している症例に対して輸液を行ったところ，呼吸が荒くなり，肺水腫や胸水貯留を認め，精査してみると心筋症であった経験はないだろうか。私的な意見ではあるが，おそらく慢性腎臓病の症例の場合，多尿が

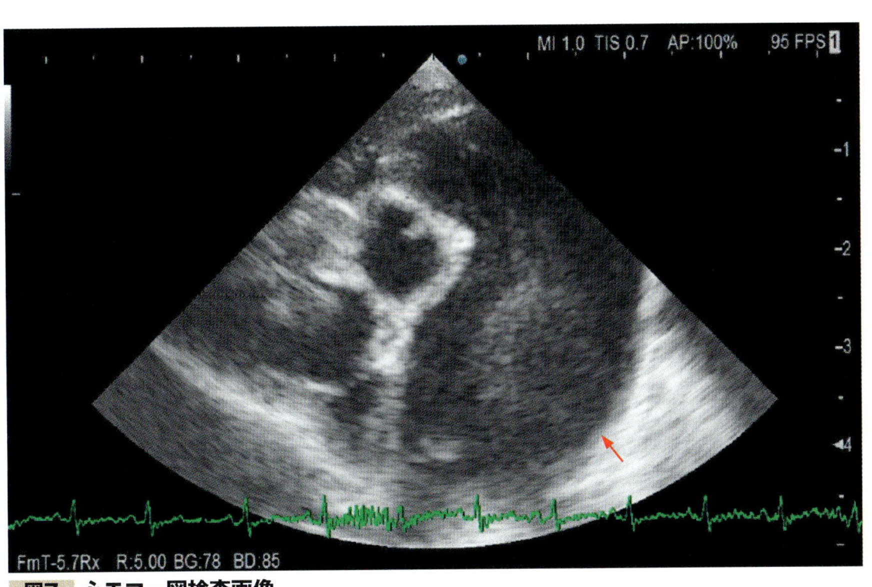

図7　心エコー図検査画像
拡大した左房内にSEC(矢印)がみられる。

主な臨床徴候となる。そのため，つねに程度の軽い脱水状態にあり，潜在的に心筋症であったとしても心不全まで至らない状態にあると考える。その後，輸液を実施して循環血液量が増加することで，前負荷の増大により心不全に陥り，肺水腫や胸水貯留が発症すると考える。当院では，多飲多尿を呈する慢性腎臓病の症例には，必ず心エコー図検査やX線検査などを行い，頻回に肺水腫や胸水貯留をモニターするようにしている。

Case Presentation

症例

病理組織学的検査でRCMと診断された猫の1例

症例

室内飼育の雑種猫，3歳，避妊雌，体重3.2 kg。

受診までの経過

1年ほど前から失神と胸水貯留により他院にて治療を受けていた。最近後肢がふらつくようになるとともに，前日の夜から頻呼吸を呈するようになり当院を受診した。

初診時所見

頻呼吸。

可視粘膜は軽度蒼白。

心拍数204回/分。

Levine分類グレード4/6の収縮期雑音が聴取された。

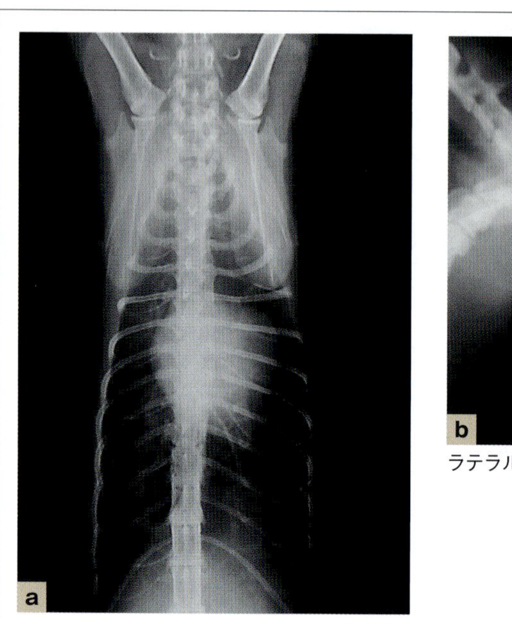

VD像
心胸郭比は69%でバレンタインハート様の心臓である。

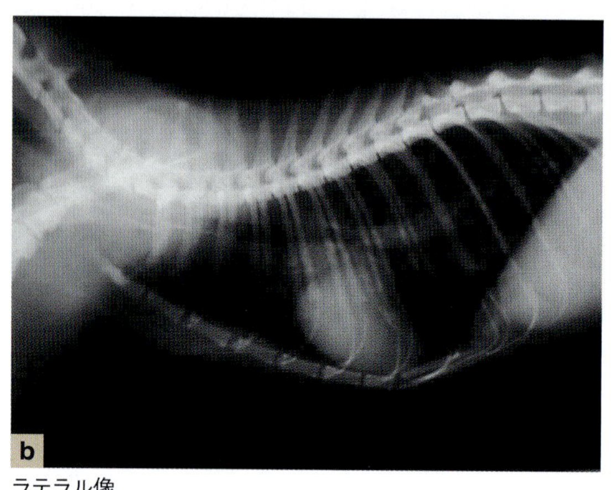

ラテラル像

図8 胸部X線検査画像

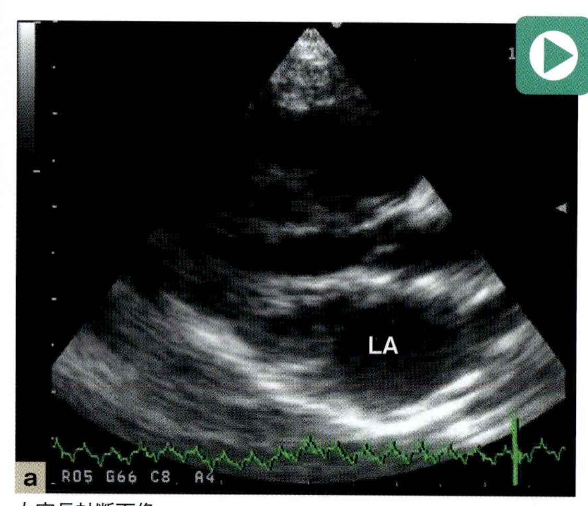

左室長軸断面像
左房の拡張が認められる。

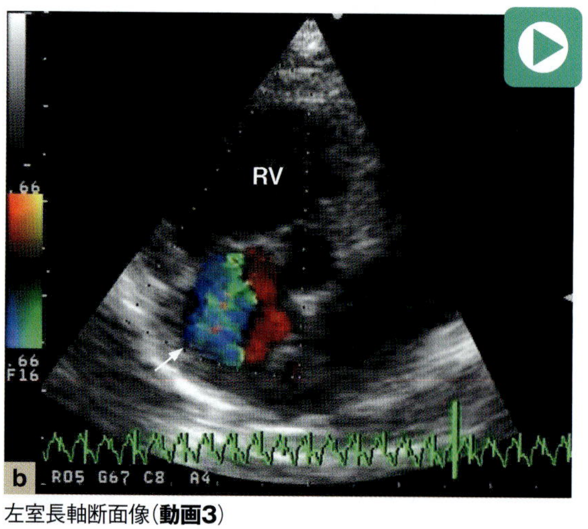

左室長軸断面像(**動画3**)
三尖弁逆流(矢印)がみられる。

図9 心エコー図検査画像

動画2

https://e-lephant.tv/ad/2003760/

動画3

https://e-lephant.tv/ad/2003761/

胸部X線検査

左・右両心房の拡大と肺血管陰影を確認。

椎骨心臓サイズ(VHS) 9.1 v，心胸郭比 69%。

胸水貯留や肺水腫は認められなかった(**図8**)。

心エコー図検査

僧帽弁逆流および三尖弁逆流。

左・右両心房および右室腔の拡張。

左室腔の狭小化。

左室心内膜のエコー輝度上昇。

拡張末期左室自由壁厚 5.4 mm。

拡張末期心室中隔壁厚 4.8 mm。

LA/Ao 2.2，FS 55%（**図9**，**動画2**，**3**）。

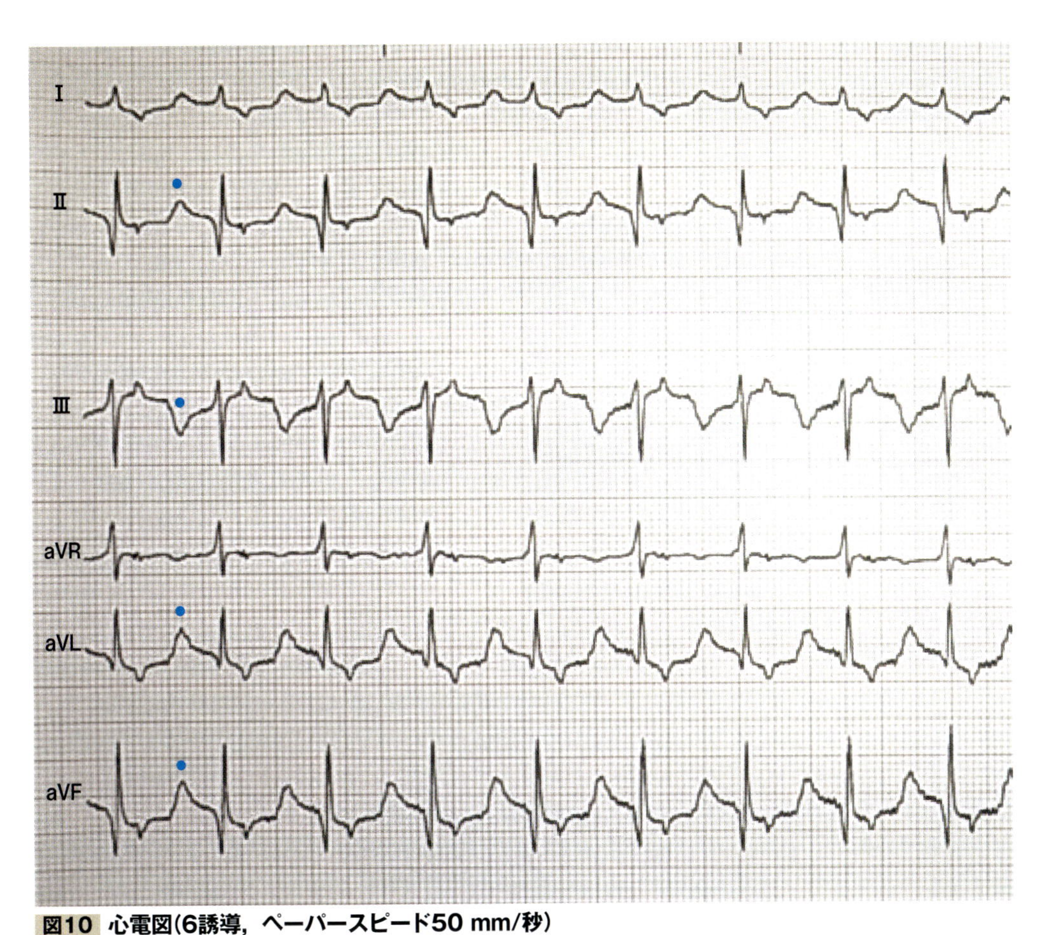

図10　心電図(6誘導，ペーパースピード50 mm/秒)
II，IIIおよびaVL，aVF誘導において，増高したP波(●)が認められた。

心電図検査

I，II，IIIおよびaVL誘導において増高したP波が観察された(**図10**)。

収縮期血圧は130 mmHgであった。

診断

以上の所見から心筋症を疑い，酸素室での入院を提案したが，飼い主が入院を希望されず，自宅で経過をみることにした。

治療と経過

ベナゼプリルとフロセミドを処方したが，翌日に死亡した。死亡後，飼い主の許可を得て，剖検を行った。

病理組織学的検査

心臓は肉眼的には中等度に拡大しており，割面において左房の顕著な拡張，左室壁および中隔壁の中等度の肥厚，左室腔の狭小化がみられた。さらに左室および左房の心内膜は著明に肥厚し，灰白色で透明感を欠いており，このような心内膜の肥厚は，乳頭筋や僧帽弁の腱索を巻き込みつつ，左室および左房の全域にびまん性にみられた(**図11**)。

組織学的には，著明に肥厚した心内膜は密実に増生した膠原線維束からなり，所々に軟骨化生をともなっていた。また，こうした線維増生は心内膜下心筋層内にまで波及しており，当該領域では心筋細胞の軽度～中等度の萎縮・脱落が認められた(**図12**)。以上の所見よりRCMと診断された。

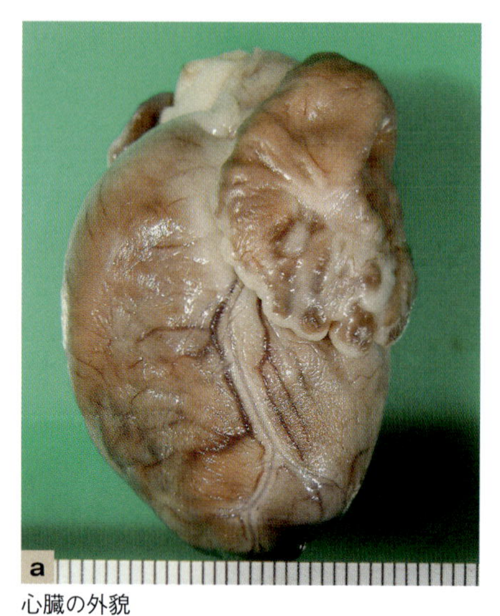

a 心臓の外貌

b 心臓の割面

図11 剖検

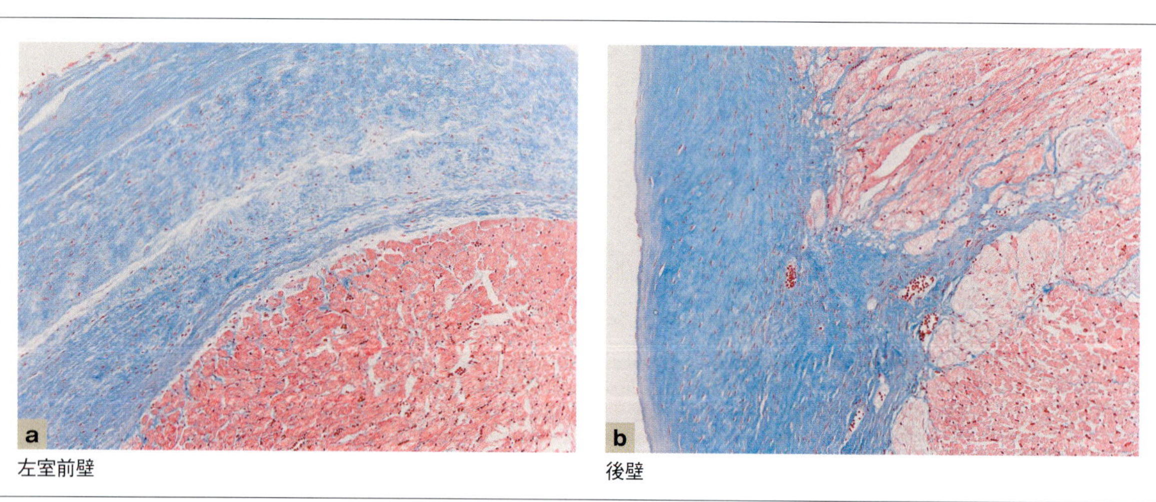

a 左室前壁

b 後壁

図12 病理組織学的検査

マッソントリクローム染色。心内膜は膠原線維束により顕著に肥厚しており，この線維増生は心内膜下心筋層内にまで波及している。

症例の考察

一般にRCMは生前診断が難しい。RCMは心エコー図検査において，左房拡張および心筋の軽度～中等度の肥厚，心室内腔の狭小化などがみられるが，HCMの心エコー図検査の所見とも類似していることが診断を難しくする要因のひとつと考える。

本症例は典型的なRCMの病理組織学的所見を呈していた。生前の心エコー図検査では左房拡大，左室腔の狭小化，左室心内膜のエコー輝度上昇など，RCMを疑わせる所見は得られていたが，HCMとの明確な鑑別は困難であった。今後さらに症例数を積み重ねることにより，RCM診断のための診断基準の確立が望まれる。

おわりに

本稿では，当院での猫の心筋症に対する考え方や治療法を述べた。猫の心筋症におけるピモベンダンに関する生存日数についてはエビデンスが十分ではないが，当院では肺水腫や胸水などの心不全徴候がみられる場合には投与している。

ATEにおいて，塞栓部より末梢の血液と循環している血液のカリウム値の差が1.5 mEq/L以下であれば，選択肢のひとつに血栓除去術を考える。一方で，塞栓部の末梢血管からの採血ができずにカリウム値の差異が算出できない場合には，血栓除去術を実施するべきか判断に悩むことがある。ガイドラインでも推奨はされていないため，最近は実施しないことが多い。猫の心筋症においては，検討しなければならないことが多く存在する。

参考文献

1. Fox, P.R., Liu, S.K., Maron, B.J. (1995) : Echocardiographic assessment of spontaneously occurring feline hypertrophic cardiomyopathy. An animal model of human disease. *Circulation.*, 92 (9) : 2645-2651.
2. Matos, J.N., Pereira, N., Glaus, T., *et al.* (2018) : Transient Myocardial Thickening in Cats Associated with Heart Failure. *J. Vet. Intern. Med.*, 32 (1) : 48–56.
3. 原口純子 (2021) : 一過性の二次性左心肥大により左室流出路狭窄が認められた89日齢の猫の1例 . 動物の循環器 , 54 (2) : 79-83.
4. Kittleson, M.D., Côté, E. (2021): The Feline Cardiomyopathies: 3. Cardiomyopathies other than HCM. *J. Feline. Med. Surg.*, 23 (11) : 1053-1067.
5. Chetboul, V., Tran, D., Carlos, C., *et al.* (2004) : Congenital malformations of the tricuspid valve in domestic carnivores: a retrospective study of 50 cases. *Schweiz. Arch. Tierheilkd.*, 146 (6) : 265–275.
6. 福岡 春 , 鈴木亮平 , 齊藤尭大ほか (2023) : カルベジロールにより動的左室流出路閉塞が改善した閉塞性肥大型心筋症猫の心筋機能の比較検討 . 第118回日本獣医循環器学会抄録 .
7. 堀 泰智 , 足立真実 , 杉浦 岳ほか (2021) : β遮断薬に抵抗性を示した閉塞性肥大型心筋症に対してジソピラミドを併用した猫の2例 . 第115回日本獣医循環器学会抄録 , p.17.
8. Lo, S.T., Walker, A.L., Georges, C.J., *et al.* (2022) : Dual therapy with clopidogrel and rivaroxaban in cats with thromboembolic disease. *J. Feline. Med. Surg.*, 24 (4) : 277–283.
9. Fox, P.R. (1999) : Feline cardiomyopathies. In: Textbook of Canine and Feline Cardiology : Principles and Clinical Practice (Fox, P.R., Sisson, D., Moïse, N.S.) , 2nd ed., Saunders, Philadelphia.
10. Hogan, D.F. (2006) : Prevention and management of thromboembolism. In: Consultations in feline internal medicine Volume 5 (August, J.R.) , Elsevier Saunders, St Louis.
11. 平川 篤 , 酒井秀夫 , 高橋義明ほか (2008) : 猫の大動脈血栓塞栓症20例の内科的保存療法とバルーンカテーテルによる血栓除去の比較検討 . 平成19年度日本獣医師会学会年次大会講演要旨集 , p.247.
12. Alwood, A.J., Downend, A.B., Brooks, M.B., *et al.* (2007) : Anticoagulant effects of low-molecular-weight heparins in healthy cats. *J. Vet. Intern. Med.*, 21 (3) : 378-387.
13. Fuentes, V.L., Abbott, J., Chetboul, V., *et al.* (2020) : ACVIM consensus statement guidelines for the classification, diagnosis, and management of cardiomyopathies in cats. *J. Vet. Intern. Med.*, 34 (3) : 1062-1077.
14. Boswood, A., Häggström, J., Gordon, S.G., *et al.* (2016) : Effect of Pimobendan in Dogs with Preclinical Myxomatous Mitral Valve Disease and Cardiomegaly: The EPIC Study-A Randomized Clinical Trial. *J. Vet. Intern. Med.*, 30 (6) : 1765-1779.
15. Schober, K.E., Rush, J.E., Fuentes, V.L., *et al.* (2021) : Effects of pimobendan in cats with hypertrophic cardiomyopathy and recent congestive heart failure: Results of a prospective, double-blind, randomized, nonpivotal, exploratory field study. *J. Vet. Intern. Med.*, 35 (2) : 789-800.
16. Reina-Doreste, Y., Stern, J.A., Keene, B.W., *et al.* (2014) : Case-control study of the effects of pimobendan on survival time in cats with hypertrophic cardiomyopathy and congestive heart failure. *J. Am. Vet. Med. Assoc.*, 245 (5) : 534-539.
17. Kochie, S.L., Schober, K.E., Rhinehart, J., *et al.* (2021) : Effects of pimobendan on left atrial transport function in cats. *J. Vet. Intern. Med.*, 35 (1) : 10-21.
18. Kost, L.V., Glaus, T.M., Diana, A., *et al.* (2021) : Effect of a single dose of pimobendan on right ventricular and right atrial function in 11 healthy cats. *J. Vet. Cardiol.*, 37: 52-61.
19. Gordon, S.G., Saunders, A.B., Roland, R.M., *et al.* (2012) : Effect of oral administration of pimobendan in cats with heart failure. *J. Am. Vet. Med. Assoc.*, 241 (1) : 89-94.
20. Ward, J.L., Kussin, E.Z., Tropf, M.A., *et al.* (2020) : Retrospective evaluation of the safety and tolerability of pimobendan in cats with obstructive vs nonobstructive cardiomyopathy. *J. Vet. Intern. Med.*, 34 (6) : 2211-2222.

循環器学 Q & A 7

Question

肥大型心筋症の内科的治療にピモベンダンは第一選択となりますか？

Answer

犬の僧帽弁閉鎖不全症と異なり，ステージB2でも推奨されていません。ステージCまたはDの，心不全を起こしている症例が適応となります。

近年，犬でピモベンダンの有用性が報告されてから，猫でもピモベンダンが比較的早期に処方されていることがあります。しかしながら，今のところステージB2では推奨はされていません。ステージCであっても強く推奨されているわけではなく，フロセミドとクロピドグレルを処方することが優先されることも多いかと思います。獣医療における心臓治療の印象として，アンジオテンシン変換酵素(ACE)阻害薬，β遮断薬，ピモベンダンなどを先に処方したくなると思いますが，ステージB2ではとくに画像検査をしっかり行い，本当にピモベンダンが必要かを考えて処方することが重要です。

9 各施設の取り組み

②猫専門診療の取り組み

佐藤 愛実
Sato, Manami
三鷹獣医科グループ 猫内科部長

point

- **ポイントオブケア超音波検査(POCUS)を積極的に活用することにより，呼吸や循環が不安定な症例の診断や初期治療だけでなく，治療継続中のモニタリングも効率的に行うことができる。**
- **猫の心筋症の治療では，疾患の良好なコントロールのためにもストレスが少ないキャットフレンドリーな取り組みが重要である。**
- **心疾患の猫の看護は，飼い主の精神的，時間的，経済的負担が大きくなりやすいため，満足度の高い治療を行ううえでも，飼い主の解釈モデルの確認は必要不可欠である。**

はじめに

当院は，予防や健診などの一次診療から24時間体制の救急診療まで，幅広い症例を受けており，猫の心筋症についても，健診で指摘されるような軽度の症例から動脈血栓塞栓症 arterial thromboembolism（ATE）や肺水腫などの緊急的な症例まで，幅広い症例が来院する。また，救急症例として診療後，継続して死亡するまでの生涯の通院管理が可能な機会も多い。

一方，人工呼吸器の台数やマンパワーの問題から挿管管理のハードルがやや高く，またそれが医学的に正しいかどうかはさておき，費用面から挿管管理を希望しない飼い主も多いため，いかに挿管なしで急変させず治療できるか，という戦いをしているのが正直なところである。

特別な設備があるわけではない街の病院ではあるが，その中で行っている工夫を紹介したい。とくに筆者は，猫のストレスが少ないキャットフレンドリーな診療，また猫中心の医療 cat centered medicine，併発疾患の多い高齢猫の治療に力を入れている。無駄なストレスを与えないことは，とくに心疾患の猫の診察において重要と考えている。本稿では，それらの視点からの注意点やちょっとした工夫も紹介する。

心疾患の救急症例への対応

電話でのトリアージ

時間をかけ過ぎずに，必要な情報を漏れなく聴取するため，獣医師だけではなくスタッフ全員が聴取すべきポイントを共有しておく必要がある。飼い主や猫の名前，電話番号などの基本情報の他に，以下のような情報を聴取している。

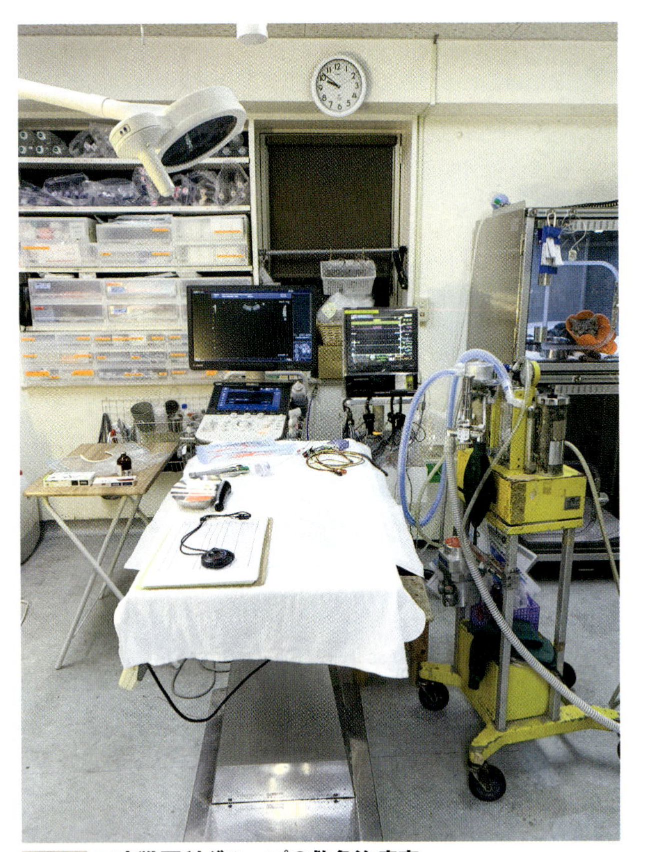

図1　三鷹獣医科グループの救急治療室
モニター類や緊急薬，器具類を使いやすい位置に並べておく。

①シグナルメント
②主訴
③切迫した状況を示唆するサインの有無
④既往歴と治療歴
⑤大体の体重(気管チューブなどを用意する際の参考にする)

準備

人手の限られている中でスムーズに検査や治療を進めるためには，完璧に準備をしておくことが重要である。とくに当院では通常の予約外来と並行して救急外来も受けているため，混乱なくただちに救急処置を行うことができるよう，情報共有と救急仕様への準備を必ず行っている。

①すべてのスタッフに，これから来る症例の基本情報と到着時間を伝えておく。
②必要な物品と薬剤の準備(**図1**)。

問診

人手がある場合には，救急処置を行うメンバーとは別の獣医師が問診を行うが，余裕がない場合には先に緊急性の高い検査や処置を行う承諾(費用概算を含め)を得て，少し落ち着いたところで問診と状況説明に移ることが多い。しかし，初診で信頼関係が構築できていない飼い主の場合，みえない場所で処置を行っている間に死亡してしまったなど，トラブルの原因になる可能性を考慮し，急変の可能性をあらかじめ十分伝えること，状況がわかり次第なるべく早く伝えることを心がけている。

酸素投与

酸素投与はフード法またはフローバイ法で行うことが多い。フード法は人手の節約になり，酸素濃度がフローバイ法よりも上がりやすい利点がある。しかし，熱や湿気，二酸化炭素がたまりやすいため少し穴を開けて換気できるようにしておくなど，注意が必要である(**図2**)。また，フードの装着が苦手でパニックになる症例もいるため，その場合はフローバイ法で対応する。

検査

身体検査

まずはどのくらい緊急性が高そうなのか，ABC (A: 気道，B: 呼吸，C: 循環)の評価をすばやく行う。次に，身体検査所見をもとに可能な限り病態の推測を行う。例えば，後肢の血栓による虚血の有無の確認や，呼吸様式と聴診による原因部位の推定などが挙げられる。さらに，全症例で必ず血圧測定を行っている。

超音波検査

ポイントオブケア超音波検査point of care ultrasonography (POCUS)を実施している。

①FAST
貯留液(胸水，心膜液)を確認する。
②肺エコー検査
B-lineの有無と程度を確認する。
③心エコー図検査
最低限，心筋肥大の有無，左房径大動脈径比(LA/

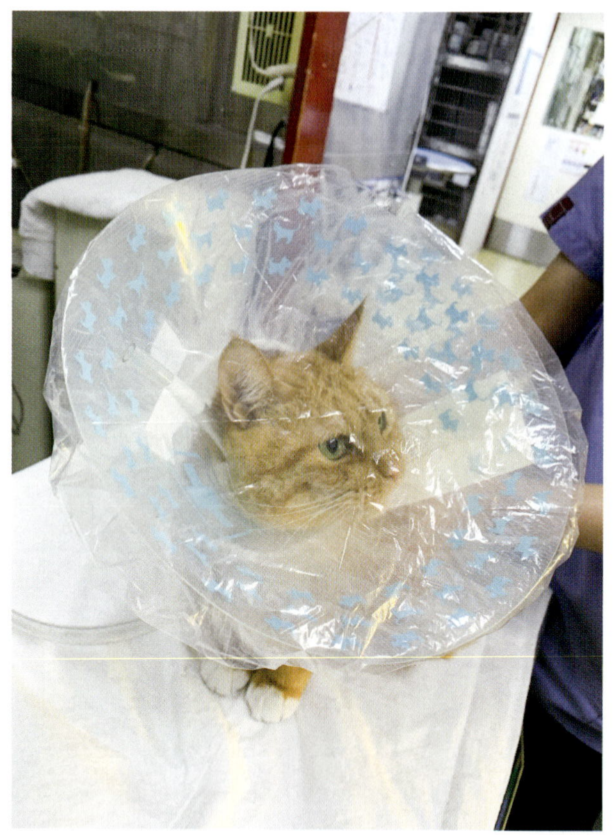

図2 フード法による酸素投与の様子
エリザベスカラーにシャワーキャップをかぶせている。シャワーキャップには一部穴を開けている。

Ao)，左房径，左室内径短縮率(FS)，動的流出路狭窄の有無などを確認する。

④その他

後大静脈(CVC)径や胆嚢壁の浮腫，腹水の有無などを確認する。

注意点と工夫

①超音波検査による血栓の位置の確認はこの時点では基本的に行っていない。

②標準的な心エコー図検査を院内すべての獣医師が行えることは理想だが，筆者個人的には，安定したレベルで行えるまでにはそれなりに時間がかかり，難しい検査法のひとつであると感じる。一方，POCUSの心エコー図検査は比較的簡単で評価方法もわかりやすく，数回練習すれば誰でも評価可能であるので，若手の獣医師も早期に倣うべき検査法であると考えている。

③細かいことではあるが，猫はスプレーの「シュッ」という音を嫌うので，アルコールはスプレーではなく洗浄瓶に入れて使うようにしている。

血液検査

血管確保を行いつつ採血を行う。血液ガス検査，全血球計算(CBC)，血液化学検査はひととおりのスクリーニングを行う。中～高齢の猫ではサイロキシン(T4)の測定も必ず行っている。

何らかの理由で心エコー図検査が行えない場合，または心エコー図検査のみで心原性かどうかの判断をつけづらい場合には，N末端プロ脳性ナトリウム利尿ペプチド(NT-proBNP)の迅速キットを使用している。

ATEの症例では，可能であれば患肢からの採血も行い，全身血とのカリウム濃度の差を確認している。

血管確保にすら耐えられそうにない状態の症例で，POCUSの結果，肺水腫が強く疑われる場合には，血管確保を行わず治療に進む場合もある(後述)。

胸部X線検査

状態が許せば，DV像，さらに可能であればラテラル像での胸部X線検査を行う。

胸水を抜去した症例では，抜去後にも撮影を行う。

心電図検査

心電図検査はとくに不整脈の有無を確認するために行う。

ATEで発症後時間が経っている場合，高カリウム血症による増高T波(テント状T波)などの心電図変化がみられることがあり，ただちに対処の必要な所見である。

ST部分の変化から心筋梗塞を疑い，診断のきっかけになった症例も経験している。

その他

胸水貯留例では胸水検査を行い，他疾患との鑑別を行う。

原因に応じた急性期治療

動脈血栓塞栓症(ATE)

疼痛管理，循環管理，肺水腫を合併していればその治療，さらなる血栓の形成抑制を目的とした治療を行う。

疼痛管理として，当院では主にレミフェンタニル 0.2～0.3 μg/kg/ 分の持続定量点滴を行っている。

発症後，確実に 6 時間以内であると確認できる場合，組織プラスミノーゲン活性化因子 tissue-type plasminogen activator（t-PA）投与による血栓溶解療法を試みる場合がある。ただし飼い主に理論上は有効であるが現状ではエビデンスがそれほどない治療であること，出血のリスクや再灌流障害のコントロールが困難になる可能性があることを十分説明したうえで行うようにしている。

抗凝固療法として，まずはダルテパリン 100 IU/kg/ 日，持続定量点滴または 100 IU/kg，1 日 3 回，皮下投与を行う。内服が可能になれば，クロピドグレル 18.75 mg/ 頭も併用する。

全身血と患肢血のカリウム濃度の差が大きい，両後肢の罹患，t-PA 使用例など再灌流障害のリスクが高そうな症例は，カリウム濃度や徐脈の出現などに十分注意する。水和状態やうっ血の程度をみながら，可能であれば輸液（静脈内投与）を行う。

心臓の形態的変化が顕著でなく，循環動態が比較的安定している場合で，後肢の血行が回復せず広範囲に壊死が始まるような場合は，断脚術を行うこともあり，術後は比較的良好な生活の質（QOL）が得られる場合もある。

注意点と工夫

①飼い主に予後の見込みを十分伝えたうえで，治療の選択肢についてよく相談し，決定することが重要である。

②高カリウム血症の治療としてグルコースインスリン（GI）療法を行う場合，投与するグルコースが少ないと高率で低血糖になり，頻回の血糖測定により無用なストレスを与えるため，レギュラーインスリンとともに投与するグルコースの量は幾分多めに設定している（レギュラーインスリン 1 単位に対しグルコース最大 3.0 g）。ただし，高浸透圧溶液を大量に静脈内投与すると循環に容量負荷を与える場合もあるため，うっ血や体液過剰と，高カリウム血症の重症度で，バランスをみて決定する必要がある。

肺水腫

すみやかに利尿薬の投与を行う。フロセミドの初期投与量は，重症度により 1.0～4.0 mg/kg としている。その後，1 時間程度で呼吸状態を確認し，腎数値も考慮しながらフロセミドの反復投与や持続定量点滴を検討する。

心収縮が低下している場合には，強心薬の投与を検討する。経口投与は困難な場合が多いため，主にドブタミン 2.0～5.0 μg/kg/ 分の持続定量点滴を行うが，頻脈性不整脈や低血圧に加え猫では痙攣発作を誘発する場合もあるため，注意してモニターを行う。

血圧が低下している場合は，ドパミン 5.0～10 μg/kg/ 分やノルアドレナリン 0.05～2.0 μg/kg/ 分の使用を検討する。

興奮や緊張の度合いが強い場合には，少量の鎮静薬としてブトルファノール（0.1 mg/kg 程度）を投与することもあるが，起坐呼吸を呈する重症例では，急変の原因となることもあるため控える。

フロセミドへの反応が悪い，または腎数値が高くフロセミドの使用量を控えたい場合には，血圧が十分あり，心エコー図検査で左室流出路狭窄がないことが確認できていれば，カルペリチド（0.05～0.1 μg/kg/ 分，持続定量点滴）を使用することもあり，良好な反応を示す症例を経験している。

注意点と工夫

①普段から利尿薬や強心薬を投与している症例では，投与量と最終の投与時間を確認し，各薬剤の投与量の参考にする。

②肺エコー検査で B ライン，心エコー図検査で左心のうっ血所見が認められ肺水腫が強く疑われる場合で，症例が血管確保の保定ですら急変しそうな病状である場合，無理して血管確保を行わず，フロセミドの筋肉内投与または皮下投与をして，静かな酸素ケージで安静にさせて様子をみることもある。

胸水貯留

胸水により呼吸状態が悪化している場合には，胸水をすみやかに抜去する必要がある。

症例の全身状態や性格に応じた強度の鎮静を行う。例えば，ブトルファノール0.2 mg/kg，皮下投与が挙げられる。

穿刺部位周囲の毛刈りと消毒を行い，エコーガイド下で穿刺・抜去を行う。筆者は気胸などのリスクを低減するため，穿刺時だけではなく抜去中もエコーで針先の位置を確認している。

注意点と工夫

①胸水抜去の目的は，呼吸状態の改善であるため，胸水を完全に抜去できなくても必要に応じた胸水の量を短時間で抜去する。また，大量の胸水抜去は再膨張性肺水腫の原因となる可能性もあるため実施後の経過観察が重要である。

②心不全の進行により，胸水抜去のための通院が増える症例も多い。嫌な経験の積み重ねによって暴れるようになることで胸水抜去が難しくなる可能性もあるため，おとなしい性格でも鎮静薬は積極的に用いている。

その後の検査・治療

呼吸数，意識状態，排尿状況，必要であれば血圧，またシリアルPOCUS（繰り返し行われるPOCUS）などによりモニターを行う。

状態が落ち着き次第，詳細な心エコー図検査を行い，退院に向けて内服薬の選定を行う。

猫の場合，入院中に摂食しない，あるいはストレスが病状に悪影響を及ぼす場合もあるため，安静時の呼吸数resting respiratory rate（RRR）がルームエアで30～40回/分を目安にしながら，循環状態が安定化し，飼い主の準備ができ次第，退院させるようにしている。

退院時の指導

観察ポイント

①呼吸数の計測

RRRの計測を行うよう指導している。呼吸数は30回/分が目安ではあるが，調子のよいときの呼吸数を把握したうえで，経時的変化を確認することが重要である。

②努力性呼吸の観察

胸水が貯留している場合には，その貯留量の多寡にかかわらず，呼吸が深くなる努力性呼吸のみが観察されることも多い。そのため，飼い主には努力性呼吸の特徴についても伝えておく。

③体重測定

自宅での体重測定のために，通販サイトなどで比較的廉価で購入が可能であるベビースケールの利用を勧めている（**図3**）。体重は，摂食量，排便量そして輸液量などに影響されるため，体重測定のタイミングは日内で定めることが重要である。筆者は心疾患の症例に限らず，日々の健康チェックとして自宅での体重測定を勧めている。

薬剤の処方と投与方法の指導

退院時には，ただ薬を処方するだけではなく，飼い主が薬を間違いなく投与できるようになっていなければならないため，当院では以下のような工夫を行っている。

注意点と工夫

①食欲が低下していても投与できるように，また食事自体を嫌いにならないように，手で投与する方法，または薬剤投与器（津川洋行インプッター，東京）を用いた方法を指導することが多い（**図4**）。

②投与するところを必ず実演している。

③複数の薬がある場合には適度な大きさのゼラチンカプセルにまとめるようにしている。また，クロピドグレルのような苦い薬は，単剤でもカプセルに詰めるとよい。

④どうしても食事に混ぜる方法以外で投与できない場合は，メインの食事に混ぜるのではなく，少量の美味しいものに混ぜ，食事の前に与えるようにする。投薬専用のトリーツ，市販の液体状のトリーツの他，好みによりごく少量のクリームチーズやヨーグルト，コーヒー用ミルク，マヨネーズなど，いわゆる“人間の食べ物”を利用することで投与が可能になるのであれば，その方法も許容している。

⑤まれに経口投与は無理だが皮下投与なら許容できる症

図3　ベビースケールの上でくつろぐ猫
あえて部屋の中に出しておくことで，ストレスなく簡単に体重測定を行うことができるようになる。ベビースケールの上でおやつを与えるのもよい。

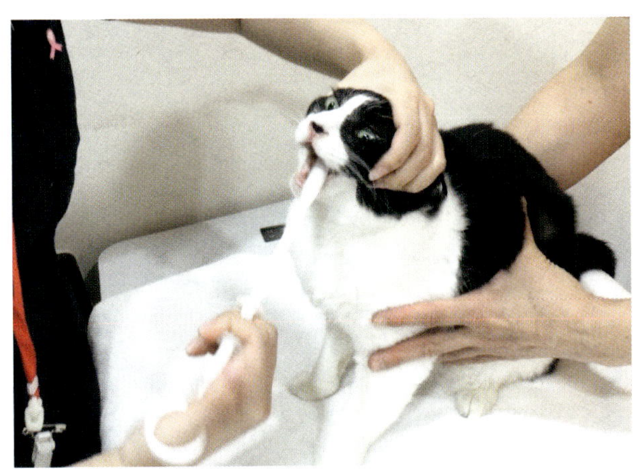

図4　インプッターによる投与の様子
安全，簡単に投与ができる。

例もいる。実際に，フロセミドやダルテパリンの皮下投与のみ行って長期間生存している症例も存在する。そのような場合には，27Gの注射針を用いた注射用の模型で十分に練習してから自宅で行うよう指導している。

退院後の治療

定期検診

退院時にありがちな失敗として，心疾患の経過のみにとらわれ，ほかの疾患や身体の変化に気づかないことがある。毎回十分な問診と精度の高い身体検査，また定期的な検診を行うことが重要である。

採血の痛みは猫にとって大きなストレスになるため，採血部位に局所麻酔のリドカイン・プロピトカイン配合クリーム（エムラクリーム，佐藤製薬株式会社，東京）をあらかじめ自宅で塗るよう依頼する場合もある（**図5**）。

来院時の工夫

症例に応じて適切な再診間隔を設定するが，来院時や来院後に毎回悪化する症例も存在する。なるべくストレスが少なく来院できるよう，連れてくる方法の指導に加えて，通院回数を少なくするために電話での診察も利用している。

来院時の指導事項

①可能であれば自転車や電車・バスなど刺激の多い交通手段は避け，自家用車やタクシーを利用する。必要に応じて酔い止めとしてマロピタントを処方する。
②できれば上面が開くキャリーを準備する。キャリーは，猫が出る際にストレスを感じづらいものを用い，診察時以外には居住スペースに出して慣れさせる。
③キャリーにいつも使用しているブランケットなどを入れる。
④キャリーに目隠し用の布をかける。
⑤キャリーを足元に置かず，椅子の上や膝の上に置く。
⑥緊張を緩和するサプリメントや，猫用のフェロモン製品を使用する。
⑦心不全以外の症例では，腎機能や高血圧に注意しつつ，ガバペンチン（50 mg/頭もしくは10 mg/kg程度）を使用することがある。

在宅時の酸素吸入療法

肺水腫や胸水貯留のコントロールが難しい場合には自宅での酸素吸入療法を検討する。酸素室の導入により，どのような生活になるのかを飼い主へ写真を利用しながら具体的に説明している（**図6**）。

飼い主のフォローアップ

重篤な心疾患症例の看護は，飼い主にとって非常に負担

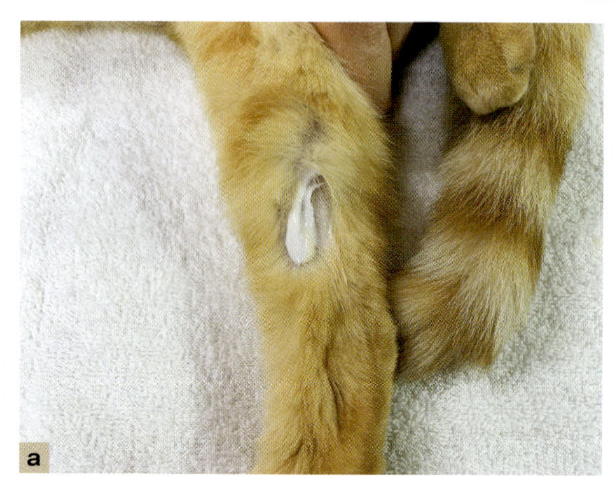

a
血管周囲を毛刈りして，厚く皮膚の色がみえない程度にクリームを塗る。

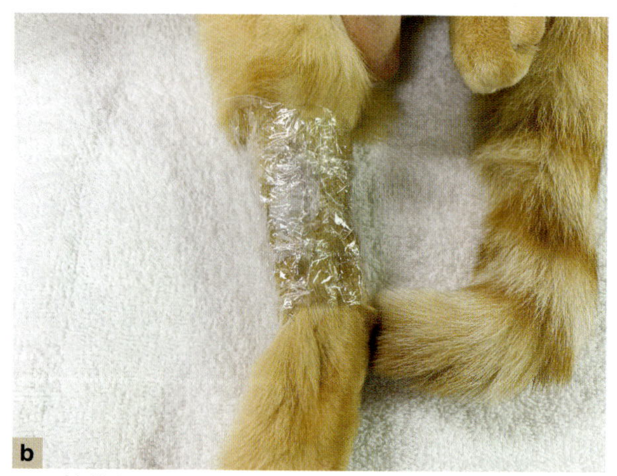

b
ラップを巻く。

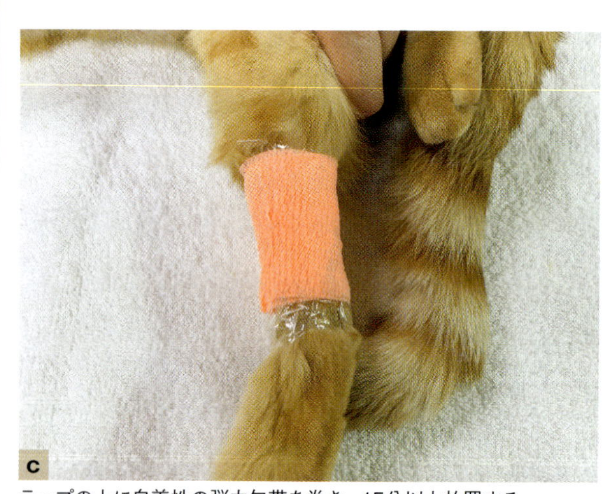

c
ラップの上に自着性の弾力包帯を巻き，15分以上放置する。

図5 局所麻酔クリームの使用方法

図6 酸素室の様子
在宅酸素療法用の酸素濃縮器と，Mサイズのケージとケージカバー。呼吸が苦しい猫では，食器の位置を高くすることも重要である。

が多い。なかには，獣医学的に完璧なケアを求めるあまり，精神的，時間的あるいは経済的な負担が増大し，治療から離脱する飼い主もいる。そのため，治療方針は解釈モデルを利用しながら飼い主の種々の負担や心情を理解し，実現可能な治療プランを相談しながら決めることが重要である。

⊙解釈モデル

症例（獣医療の場合は飼い主）や医療者が健康問題について解釈する枠組みを解釈モデルという。さまざまな内容が含まれるが，**表1**の「かきかえ」のように整理すると理解しやすい。飼い主の解釈モデルを理解せずに医療行為を行うことにより，獣医師からみて医学的な意味での治療成果は得られていても，飼い主は不安や不満を感じるといったギャップが生まれやすい。

⊙終末期に関する希望の聴取

筆者の場合，とくにACVIMコンセンサスステートメントのステージCやステージDの心筋症症例の飼い主とは，なるべく早いうちから終末期をどのように過ごさせるか，という飼い主の希望について少しずつ話し合うように

表1　解釈モデルの「かきかえ」

か	感情 feeling	自分の(猫の)健康問題についてどう思っているか。
き	期待 expectation	何を求めて来院したのか。医療者に対する期待。
か	解釈 ideas	病気についてどう考えているか。 例：薬を飲めば治る病気だ，飼い方のせいで発病したなど。
え	影響 function	自分の(猫の)健康問題が飼い主と猫の生活にどのように影響しているか。

している。急変時の対応や方針については家族間であっても希望が異なることはよくあるため，いざというときにトラブルになったり，誰かに悔いが残ったりしないようにするうえでも，ギリギリになる前にあらかじめ話し合っておくことが重要である。また，飼い主が終末期に最も気にすることは，「症例自身が苦しくないかどうか」であるため，安楽死を含めさまざまな苦痛の軽減や除去の方法についても説明しておく。

Case Presentation

症例❶

急性心筋梗塞を併発した肥大型心筋症の高齢猫の1例

症例

チンチラペルシャ，16歳，避妊雌，体重2.6 kg，BCS 2/5。

主訴

突然嘔吐ののち横臥位状態，頻呼吸。

身体検査

沈うつ，頻呼吸，四肢末端冷感あり。

可視粘膜は薄ピンクでやや乾燥。

毛細血管充填時間(CRT) 1.0秒。

ツルゴール反応1.5秒。

心拍数180回/分(不整)。

収縮期心雑音はLevine分類グレード3/6。

四肢の運動障害や虚血の所見なし。

血圧194/114 mmHg (平均血圧140 mmHg)。

血液化学検査

BUN，CPK，GPTの上昇がみられた(**表2**)。

NT-proBNP迅速キットでは高値を示した。

胸部X線検査(図7)

心陰影の拡大(椎骨心臓サイズ[VHS] 8.5 v)がみられた。

表2　実際の血液検査のデータ

血液化学検査	結果	単位
グルコース	124	mg/dL
総蛋白	8.4	g/dL
アルブミン	3.6	g/dL
BUN	57.2	mg/dL
クレアチニン	3.32	mg/dL
カルシウム	11.7	mg/dL
無機リン	5.8	mg/dL
GOT	77	U/L
GPT	163	U/L
ALP	51	U/L
v-LIP	20	U/L
総コレステロール	139	mg/dL
中性脂肪	29	mg/dL
CPK	1,438	U/L
アンモニア	37	μg/dL
ナトリウム	149	mEq/L
クロール	111	mEq/L
カリウム	4.0	mEq/L
T_4	1.69	μg/dL
SAA	＜3.75	μg/dL

全血球計算	結果	単位
白血球数	5,570	μL
赤血球数	1,045× 10,000	μL
ヘモグロビン	13.5	g/dL
ヘマトクリット	39.8	%
血小板	25.8×10,000	μL

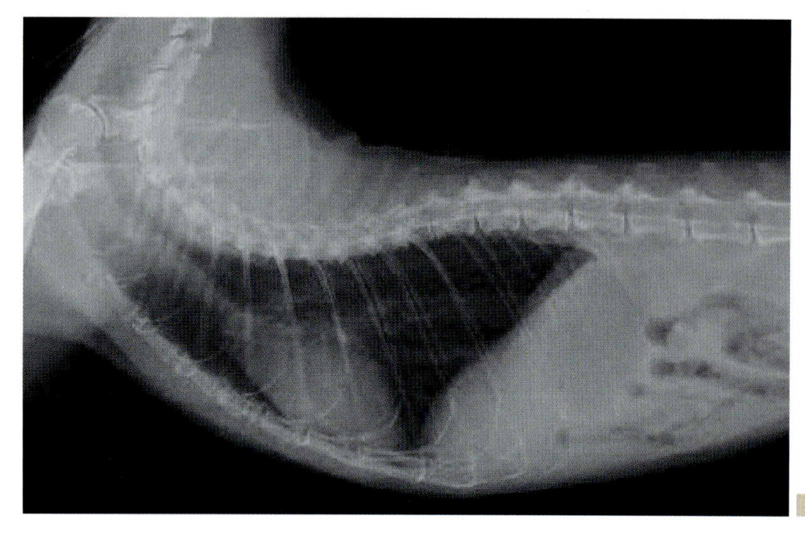

図7 胸部X線検査画像(ラテラル像)

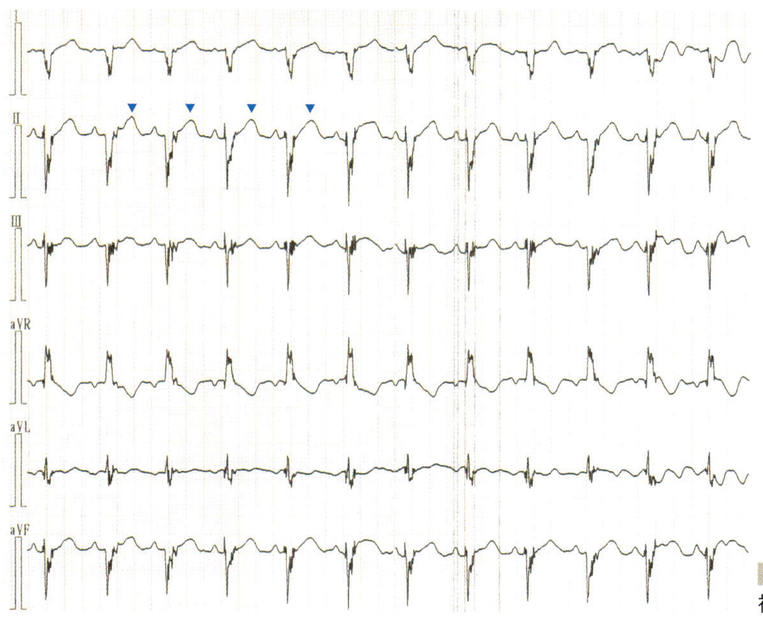

図8 心電図検査
複数の誘導でST部分の変化(▼)がみられた。

心エコー図検査

局所的な心筋肥厚，左心耳内の血栓がみられた。また，左室流出路における血流速度は4.0 m/秒で，血流波形はダガー状波形であったことから，動的左室流出路狭窄と判断した。

心電図検査

上室期外収縮supraventricular premature contraction (SVPC)が頻発。

初期診断

肥大型心筋症hypertrophic cardiomyopathy(HCM)，ATEの疑い(部位不明)。

経過

クロピドグレル(9.375 mg/頭，1日1回，経口投与)，ダルテパリン(100 IU/kg/日，持続定量点滴)，アテノロール(2.3 mg/kg，1日2回，経口投与)，乳酸リンゲル液(3.0 mL/kg/時，静脈内投与)を開始した。CPKは12時間後に3,646 U/Lまで上昇したが，その後，第4病日まで徐々に全身状態は改善し，CPKは364 U/Lまで低下した。しかし，第5病日に再び状態が悪化した。

第5病日

身体検査

聴診でギャロップが聴取された。

血液化学検査

CPK 2,915 U/L

心電図検査

初診時には観察されなかったST上昇がみられた(**図8**)。

診断

心筋梗塞の疑い。

経過

硝酸イソソルビド（1.0 mg/kg，1日2回，経口投与），ブプレノルフィン（0.02 mg/kg，1日2回，OTM）を追加した。徐々に全身状態が改善したため第10病日に退院とし，通院によりHCMと慢性腎臓病の治療を継続した。心筋梗塞を疑う臨床徴候の再発はなかった。経過中に急性膵炎や特発性膀胱炎を発症し，その都度，必要な治療を追加した。おおむね良好なQOLが保たれていたが，経口投与がやや難しく，さまざまな工夫を要した。HCMの診断から16カ月後，根尖周囲膿瘍に続発する敗血症により死亡した。

症例1の考察

猫のATEといえば，大動脈と腸骨動脈の分岐点が代表的であるが，冠動脈を含め，ありとあらゆる場所に生じる可能性がある。塞栓の部位によりさまざまな臨床徴候を起こし得るが，典型的な四肢の臨床徴候ではない場合，ATEを見逃さないように注意が必要である。

また，高齢の猫では心筋症に加えて慢性腎臓病などの疾患を併発する場合が多く，相互に増悪因子となってしまったり，各疾患に対する治療が相反してしまったりすることも珍しくない。なんとかバランスを取って治療を行う必要があるが，とくに悩ましいのが水分バランスの管理である。シリアルPOCUSで心内腔ボリュームやCVC径の呼吸性変動を定期的に確認することにより，脱水や過水和を防止するよう努めている。

さらに心疾患の症例は，通院や処置，投薬によるストレスも増悪因子となり得るため注意する必要がある。院内ではキャットフレンドリーなハンドリングや環境づくりを意識し，皮下投与の注射針は27Gの細いものを使うなど，工夫している。また，投薬のデモンストレーションを必ず行い，うまくいかない場合を想定して，薬を混ぜて与えてもよい食物の紹介など，「工夫の引き出し」を多く用意しておくことを心がけている。本症例では，最終的にミルクアイスクリームなどに薬を混ぜて投薬を行うことができていた。

Case Presentation

症例❷

腎盂腎炎の入院治療中に左心不全を来した肥大型心筋症の1例

症例

雑種猫，16歳，避妊雌，体重2.0 kg，BCS 1/5。

現病歴

2～3年前より慢性腎臓病があり，国際獣医腎臓病研究グループのステージングではステージ2と診断されていた。後肢の脱力，食欲・活動性の低下を主訴に来院し，血液化学検査，尿検査，腹部エコー検査により，腎盂腎炎による慢性腎臓病の急性増悪を疑診し入院治療を開始した。身体検査では，10～12%の脱水と推定され，腹部エコー検査ではCVCの虚脱と左室のkissing signが認められたため，6.0 mL/kg/時で乳酸リンゲル液の輸液療法を開始した。体重，身体所見により水和状態をモニターし，第3病日に脱水はほぼ完全に補正されたと判断され，尿量をモニターしな

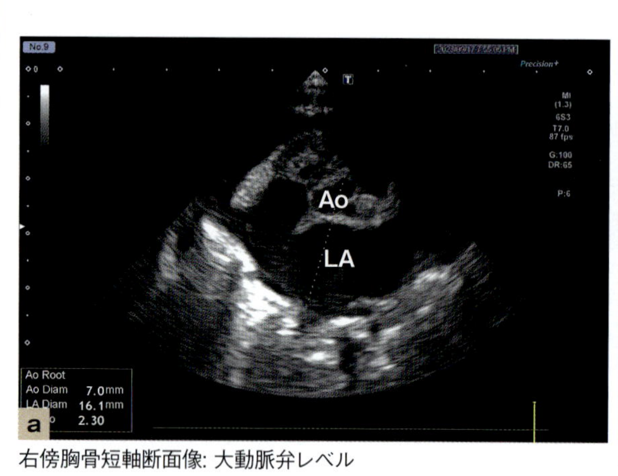

右傍胸骨短軸断面像: 大動脈弁レベル

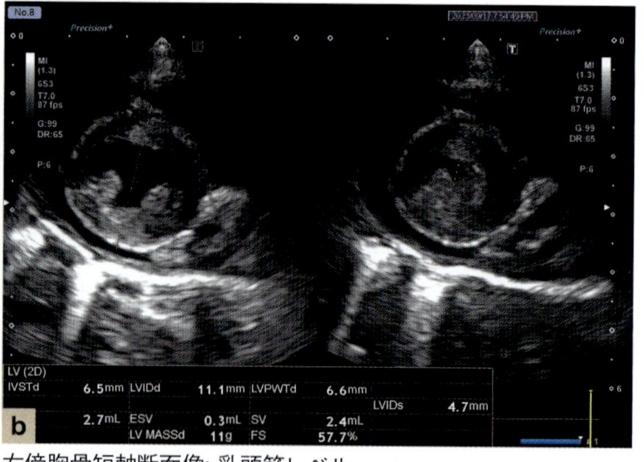

右傍胸骨短軸断面像: 乳頭筋レベル

図9　心エコー図検査画像

がら輸液量を維持量程度まで減量した。この時点で心エコー図検査を行い，拡張末期心室中隔壁厚(IVSd) 6.7 mm，拡張末期左室後壁厚(LVPWd) 3.6 mm，LA/Ao 1.38であった。

第2病日から経鼻カテーテルによる経管栄養が開始された。出勤シフトによる入院管理担当者の変更などがあり，第4，5病日は水和状態の評価記録や輸液量の変更がなく，経管栄養量は漸増されていた。第6病日に呼吸状態の変化はなかったが，体重の過剰増加，結膜の浮腫と微量の腹水が確認されたため，輸液を中止した。第8病日に高窒素血症が悪化していないことを確認し退院した。

第10病日(退院2日後)に経鼻カテーテルを再設置した際に実施した胸部X線検査で胸水貯留を発見した。

胸水検査

漏出液であった。

心エコー図検査

心膜液が軽度貯留していた。LA/Aoは2.30であり，重度に拡大した左房が描出された(**図9a**)。IVSdとLVPWdはそれぞれ6.5 mmと6.6 mmであり，左室壁は肥厚していた(**図9b**)。また，FSは57.7%であったことから，左室の収縮力は低下していないと判定した。

治療

ピモベンダン(0.2 mg/kg，1日2回)，フロセミド(0.43 mg/kg，1日2回)，マロピタント(2.0 mg/kg，1日1回)，ミルタザピン(1.875 mg/頭，2日に1回)，リーナルリキッド(25 mL，1日4回)を，すべて経鼻カテーテルより注入した。

経過

胸水抜去前から呼吸状態に明らかな異常はなかったが，胸水の抜去により活動性が改善した。

食欲増進薬を使用しても，必要なエネルギーと水分の摂取が困難であったため，麻酔処置の必要のない経鼻カテーテルを用いた。

院内では適切な摂水量と利尿薬の量が決まるまでは，体重測定，身体検査，POCUSにより水分出納の管理を行った。自宅での毎日の体重測定は，ベビースケールを用い，日内の測定タイミングを定めて行った。

症例2の考察

十分予測可能である輸液治療による胸水貯留を起こしてしまった反省すべき症例である。潜在的に心筋症を患っていた症例が一度水分のバランスを崩して心不全に至ってしまうと，それから慌てて水分管理を行い強心薬を投与しても，悪化前の状態に戻すことは困難な場合がある。とくに腎疾患の症例では，心腎連関により心疾患が悪化しやすいため，体重，身体所見，水分出納，シリアル POCUS などを確認し，決して過剰輸液とならないように注意する必要がある。

本症例は胸水貯留が発覚した直後に腎機能も心機能も非常に不安定な状態となり，少しでも水が多ければ胸水が急速にたまり，少しでも脱水となれば腎数値が一気に悪化する状況であった。一時は飼い主だけでなく獣医師も心が折れそうだったが，自宅と通院でのモニタリングを細かく行って丁寧に水分調整を続けた結果，現在では経鼻カテーテルからの水分摂取と食事の補助は必要であるものの，おおむね QOL を良好に保つ生活ができている。

水分量の管理を複雑にする原因として，腎機能が低下している心疾患の症例に対して，輸液を行いながら利尿薬を投与する場面を時々目にする。両方の調節を同時に行うと難しくなるため，何も治療をしていない状態で，脱水なら必要分の輸液のみ，過水和なら利尿薬の投与のみ，と考えるようにしている。本症例では，食事の補助として必要エネルギー分の流動食を経管栄養で入れると，流動食に含まれる水分のみで過水和になる状態であったため，利尿薬の投与を行った。

おわりに

当院における心筋症の急性期治療や長期的な管理の実際と工夫について紹介した。繰り返しになるが，心筋症のステージが進んでからの症例の看護は，精神的にも，時間的にも，経済的にも，飼い主の負担が非常に大きくなりがちであり，医療者としても診療時に精神的な負担を感じやすい。本稿の中に医療スタッフや飼い主，そして症例が楽になるヒントがひとつでもあれば幸いである。

9 各施設の取り組み
③大学の取り組み

鈴木 周二
Suzuki, Shuji
日本獣医生命科学大学 獣医学部 獣医学科 獣医外科学研究室

point

- **猫の心筋症では血圧測定を可能な限り実施し，標的臓器障害の有無を確認する。**
- **心エコー図検査では，猫の胸郭や心拍数に合わせて，プローブの角度や装置の調整を行う。**
- **左室流出路閉塞をともなう症例ではβ遮断薬の投与を検討する。**
- **抗血栓薬の投与は，飼い主と症例のコンプライアンスも考慮して選択する。**

はじめに

心筋症は猫で最も多い心疾患である。2020年に米国獣医内科学会の猫の心筋症のガイドライン（以下，ACVIMコンセンサスステートメント）が発表されたが[1]，治療においてエビデンスレベルが高いと判断されているものはほとんどなく，予後に関する情報もまだ乏しいと考えている。そのため，猫の心筋症においては，ACVIMコンセンサスステートメントを利用しつつ，個々の症例の病態を診断し，その病態に対して有効と考えられる適切な治療を検討し，提供することが重要だと考えている。

心筋症の診断

本学および関連病院に紹介来院された症例のほとんどは臨床徴候を認めず，臨床徴候を認めるのは約2割である。紹介理由としては，心雑音の原因精査が最も多く，次いで健診時に血中N末端プロ脳性ナトリウム利尿ペプチド（NT-proBNP）の高値や胸部X線検査により心拡大が認められたことで心筋症を疑い，精査を目的に紹介来院されることが多い。臨床徴候は頻呼吸，開口呼吸および失神が認められ，動脈血栓塞栓症 arterial thromboembolism（ATE）が合併している場合には，後肢麻痺や激しい痛みを感じて鳴き叫ぶような様子が認められる。診断はACVIMコンセンサスステートメントに準じて臨床的な表現型に重点を置いた分類方法を用いて，肥大型心筋症 hypertrophic cardiomyopathy（HCM），拘束型心筋症 restrictive cardiomyopathy（RCM），拡張型心筋症 dilated cardiomyopathy（DCM），分類不能型心筋症，不整脈原性右室心筋症 arrhythmogenic right ventricular cardiomyopathy（ARVC）に分類している。

検査

初診時は通常，身体検査，血液化学検査(バイオマーカー含む)，血圧測定，心電図検査，胸部X線検査，心エコー図検査を実施している。

バイオマーカー

筆者は呼吸困難の症例に対し，その原因が心筋症であるかどうかを確認するときに，まず心エコー図検査を行い，心疾患の関連性が低いと考えた症例に対し，NT-proBNPを測定している。NT-proBNPが高い症例では，念のために再度心エコー図検査を行うようにしているが，その機会はほとんどない。その後，心臓以外のほかの疾患に対して検査を行う。心筋トロポニンIについては予後リスクの判定に使用可能とする報告はあるが[2]，NT-proBNPと比較し大きなメリットを感じないため，あまり測定していない。

血圧測定

血圧測定は，ACVIMコンセンサスステートメントにおいて左室肥大のある猫に対して推奨されているため，なるべく測定するようにしている。とくに心臓や腎臓などに臓器障害が認められると判断した症例には，可能な限り診察ごとに測定を行う。犬と猫の全身性高血圧に対するガイドラインでは，下記のように血圧測定を行うことが推奨されており[3]，可能な限り推奨されている環境で行うようにしているが，実際にはすべてを満たした状態で測定することは困難なことが多いと感じている。

①手順は標準化し，常に一定の方法で測定する。
②飼い主と一緒に静かな場所に隔離され，ほかの動物と離れている環境が望ましい。
③鎮静薬は使用せず，5～10分間，部屋に順応させる。
④伏臥位または横臥位のリラックスした状態で行う。
⑤カフの幅は，カフ配置部位の四肢の円周の30～40%にする。
⑥最初の測定は破棄し，連続し一貫した間接5～7回の平均値を採用する。
⑦記録も一定となるように統一する。

図1　家庭用心電計
誘導は一度に1方向のみしか測定できないが，臨床徴候を引き起こすような不整脈の検出には十分である。

心電図検査

ACVIMコンセンサスステートメントで述べられているように，左室肥大や左房拡大に対する検出感は低いため[4～6]，心筋症に二次的に発生する不整脈の検出に用いる。不整脈の合併をともなう場合には，失神，虚脱，チアノーゼなどが認められることがある。不整脈にともなう臨床徴候が認められた症例においては，ホルター心電図検査の実施を検討する。近年は家庭用の心電計が2～3万円と比較的安価に購入できるため，そのような機器を使用して不整脈の検出を行うことがある(**図1**)。

胸部X線検査

胸部X線検査は，VD像とラテラル像の2方向から撮影し評価を行う。筆者が胸部X線検査を用いる主な目的は，肺水腫または胸水の有無，心疾患以外の疾患との鑑別，そして心拡大の有無を確認するためである。

まず心筋症の診断において，肺水腫や胸水・腹水などの体液貯留は生命にかかわるため，それらの有無を鑑別することは非常に重要であると考えられる。また，猫の心原性肺水腫の診断は，犬の心原性肺水腫とは異なり一定の特徴がなく，びまん性にX線不透過性領域が認められることが多いため注意が必要である。心筋症の診断におけるゴールドスタンダードは心エコー図検査であるが，胸部全体を評価するという点では胸部X線検査は非常に有用であり，かつ重大な見落としを防いでくれると考えている。次に心疾患以外の疾患(呼吸器疾患，腫瘍など)がないか，合併していないかなどに十分注意する。以前，呼吸困難を呈する

表1　心エコー図検査の項目

レベル	計測	定性的な評価
Focused point-of-care（猫の状態が不安定である，検査者が十分な訓練を受けていない，あるいはその両方の場合のポイントを絞ったレベル）		・胸水と心膜液 ・左房のサイズと動き ・肺のBライン ・左室の収縮機能
Standard of care（訓練を受けた検査者向けの標準的なレベル）	Mモード法 ・心室中隔と左室自由壁の拡張末期壁厚 ・左室の拡張末期径，収縮末期径，内径短縮率 ・左房の内径短縮率 Bモード法 ・心室中隔と左室自由壁の拡張末期壁厚 ・左室の拡張末期径，収縮末期径 ・左房径大動脈径比（LA/Ao） ・左房径（右傍胸骨長軸断面）	・乳頭筋の肥大 ・収縮末期における左室内腔の閉塞 ・乳頭筋や僧帽弁の異常 ・僧帽弁収縮期前方運動（SAM）と左室中部の閉塞 ・動的右室流出路閉塞 ・各心腔の形態の異常 ・もやもやエコーや血栓 ・限局性の心臓壁の動きの異常
Best practice（心臓病専門医向けのレベル）	standard of careの項目に加えて パルスドプラ法あるいは連続波ドプラ法 ・左室流入血流速度 ・等容性弛緩時間 ・左室流出路の血流速度 ・右室流出路の血流速度 ・肺静脈血流速度 ・左心耳血流速度 組織ドプラ法 ・側壁側および中隔側の僧帽弁輪速度	standard of careの項目

ACVIMコンセンサスステートメントで推奨されているLevineのグレード表に沿って実施している。

症例において，心筋症と肺腫瘍が合併しており，その診断に苦慮した経験がある。そのため，胸部X線検査で心疾患以外の疾患がないかを改めて確認するようにしている。心拡大の評価については椎骨心臓サイズ（VHS）を主に用いているが，軽度の心筋症の症例では必ずしも心拡大を呈さないため，現在ではそれほど重要視しておらず，ほかの検査と組み合わせて判断に用いることが必要であると考えている。また，呼吸状態がよくない症例については，酸素化を行いながら検査を実施し，困難であれば横臥位での検査は実施しないこともある。

心エコー図検査

筆者が行っている猫の心エコー図検査はACVIMコンセンサスステートメントに記載されている項目を測定している（**表1**）。ACVIMコンセンサスステートメントでは，まずは循環器の専門診療以外のfocused point-of-careであるポイントオブケア超音波検査point of care ultrasonography（POCUS）およびstandard of careとしての標準的検査をしっかりと行えるようにすることが重要であると記載されているが，筆者は，毎回の検査ですべての指標の測定を実施できるように訓練すべきだと考えている。例えば，POCUSで使用する左房のサイズや動きなどは，左房径大動脈径比（LA/Ao）を常に測定するように心がけていると，感覚的に大きいのか，それとも正常なのか判断しやすくなると考える。また，左室収縮機能も左室内径短縮率（FS）を繰り返し測定することで正常な動きをしているのかどうか判断できるようになるうえ，測定意義も理解しやすくなると思われる。ドプラ法を使用した項目についてはすべてが必要だとは考えていないが，その評価項目がもつ意味や測定方法を学ぶことで各項目に対する理解がより深まるように思う。猫の心エコー図検査は，一般的に犬の心エコー図検査と比較すると正確に描出するのが困難であるため，筆者が普段心がけていることを紹介する。まず，心筋症に罹患している猫は心拍数が上昇していることが多い。そのため，心エコー図検査に用いる装置のフレームレートが低いと心臓の動きが滑らかではないように感じる。そこで，深度，画角，音線密度を調整し，フレームレートを上げるべきである。ACVIMコンセンサスステートメントでは> 40 Hzだが，画質を落とさないために> 100 Hz程度はあるとよい。猫の右傍胸骨長軸四腔断面像および右傍胸骨心尖部五腔断面像は犬よりも胸骨よりでプローブをあ

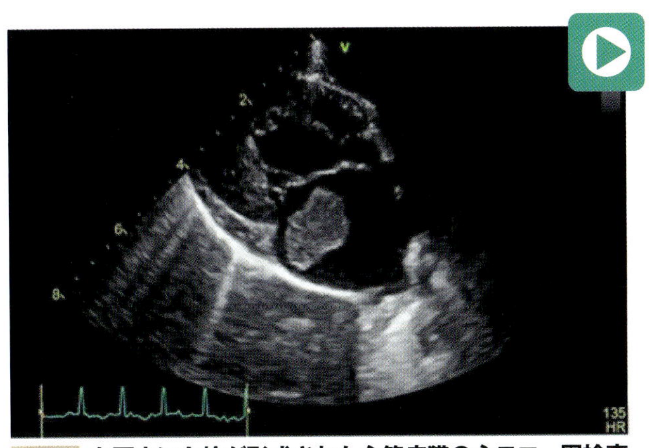

図2　左房内に血栓が形成された心筋症猫の心エコー図検査画像
右傍胸骨長軸四腔断面において，左房内に血栓と思われる腫瘤状の病変(矢印)が認められた(**動画1**)。

https://e-lephant.tv/ad/2003816/

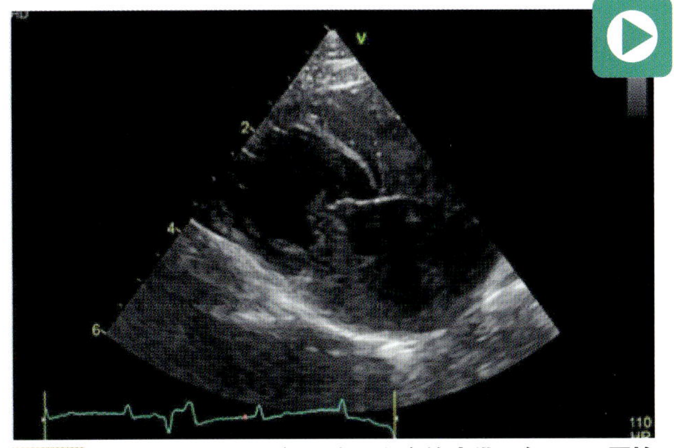

図3　両心房内にSECが認められた心筋症猫の心エコー図検査画像
右傍胸骨長軸四腔断面において，左右の心房内にSECが認められた(**動画2**)。

https://e-lephant.tv/ad/2003817/

てて，やや水平にした状態でのアプローチを心がけるとよい。HCMでは主に左室肥大，乳頭筋肥大，左室内腔の狭小化，左房拡大(最も重要)，左室流出路閉塞の有無，僧帽弁収縮期前方運動 systolic anterior motion of the mitral valve (SAM)の有無，僧帽弁逆流の有無および血栓，またはもやもやエコーspontaneous echo contrast (SEC)の有無を評価している。血栓を評価する場合には通常よりも全体的なゲインを若干上げると渦を巻くような血流の流れがみえやすくなることがある(**図2，3，動画1，2**)。また，胸部X線検査と同様に，心エコー図検査でも心不全により呼吸状態がよくない場合には，酸素化しながら必要最低限の検査を行うようにしている。

治療

HCMの治療については，ヒト医療では明確に予後を延長させる薬物療法が存在せず，残念ながら猫のHCMにおいても同様である。しかし，現状では可能な限り個々の症例において，より心臓への負担が軽減される治療を実施すべきであると考えている。

ステージB1

ACVIMコンセンサスステートメントでは，うっ血性心不全 congestive heart failure (CHF)やATEのリスクはかなり低く，治療は推奨されていない。筆者もほぼ同意見であるが，左室流出路閉塞をともなうHCMやRCMの症例のうち，左室流出路血流速度が2.0 m/秒を超える症例においては，継続的な後負荷が左室にかかってしまうため，β遮断薬であるカルベジロール(0.05〜0.2 mg/kg，1日1〜2回，経口投与)の投与を検討している。

ステージB2

ステージB2の症例では，ステージB1と同様に左室流出路閉塞をともなう症例にはカルベジロールの投与を行っている。また左室流出路閉塞がない症例でも，心拍数が200〜230回/分を超えるような症例にはカルベジロールの投与を検討する。心室期外収縮など，徐脈性不整脈以外の不整脈が発生している場合も同様である。ステージB2ではステージB1の症例よりもCHFやATEのリスクが上昇する。筆者も実際に心不全を発症していないにもかかわらずATEに罹患した症例を経験している。そのため，明らかな左房拡大(LA/Ao＞2.0)を認める症例には，リバーロキサバン(0.5〜1.0 mg/kg，1日1回，経口投与)の投与を推奨している。

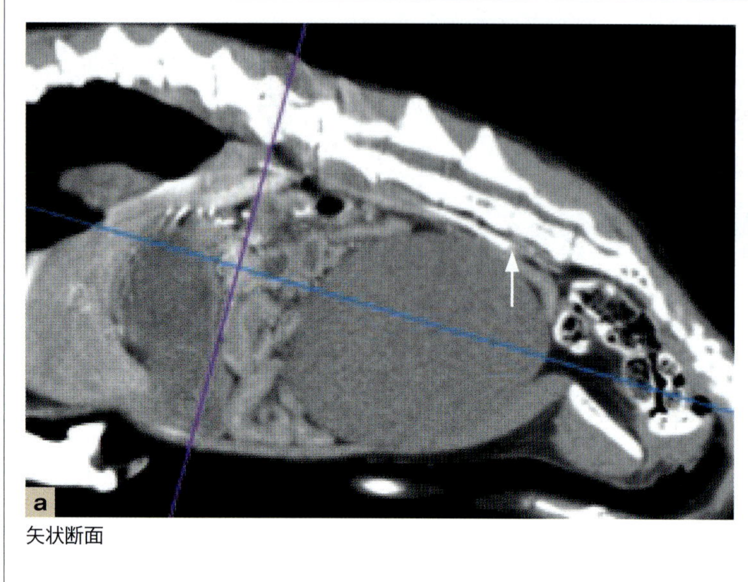

矢状断面

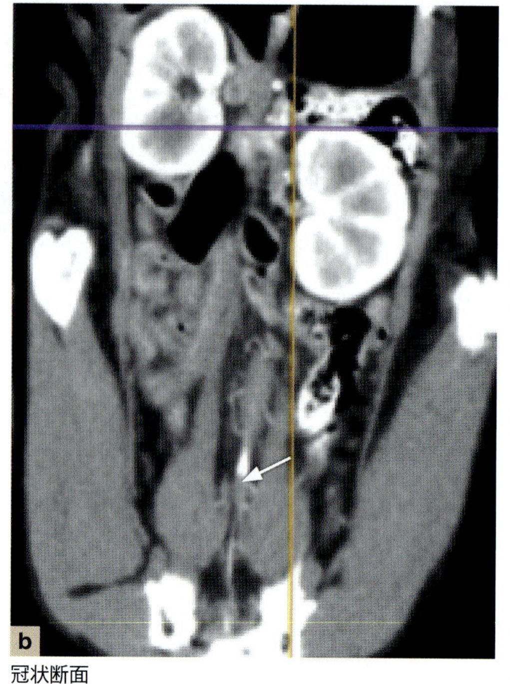

冠状断面

図4 ATEを発症した猫の血管造影CT検査画像
造影剤が腹部大動脈から大腿動脈や尾動脈に分岐する手前(矢印)で不自然に途切れているため，その部位において血栓による血管閉塞が強く疑われる。

ステージC，D

急性心不全の場合

肺水腫および胸水貯留は呼吸困難を呈し，生命にかかわるため，まず酸素供給を十分に行い，フロセミド(0.5〜2.0 mg/kg，静脈内投与)の投与を検討する。同時に過度のストレスを回避することも心がける。大量の胸水をともなう場合には，胸腔穿刺を行い可能な限り抜去する。フロセミドを投与する際は，投与に余裕があれば血液化学検査を実施し，腎機能を評価してから投与する。左室流出路閉塞がある場合には副作用に注意し，ドブタミン(2.0〜10 μg/kg/分，持続定量点滴)やピモベンダン(0.15 mg/kg，なければ0.25 mg/kg，静脈内投与)の投与を行う。もともとフロセミドの内服が行われている症例や，慢性腎臓病の合併がすでにある症例の場合には，α型ヒト心房性ナトリウム利尿ポリペプチド製剤であるカルペリチド(0.05〜0.1 μg/kg/分，持続定量点滴)の投与を行っている。

慢性心不全の場合

フロセミド(0.5〜2.0 mg/kg，1日2回，経口投与)，スピロノラクトン(1.0〜2.0 mg/kg，1日2回，経口投与)などの利尿薬とピモベンダン(0.25〜0.5 mg/kg，1日2回，経口投与)による管理を行う。

ATEの場合

ATEの診断では身体検査が非常に重要であり，身体検査だけでも仮診断ができる疾患である(第5章p.138参照)。筆者は確定診断として，腹部エコー検査による血栓閉塞部位の確認または無麻酔CT検査による血管造影検査を行っている(**図4**)。後肢麻痺を呈している症例が多くあまり激しく動くことができないこと，さらに全身麻酔が症例へ与える影響なども考慮して無麻酔でCT検査を行い，閉塞のある位置を確認し，手術を実施する場合の支援として使用している。また血液化学検査においては，多くの病院で外部検査機関に委託しなければならないため，すぐに結果が必要な状況では有用ではないかもしれないが，血液凝固線溶検査を行い，フィブリン・フィブリノーゲン分解産物fibrinogen/fibrin degradation products (FDP) とD-ダイマーの測定を行っている。D-ダイマーは，血栓(フィブリン)がプラスミンによって分解される際の生成物であり，血栓形成後は顕著に上昇する。しかし，ヒト医療では急性の血栓症の診断の場合，ほかの検査で疑わしい場合には，

D-ダイマーの数値が高くても陽性的中率はあまり上昇しないといわれているため，ほかの検査で疑わしい場合には，D-ダイマーの数値が低くても追加の検査が必要となる。

動脈に血栓が詰まってしまった場合，当日に対処可能であれば(12時間以内，再灌流障害を考慮すると理想的には6時間以内)，筆者はバルーンカテーテルによる血栓除去術を行っている(第5章p.138参照)。ACVIMコンセンサスステートメントでは，ATEの猫に対して積極的に手術で除去を行ったり，組織プラスミノーゲン活性化因子製剤による血栓溶解療法は推奨されていなかったり，有効であるというエビデンスに乏しい現状がある。しかし，数日後に歩行可能となるなど，劇的な改善を認める症例も経験しているため，今後の報告が待たれるところである。また，再灌流障害に対しては，好中球エラスターゼ阻害薬であるフザプラジブナトリウム水和物やシベレスタットナトリウム水和物の投与を行い，炎症反応を防止するとともに，フロセミドの投与により，可能な限り体外へとカリウムを排出させることで，再灌流障害の影響を最小限にするよう努めている。また，鎮痛薬については，フェンタニル(2.0～5.0 μg/kg/時，持続定量点滴)を投与することが多く，前述したバルーンカテーテルによる血栓除去術を行う場合には，術中のみレミフェンタニルを用いて鎮痛を行っている。内科的治療は低分子ヘパリン(150 IU/kg，1日3回，皮下投与)やリバーロキサバン(0.5～1.0 mg/kg，1日1回，経口投与)による管理を行っている。

左室流出路狭窄の際に使用する薬剤について

左室流出路狭窄が認められる症例において，ACVIMコンセンサスステートメントではβ遮断薬やジルチアゼムの投与が推奨されているが，薬剤間での予後の違いは現在のところ報告されていないため，筆者は基本的に使い慣れた薬剤を使用することを推奨している。正確なデータに基づくものではないが，本邦では海外で古くから使用されているアテノロールまたはカルベジロールの使用が多いと感じている。カルベジロールは，ヒト医療では慢性心不全の際に使用されているβ遮断薬であり，筆者もβ遮断薬が必要な際はカルベジロールを使用することが多い。科学的な根拠はなく，使用する用量など，さまざまな環境に左右されると思われるため一概に述べることはできないが，アテノロールと比較すると副作用を訴える症例が少ないと感じている。しかし，カルベジロールの代謝経路にグルクロン酸抱合が含まれることに注意しなければならない。筆者はカルベジロールを0.05～0.2 mg/kg，1日1～2回，経口投与で用いているが，多くの症例が0.1 mg/kg，1日1回前後であり，副作用と思われる徴候を呈した症例はほとんどいない。犬で実験的に使用されている用量(0.1～0.4 mg/kg，1日2回)とは異なるが，実際の症例においても左室流出路狭窄の軽減が十分に得られている(**図5**)。そのため，カルベジロールを使用する際には用量に注意が必要である。

抗血栓薬について

抗血栓薬はクロピドグレルと比較するとエビデンスに乏しいが，主にXa因子阻害薬であるリバーロキサバンを用いている。クロピドグレルは，アスピリンと比較してより効果的であるが，リバーロキサバンもクロピドグレルと同様か，それ以上の効果があると感じている。

これは，クロピドグレルはしばしば投与困難になる症例がいるためであると考えられる。もともと犬と比較して猫のほうが投与は大変なイメージがあるかと思われるが，クロピドグレルは猫にとってかなり苦く，量が多いのか度々泡を吐くようになったと訴える飼い主が多い。筆者の個人的な感覚としては，リバーロキサバンのほうが副作用として紫斑を認めるという訴えが多いように感じており，投与量を調整することで対応している。今後，リバーロキサバンの適正用量やその使用におけるエビデンスの報告が待たれるところである[7]。

ピモベンダンの投与について

ヒト医療では，心不全の症例に対して強心薬を使用することは心筋酸素消費量の増加により予後が短くなることが成書に記載されているほど当然のこととして扱われている。しかし，犬の慢性変性性弁膜疾患やDCMの症例において予後の延長が報告されているため[8, 9]，筆者は心筋症の猫において心不全(胸水・腹水の貯留や肺水腫)が認められた場合には，基本的にピモベンダンの投与を行っている。病態を考慮すると，RCM，DCM，ARVCの症例には有効であると考えている。唯一懸念される点はHCMの症例で，さらに左室流出路閉塞の認められる症例である。左室流出路閉塞のある症例に強心薬を使用することは，狭窄の

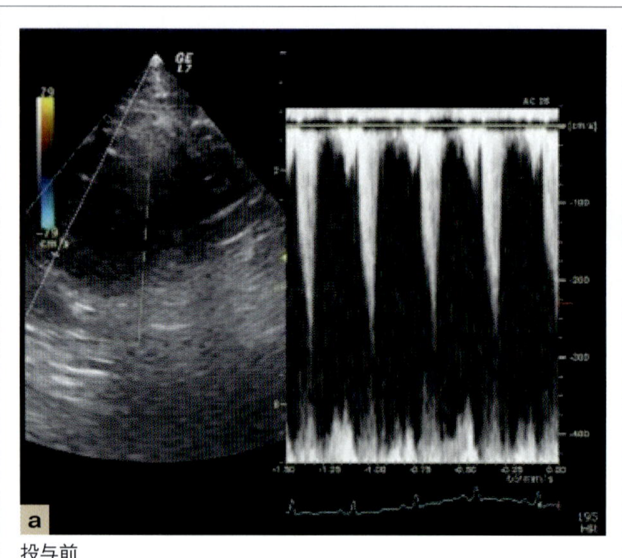

投与前
約3.0 m/秒。

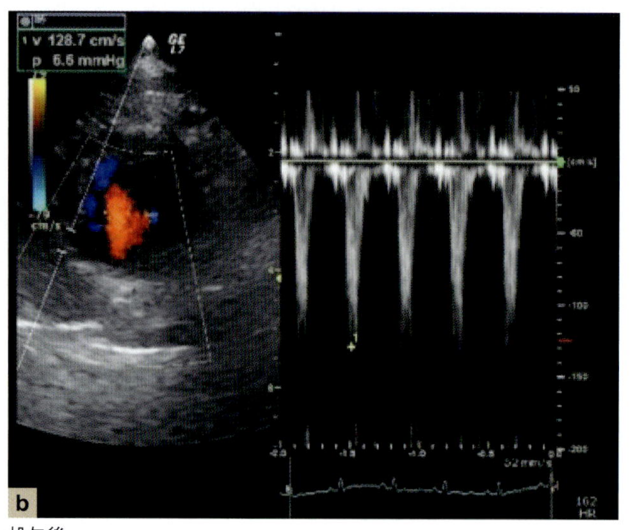

投与後
流速が1.28 m/秒に低下し，狭窄の軽減が認められた。

図5　閉塞性HCMの症例に対して，カルベジロール投与前後で測定した左室流出路血流速度

悪化を招く可能性が指摘されているため注意が必要であるが，強心薬の副作用と思われるような狭窄の悪化を示す症例はまだ経験していない。そのため，今後適応が限定され，その使用自体が心筋症の猫において制限される可能性もあるが，ピモベンダンの使用においても今後のエビデンスの報告が待たれるところである。

Case Presentation

症例

肥大型心筋症に合併した大動脈血栓塞栓症に対し，血栓摘出術を実施したのち，軽度の再灌流障害がみられた猫の1例

症例

雑種猫，3歳，去勢雄，体重 3.9 kg。

主訴および症状

本学来院日当日に，突然後肢が麻痺し，呼吸を苦しそうにして鳴いているとの主訴で，心筋症により二次的に発生した血栓症が疑われた。

身体検査

心拍数 210 回 / 分。

呼吸は浅速呼吸（パンティング）。

体温（直腸温）37.2 ℃。

Levine 分類グレード 2/6 の収縮期雑音が左心尖部より聴取された。

両後肢の麻痺が認められた（**図6**，**動画3**）。

右前肢と比較し，右後肢は血色が悪く，大腿動脈の拍動の触知はできなかった（**図7**）。

血液検査（表2）

全血球検査では白血球数の上昇が認められ，血液化学検査では BUN，クレアチニンキナーゼの顕著な上昇以外にも，肝酵素，無機リン，血清アミロイド A 蛋白の上昇が認められた。血液凝固線溶検査では，フィブリノーゲン，アンチトロンビン活性，FDP ならびに D- ダイマーの上昇が認められ，ATE が疑われた。

胸部 X 線検査

VD 像でバレンタイン型の心陰影がみられ，VHS

https://e-lephant.tv/ad/2003818/

図6　初診時の歩行の様子
両後肢麻痺が認められ，後肢を引きずるように歩行をしていた（**動画3**）。

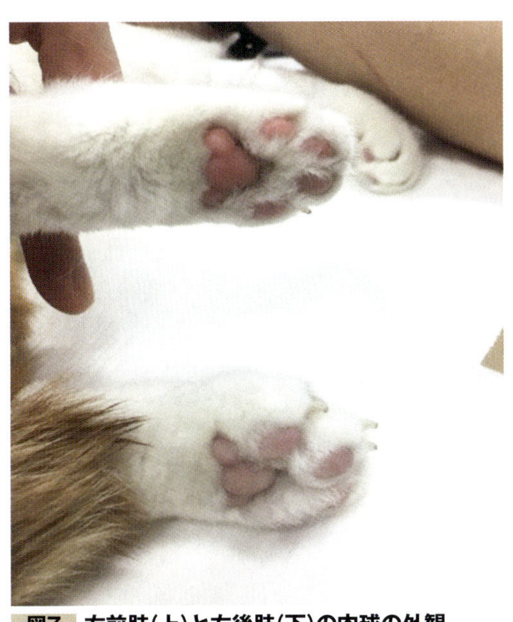

図7　右前肢（上）と右後肢（下）の肉球の外観
右後肢の肉球の血色が右前肢の血色と比較し，蒼白を呈していた。

表2　初診時の血液検査のデータ

全血球検査	結果	単位
赤血球数	6.27 x10^6	/µL
ヘモグロビン	10.3	g/dL
赤血球容積率	32.4	%
平均赤血球容積	51	fL
平均赤血球ヘモグロビン濃度	31.3	g/dL
血小板数	447 x10^3	/µL
白血球数	25,700	/µL

血液化学検査	結果	単位
グルコース	83	mg/dL
総蛋白	6.7	g/dL
アルブミン	2.3	g/dL
グロブリン	4.4	g/dL
ALT	22	U/L
AST	16	U/L
アルカリフォスファターゼ	1,759	U/L
総コレステロール	201	mg/dL
BUN	68.1	mg/dL
クレアチニン	1.5	mg/dL
クレアチンキナーゼ	72,103	U/L
リン	6.3	mg/dL
カルシウム	9.5	mg/dL
ナトリウム	154	mmol/L
カリウム	4.6	mmol/L
クロール	113	mmol/L
血清アミロイドA蛋白	28.7	mg/dL

血液凝固線溶検査	結果	単位
プロトロンビン時間	11.7	秒
活性化部分トロンボプラスチン時間	16.3	秒
フィブリノーゲン	352	mg/dL
アンチトロンビンⅢ	171.4	%
FDP	4.6	µg/mL
D-ダイマー	2.3	/µL

ATEが強く疑われる血液検査で異常が認められた。

は7.6 vであった（**図8**）。

心エコー図検査および腹部エコー検査

右傍胸骨長軸四腔断面にて，左室流出路閉塞に二次的に発生したと思われる高速血流によるモザイクが認められた。またSAMによる軽度の僧帽弁逆流も認められた（**図9**，**動画4**）。拡張末期心室中隔壁厚（IVSd）6.1 mm，拡張末期左室自由壁厚（LVFWd）は6.3 mmと左室壁の肥厚が認められた。LA/Aoは2.21，左室流入血流速波形は融合波形で1.0 m/秒，左室流出路血流速度は2.8 m/秒であった。また腹部エコー検査にて膀胱尾側の腹部大動脈に血流を阻害する高エコーの領域が認められた（**図10**，**動画5**）。

診断

HCMおよびそれにともなうATE。

治療

血栓による閉塞が起きて6時間ほどであったため，血栓摘出術の適応と判断し，飼い主へ提案したところ同意が得られたため，実施することとなった。

全身麻酔下にて仰臥位に保定し，右大腿部を切開，大腿動脈を剥離した。続いて大腿動脈を小切開し，血栓除去用の3Frフォガティーカテーテルを挿入し，血栓とともに引き抜くことを繰り返し，大腿動脈から出血し，血流が回復することを確認した（**図11**，**動画6**）。その後，左大腿部も同様の手技を繰り返し，左右両方の血管の血流が回復している状態で7-0ポリ

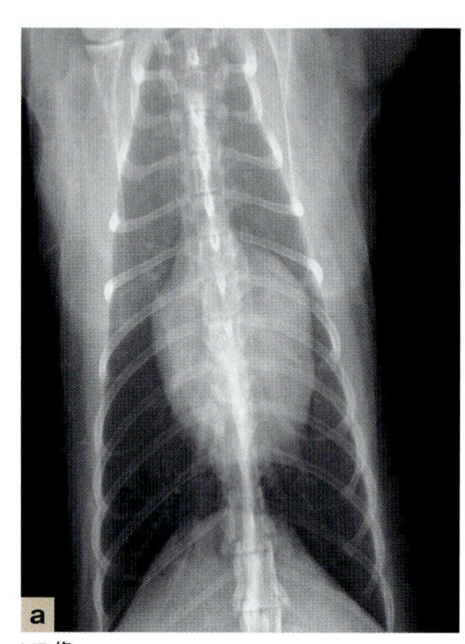

VD像
バレンタイン型の心陰影が認められた。

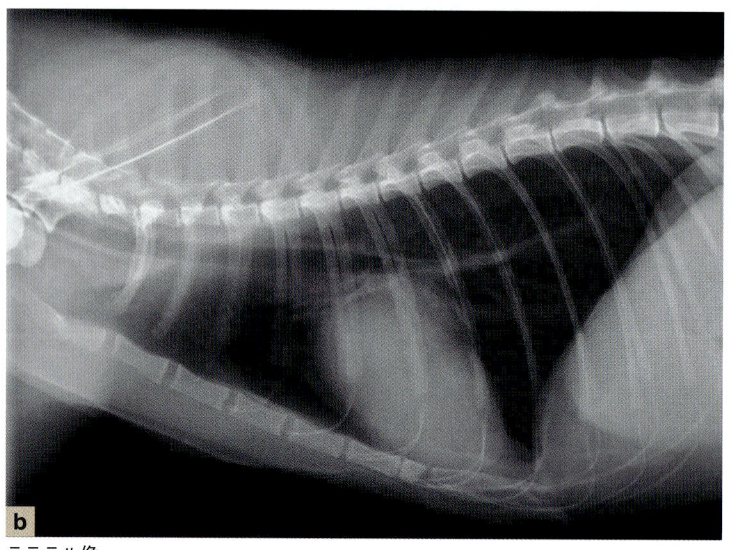

ラテラル像
著明な心拡大は認められなかった。

図8　初診時の胸部X線検査画像

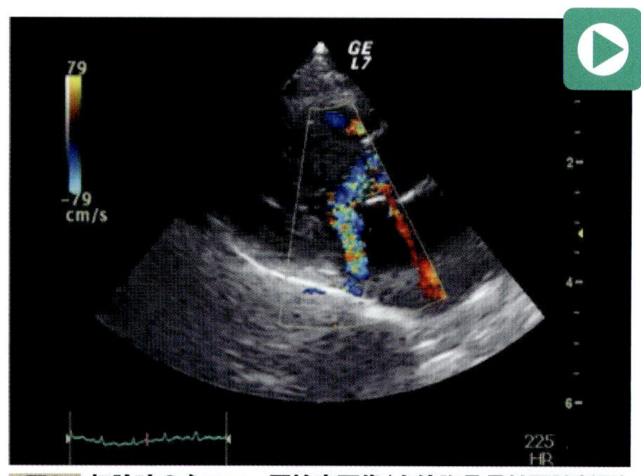

図9　初診時の心エコー図検査画像(右傍胸骨長軸四腔断面)
左室流出路内にモザイク血流が認められ，僧帽弁逆流が認められた(**動画4**)。

https://e-lephant.tv/ad/2003819/

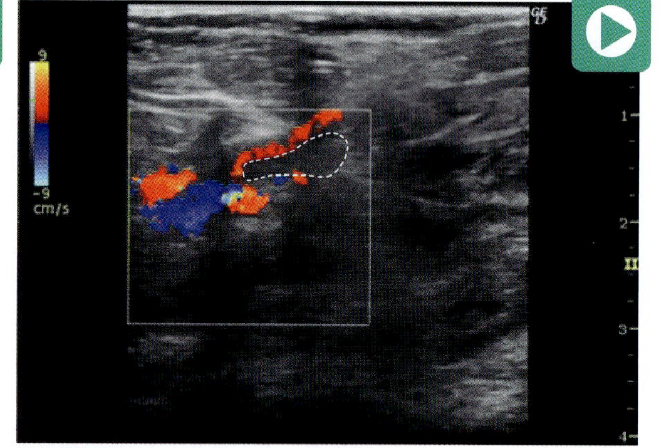

図10　初診時の腹部エコー検査画像
膀胱尾側の腹部大動脈内に血流を遮るように存在する高エコーの領域(破線)が認められ，ATEが疑われた(**動画5**)。

https://e-lephant.tv/ad/2003820/

プロピレン縫合糸にて血管を縫合した。その後は定法どおりに閉創した。

第2病日

術後翌日に呼吸状態は落ち着き，完全ではないものの，活動性や食欲も認められた。術後，1時間後に高カリウム血症が認められた(5.8 mmol/L)。

術前からフザプラジブナトリウム水和物(0.4 mg/kg，静脈内投与)を投与していたが，再度同用量を投与し，フロセミド(1.0 mg/kg，静脈内投与)も投与した。その後，術後2時間でカリウム値は4.2 mmol/Lと低下したため基準値内となり，再灌流障害の臨床徴候は認められなかった。手術翌日から食事を開始し，一般状態が良好であったため，フロセミドを徐々に漸減しながら休薬したが，心不全徴候は認められなかった。血栓症に対しては低分子ヘパリン(100 IU/kg，1日4回，静脈内投与)とリバーロキサバン(1.0 mg/kg，1日1回，経口投与)を開始した。

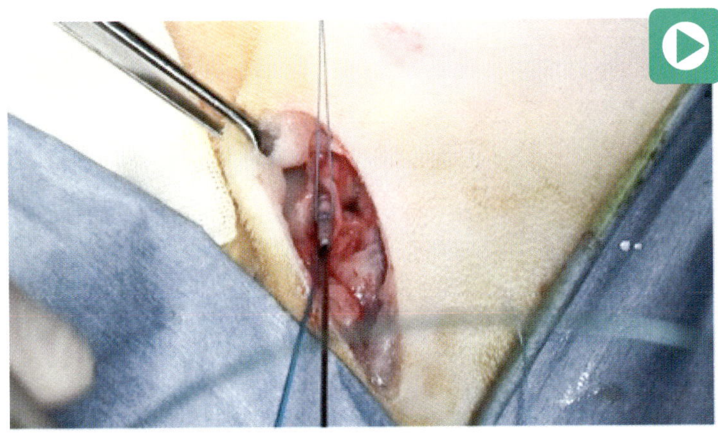

https://e-lephant.tv/ad/2003821/

図11　血栓除去術
3Frのフォガティーカテーテルを大腿動脈より挿入し，引き抜くと，閉塞していた血栓の一部が除去された。これを数回繰り返し，出血が起きることを確認した（**動画6**）。

https://e-lephant.tv/ad/2003822/

図12　第26病日の歩行の様子
左後肢の歩行は問題なく，右後肢にナックリングがみられるが，その後，通常の歩行が可能となった（**動画7**）。

第 4 病日

引き続き一般状態良好であったため退院とし，カルベジロール（1.0 mg/kg，1 日 1 回）を処方した。

第 26 病日

右後肢のみナックリングがやや認められたものの，後肢を使用して歩行が可能となっていた（**図 12**，**動画7**）。

第 300 病日

右後肢のナックリングも消失し，通常の歩行が可能となっているとかかりつけ医より連絡を受けた。その後も ATE の再発はなく術後 5 年以上が経過しているが，経過良好で過ごしている。

症例の考察

ATE に対するバルーンカテーテルを用いた血栓除去術は，術後発生する再灌流障害の程度が重度でなければ，とても有効な治療であると考える。再灌流障害に対する治療はかなり困難であるが，可能な限り対策を行うことで，その影響を最小限に抑えることが可能なのではないかと考えている。

おわりに

猫の心筋症と続発するATEの診断・治療において，筆者の取り組みを紹介した。これらは必ずしもエビデンスやガイドラインに基づくものではないが，ACVIMコンセンサスステートメントにはまだ不十分な点が多く存在すると感じているため，筆者が自分の経験として有用だと感じたものを中心に紹介した。今後，その使用において制限や推奨されないといったエビデンスが報告される可能性もあるため，各自の責任のもと，十分に注意していただくとともに，適切な治療を提案する際の参考のひとつになれば幸いである。

参考文献

1. Fuentes, L.V., Abbott, J., Chetboul, V., *et al*. (2020): ACVIM consensus statement guidelines for the classification, diagnosis, and management of cardiomyopathies in cats. *J. Vet. Intern. Med*., 34(3): 1062-1077.
2. Borgeat, K., Sherwood, K., Payne, J.R., *et al*. (2014): Plasma cardiac troponin I concentration and cardiac death in cats with hypertrophic cardiomyopathy. *J. Vet. Intern. Med*., 28(6): 1731-1737.
3. Acierno, M.J., Brown, S., Coleman, A.E., *et al*. (2018): ACVIM consensus statement: Guidelines for the identification, evaluation, and management of systemic hypertension in dogs and cats. *J. Vet. Intern. Med*., 32(6): 1803-1822.
4. Ferasin, L., Sturgess, C.P., Cannon, M.J., *et al*. (2003): Feline idiopathic cardiomyopathy: a retrospective study of 106 cats (1994-2001). *J. Feline. Med. Surg*., 5(3): 151-159.
5. Romito, G., Guglielmini, C., Mazzarella, M.O., *et al*. (2018): Diagnostic and prognostic utility of surface electrocardiography in cats with left ventricular hypertrophy. *J. Vet. Cardiol*., 20(5): 364-375.
6. Schober, K.E., Maerz, I., Ludewig, E., *et al*. (2007): Diagnostic accuracy of electrocardiography and thoracic radiography in the assessment of left atrial size in cats: comparison with transthoracic 2-dimensional echocardiography. *J. Vet. Intern. Med*., 21(4): 709-718.
7. Lo, S.T., Walker, A.S., Georges, C.J., *et al*. (2022) : Dual therapy with clopidogrel and rivaroxaban in cats with thromboembolic disease. *J. Feline. Med. Surg*., 24 (4) : 277-283.
8. Boswood, A., Häggström, J., Gordon, S.G., *et al*. (2016) : Effect of Pimobendan in Dogs with Preclinical Myxomatous Mitral Valve Disease and Cardiomegaly: The EPIC Study-A Randomized Clinical Trial. *J. Vet. Intern. Med*., 30 (6) : 1765-1779.
9. Summerfield, N.J., Boswood, A., O'Grady, M.R., *et al*. (2012) : Efficacy of pimobendan in the prevention of congestive heart failure or sudden death in Doberman Pinschers with preclinical dilated cardiomyopathy (the PROTECT Study). *J. Vet. Intern. Med*., 26 (6) : 1337-1349.

循環器学 Q&A 8

Question

僧帽弁収縮期前方運動(SAM)に対して,ピモベンダンは使用していいのでしょうか?

Answer

SAMまたは流出路狭窄の症例にピモベンダンを投与することは多くの場合,控えます。一方で,悪影響が少ないともいわれています。

一般的に，SAMや流出路狭窄がある場合，拍出量を増やすと狭窄を悪化させるといわれています。一方で，ピモベンダン投与では狭窄は悪化しないことが報告されています。また，心不全のために必要に応じて投与する症例はいますが，拍出量が低下して状態が悪化したケースを経験したことはありません。猫の心筋症でピモベンダンを使用するのは，収縮率が低下しているか，心不全状態である場合だと思いますので，もしSAMがあっても投与するケースはあると思われます。

9 各施設の取り組み

④循環器専門病院の取り組み

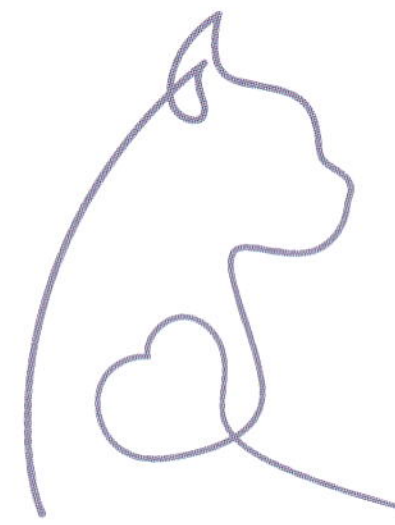

水野 祐
Mizuno, Masashi
JASMINEどうぶつ循環器病センター

point

- **比較的若齢で心筋症との診断に至る症例が多い。**
- **診断には心エコー図検査が重要であるが，他の検査や稟告を踏まえ総合的に判断する。**
- **ACVIMコンセンサスステートメントに準じた治療を行う。うっ血性心不全(CHF)や動脈血栓塞栓症(ATE)に至ると治療が難しいケースも多い。**

はじめに

心筋症は，猫の心疾患の中でわれわれが最も多く遭遇する疾患である。しかしながら，猫の心エコー図検査は難易度が高く，心筋症の表現型も多様であり，診断に苦慮するケースもあるのではないだろうか。また，心筋症の治療に関するエビデンスは必ずしも多くなく，治療の選択肢も限られることから，治療の難しい症例もいる。これまでの報告と同様に当院でも最も多いフェノタイプ(表現型)が肥大型心筋症 hypertrophic cardiomyopathy (HCM) であることから，本稿ではHCMを中心に当院での診断・治療の取り組みについて解説する。

心筋症の定義と分類

2020年に発表された米国獣医内科学会の猫の心筋症のコンセンサスステートメント(以下，ACVIMコンセンサスステートメント)では，「心筋症は，心筋に異常をもたらすのに十分な心血管系疾患が存在しないにもかかわらず，心筋に構造的・機能的異常が起こる障害」と定義されている[1)]。また，ACVIMコンセンサスステートメントでは，遺伝的病因ではなく臨床的な表現型に重点を置いた欧州心臓病学会 European Society of Cardiology (ESC) による分類方法を推奨している。その5つの表現型は，肥大型心筋症(HCM)，拘束型心筋症 restrictive cardiomyopathy (RCM)，拡張型心筋症 dilated cardiomyopathy (DCM)，分類不能心筋症 unclassified cardiomyopathy (UCM)，不整脈原性右室心筋症 arrhythmogenic right ventricular cardiomyopathy (ARVC) である。病態の進行，合併症，その他の要因などにより表現型が変化する猫も存在するためUCMを除きこの分類方法にも限界はあるが基本的にはいずれかにあてはめて考える。

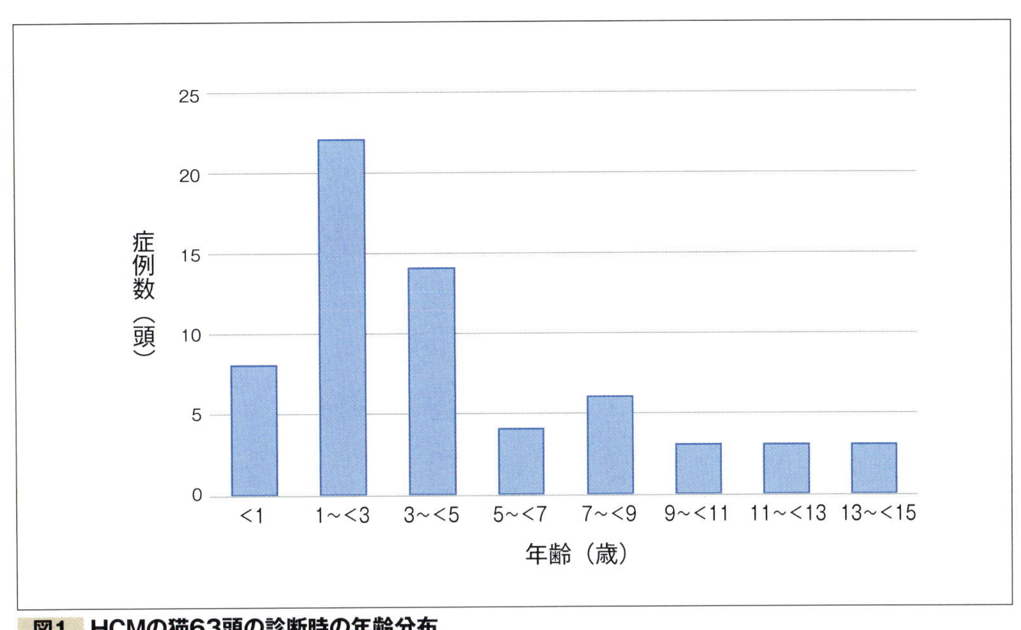

図1　**HCMの猫63頭の診断時の年齢分布**

疫学

2022年1月から2023年12月までの2年間に当センター循環器科に紹介来院した猫178頭のうち，心筋症との診断に至った症例は83頭であった。さらにその形態および機能に基づいて表現型で分類すると，HCM63頭，RCM13頭，DCM0頭，UCM4頭，ARVC3頭であった。

HCMと診断されるほとんどの猫は非純血種である[2)]が，メインクーン，ラグドール，ブリティッシュ・ショートヘア，ペルシャ，ベンガル，スフィンクス，ノルウェージャン・フォレスト・キャット，バーマンは発症リスクが高いと考えられている。当センターでHCMと診断された63頭の猫の品種の内訳は，スコティッシュ・フォールドが19頭と一番多く，次いで非純血種15頭，アメリカン・ショートヘア7頭，マンチカン5頭，エキゾチック・ショートヘア4頭，サイベリアンおよびベンガル3頭であった。発症のリスクが高いとされる品種であっても，日本国内での流行や繁殖の影響により，必ずしもその罹患猫を診察する機会が多くないものと推察される。ただし，前述の純血種を診察する際には，心筋症の存在を少し気にかけておくとよいかもしれない。

診断時の年齢は，過去の報告では若齢から高齢まで幅広く見られるものが多かった[2, 3)]が，今回の調査では若齢で診断される症例が多くみられた（**図1**）。約半数（30/63頭）が2歳未満で診断され，5歳未満での診断が約7割（44/63頭）であった。

主訴

当センターに紹介来院したHCM症例のうち6割の症例では，受診までに臨床徴候が認められていなかった。これら症例の紹介理由は，心雑音が聴取されたこと，血中N末端プロ脳性ナトリウム利尿ペプチド（NT-proBNP）が高値を示したこと，また，それらの理由から心エコー図検査を行いHCMが疑われたことなどによる心疾患の精査が目的であった。一方，臨床徴候が認められた症例で最も多くみられた徴候は，呼吸促迫や興奮時の開口呼吸といった呼吸にまつわるもので，全体の約2割（14/63頭）であった。その他の臨床徴候としては食欲不振，運動不耐性などであった。

HCMと診断され無徴候性のまま経過する猫もいる一方，うっ血性心不全congestive heart failure（CHF）や動脈血栓塞栓症arterial thromboembolism（ATE）へ進行する猫もいる。HCMとの診断から5年後のCHFおよびATE罹患率はそれぞれ約20%，10%である[2)]。また，最初の診断から1年後，5年後，10年後の全心血管死亡のリスクはそれぞれ約7%，23%，28%と報告されている。

検査

当院では，初診時は一般身体検査，血圧測定，心電図検査，胸部X線検査，心エコー図検査を一通り実施している。

聴診

心雑音は健常猫でも30～45%で聴取されるが，無徴候性HCMでは80%もの猫で聴取されると報告されている[2, 4]。ACVIMコンセンサスステートメントでは心雑音が聴取された場合の心臓の精査が推奨されている。前述したとおり，当院でも偶発的な心雑音の発見から紹介来院しHCMと診断された症例は多い。HCMにおいて聴取される心雑音は，左室流出路の狭窄部を高速に血流が通過する際に生じるものである。そのため，心雑音が聴取された症例では，心エコー図検査時に心雑音の発生部位を探索すべきである。

一方で，心雑音が聴取されない症例でも，重度に心拡大していたり，病態が進行していたりする症例が散見される。胸水，心膜液，肺水腫といった聴診を妨げる液体貯留が存在するケースもあるが，それ以外でも心雑音が聴取されないからといってHCMを除外することはできない。

血圧測定

ACVIMコンセンサスステートメントでは左室肥大のあるすべての猫での血圧測定を推奨している。高血圧の猫では全周または部分的左室肥大が最大85%で認められ，その程度は軽度から中等度との報告がある[5]。ただし，心筋症と高血圧が必ずしも関連しないこともある。実際の結果の解釈の際には，とくに外来で訪れた猫は緊張下であることを考慮すべきである。そのため，単発での評価では誤る可能性があるため，継続的な観察を行う。

心電図

猫における心電図検査は左房拡大や左室肥大に対する検出感度が低いため，必ずしも得られる情報は多くない。一方で，心筋症の猫ではさまざまな不整脈を生じることがあるため，不整脈の確認は実施すべきである。われわれの施設では右下横臥位にて両側の肘および膝に電極クリップを装着し，6誘導での心電図検査を実施している。症例の緊張や興奮をできるだけ避けるため，静かな環境で安静を保つように配慮する。タオルなどで目隠しをすることでさらに落ち着きが得られる場合もある。

当然，短時間での心電図検査では不整脈の存在を見逃すことが考えられるため，失神，虚脱，発作などの経歴のある症例では必要に応じてホルター心電図を検討する。

胸部X線検査

胸部X線検査は胸水や肺水腫を診断するうえでは非常に有用な検査である。一般的にはDVもしくはVD像および側面像の2方向での撮影が推奨される。VD像は肺野の評価を行うには適しているが，呼吸状態が良くない症例での仰向け保定はより危険をともなうことがあるため注意が必要である。もし，安全に撮影できないならば，治療を優先し，状態が落ち着いてから撮影するべきである。増悪期には2方向やVD像に拘らず，DV像のみの撮影に留めるなどの配慮を行う。

心筋症は心室の求心性肥大が特徴であり，軽度から中等度の心筋症による形態変化に対する胸部X線検査の感度は低く，その変化が検出されないことが多い。病態が進行するにつれて心房が拡大すると，胸部X線検査によっても検出可能な場合がある。一方で，CHFを引き起こすほどの症例でも心陰影が正常な場合もある。両心房の拡大が顕著な場合はバレンタインハートと称され，HCMの特徴的な所見といわれてきた。しかし，最近では以前考えられていたほどHCMに特異的な所見ではないとされる。客観的な評価としてはVHS値により相対的な評価を行うことができる。また，その症例の経時的な変化を確認するうえでもVHS値は有用である。

心エコー図検査

⊙左室流出路閉塞（LOVTO），僧帽弁収縮期前方運動（SAM）

Bモード法，ドプラ法を組み合わせて動的左室流出路閉塞dynamic left ventricular outflow tract obstruction（DLVOTO）の有無を評価する。心室中隔の大動脈起始部が左室流出路に膨隆することで狭窄を生じる症例も多い

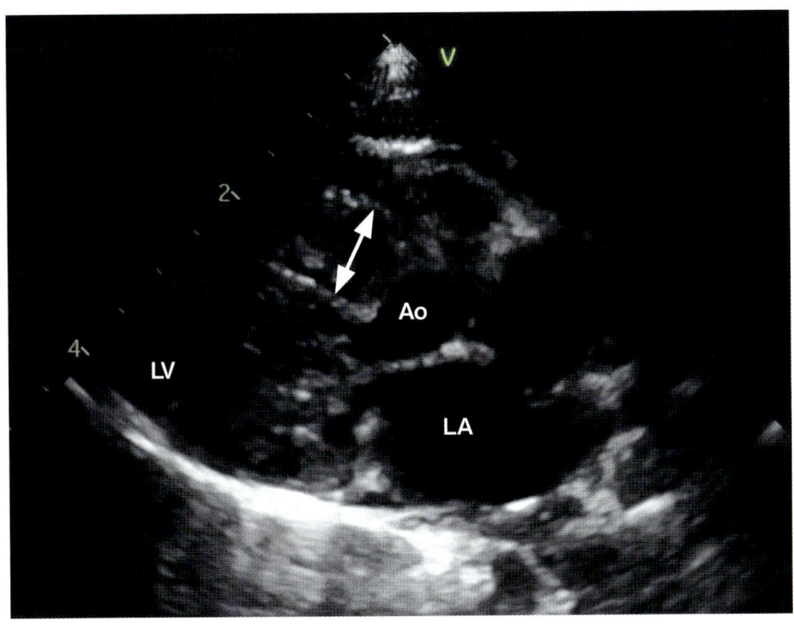

図2　HCM猫の左傍胸骨長軸四腔断面像①
心室中隔基部の肥大が認められる(矢印)。
Ao:大動脈, LA:左房, LV:左室

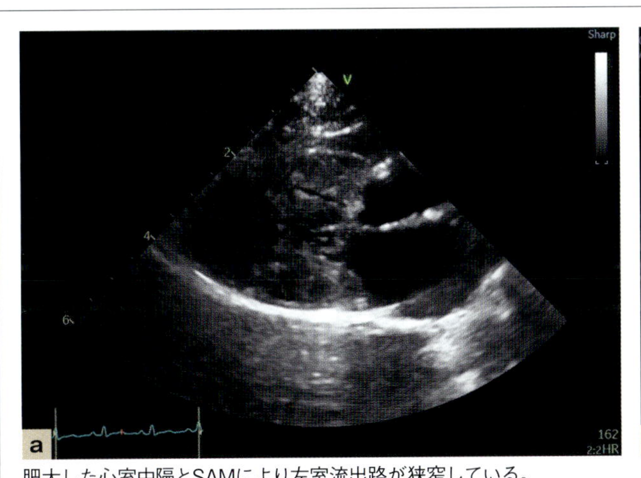

a 肥大した心室中隔とSAMにより左室流出路が狭窄している。

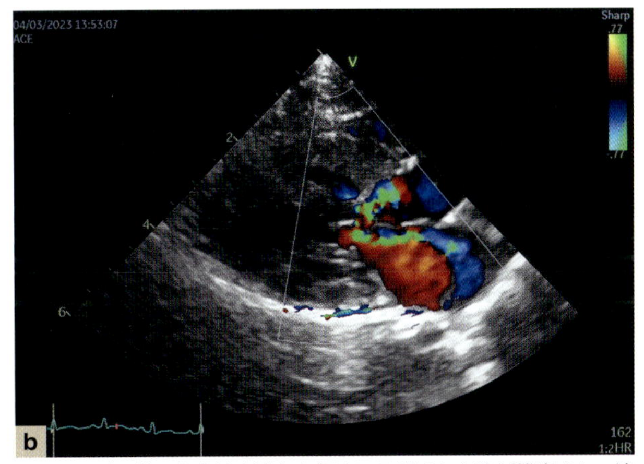

b カラードプラ法。左室流出路と左房内にモザイク血流が描出され，流出路閉塞と僧帽弁逆流があることがわかる。

図3　HCM猫の左傍胸骨長軸四腔断面像②

(**図2**)。僧帽弁中隔尖が収縮期に中隔へ変位し左室流出路閉塞left ventricular outflow tract obstruction(LVOTO)を起こす僧帽弁収縮期前方運動systolic anterior motion of the mitral valve(SAM)の有無も確認する(**図3a**)。カラードプラ法では狭窄部位を起点として生じるモザイク血流を観察することで，高速血流の存在を認知できる(**図3b**)。収縮期に僧帽弁中隔尖がベンチュリ効果によって流出路に吸い込まれることでSAMを生じ，その結果，狭窄につながる。SAMは収縮期に僧帽弁中隔尖が左室流出路を狭窄する所見としてMモード法でも検出可能である(**図4**)。

左室流出路の血流速度の計測は，左傍胸骨心尖五腔像(**図5**)において連続波ドプラ法にて行う。HCMでみられる流出路閉塞の多くは収縮後期に認められる。心室中隔あるいはSAMによって徐々に流出路が狭窄するため，血流波形のピークが遅延するためである。それにより連続波ドプラ法ではダガー状の波形を呈す(**図6**)。計測に当たっては，近傍に僧帽弁があることから，僧帽弁閉鎖不全症の血流を左室流出路血流と誤らないよう注意する。

ベンチュリ効果

流れの速さが増すと圧力が下がるという現象である。流れのエネルギーと圧力のエネルギーを足した

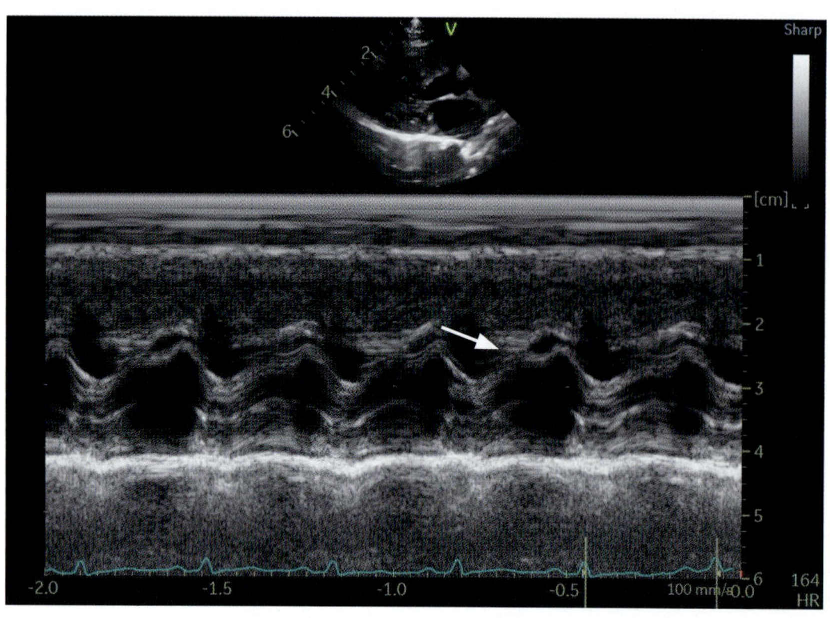

図4 HCM猫の左室流出路のMモード画像
僧帽弁中隔尖が心室中隔に接近し，左室流出路が狭窄していることがわかる(矢印)。

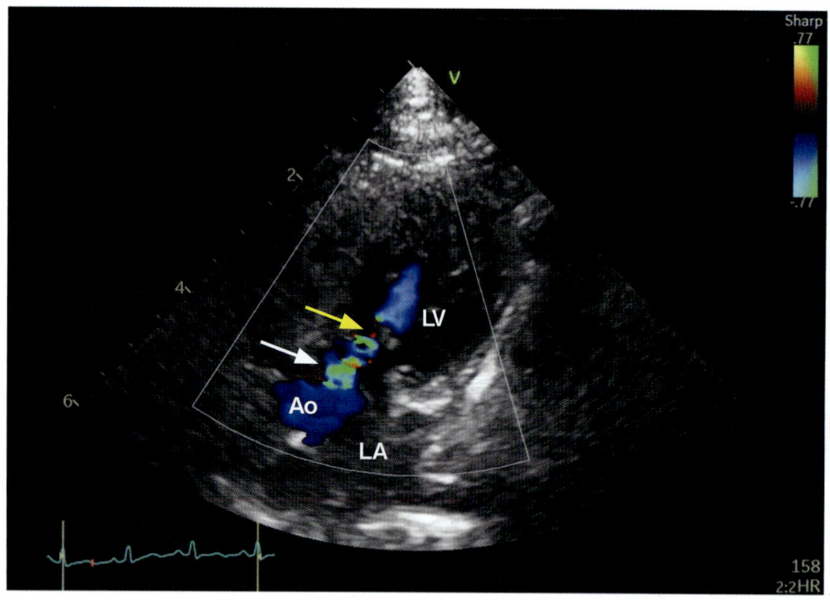

図5 左傍胸骨心尖五腔断面像(カラードプラ法)
左室流出路内にモザイク血流が見られ，流出路閉塞があることがわかる。狭窄血流は大動脈弁位(白矢印)からではなく，心内流出路(黄矢印)より生じている。
Ao:大動脈，LA:左房，LV:左室

ものが一定であるという「ベルヌーイの定理」から導かれる(**図7**)。

HCMでは，狭窄した流出路を血流が高速で流れる際に陰圧が生じ，僧帽弁中隔尖が心室中隔側に引っ張られることによって狭窄を生じる(**図8**)。

このほかにもベンチュリ効果は認められる。泳ぎの未熟な幼いイルカが母親に寄り添って泳ぐ姿をご覧になったことがあるだろう。これは2頭の間にベンチュリ効果が生じているためである。2頭の間を水が高速で流れることで子イルカが母イルカに引き寄せられるため，子イルカは未熟ながら広い海をさまよわずに泳ぐことができる(**図9a**)。また，レーシングカーが舞い上がることなく高速で疾走できるのも，ベンチュリ効果の賜物である。車と路面との狭い空間に流れる気流によって，車体が路面に引き寄せられることで，車体が浮くことなく高速で走ることができる(**図9b**)。

⊙僧帽弁逆流

右傍胸骨断面ないし左傍胸骨断面の流出路長軸像において収縮期の左房内にモザイク血流として描出できる。HCMではSAMにより僧帽弁中隔尖が左室流出路に引っ

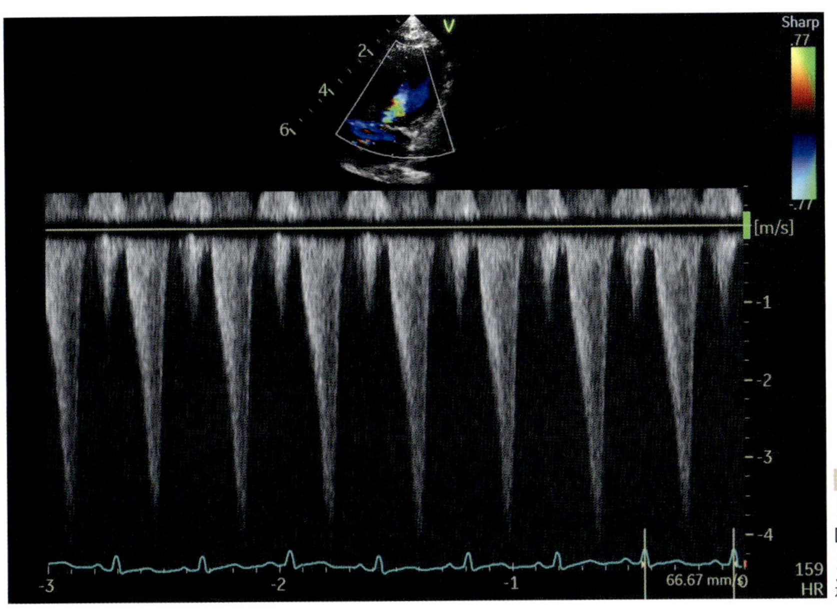

図6　HCM猫の左室流出路の血流の連続波ドプラ画像

DLVOTOにより左室流出路血流速が3.5m/秒を超えて高速化しているとともに，ピークが収縮後期に遅延している。

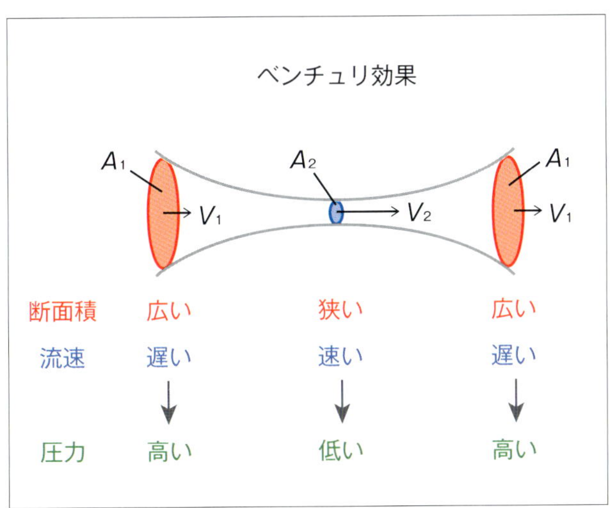

図7　ベンチュリ効果/ベルヌーイの定理

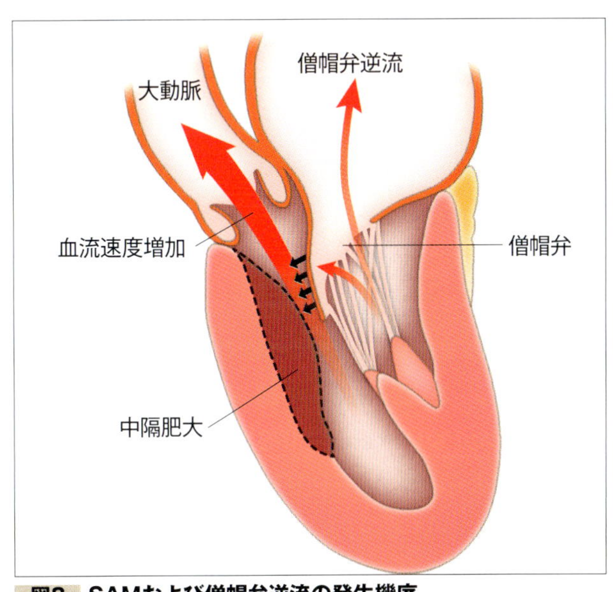

図8　SAMおよび僧帽弁逆流の発生機序

狭窄した流出路を血流が高速で流れる際に陰圧が生じ，僧帽弁中隔尖が心室中隔側に引っ張られることによって狭窄を生じる。一方で，僧帽弁中隔尖が左室流出路に引っ張られることにより，僧帽弁中隔尖と壁側尖がしっかり接合できなくなることで僧帽弁逆流を生じる。

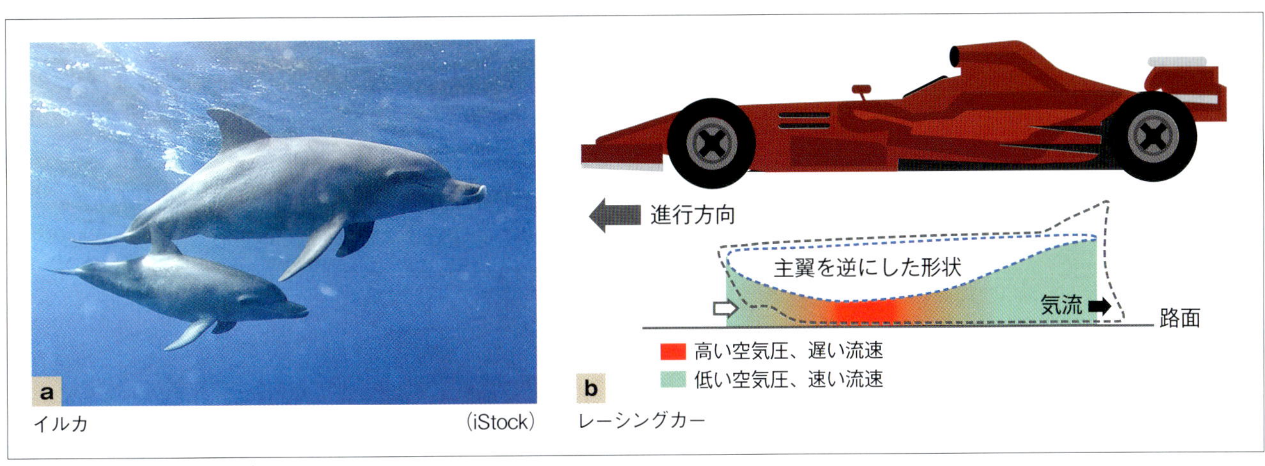

図9　ベンチュリ効果の例

張られることにより，僧帽弁中隔尖と壁側尖がしっかり接合できなくなることで僧帽弁逆流を生じる（**図3**）。一方，DCM など左心系拡大を生じる病態では，僧帽弁輪の拡大や腱索の過緊張によって僧帽弁の接合不良を招き僧帽弁逆流が生じる。

⊙拡張末期左室中隔壁厚（LVSd）および拡張末期左室後壁厚（LVPWd）ないし拡張末期左室自由壁厚（LVFWd）

B モード法もしくは M モード法にて右傍胸骨断面の流出路長軸像および短軸像で中隔壁と自由壁の最も厚い部分を観察する。HCM の多くの猫では左室肥大は局所的であるため，M モード法ではその局所の肥厚を逃す可能性があることに留意する。必ず心電図を同期させ時相を確認し，拡張末期にて壁厚の評価を行う。また，誤って乳頭筋を測定に含まないよう注意する。

通常の体格の猫では拡張末期左室最大壁厚が 5.0 mm 未満は正常，6.0 mm 以上は肥大と判断する。5.0～6.0 mm の場合は体格，家族歴，左房および左室の形態と機能の定性的評価，DLVOTO の有無，組織ドプラを考慮して判断することが推奨されている [1]。

⊙拡張末期左室内径（LVIDd）および収縮末期左室内径（LVIDs），左室内径短縮率 left ventricular fractional shortening (FS)

求心性肥大を示す HCM に対し，DCM では遠心性拡大を示す。左室の M モード法にて FS が 30％以下，LVIDs が 12 mm 以上であると DCM が疑われる [6]。また，FS が 28％以下，LVIDs が 14 mm 以上との報告もある [7]。

⊙左房内径（LADs）および左房径大動脈径比（LA/Ao）

HCM において左房サイズは増大することもあれば，しないこともある。左房拡大している猫では，左房機能低下と血流停滞を来たし，もやもやエコー spontaneous echo contrast (SEC) や血栓形成のリスクが高まる [8]。

左房サイズは短軸断面と長軸断面で計測でき，基準値もそれぞれ異なる。われわれの施設では基本的には右傍胸骨短軸断面大動脈弁レベルでの計測を行っている。左房径とともに左房サイズを大動脈径との比率で表した LA/Ao 比を算出して評価を行う。健常猫では LADs：11.0 ± 1.0 mm，LA/Ao：1.18 ± 0.11，HCM 罹患猫では LADs：13.8 ± 2.7 mm，LA/Ao：1.43 ± 0.3 との報告がある [9]。一般的には LADs20 mm 以上，LA/Ao1.8 以上は重度の左房拡大と判断される。

心臓のバイオマーカー検査

われわれの施設ではルーチンには実施していない。胸部 X 線検査や心エコー図検査といったより診断に近づける検査が可能な施設であれば必ずしも実施する必要はないと思われる。一方，こういった検査の実施が難しい施設や検査不耐の症例の場合，また，スクリーニング検査のひとつとしては行う意義は十分にあると考える。

治療

基本的には，ACVIM コンセンサスステートメントに準じた治療を行っている。

ステージB1

無徴候性であり，左房拡大がないか軽度に認められ，CHF や ATE を起こすリスクが低いステージ

このステージでは CHF や ATE のリスクは低く，一般的に治療は推奨されない。年に 1～2 回の定期検査を行い，とくに左房拡大が進行しないか経過を追う。

ステージB2

無徴候性ではあるものの，左房拡大が中等度から重度に認められ，CHF や ATE を起こすリスクが高いステージ

このステージでは CHF や ATE の発症リスクが上昇する。重度な LVOTO および心筋肥大を認める症例では β 遮断薬の投与を考慮する。当院ではカルベジロール（0.1～0.4 mg/kg，1 日 2 回）を用いることが多い。陰性変力作用があるため，低用量（0.1 mg/kg，1 日 1 回）で導入し，1～2 週間間隔で漸増する。効果が認められたと判断された時点で増量をやめている。導入後に症例の状態が悪化するようなら，ただちに使用を中止すべきである。また，中等度から重度の左房拡大や SEC といった ATE のリスク因子が認められる症例ではクロピドグレルの投与を検討する。いずれにせよ猫では投薬が難しいケースが少なくない。投薬にこだわった結果，飼い主と症例との双方の生活の質(QOL)を下げる可能性もある。このステージでは投薬を許容できる場合にのみ投薬を開始する。基本的には6カ月おきの再診を行う。猫のストレスが大きい場合は，1年に一度の再診とする。

ステージC

CHFまたはATEを発症したステージ

急性期

肺水腫および胸水は呼吸困難を呈するため，ただちに利尿薬の投与および酸素吸入を行う。胸水に対しては可能な限り胸腔穿刺による抜去を行う。肺水腫に対しては呼吸状態の安定を優先し積極的にフロセミドを用いるが，血液検査による腎数値の評価を継続する。血圧の低下や心拍出量の低下が考慮される場合は，ドブタミンなどのカテコラミン製剤やピモベンダンを用いる。LVOTOのある症例では狭窄を悪化させる可能性があるため，慎重な検討が必要である。

慢性期

肺水腫や胸水のコントロールのためにフロセミド(0.5〜2.0 mg/kg，1日2回)の経口投与を行う。できるだけ低用量での投与を心がける。ACVIMコンセンサスステートメントでは，自宅での安静時または睡眠時の呼吸数が30回/分未満を維持できるようにフロセミドの投与量を調整することを推奨している。ATEの既往や重度の左房拡大がある症例にはクロピドグレルの常用を勧めている。3〜4カ月おきの再診を行う。

ステージD

治療抵抗性を認めるステージ

フロセミドによる治療にもかかわらずCHFを生じる症例では，トラセミド(0.05〜0.2 mg/kg，1日2回)への変更を検討する。左室収縮不全を疑う症例にはピモベンダンの投与を行う。

ATE

動物福祉や一般的に予後不良であるという観点から，ACVIMコンセンサスステートメントではATEを発症した猫に対する尊厳死の提示は正当な選択肢としている。一方で，適切に鎮痛が行えて良好な予後因子(例：正常体温，患肢がひとつ，CHFがない)が存在する場合には，治療のリスクと全体的には予後不良であることについて飼い主に十分に説明をしたうえで治療をすることも考慮できるとしている。本邦は一般的に尊厳死を受け入れにくい風土であると感じる。また，血栓症の再発も多く認められ，予後は決して良くないものの，一定期間良好に経過する症例もいることから，ATE初期には治療介入すべきであると考える。

患肢は血行不良により冷感があり，肉球の血色は悪化する。患肢の血行はサーモグラフィーによって表面温度を測定することでも確認することができる(**図10**)。ATE初期には強い痛みを生じていることが多いため，サーモグラフィーでは患肢に触れずに血行状況を確認できることから，症例にストレスをかけない点では優れている。また，加療後に表面温度が上昇していることで，血流の回復を確認することができる(**図11**)。

ATEの最初の24時間は鎮痛が優先的事項であり，フェンタニルなどの麻薬性鎮痛薬が推奨されている。また，低分子量ヘパリンlow molecular weight heparin (LMWH)，未分画ヘパリン，経口第Xa因子阻害薬を用いた抗凝固治療をできるだけ早く開始することが推奨されている。経口投与が可能となったらクロピドグレル硫酸塩(18.75 mg/頭，経口投与，1日1回)を開始する。CHFをともなっている場合は，フロセミドの投与や酸素吸入などを必要に応じて行う。

ACVIMコンセンサスステートメントではATEの猫に対する血栓溶解療法は推奨されていない。急性ATEに対する血栓溶解(t-PA)療法と従来の抗血栓療法の生存率や合併症の発生率が同等であることが主な理由である[10, 11]。一方で，t-PA療法では急性期生存後の患肢の運動機能の回復率が従来の抗血栓療法より高いとされる[12]。いずれにせよ，獣医領域ではt-PA療法について，動脈塞栓からの経過時間や用法・用量が定まっていないため，より明確な使用方法の確立が期待される。

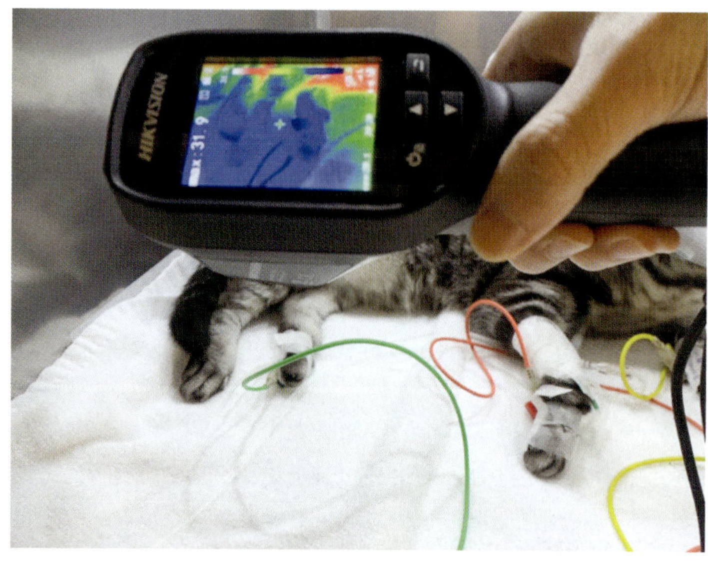

図10 サーモグラフィーによる表面温度の確認
ATEにより低温となった患肢は青色を示している。

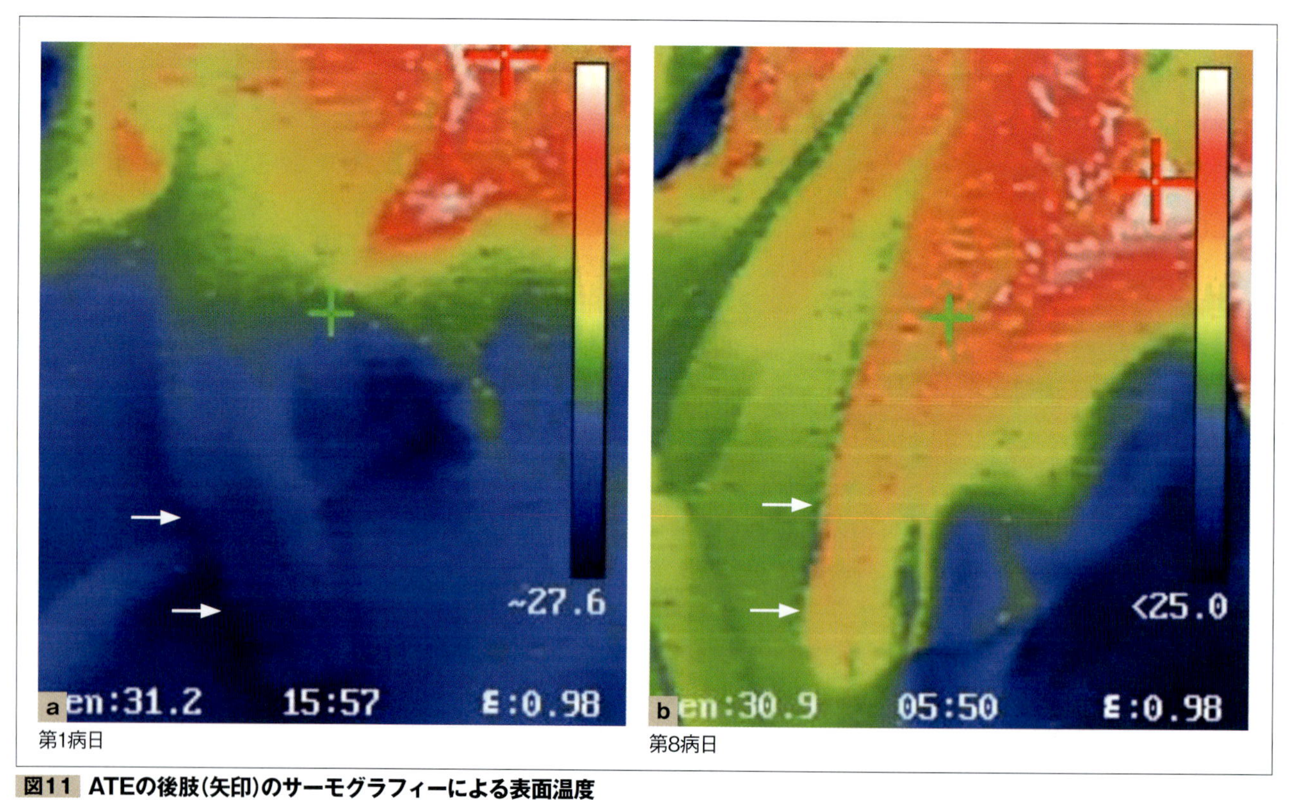

図11 ATEの後肢(矢印)のサーモグラフィーによる表面温度
血流遮断により低温であった患肢(a)が，血流回復により表面温度が上がっていることがわかる(b)。

Case Presentation

症例❶

ARVCの猫の1例

症例

日本猫，5歳2カ月，去勢雄。

10日ほど前から気持ち悪そうな様子がみられ，食欲が低下した。既往歴はとくになかった。かかりつけ医での心エコー図検査にて右房の拡大および後大静脈の拡張が認められた。また，血液検査にて肝数値の上昇が認められた。心臓の精査を目的に紹介来院した。

かかりつけ医の処方でピモベンダン0.25 mg/kg，1日2回，フロセミド1.0 mg/kg，1日2回，ウルソデオキシコール酸10 mg/kg，1日2回，メトクロプラミド0.5 mg/kg，1日2回を服用していた。

身体検査

体重4.98 kg，BCS6/9，心拍数240回/分，呼吸数42回/分，明らかな心雑音は聴取されなかった。

胸部X線検査

ラテラル像においてVHS9.5 vと心拡大を認めた(**図12**)。肺野に明らかな異常は認められなかった。

血圧測定

血圧はオシロメトリック法により尾根部で測定し，収縮期/拡張期/(平均)は117/78 (95) mmHgであった。

心電図

概ね心拍数230回/分の洞調律であるが，時折，心室期外収縮ventricular premature contraction (VPC)の出現を認めた(**図13**)。

心エコー図検査

右房および右室の拡大を認め，軽度の三尖弁逆流を認めた(**図14**)。左室短軸像では軽度に心室中隔の扁平化を認めた。また，右室心筋の菲薄化が認められた。左房径は9.9 mm，LA/Ao1.24と左房拡大は認められなかった。LVIDdは13.0 mmとやや縮小し，FS12.5%と低下していた。

診断

ARVC

治療

左室の収縮性の低下と右室心筋の菲薄化を鑑みてピモベンダンは継続とした。不整脈のコントロールを目的にβ遮断薬の低用量(カルベジロール0.1 mg/kg，1日2回)から開始を提示した。また，右心系のうっ血による血栓形成のリスクを考慮し，リバーロキサバン0.5～1.0 mg/kg，1日1回の投与を提示した。

経過

第33病日

2週間ほど前から呼吸が深くなり，元気食欲が低下傾向とのことであった。

体重4.78 kg，BCS5/9，心拍数180回/分，明らかな心雑音は聴取されなかった。呼吸数36回，吸気努力が認められた。胸部X線検査において胸水貯留が認められ(**図15**)，左胸郭より220 mLの胸水(淡黄色，透明，TP：2.6 g/dL，比重：1.026)を抜去した。うっ血性右心不全と判断し，フロセミド1.0 mg/kg，1日2回を追加処方した。

第78病日

開口呼吸，失禁，横臥状態を主訴に夜間救急病院を受診された。この間，当院への受診はなく，約2週間に一度，かかりつけ医で胸水抜去を行っていたとのことであった。

体重4.02 kg，心拍数240回/分，呼吸促迫，体温35.9 ℃，股動脈拍動微弱。心電図検査では心室頻拍が認められた。胸水貯留が認められ，174 mL抜去された。その後，心肺停止に至り死亡した。

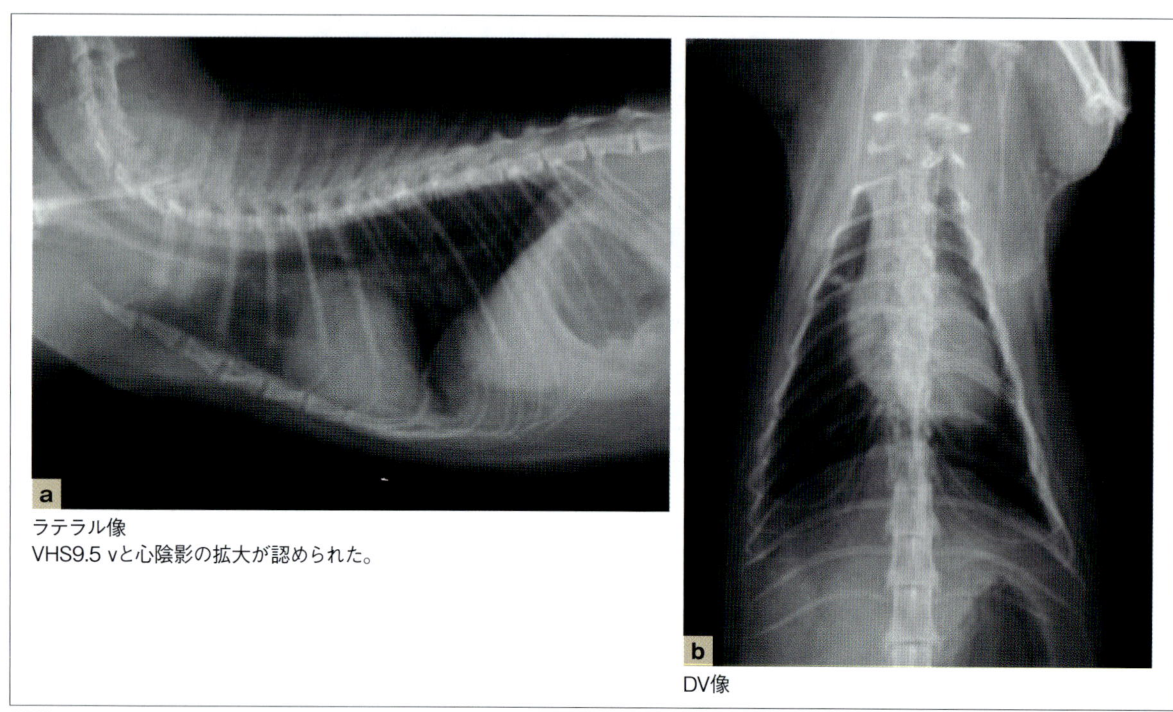

ラテラル像
VHS9.5 vと心陰影の拡大が認められた。

DV像

図12 胸部X線検査画像(初診時)

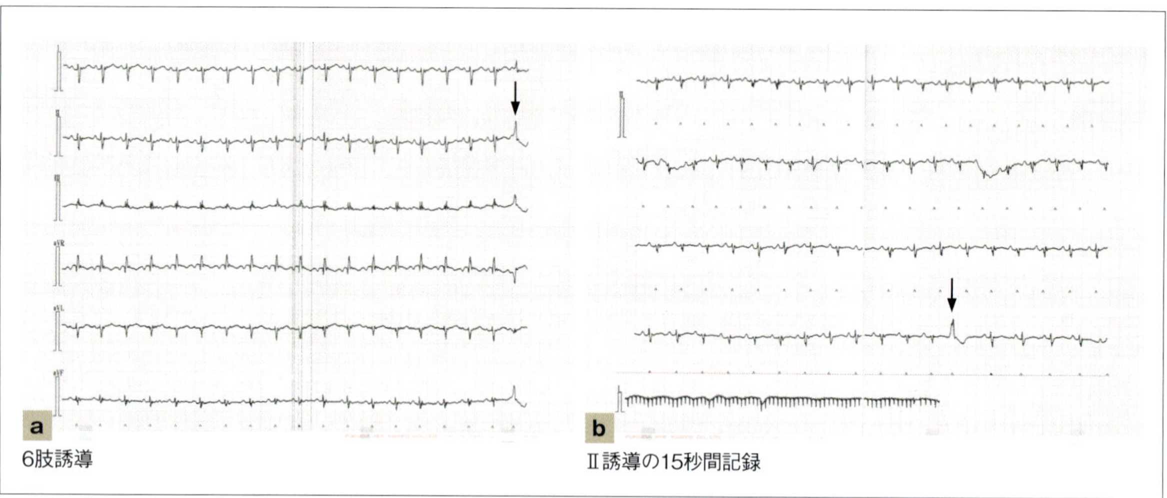

6肢誘導

Ⅱ誘導の15秒間記録

図13 心電図(ペーパースピード50 mm/秒，2.0 cm=1.0 mV)
時折，VPCの出現を認めた(矢印)。

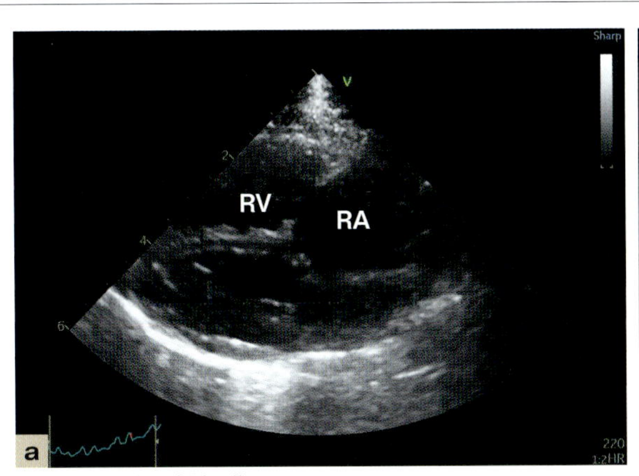

右傍胸骨長軸四腔断面像。
右房および右室の拡大が認められた。

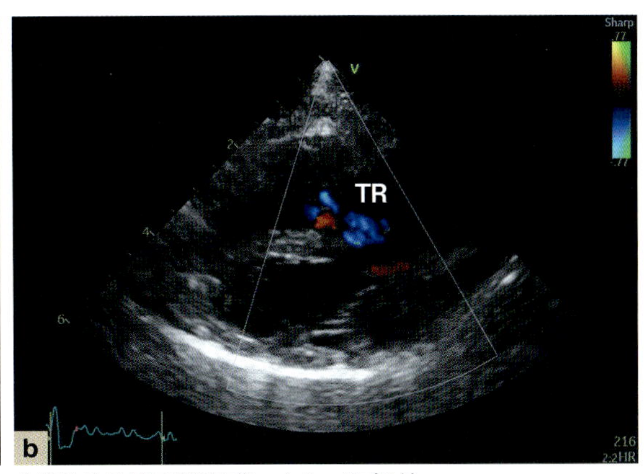

右傍胸骨長軸四腔断面像，カラードプラ法。
軽度の三尖弁逆流が認められた。

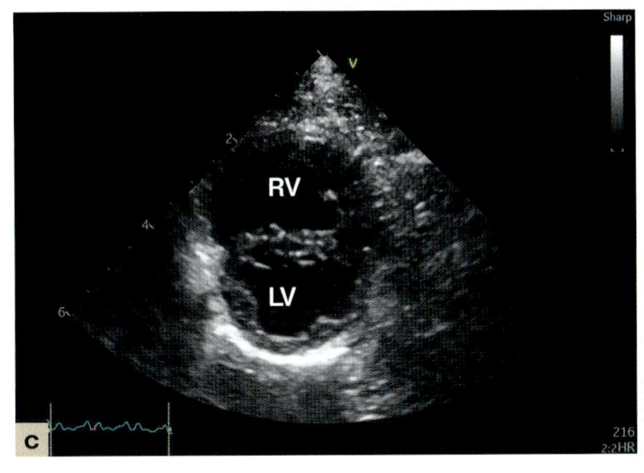

右傍胸骨短軸断面像，乳頭筋レベル。
軽度な心室中隔の扁平化を認めた。また，右室心筋の菲薄化が認められた。

図14　心エコー図検査画像(初診時)
LV:左室，RA:右房，RV:右室，TR:三尖弁逆流

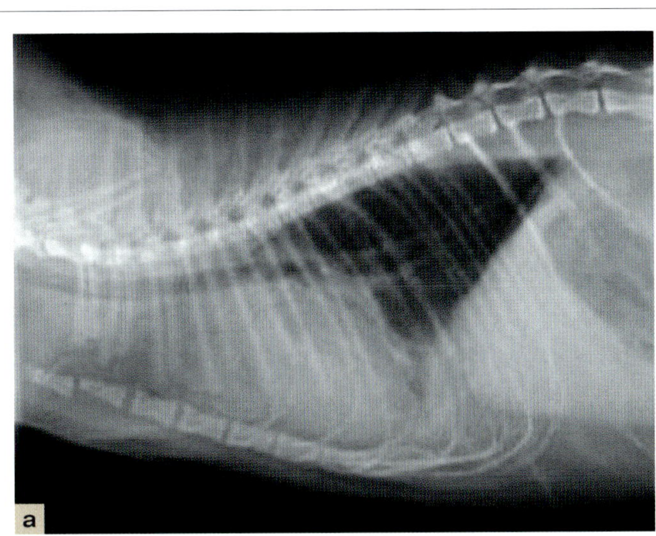

ラテラル像

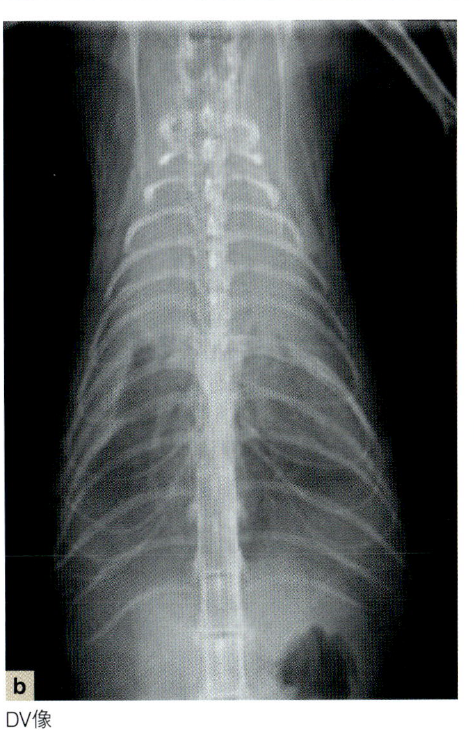

DV像

図15　胸部X線検査画像(第33病日)
胸水貯留により，心陰影は不明瞭となり，肺の葉間裂が認められる。

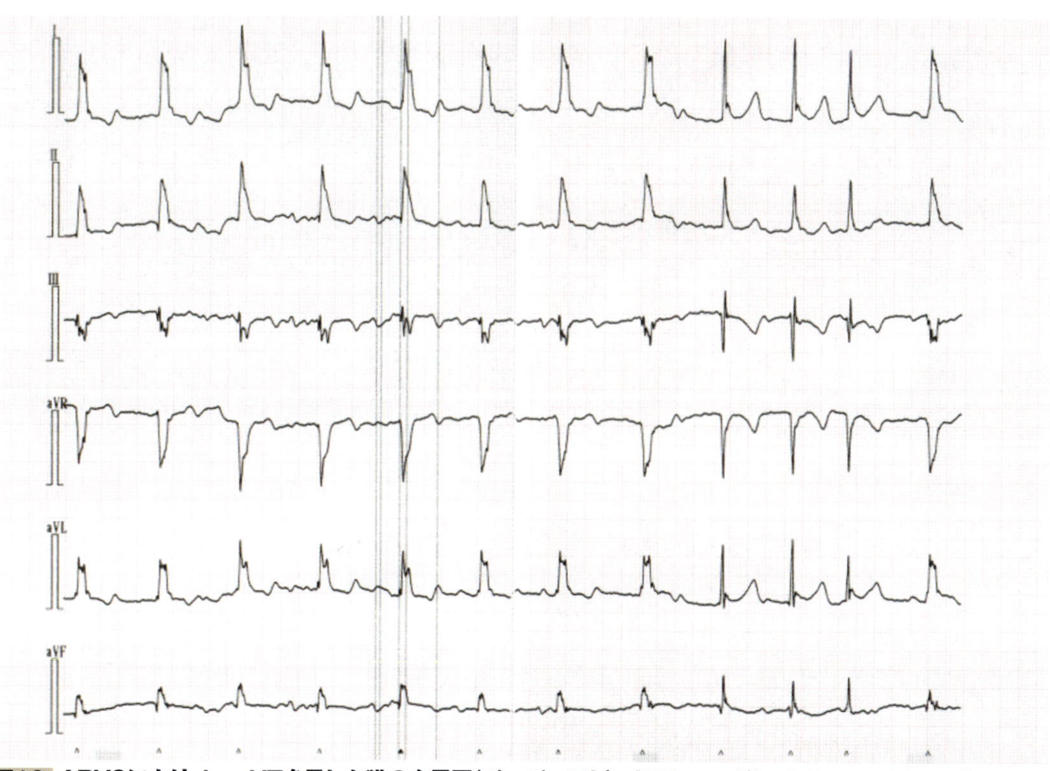

図16 ARVCによりslow VTを呈した猫の心電図(ペーパースピード50 mm/秒，2.0 cm=1.0 mV)

症例1の考察

ARVCは右室心筋に脂肪や線維が浸潤し，心室および上室不整脈を引き起こす。右心不全を呈するのが特徴で，しばしば突然死の原因にもなる。心エコー図検査では，右房および右室の顕著な拡張，心室中隔の奇異性運動，RVの運動低下を特徴とする。一方で，左心系は基本的に正常であるが，心房細動や心室中隔の奇異性運動の影響により，左室内径短縮率の低下や左房拡張がみられることがある。

本症例ではVPCが散見される程度であったが，VPCやslow VT（遅い心室頻拍[ventricular tachycardia]，促進性心室固有調律ともいう）が顕著に認められたARVC症例もいる(**図16**)。本症例は不整脈の出現に加え，心エコー図検査において右房および右室の拡大および右室心筋の菲薄化を認めたことからARVCと診断した。

ARVCの治療についてはエビデンスが乏しく，確立したものはない。ヒトではARVCにおけるVPCが突然死と関連していることが報告されている[13]。そのためACVIMコンセンサスステートメントではVPCを減らす目的でアテノロール(6.25 mg/頭，1日2回，経口投与)またはソタロール(10～20 mg/頭，1日2回，経口投与)での治療が推奨されている。その他の心不全徴候が発現した際には，状態に応じてピモベンダンや利尿薬による心不全治療を行うことになる。

過去の報告ではARVCでは診断後の生存期間が数日から4カ月と非常に短い[14, 15]。予後が厳しいことはしっかり飼い主に説明すべきである(なお，本症例については病理組織学的検査を実施できていないため，ARVCと確定診断できてはいない)。

おわりに

2020年にACVIMコンセンサスステートメントが発表され，以前よりその診断・治療が体系化された。それによりわれわれはより的確に心筋症の病態をとらえ，治療に当たることができるようになった。しかしながら，いまだ心筋症におけるエビデンスは多いとはいえない。今後のさらなるエビデンスの蓄積とよりよい治療法の確立が期待される。

参考文献

1. Fuentes, L.V., Abbott, J., Chetboul, V., *et al.* (2020) : ACVIM consensus statement guidelines for the classification, diagnosis, and management of cardiomyopathies in cats. *J. Vet. Intern. Med.*, 34(3): 1062-1077.
2. Fox, P.R., Keene, B.W., Lamb, K., *et al.* (2018) : International collaborative study to assess cardiovascular risk and evaluate long-term health in cats with preclinical hypertrophic cardiomyopathy and apparently healthy cats: The REVEAL Study. *J. Vet. Intern. Med.*, 32 (3) : 930-943.
3. Rush, J.E., Freeman, L.M., Fenollosa, N.K., *et al.* (2002) : Population and survival characteristics of cats with hypertrophic cardiomyopathy: 260 cases (1990-1999). *J. Am. Med. Assoc.*, 220 (2), 202-207.
4. Paige, C.F., Abbott, J.A., Elvinger, F., *et al.* (2009) : Prevalence of cardiomyopathy in apparently healthy cats. *J. Am. Vet. Med. Assoc.*, 234 (11) : 1398-1403.
5. Chetboul, V., Lefebvre, H.P., Pinhas, C., *et al.* (2003) : Spontaneous feline hypertension: clinical and echocardiographic abnormalities, and survival rate. *J. Vet. Intern. Med.*, 17 (1) : 89-95.
6. 青木卓磨. (2014) : 猫の心筋症. In: 犬と猫の心臓病学 上巻(日本獣医循環器学会認定委員会監修), pp. 232-242, インターズー.
7. Ferasin, L. (2009) : Feline myocardial disease 2: diagnosis, prognosis and clinical management. *J. Feline Med. Surg.*, 11 (3) : 183-194.
8. Schober, K.E., Maerz, I. (2006) : Assessment of left atrial appendage flow velocity and its relation to spontaneous echocardiographic contrast in 89 cats with myocardial disease. *J. Vet. Intern. Med.*, 20 (1) : 120-130.
9. Abbott, J.A., MacLean, H.N. (2006) : Two-dimensional echocardiographic assessment of the feline left atrium. *J. Vet. Intern. Med.*, 20 (1) : 111-119.
10. Welch, K.M., Rozanski, E.A., Freeman, L.M., *et al.* (2010) : Prospective evaluation of tissue plasminogen activator in 11 cats with arterial thromboembolism. *J. Feline Med. Sug.*, 12 (2) : 122-128.
11. Guillaumin, J., Gibson, R.M., Goy-Thollot, I., *et al.* (2019) : Thrombolysis with tissue plasminogen activator (TPA) in feline acute aortic thromboembolism: a retrospective study of 16 cases. *J. Feline Med. Sug.*, 21 (4) : 340-346.
12. 水野壮司，上地正実. (2012) : 猫の血栓塞栓症に対するtissue-Plasminogen activator (t-PA) 製剤による血栓溶解療法. 動物の循環器. 45 (2) : 41-44.
13. Elliott, P.M., Anastasakis, A., Borger, M.A., *et al.* (2014) : 2014 ESC Guidelines on diagnosis and management of hypertrophic cardiomyopathy: the Task Force for the Diagnosis and Management of Hypertrophic Cardiomyopathy of the European Society of Cardiology (ESC). *Eur. Heart J.*, 35 (39) : 2733-2779.
14. Fox, P.R., Maron, B.J., Basso, C., *et al.* (2000) : Spontaneously occurring arrhythmogenic right ventricular cardiomyopathy in the domestic cat: A new animal model similar to the human disease. *Circulation*, 102 (15) : 1863-1870.
15. Harvey, A.M., Battersby, I.A., Faena, M., *et al.* (2005) : Arrhythmogenic right ventricular cardiomyopathy in two cats. *J. Small Anim. Pract.*, 46 (3) : 151-156.

山本 宗伸 Yamamoto, Soshin

COLUMN 6

Tokyo Cat Specialists

治療の工夫

治療に関してはACVIMコンセンサスステートメントに順じている。投薬ストレスを考慮し，心臓にも治療継続にも悪影響を与えることから，エビデンスレベルが低い薬剤は使用していない。ピモベンダンの使用は意見が分かれるが，ステージCから使用することはある。状態の改善の確認には心エコー図検査だけではなく，肺水腫や胸水の有無，呼吸数などの臨床徴候を確認しながら投薬を継続するか否かを決めている。投薬は必要最小限の投与量を維持したいため，2～3週間使用して全く改善を認めなければやめている。また，左室流出路狭窄がある場合は心収縮力を増強すると心肥大が増悪するため使用しない。

ACVIMコンセンサスステートメントと異なる点を強いて挙げれば，診断後の再診頻度を増やしていることである。例えばステージB1は年1回のチェックが推奨されているが，定期検診の脱落を防ぐため，診断した次の回は2～3カ月後，その次は4～6カ月後と徐々に伸ばすようにしている。その間に甲状腺ホルモン測定や血圧測定などの検査を並行して行い，検査ストレスと飼い主の検査に対する抵抗感を分散させている。

心筋症の治療を行ううえでとくに気をつけているのは，服薬アドヒアランスである。猫の心筋症の治療は長期に及ぶため，途中で脱落しないことが第一の目標になる。投薬のしやすさを薬の形状別に比較している報告では，インスリンとスポット滴下を除くと液状の薬が最も投与が簡単であったとしている[1]（**図1**）。液状の薬は心疾患用の液剤ではセミントラぐらいしかないが，経皮クリームなど猫に投与しやすい薬(easy to give[2])が徐々に増えているので，今後さらに増えることを期待したい。以下に服薬アドヒアランスを上げるコツを列挙した。適度な検査間隔と錠数を絞った投薬で，治療が途切れないよう意識している。

服薬アドヒアランス向上のためできること

・投薬指導：最も大事。愛玩動物看護師が指導できるようにトレーニングする。
・薬の種類を制限する：可能な限り3種類以下に。
・飼い主の生活リズムによっては薬の投与頻度を減らす：フロセミド1日2回→トラセミド1日1回，

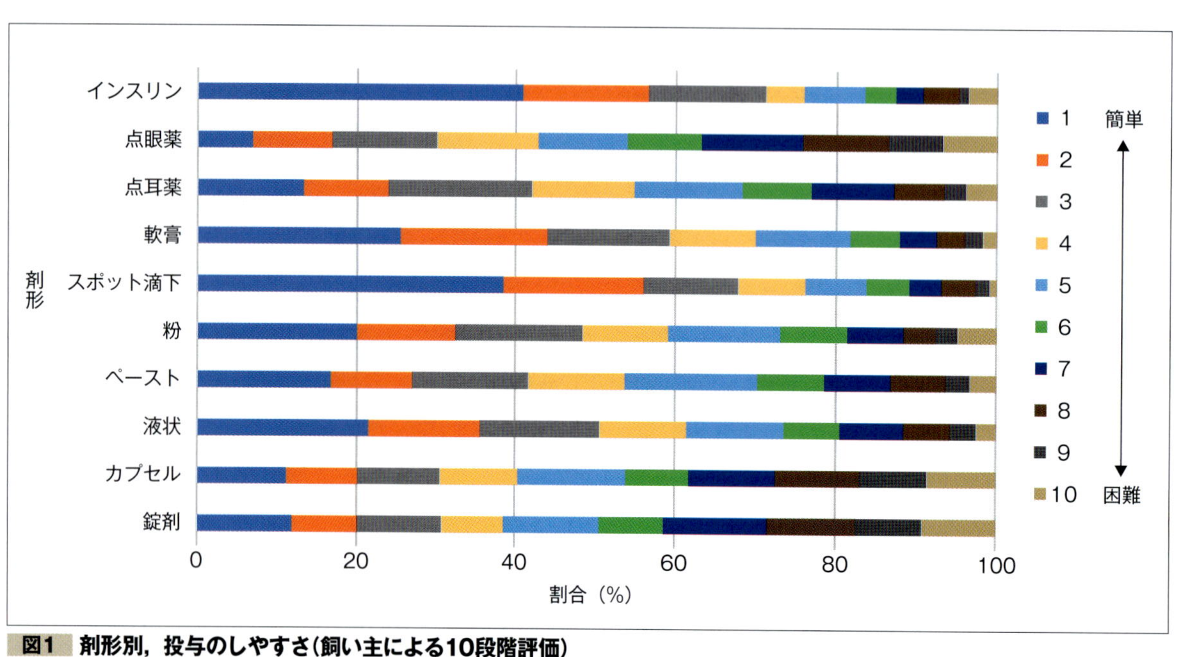

図1　剤形別，投与のしやすさ(飼い主による10段階評価)

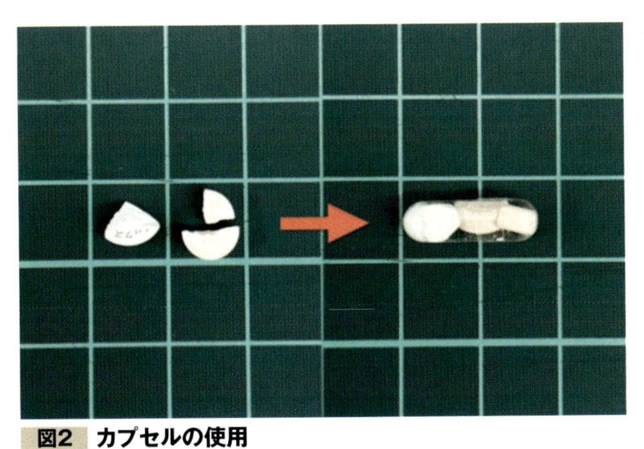

図2 カプセルの使用
プラビックス1/4tabとラシックス3/8錠を#4カプセルに納めた。プラビックスの苦味も軽減する。

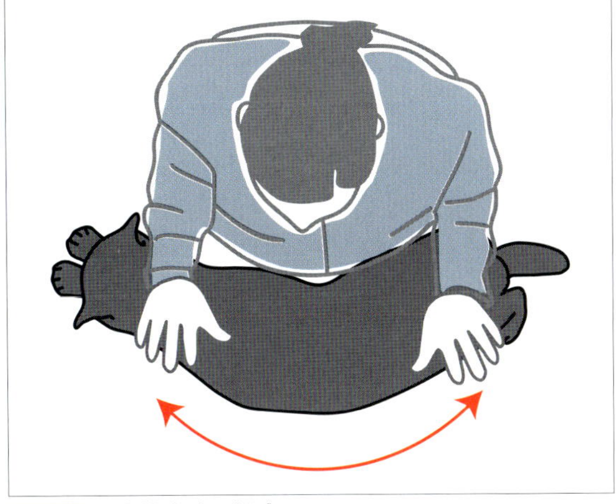

図3 胸水抜去時の保定

ピモベンダン1日3回→1日2回，クロピドグレル→アスピリン3日に1回。
・カプセルを用いる：とくに苦いプラビックス，ラシックス3/8錠などの細かい錠剤をまとめる(**図2**)。猫では，錠剤の大きさはそれほど投薬の難易度と関係しないと感じている。

血栓予防薬

第一選択薬としてはクロピドグレルを使用している。カプセル併用や投薬指導を行っても投薬が困難な場合の第二選択薬には，リバーロキサバンを使用している。血栓予防薬の2剤併用は基本的に行っておらず，飼い主の意識が高く血栓症リスクが高い場合(他の血栓形成リスクのある合併症など)のみ2剤併用することのインフォームド・コンセントを行っている。

アスピリンは，グルクロン酸抱合を欠く猫では代謝が遅く，併用注意または禁忌の薬剤が多い。例えばプレドニゾロンは消化管障害を悪化させ，フロセミドは腎排泄時に拮抗し，アンジオテンシン変換酵素(ACE)阻害薬は作用が低下することが知られている。猫は慢性腎臓病の罹患率が高いため，優先度を下げている。ただし，3日に1回と投与間隔が長いため，それを利点として用いる場合もある。

内服薬の投薬がきわめて困難な場合は，ダルテパリンの皮下注射を自宅で行うこともある。糖尿病猫の飼い主がインスリンの注射を行うこともあるので，血栓予防の重要性を理解してもらえれば受け入れられるはずである。成書では1日4回の投与[3]が推奨されているが，実際には1日2回が限度であり，その投与間隔ではどれほどの効果があるのかは不明である。

胸水抜去

胸水抜去は21Gの翼状針を用いている。サーフロー留置針を使う施設もあるが，外套がない翼状針の方が挿入の抵抗が少なく痛みが少ないと考える。胸水抜去をするときの保定は猫を保定者の身体に寄せて，猫の胸部腹側を若干アーチ状にすることで肋間が広がり針が刺しやすくなる(**図3**)。基本的には心臓の尾側のスペースへ刺すため，保定時に無理に前肢を牽引する必要はない。むしろ抑えると猫のフラストレーションがたまる。頸静脈からの採血時にはリドカイン・プロピトカイン配合クリーム(エムラクリーム，佐藤製薬株式会社，東京)を血管部に塗布することで穿刺痛を軽減することがあるため，肋間穿刺にも期待できる[4]。エムラクリーム使用時の注意点としては毛刈りが必要なことと，塗ってから30分待たなければならないことの2点が挙げられる。

食事

理論的には低ナトリウム食が心疾患の猫に有益かもしれないが，猫の心筋症と食事に関する報告はほとんどない。現時点では猫の心疾患用療法食はないので，食事療法を検討する場合にはタフツ大学がwebに掲載している主要なキャットフード中の塩分量を参考にしている[5]。ただし，カロリー摂取量が低下するような食事の変更は避けるべきである。また食欲増進を期待したトリーツなども注意すべきである。鰹節はナトリウムが多いと誤解されているが，実際には1.0 g中12 mgとそれほど多くない。そのため，0.5 g程度ぐらいまでは食欲がでるのであれば許容している。食欲増進薬は経皮投与のミルタザピンを使用している。しかし興奮作用があるうえ，ヒトでは起立性の低血圧と関連しているため，低血圧により病状が悪化する可能性がある心疾患には注意して投与すべきと記載されている[5]。錠剤の場合，最初の投与量は体重にかかわらず15 mg錠の1/8（1.875）mg/頭を3日に1回を基本とするが，個体によっては2～4日に1回与えている。経皮投与では，1.5インチ＝2.0 mg/頭，1日1回が基本量だが，経験的にはもっと少ない場合でも効果がある印象をもっている。そのため，0.5～0.75インチ，1日1回～週2回など，飼い主に食欲を確認してもらいながら，塗布量を調整している。幸い当院では，ミルタザピンで心疾患が悪化したことはない。

参考文献

1. Samantha, T., Sarah C., Claire, B., *et al*. (2022): Online survey of owners' experiences of medicating their cats at home. *J. Feline. Med. Surg*., 24(12) : 1283-1293.
2. International Cat Care. Easy to Give Awards. https://icatcare.org/about/our-awards/easy-to-give-awards/, (accessed 2024-03-26)
3. https://app.plumbs.com/ (accessed 2024-06-27)
4. Freeman, L.M., Rush, J.E., Meurs, K.M., *et al*. (2013) : Body size and metabolic differences in Maine Coon cats with and without hypertrophic cardiomyopathy. *J. Feline Med. Surg*., 15 (2) : 74-80.
5. Tufts University. Henry and Lois Foster Hospital for Small Animals. HeartSmart. https://tufts.box.com/v/vet-hs-low-sodm-diet-cat (accessed 2024-06-27)

山本 宗伸 Yamamoto, Soshin　COLUMN 7　Tokyo Cat Specialists

飼い主に対する指導の工夫

猫は犬のように散歩したりドッグランに行ったりしないので，心筋症発症の平均年齢ぐらいになれば運動量は低下していることが多い。ただし，アビシニアン，シンガプーラ，ベンガルは中年齢になっても活発な場合が多いため，家での遊び方をヒアリングし，激しく遊びすぎないように注意する。活発な同居猫と距離を置く，レーザーポインターなど異常に興奮する遊具を使わない，遊びを1回5分程度にする，など具体的な注意点を飼い主に説明している。近年は室内飼育が増えたが，外出を自由にさせている場合にはできるだけ室内で過ごすようにお願いしている。ただし，室内に留めることで鳴き続ける，ドアをこじ開けようと爪を怪我するほどひっかく猫は，飼い主と相談のうえ自由にせざるをえない場合がある。

猫の3大ストレスは，①猫どうしの不仲，②知らない人が家に来る，③移動，である。来客という点では，筆者の苦い経験として，往診をしたことによって呼吸状態が悪化し死亡してしまったことがある。長期休暇で普段別居している家族が集まるタイミングでは，猫をその環境から避難させるなどの配慮が必要である。

移動に関しては，長距離移動はもちろん，通院も大きなストレスになる。実際，通院したときだけ肺水腫になっているとしか思えない猫もいる。キャリートレーニングや来院前の前投与薬(**表**)，ほかの動物が少ない時間に受診するなどの配慮をして少しでもストレス要因を避ける。

自宅モニタリング

①呼吸数

猫の安静時呼吸数(RRR)の基準値は24～42回/分である。しかしこれは割と健康な猫でも超えることがある。呼吸数と左房拡大の関係を調査した研究では，RRRよりも睡眠時呼吸数(SRR)のほうが左房の拡大と相関が高く，健常猫のSRRの中央値は21～22回/分であるが，30回/分を超えると重度の左房拡大の可能性があることを示している。そのため，SRRが30回/分を超えていることを日常的に確認し，RRRが72回/分を超える場合には緊急事態として連絡してもらうよう指導している。努力性呼吸の評価は言葉で伝えるのが難しいので，動画を用いながら説明している。それ以外にも，以下の臨床徴候が心臓と関係している可能性を伝えている。

心臓と関係している可能性がある臨床徴候

- いつも迎えに来るのに来ない
- いつも一緒寝るのに来ない
- 高い所に上らない
- 食欲低下
- 暗い静かな場所に隠れる
- 横にならない，香箱座り

表　来院前に使うことができる抗不安薬

薬の種類	用量	投与タイミング	効果	副作用
ガバペンチン（GABA誘導体の抗てんかん発作薬）	100～200 mg/頭 もしくは20 mg/kg 小さい猫，慢性腎臓病，弱っている猫では少なめ	最初にストレスを感じるタイミングの2～3時間前	・恐怖/不安を和らげ，検査がやりやすくなる ・忌避行動の低減	鎮静 運動失調 嘔吐（まれ） 流涎（まれ）
トラゾドン（セロトニン遮断再取り込み阻害薬）	50～100 mg/頭 もしくは10 mg/kg	最初にストレスを感じるタイミングの60～90分前	・恐怖/不安を和らげ，検査がやりやすくなる ・忌避行動の低減 ・ガバペンチンと併用することも	鎮静

②心拍数

前述のように，可能であれば自宅で測定してもらう。成書に基準値は140～220回/分とあるが，自宅で200回/分を超えるのは異常な場合が多い。とくにβ遮断薬使用中は110回/分未満の徐脈になっていないかに注意する。

治療しない飼い主に対して

「治療しない」という選択をした飼い主に対しては，血栓予防薬だけでも投与してみないか提案している。ステージB1～B2の猫の飼い主でも，臨床徴候が出始めたら治療を開始することもあるので，3～6カ月に1回は来院してもらうようにしている。

場合により肺水腫や胸水で呼吸困難な場合は尊厳死の相談をする。尊厳死を推奨しているわけではないが，話す際には「心肺機能の低下による呼吸不全や顔面の腫瘍などは，尊厳死を行う妥当性がある。日本人でもこれらの病気の場合は尊厳死を選択する方が多い」と伝えると，飼い主が決断することを多く経験している。自宅での尊厳死は家族にとって最良な場合が多いため，可能な限り往診に応じている。

Question

僧帽弁収縮期前方運動（SAM）に対して，積極的な治療が必要ですか？

SAMによって病態悪化を認めるケースは少ないです。

無徴候の若齢猫で雑音がある場合は，SAMが雑音の原因となっていることが多くあります。その場合，治療を必要とすることは少なく，多くの症例では経過観察とします。NT-proBNPなどのバイオマーカーを測定すると高値を示していることも少なくありませんが，SAMによって病態悪化を認めるケースは少なくなっています。今のところ，SAMに対してアテノロールやカルベジロールなどのβ遮断薬を内服することで進行を遅らせる，また予後が改善するなどの報告はありません。

索引 | Index

英数ほか

あ行

か行

さ行

た行

な行

は行

ま行

ら行

猫の
心筋症

2024年 8月15日　第1版第1刷発行

監　修　田中 綾, 松本浩毅

著　者　青木卓磨, 有村卓朗, 大菅辰幸, 上村利也, 菅野信之, 佐藤愛実, 島田香寿美, 鈴木周二, 田中 綾, 服部 幸, 平川 篤, 藤井洋子, 堀 泰智, 町田 登, 水野 祐, 山本宗伸, 吉田智彦

（監修・著者は五十音順）

発行者　太田宗雪

発行所　株式会社EDUWARD Press（エデュワードプレス）
〒194-0022　東京都町田市森野1-24-13　ギャランフォトビル3階
編集部：Tel. 042-707-6138 ／ Fax. 042-707-6139
販売推進課（受注専用）：Tel. 0120-80-1906 ／ Fax. 0120-80-1872
E-mail：info@eduward.jp
Web Site：https://eduward.jp（コーポレートサイト）
https://eduward.online（オンラインショップ）

表紙・本文デザイン　龍屋意匠合同会社
イラスト　Creative Works KSt：柴田佑紀, 龍屋意匠合同会社
組　版　龍屋意匠合同会社
編集協力　石風呂春香, 牛玖恵梨子（株式会社物語社）
印刷・製本　瞬報社写真印刷株式会社

ISBN 978-4-86671-230-7 C3047